清华 STS 四十周年纪念暨学科发展研讨会合影留念

清华大学科学技术与社会研究所所庆暨首次校友聚会合影留念

第十二届东亚科学技术与社会网络学术会议合影留念

科学技术与社会研究中心在清华大学深圳国际研究生院挂牌合影留念

清华STS文丛

总主编　杨　舰　吴　彤
　　　　刘　兵　李正风

科学社会学
与科学技术政策

主　编　洪　伟　王程韡

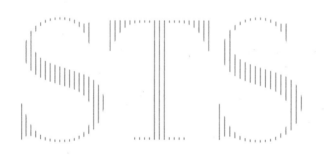

科学出版社

北　京

内 容 简 介

　　本书是清华大学科学技术与社会研究所在科学社会学和科技政策方向耕耘数十年的成果荟萃。在理论上，既有对默顿科学社会学传统的继承，也有对新兴的科学技术学的倡导和探索。在实践上，几代人积极参与科技政策的建言与制定，涉及的问题从同行评议到科技创新、从本土实践到国际比较，为科技政策界提供了一个独特的理论视角。近年来，随着信息技术的发展，大数据、人工智能和风险社会也进入我们的研究视野。

　　本书作为国内第一个科学技术学建制机构的阶段性成果总结，既可作为科学社会学和科技政策方向的参考书，也可作为了解我国科学技术学发展的一个窗口。本书适合科学社会学、科技哲学、科技史方向的学生、学者阅读。

图书在版编目（CIP）数据

科学社会学与科学技术政策 / 洪伟，王程韡主编. —北京：科学出版社，2024.4

（清华 STS 文丛 / 杨舰等总主编）

ISBN 978-7-03-078212-0

Ⅰ. ①科… Ⅱ. ①洪… ②王… Ⅲ. ①科学社会学-文集 ②科技政策-中国-文集 Ⅳ. ①G301-53 ②G322.0-53

中国国家版本馆 CIP 数据核字（2024）第 057387 号

责任编辑：邹 聪 刘 琦 高雅琪 / 责任校对：张亚丹
责任印制：师艳茹 / 封面设计：有道文化

科 学 出 版 社 出版
北京东黄城根北街 16 号
邮政编码：100717
http://www.sciencep.com
北京中科印刷有限公司印刷
科学出版社发行 各地新华书店经销
*
2024 年 4 月第 一 版 开本：720×1000 1/16
2024 年 4 月第一次印刷 印张：29 3/4 插页：1
字数：514000
定价：198.00 元
（如有印装质量问题，我社负责调换）

"清华 STS 文丛"编辑委员会

总　序

出版清华 STS 文丛的想法缘起于 2018 年。那一年的春季，来自四面八方的校友聚在一起，庆祝清华 STS 的 40 周年。清华大学副校长杨斌在致辞中说："40 周年是一个值得纪念的日子……"

众所周知，科学技术与社会（STS）是第二次世界大战以后人们开始高度关注的跨学科交叉领域。随着科学技术迅猛发展且广泛深入地作用于社会的方方面面，同时科学技术的进步也越来越受到政治、经济和文化因素的影响，科学技术与社会的关系成为重要的理论与实践问题。中国的 STS 与马克思主义经典理论自然辩证法的传播有着密切的关联。在中国 STS 领域中，于光远、查汝强、李昌、龚育之、何祚庥、邱仁宗、孙小礼等著名学者都出自清华大学。清华大学 STS 的建制化发轫于 1978 年春季。顺应世界科技革命的历史潮流和"文化大革命"后拨乱反正的新形势，清华大学成立了以高达声为主任，由卓韵裳、曾晓萱、寇世琪、丁厚德、魏宏森、姚慧华、汪广仁、范德清、刘元亮等中年教师组成的自然辩证法教研组（后更名为自然辩证法教研室）。教研组成立伊始，便参加了教育部组织的全国理工科研究生公共课程《自然辩证法》教材的编写工作；同年秋季，即面向改革开放以后第一批走入校园的理工科硕士研究生开设了自然辩证法课程。接下来，又开设了面向全校博士研究生的课程——现代科技革命与马克思主义。伴随着教学工作的开展，教研室同仁在科学技术哲学、科学技术史和科技与社会等相关学科领域展开了学术研究。1984 年，曹南燕、肖广岭作为改革开放以后新一代的研究生，加入到清华大学自然辩证法教师的队伍中。与之前的教师大都出自清华大学本科的各专业不同，他们是第一批自然辩证法专业的研究生。紧接着，王彦佳（1985 年）、宿良（1985 年）、刘求实（1988 年）、单青龙（1988 年）、张来举（1990 年）、周继红（1992）等新生力量也加入进来。1985 年，自然辩证法教研室获得硕士学位授予权，并开始招收自然辩证法专业的硕士研究生。

随着教学科研力量的不断壮大，着眼于推动我国 STS 的协调发展，魏宏森、范德清、丁厚德三位教师于 1984 年向学校提交了成立清华大学科学技术与社会研究室的报告，并于 1985 年获得了校长办公会议的批准，这是中国第一个以 STS 命名的教学科研机构（据丁厚德老师说，科学技术与社会研究室这一名称，最后是由高景德校长敲定的），魏宏森担任研究室主任。1986 年，研究室开始招收 STS 方向的研究生。

1993 年，为迎接 21 世纪到来，造就理工与人文社会科学相融合的综合型人才，创办世界一流大学，清华大学决定成立人文社会科学学院。自然辩证法教研室和科学技术与社会研究室升格为科学技术与社会研究所。魏宏森担任所长，曾晓萱担任副所长。科学技术与社会研究所作为清华大学文科复建中创办最早的机构之一，借用清华大学人文社会科学学院老院长胡显章的话说：科学技术与社会研究所是当初建院时的一个有特色的机构，它秉承了清华大学"中西融会、古今贯通、文理渗透"的办学理念与风格，同时又鲜明地展现了新时期清华大学人文社会科学发展的方向和特色。

来到世纪之交，清华大学 STS 迎来了新的发展。1995 年秋季学期以后，随着作为创业者的八位教授逐渐退出教学一线，科学技术与社会研究所由曾国屏（常务副所长，所长）、曹南燕（副所长）、肖广岭（党支部书记）组成了新一代领导集体。接下来高亮华（1995 年）、李正风（1995 年）、方在庆（1995 年）、蒋劲松（1996 年）、王巍（1996 年）、王丰年（1997 年）、王蒲生（1998 年）、吴彤（1999 年）、刘兵（1999 年）、雷毅（1999 年）、杨舰（2000 年）、张成岗（2002 年）、刘立（2003 年）、鲍鸥（2004 年）、吴金希（2005 年）、洪伟（2010 年）、王程韡（2012 年）等各位教师陆续进入科学技术与社会研究所。2000 年，科学技术与社会研究所获得了科学技术哲学博士学位的授予权；2003 年，科学技术与社会研究所获得了科学技术史学科的硕士学位授予权；2015 年，科学技术与社会研究所又进一步获得了社会学博士学位的授予权，由此强化了研究所自身交叉学科平台的属性。2003 年，科学技术与社会研究所建立了清华大学人文社会科学学院最早的博士后科研流动站。2008 年，清华大学"科学技术与社会"获评为北京市重点学科

（交叉学科类）。2009 年，随着曾国屏所长将学术活动的重心转向清华大学深圳国际研究生院，吴彤（所长）、李正风（副所长）、杨舰（副所长）、王巍（党支部书记）开始主持研究所的工作。2015 年，研究所换届，杨舰担任所长，李正风和雷毅担任副所长，王巍担任党支部书记。

2000 年，清华大学以人文社会科学学院科学技术与社会研究所为依托，成立了跨学科的校级研究中心——清华大学科学技术与社会研究中心，清华大学党委副书记、人文社会科学学院院长胡显章担任中心名誉主任，曾国屏担任中心主任，曹南燕、吴彤、李正风先后担任了中心副主任。中心作为清华大学 STS 的重要交叉学科平台，旨在借助清华大学多学科的资源，对日益重要且复杂的科技与社会关系问题展开跨学科研究，促进 STS 交叉学科建设，推进 STS 人才培养，提升清华大学乃至中国学界在 STS 领域的活力和影响。科学技术与社会研究中心先后聘请校内外专家蔡曙山、刘大椿、邱仁宗、罗宾·威廉姆斯（Robin Williams）、约翰·齐曼（John Ziman）、马尔科姆·福斯特（Malcolm Forster）、山崎正胜、徐善衍、刘闯、刘钝、曲德林、崔保国、苏峻、梁波、郑美红等担任兼职或特聘教授，而清华大学科技史暨古文献研究所和清华大学深圳国际研究生院人文研究所等共建单位的高瑄、戴吾三、冯立昇、游战洪、邓亮、蔡德麟、杨君游、李平等同仁，也都成为清华大学 STS 的中坚力量。此外，清华大学科学技术与社会研究中心还参与了中国科协-清华大学科技传播与普及研究中心的创建（2005 年），并将该方向上的工作系统地纳入清华大学 STS 教学与研究当中，成为研究生招生的一个方向。曾国屏、刘兵先后担任该中心的主任。受中国科学院学部的委托，清华大学科学技术与社会研究中心参与了中国科学院学部-清华大学科学与社会协同发展研究中心的创建（2012 年，李正风担任主任），进而强化了清华大学 STS 在国家科技战略咨询方面的探索和作用。清华大学科学技术与社会研究中心为了大力推动 STS 的发展，于 2007 年成立了科学技术与产业文化研究中心，主任先后由曾国屏、高亮华担任；于 2012 年成立了新兴战略产业研究中心，主任由吴金希担任；于 2013 年成立了社会创新与风险管理研究中心，主任由张成岗担任。伴随着 STS 研究的实践转型，2019 年成立了能源转型与社会发展研究中心，担任中心主任的是科学技术与社会研究所培养的何继江博士。

清华大学 STS 经过多年的建设和发展，在教学和科研中取得了丰硕的成果。同仁致力于从哲学、历史和社会科学这三大维度上推进中国 STS 问题的综合研究，并在中国科学技术的创新、传播和风险治理等重大战略和政策问题上，打破学科壁垒，开展卓有成效的工作。清华大学同仁独自或参与编写的教材中，有多项获奖，或者成为精品教材。受众最多的自然辩证法课程，长期以来连续被评为学校的精品课程，而面向博士研究生开设的现代科技革命与马克思主义课程，则获得了北京市优秀教学一等奖（1993 年）和国家教育委员会颁发的优秀教学成果奖二等奖（1993 年）。据 2011—2013 年的统计，科学技术与社会研究所教师共开设课程 57 门，其中全校公共课 24 门，本所研究生专业课（多数向其他专业学生开放）33 门。在回应国家和社会发展需求与学术前沿的理论探索中，本所同仁也做了大量的工作。其中前者如参与和独自承担了一大批国家科技攻关计划、国家星火计划、国家科技政策研究等重大课题，如国务院发展研究中心主持的"九十年代中国西部地区经济发展战略"研究、"关于我国科技投入统一口径和投资体系的研究"（获国家科学技术进步奖）、《国家中长期科学和技术发展规划纲要（2006—2020 年）》的起草和制定（获重要贡献奖）、《全民科学素质行动规划纲要（2021—2035 年）》的研究、《清华大学教师学术道德守则》和《研究生学术规范》相关文件的研究和起草、中国科学技术协会《科学道德与学风建设宣讲参考大纲》和《科学道德和学风建设读本》的编写、《中国科技发展研究报告》的编写、《中国区域创新能力报告》和中俄总理定期会晤委员会项目《中俄科技改革对比研究》报告的编写、《科技进步法》的修订，等等；后者体现为承担了多项国家自然科学基金和国家社会科学基金课题、教育部人文社会科学面上研究项目，诸如"基于全球创新网络的中国产业生态体系进化机理研究""同行评议中的'非共识'问题研究""深层生态学的阐释与重构""特殊科学哲学前沿研究""空气污染的常人认识论"，以及国家社会科学基金重大课题项目"科学实践哲学与地方性知识研究""新形势下我国科技创新治理体系现代化研究"等。在多年的探索中，清华大学 STS 获国家、部委、地方及学校奖励百余项。出版中外文著作数百部，在国内外学术期刊上发表论文千余篇，主持"新视野丛书""清华科技与社会丛书""科教兴国译丛""清华大学科技哲学文丛""中国科协-清华大学科技传播与普及研究中心文丛""理解科学文丛"等多套丛书，参与主办重要学术期刊《科学学研究》。清华大学 STS 举办的科学技术与哲学沙龙已过百期，科学社会学与政策学沙龙、科技史和科学文化沙龙也已持续多年。

　　清华大学 STS 坚持开放和国际化的理念与方针。面向社会的广泛需求，同仁在参与清华大学各院系工程硕士教学的同时，还独自或合作举办了多种类型的培训项目、国际联合培养项目和双学位项目。作为支撑机构，清华大学科学技术与社会研究中心在推动清华大学-日本东京工业大学联合培养研究生（双学位）项目的进展方面贡献突出；清华大学 STS 与多所海外大学和研究机构的同行建立了合作关系，包括哈佛大学、康奈尔大学、匹兹堡大学、佛罗里达大学、伦敦政治经济学院、爱丁堡大学、俄罗斯科学院自然科学与技术史研究所、莫斯科大学、慕尼黑工业大学、宾夕法尼亚大学、芝加哥大学、明尼苏达大学、早稻田大学等。清华大学 STS 与海外机构联合举办的清华大学暑期学校已持续多年，如"清华-匹大科学哲学暑期学院""清华-LSE 社会科学工作坊""清华-MIT STS 研讨班"等，在人才培养方面取得了良好的效果。此外，清华大学 STS 是东亚 STS 网络（学会）的发起单位，是该网络（学会）首届会议和第 12 届会议的组织者；主办了"第 13 届国际逻辑学、方法论与科学哲学大会"，以及中俄、中日等多个多边和双边国际学术会议。

最让清华大学 STS 同仁深感骄傲和自豪的还是这个学科背景各异、关注重心有别、争论不断却不失温情的群体，以及从这里陆续走向四面八方的朝气蓬勃的学生。他们一批又一批地来到清华园中，不断增添了清华大学 STS 的活力。三十几年中，从清华大学 STS 走出了数百名硕士研究生、博士研究生和博士后研究人员，还有数以千计的各类培训班学员。如今，他们活跃在海内外的高等院校、科研机构、政府部门、社团和企业，彰显着清华大学 STS 事业的希望和意义……

40 年是一个值得纪念的日子，对于一个人来说，40 岁正处在精力充沛、人生鼎盛的时期。在清华大学 STS 迎来自己的 40 周年之际，2018 年，因一级学科评估等原因，学校撤销了作为实体机构的清华大学科学技术与社会研究所。面对突如其来的变化，同仁一致认为，在科学、技术与社会的关系日益紧密，以及新兴技术带来日益增多的价值、规范、伦理挑战的时刻，我们应该以一如既往地努力和坚持，建设好被保留下来的清华大学科学技术与社会研究中心。与此同时，同仁一致决定编辑出版本文丛。这不仅是为了向过往的 40 年中几代人不懈的努力和求索致敬，更是为了在对过往的回顾和总结中，展望未来，探索新的发展路径。

最后，再简单地介绍一下清华大学 STS 最近的发展和动态。2021 年秋季，清华大学科学技术与社会研究中心进行了换届，李正风接替杨舰担任主任，副主任由王巍、王蒲生、洪伟担任。根据新修订的《清华大学科研机构管理规定》，该中心成立了新的管理委员会，其成员由清华大学社会科学学院、清华大学图书馆和清华大学深圳国际研究生院三家共建单位的负责人组成，中心成员坚持在服务国家的重大战略研究和 STS 相关的基础理论研究等方面积极努力地开展工作。其中包括 2019 年参与邱勇院士牵头的"克服'系统失灵',全面构建面向 2050 的国家创新体系"的中国科学院院士咨询项目（获国家领导人重要批示）；2022 年参与邱勇院士牵头的"突破'卡脖子'关键技术问题的总体思路与针对性的体制机制建议"的国家科技咨询任务（获国家领导人重要批示），以及主持国家社会科学基金重大项目"深入推进科技体制改革与完善国家科技治理体系研究"、面上项目"社会科学方法论前沿问题研究"（2021 年）、国家自然科学基金专项"科研诚信知识读本"及"中美负责任创新跨文化比较研究"（2021 年）等。2023 年 8 月，清华大学科学技术与社会研究中心在清华园内召开了"清华大学 STS 论坛 2023"，各地校友线上线下 200 多人再次汇聚到一起，就"STS 视角下的中国式现代化"问题展开了热烈的讨论。在同年 11 月举办的"第十五届深圳学术年会学科学术研讨会"上，清华大学科学技术与社会研究中心举办了深圳挂牌仪式，并与深圳市社会科学院签订协议，在该院主办的《深圳社会科学》上共建"科技与社会"栏目。2023 年 12 月，清华大学科学技术与社会研究中心在清华三亚国际数学论坛举办工作坊，三家共建单位（清华大学社会科学学院、清华大学图书馆和清华大学深圳国际研究生院）的代表共聚一堂，商讨未来的发展大业……在 2024 年，清华大学科学技术与社会研究中心将在清华园中继续举办"清华-匹大科学哲学暑期学院""清华-LSE 社会科学工作坊""清华大学-宾夕法尼亚大学生命科学史与哲学""清华大学 STS 国际工作坊"，除此之外，还将与哈佛燕京学社联合举办为期 9 天的 STS 研习营，围绕数字时代科学技术与社会前沿的理论与实践问题，展开深入的学习和探讨。已经成为中国和东亚 STS 学术重镇的清华大学科学技术与社会研究中心，正在一如既往地开展工作……

　　本文丛由四个分册构成，分别是《科学技术哲学与自然辩证法》《科学技术史与科学技术传播》《科学社会学与科学技术政策》《我与清华 STS 研究所》。前三册基于清华大学科学技术与社会研究所的三个支撑学科——"科学技术哲学"、"科学技术史"和"科学社会学"之划分，也是当初自然辩证法教研室成立以来同仁即重点关注的学科领域。第四册的文章选自清华大学 STS 30 周年和 40 周年时，新老教师和各地校友的投稿。关于各个分册的内容架构和编辑方针，各分册的主编已有介绍，不再赘述。有人建议对同仁的工作做一概括性的介绍，那实非笔者功力所及，而且，对于同仁在 STS 领域所开展的不同维度的讨论，丛书编委们的工作对上述需求已做出了初步的回应。新冠疫情 3 年，打乱了原定的工作节奏。感谢各分册编辑，如果没有他们的坚持和努力，很难想象这项工作能够圆满完成。众所周知，科学出版社一贯坚持高质量的工作方针，这就要求同仁在对书稿的审校中格外用心，付出更多的时间和精力。感谢邹聪编辑、刘琦编辑以及在初期做了大量工作的刘红晋编辑和原科学技术与社会研究所办公室秘书李瑶，同时也要感谢那些从未谋面，但在幕后一丝不苟地工作、细致入微的文案编辑们。没有他们的严格把关和具体指导，书稿的整理和加工很难达到眼下这个程度。读到这一篇篇的文章，无疑会让人回想起一路走来的岁月。说到岁月，同仁都不会忘记以陈宜瑾老师为代表的办公室工作团队。上述工作的点点滴滴，离不开他们的参与和支撑，在此一并表示衷心的谢意。当然，尽管同仁已格外努力，但文丛中还是会留下一些不尽如人意的地方，在此恳请读者不吝赐教的同时，也多多包涵。

最后，值"清华 STS 文丛"出版之际，愿同仁面向未来，继续以积极的姿态关注来自现实的需求，并向海内外同行不断发出学术探索中的清华声音。

杨　舰

2024 年 3 月于深圳大学城

前　言

　　《科学社会学与科学技术政策》是"清华 STS 文丛"的第三分册,汇集了科学技术与社会研究所同仁在科学社会学和科技政策领域的代表作。在 2000 年前后,清华大学科学技术与社会研究所出现了两个重大转向:在学科视角上,从科学、技术与社会(science,technology and society,STS)转向跨学科的科学技术学(science and technology studies,STS);在实践层面上,受科技部、国家自然科学基金委员会、中国科学技术协会委托,开展了更多面向国家需求的科技政策相关研究。本书旨在回顾和总结科学技术与社会研究所同仁在转向前后的知识生产,亦为读者提供一个关于科学、技术与社会互动的全景式视角。本书收录的文章中提到的"科技与社会"和"科学技术与社会"所指相同。

　　第一部分"走向科学技术学的理论探索",收录了学科转向的相关文章。曾国屏的《论走向科学技术学》一文,振臂一呼,提出了 science and technology studies 的中文译法,并号召开展相关的学科建设。这篇纲领性文章影响深远,成为引领科学技术与社会研究所前行的理论大旗。这一部分不仅回顾了科学技术学的国际学术发展轨迹,还强调了其与科学社会学、科学史、科学哲学的紧密联系,为读者提供了一个宏观的理论视野。在这一转向的过程中,科学技术与社会研究所研究生积极探索,围绕杨柳青年画、英国政府的疯牛病危机和声音研究等主题开展了理论和实证相结合的研究。

　　如果说科学技术学关注的是科技本身与社会的缠绕和共生,默顿学派的科学社会学则侧重研究从事科技活动的人和社群。在第二部分"科学社会学视角下的中国科学共同体"，我们深入探讨了中国科技系统中存在的诸多挑战，如"系统失效"问题、科学家在决策中的角色选择问题、科学的职业化问题；也剖析了在航天工程中做出创新的个人王永志。第二部分还回顾了默顿科学社会学在国内外的发展趋势，并专文探讨"马太效应"与科研网络中的择优依附。

第三部分"社会形塑与国际比较中的科技政策"收录了实践转向以来的科技政策相关文章。其中，科学技术与社会研究所老教师丁厚德就同行评议中的"非共识"问题提出了政策建议。其余文章或从社会形塑的视角出发，考察《美国竞争法》的出台；或从国际比较的视角出发，考察和分析发达国家、新兴工业化国家和发展中国家的基础研究强度的发展轨迹，同时还涵盖了对俄罗斯科技政策和美国科研机构的利益冲突政策的研究。

第四部分"从国家创新体系到创新生态系统"收录了科学技术与社会研究所同仁在创新研究中紧跟理论前沿的代表性作品。曾国屏和李正风合著的《国家创新体系：技术创新、知识创新和制度创新的互动》一文，是二人进入科技政策领域的代表作。随着曾国屏南下深圳，他的研究场点发生了变换，所对话的理论也从国家创新体系变为创新生态系统。第四部分的其他文章选择国家创新体系中具体的产学合作案例进行研究，覆盖了产学合著论文、大学孵化器、公立产业技术研究院、向后学院科学转型中的海洋科研机构、产业技术创新战略联盟、公共科技服务平台等主题。

最后，新兴技术给我们的社会带来的不只是福祉，还有风险。科学技术与社会研究所同仁对此一向有警醒的认识和超前的研究。在第五部分"风险社会中新技术的社会治理"，我们聚焦于风险社会背景下的技术治理问题，包括预警原则争议、风险治理研究、大数据征信的隐私风险、美国的灾害社会科学研究以及人工智能时代的技术发展、风险挑战与秩序重构。

谨以此书纪念清华大学科学技术与社会研究所四十年的光辉岁月。

洪　伟

2024 年 1 月 20 日

于清华大学明斋

目　录

走向科学技术学的理论探索

科学社会学视角下的中国科学共同体

社会形塑与国际比较中的科技政策

从国家创新体系到创新生态系统

风险社会中新技术的社会治理

走向科学技术学的理论探索

论走向科学技术学

| 曾国屏 |

当代科技社会化、社会科技化日益发展，科技活动及其发展的作用和地位日益显著，对科学技术的研究与开发（R&D）成为重要的社会活动。2000年中国 R&D/GDP 达 1%，2001 年达 1.1%。在全面建设小康社会的历史阶段，科技[①]R&D 也进入高速增长期，应该较快达到 2%～3%。

科学技术、教育、经济、文化如此等等日常话语，人们耳熟能详。类比地看，应该有这样一门学科，如同教育学、经济学、文化学等学科那样，以科学技术为对象并形成相应的学科，即科学技术学。

一、一个分析的起点

假如真有一门科学技术学，以科学技术为研究对象，那么概括地说，其是对科学技术的活动和发展的研究。显然，这种研究的基本思路是一种从人文社会科学的角度来对科技活动和发展的分析和综合。简言之，主要是从文科角度对科学技术的再认识。当然，这种角度的研究，并不排除采用种种其他方法，包括采用科技方法、数理方法。

对"科学技术的活动和发展"的基本含义进行剖析，也就是从"科技活动维"和"科技发展维"分别加以剖析。

---

① 本文中，若非特别需要，一般对于"科技""科学技术""科学和技术"的含义不加区分。

科技活动，其最基本含义就是科技认识和科技实践两个方面。对于"科技认识"方面的研究，即大体上是科技认识论和方法论的研究，这当然就是"科技哲学"。对于"科技实践"方面的研究，可以说基本也就是关于科技（社会）实践论和组织论的研究，这大体上也就是"科技社会学"。

科技发展，其最基本的含义就是关于科技的历史、现在和未来的研究。对"科技的历史"的回顾考察、以史为鉴，就是"科学技术史"。"科技的现在和未来"也就是协调现在、谋划未来的问题，这方面的考察，大体上是"科技政策（和管理）"的基本任务（图1）。

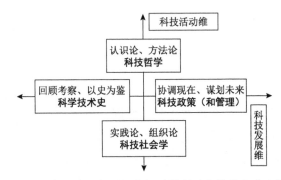

图1　对科技活动和发展的分析及其所对应的基本分支学科

图1中所示的是一种逻辑关系，我们可以将它看作是"科学技术学的学科构架基本原理"。这里提示我们，如果将"科学技术学"看作"学科门类"（或"学科群""一级学科"），那么其中至少包含如下四个基本的"次级学科"（或相应称作"二级学科"等）：科技哲学、科学技术史、科技社会学、科技政策（和管理）。

当然，学科构架基本原理也许更应是三维的，各个坐标间的可能组合也是丰富多彩的。

二、从国际学术发展的轨迹看

当科学大踏步前进，终于成为一种专门学术领域、一种显著的社会活动时，1837年威廉·惠威尔（W. Whewell）《归纳科学的历史》《归纳科学哲学》两本著作的出版，成为"科学史和科学哲学这两门学科产生的标志"[1]，也标志着科学史与科学哲学有着不解之缘。

科技史①与科技哲学带着这种不解之缘进入 20 世纪，在西方，特别是随着维也纳学派逻辑经验主义科学哲学的兴起，科学哲学几乎整整兴旺了一个世纪，20 世纪 60 年代更是达到了巅峰。东方的社会主义国家是在马克思主义的旗帜下开展工作的，关于自然辩证法，苏联侧重于"自然科学哲学问题"的研究，中国则在"自然辩证法"旗帜下建设一种综合性的学科群，或曰"大口袋"。

事实上，无论是东方还是西方，这些相关学科都打上了马克思主义的印迹。19 世纪，马克思主义创立者史无前例地关注和论述了科学技术。在此影响下，20 世纪 20 年代波兰学者提出了"科学学"（naukoznawstwo）一词，20 世纪 30 年代该词翻译成英文时采用了 science of science。特别是，1931 年在英国召开的国际第二届科学史大会上，苏联学者黑森（B. Hessen，又译作格森、赫森等）的《牛顿力学的社会经济根源》一文，产生了重要的国际性学术影响。

一方面，1939 年，英国物理学家贝尔纳（J. D. Bernal）出版了《科学的社会功能》，该书重点论述了科学活动的数量分析方法、科学教育、科学的应用、科学政策、科学研究的组织管理等问题，贝尔纳也被公认为科学学的主要创始人。[2]随后，主要在东欧国家，科学学得到了一定的发展。[3]"在国际上……曾达到一个共识，即东方国家（指苏联和东欧国家）的科学学基本上就是西方国家的科技政策研究。"[4]对于本文的讨论，注意到这一"共识"尤其重要。

同时期，也正是在黑森的影响下，20 世纪 30 年代，默顿（R. Merton）的博士论文《十七世纪英国的科学、技术与社会》②，首次使用了"科学、技术与社会"（STS）的提法，同时该论文也被视作科学社会学的奠基之作。

美国科学社会学的发展历程表明，科学社会学是社会学与科学学的结合，而科学史的研究在其中起到了重要的桥梁作用。[5]刘珺珺指出，"科学社会学的研究，或者说科学的社会研究从一开始就存在着两种研究传统，这就是以默顿为代表的研究传统和以贝尔纳为代表的研究传统"[6]。随着人们认识范围的不断扩大，广义的科学社会学研究或对科学的社会研究日益表现

---

① 在中文语境下，通常不对科技史和科学史做出区分。

② 其实，这是默顿博士论文于 1970 年再版时使用的名字，1938 年该论文最初在《奥西里斯》（*Osiris*）上发表时，采用的是《对科学史和科学哲学的研究，以及对学术和文化史的研究》（*Studies on the History and Philosophy of Science, and on the History of Learning and Culture*）。见：R. K. 默顿. 十七世纪英国的科学、技术与社会[M]. 范岱年，吴忠，蒋效东译. 成都：四川人民出版社，1986: 1.

出强大的生命力。

随着科学学、科学社会学在 20 世纪 50~60 年代的迅速成长，20 世纪 60 年代末以来，在美国出现了"科技与社会"的表述。殷登祥指出："广义的 STS 是一个学科群，是科学史、技术史、科学哲学、技术哲学、科学社会学、技术社会学、科技政策研究等学科对科学、技术和社会的相互关系进行研究的总称。这在美国学术界是一种比较流行的观点。"[7]

20 世纪 70 年代以来，科学知识社会学（SSK）在欧洲异军突起，它试图以社会因素说明科学知识的产生和发展。

特别还有，作为第二次世界大战以后国家大规模资助科学技术、介入国家科学技术活动的后果，以《科学：没有止境的前沿》[8]（1945 年）为代表的科学技术政策报告出现了。1963 年联合国在日内瓦召开科学技术会议以后，科技政策成为一个专业性术语并被发达国家共同采用。

因此，从学术研究、学科发展的轨迹上看，最先是科技史、科技哲学，而后是科技社会学、科技政策学（科学学）依次地出现了。

三、从学科体制化进程轨迹看

1892 年，法兰西学院终于首次设立了科学史教授席位。随后，在欧洲的多个国家，科学史的会议、协会、杂志有了较快的进展。萨顿（G. Sarton）于 1912 年在比利时创办科学史学术期刊 Isis（《伊西斯》，又译作《爱雪斯》），于 1920 年起在美国哈佛大学开设系统的科学史课程，又于 1924 年成立了科学史学会。在英国，科学史家辛格（C. Singer）于 1923 年建立了伦敦大学学院的"科学史与科学方法系"。[9]

1947 年成立的国际科学史学会和 1949 年成立的国际科学哲学学会，在 1956 年合并组成了国际科学史与科学哲学联合会科学史分部(IUHPS/DHS)。该分会现在是国际科学理事会（ICSU）所属 26 个科学联合会成员之一，有 44 个国家（和地区）的成员、19 个专业委员会。

在大学中学科建制的情况，是学科建设和成长的一个极为重要的标志。我们接下来考察一些国际著名大学的相关系所的建立和演变。

美国哈佛大学在 20 世纪 50 年代建立了"科学史系"。目前，该系有正式教员 19 人、辅助教员 4 人、教学管理人员 15 人（其中包括科学仪器收藏管理方面的人员）。

20 世纪 70 年代,美国宾夕法尼亚大学重组了"科学史和科学社会学系",有正式教员 9 人、助理教员 4 人。英国剑桥大学建立了"科学史与科学哲学系",有正式教员 11 人、系务工作人员 5 人、计算机工作人员 1 人、图书馆工作人员 3 人、博物馆工作人员 4 人及一大批兼职人员(其中在系里有办公室的有 7 人)。

1989 年,伦斯勒理工学院重组成立了美国第一个"科学技术学系",在美国具有最早授予"科技学"学士、硕士和博士学位的权利。该系有正式教员 14 人、兼职教员 3 人。随之,康奈尔大学重组建立"科学技术学系",涵盖从本科到博士教育;该校在第二次世界大战时期开始了科学史和相关讲座,20 世纪 70 年代设置了科技政策分析和相关学科,1991 年这些相关的领域联合发展成科学技术学系。目前该系有 15 名正式教员(含退休教授 2 人)和 3 名兼职教员。

尤为值得注意的是,1923 年最先建立"科学史与科学方法系"的伦敦大学学院,现在也已经将其改为"科学技术学系"。该系含本科(主要以辅修学位形式授予理学学位)和研究生教育,在英国首先具有授予科技学的学位的权利,研究方向包括关于科学的历史、哲学、社会学、政策学和传播学,有长期教员 9 人、研究员 4 人、管理人员 2 人、其他的课程教师 5 人。

在东京工业大学 20 世纪 90 年代进行的改革中,重新组合的"经营工学专攻"(系),包含 4 个讲座①(所):开发、生产流通工学讲座 11 人(技术创新、技术政策;生产管理、品质管理;等等);财务经营工学讲座 2 人(工业经营、经营财务、会计情报、理财工学等);经营数理、情报讲座 4 人(运筹学、应用概率论、数理计划法、经营情报系统等);技术构造分析讲座 7 人(科学史、技术史、科学技术社会论、科学方法论、知识构造论)。显然,其中主要的是:科学史、科技哲学、科技与社会,以及科技政策;这些学科也与情报信息分析、产业经营等具体的社会需求联系在一起。

另一个例子是明尼苏达大学。该校 1953 年率先成立了国际上第一个科学哲学中心;1972 年,又成立了科学技术史计划(program,通常非实体),其他还有信息处理史研究所、医学史计划和认知科学中心等。1992 年,上述相关中心和计划在美国国家科学基金会的资助下,联合发展成"科学技术学"(Studies of Science and Technology)计划。简言之,这些中心和计划由科学

---

① 大学为独立专业领域的研究、教育设立,是系、学科的构成单位,设置教授、副教授、助教等岗位。与之对应的是学科目制。

哲学、科学史走向了科学技术学。

以上的简单考察已经显示出：无论是在学术研究上，还是在体制上，就连对科学技术研究的某一方面，都走向了科技的多视角的研究；当代总趋势是走向"科学技术学"，并在相应的系、所中，都包含有科学哲学、科学社会学、科学史和科学政策学这样几个基本方面。

四、《科学技术学指南》所反映的情况[10]

由 4S 学会（Society for Social Studies of Science，科学的社会研究学会，成立于 20 世纪 70 年代）资助、一批名家编辑出版的《科学技术学指南》于 1995 年问世，其篇幅 820 页，正文包括 7 个部分共 28 章：

第一部分 概论

1. 重新发明车轮

第二部分 理论和方法

2. 科学动力学的 4 种模型

3. 科学技术学的未来：关于方法论的思考

4. 关于"性别与科学"研究的起源、历史和政治：一个第一人称的叙述

5. 科学学的理论图景：社会学传统

第三部分 科学文化和技术文化

6. 科学及其他内生知识体系

7. 实验室研究：对科学学的文化探索

8. 工程学

9. 技术的女性主义理论

10. 妇女和科学职业

第四部分 技术的建构

11. 社会历史的技术学

12. 从"影响"到社会过程：社会和文化中的计算机

13. 科学学与机器智能

14. 人类基因组计划

第五部分 科学和技术的传播

15. 话语、修辞和自反性：图书馆中的 7 天

16. 科学与媒体

17. 公众理解科学

第六部分 科学、技术与辩论

18. 科学的界限

19. 关于科学的辩论：美国公众争论的动力

20. 环境问题对于科学学的挑战

21. 科学作为知识产权

22. 科学知识、辩论和公共决策

第七部分 科学、技术与国家

23. 科学、政府和知识政治学

24. 与政治学的含义相同：美国的政府与科学

25. 科学技术政策议程的变迁

26. 科学、技术和军事：转型中的关系

27. 欠发达国家的科学和技术

28. 世界的全球化：国际关系中的科学和技术

该指南实际上是由 28 篇专题论文组成的，主要是关于科技社会学和科技政策学方面的内容。但该指南的导言中专门交代了与科学哲学、科学史的关系，指出较少涉及它们，只是因为不想重复大家已经相对熟悉的东西。因此，该指南大体上是从"科学技术学"的 4 个基本方面进行的内容组织。

五、关于 science and technology studies 的翻译

science and technology studies（或 science studies）怎样翻译，是一个有争议的问题。

一种建议是将其译作"科学技术研究"，但这样翻译会与科学技术之中的"科学技术研究"难以区分。而且，这种误解还会带来实践上的难以接受。在英文中，前者原文是 studies，而后者的原文一般采用 researches，其区分是明显的。

若干年前，在翻译约翰·齐曼（J. Ziman）的著作时，译者将 science studies 译成"元科学"[①]。针对该书，采取这种译法是无可非议的。但是，这是不是具有一般性的译法呢？近年，有学者建议，science and technology studies

---

① 例如，刘珺珺将齐曼的 *Introduction to Science Studies* 译成《元科学导论》。我们在齐曼的新作《真科学》中，将 metascience 仍译作"元科学"，而将 science and technology studies 译作"科学技术学"。

是指对科学技术认识和活动的再认识，因此是"科学技术元勘"[11]或"科学技术元究"，这的确也是非常有道理的。但是如果将之作为学科看待，采用"元勘"作为学科名称过于生僻，不符合我国学科目录上关于学科的称谓习惯。

还有学者认为，应该译作"科学技术论"。这样一来，暂时不考虑如何理解 theories of science and technology，当使用"论"时往往带上了浓厚的哲学色彩，正如 atomism、materialism 等所体现的，结果是仅仅将其划入了哲学的学科范畴。且不论科技社会学不属于哲学范畴，而且对于科学技术活动的现实协调和未来谋划也都统统不见了。再者，将"论"作为学科名称，也不符合我国学科目录上的称谓习惯。

因此，可能还是译作"科学技术学"比较好一些。何况，只要我们翻开英汉词典就可以知道，studies 本来就具有"学科"这样的基本含义。

以上的讨论，以及作为学科进行建设时考虑到我国关于学科称谓的习惯，比如，英文中没有"学"这种后缀的，如 education，在我国叫作"教育学"；再如，英文中另一种情况，如 Japan studies，既有称作"日本研究"的，也有称作"日本学"的，如果按照我们通常的习惯，即作为一门学科时总是叫作"××学"，那么，这最好叫作"日本学"。至于 science and technology studies，由于译成"科学技术研究"会造成不必要的误解，那么无论是从"实用性"上讲，还是从英文的含义和学科名称习惯上讲，译成"科学技术学"看来是一种可行的现实的译法。"新科学技术学"[12]，也就是"当代的"科学技术学。

六、我国的学科初创期：历史和共识

我国的实践，必须放在整个社会文化发展的大环境中来考察，包括要注意到我国曾经有过一个大哲学的时期。那时，许多人文社科的学科都被归结到"哲学"之中或是"哲学"的应用，如果说心理学和社会学学科的历程从一个侧面表明了这种情况，那么，有关科学技术的活动和发展的文科研究基本上都归于"自然辩证法"就是另一个侧面。

1956 年，在《1956～1967 年科学技术发展远景规划》中，提出了作为一门学科的"自然辩证法"。其中第九个研究课题是"作为社会现象的自然科学"。这正体现了我国的自然辩证法从来就不仅仅是"科技哲学"，而且是科技社会学、历史、政治学、政策学兼而有之。

1977 年 3 月中国科学院理论组、中国科学技术协会理论组和中国社会科学院哲学研究所自然辩证法室联合召开"自然辩证法座谈会"之后，"科学的春天"到来了，经邓小平圈批，于光远、周培源和钱三强为召集人成立了中国自然辩证法研究会筹委会。作为"全国科学规划会议"的一部分，《一九七八～一九八五年自然辩证法发展规划纲要（草案）》中，将自然辩证法定位为"马克思主义哲学科学的一个重要门类"，同时又将"科学技术史的研究""各门自然科学中的哲学问题的研究""总结运用自然辩证法解决实际问题的经验"等并列提出。[13]

方毅在中国自然辩证法研究会成立大会的讲话中指出："自然辩证法与科学技术史、科学学和科技管理等结合起来进行研究，日益紧密。……近来，国际上科学哲学的研究有和科学史的研究和科学社会学的研究日益密切结合的趋势。"[13]

于光远则提出：自然辩证法是一个"科学群或科学部门体系"。一方面，"作为对自然界的一般规律和自然科学方法论的科学论述的自然辩证法同历史唯物论处于并列的地位，它也是辩证唯物主义的应用和证明"，这是"狭义的自然辩证法"；另一方面，自然辩证法作为科学群或科学部门是"具有马克思主义的特色或色彩的诸科学部门的总体"，带有哲理性质，但"其中包括许多不属于哲学的科学部门"[14]。

龚育之 1980 年在《〈自然辩证法〉在中国——为纪念恩格斯诞生 160 周年而作》①一文中也指出："自然辩证法的研究同自然科学的理论和方法的研究，同自然科学史的理论研究，同科学学以及科学政策、科学管理的理论研究密切结合，是联系实际的必然趋势。"[13]

中国科学技术史学会成立大会于 1980 年 10 月在北京举行。[15]到 1983 年的第一届理事会工作报告中，已经提出了科技史研究开始深入探讨它的规律性问题，走向为四个现代化服务的道路。报告还指出，应该特别提及的是，近代科学为什么没有在中国产生？西方科学引进来后我国科学技术为什么发展这么缓慢？这个重大问题最近引起了科技史学界的共同兴趣。《自然辩证法通讯》杂志社于 1982 年 10 月在成都开了一次讨论会，而后出版了一本文集《科学传统与文化：中国近代科学落后的原因》，从政治条件、社会经济结构、文化背景以及科学技术本身的因素进行多方面的探讨。也就是说，科

---

① 此文的提要曾在 1980 年在北京举行的纪念恩格斯诞生 160 周年学术报告会上宣读，全文发表于 1981 年。

技史的研究，与科技的政治学、经济学、文化和哲学、组织体制论等方面的研究是内在地联系在一起的。

1979 年 7 月的第一届科学学学术研讨会是由中国科学院学部办公室、中国自然辩证法研究会和《自然辩证法通讯》杂志社共同发起的。冯之浚在纪念中国科学学与科技政策研究会成立 15 周年的文章中再一次重申："科学学的学科建设要坚持以马克思主义哲学，特别是马克思主义自然辩证法，作为科学学的理论基础。"[16]

1986 年中国首届"科学社会学学术讨论会"也是由《自然辩证法通讯》杂志社主持在广州召开的。

1981 年恢复办刊的《自然辩证法通讯》有一个副标题"关于自然科学的哲学、历史和科学学的综合性、理论性杂志"，次年改成"关于科学和技术的哲学、历史学、社会学和文化研究的综合性、理论性杂志"并沿用至今。

事实上，在我国，科学学、科学社会学等学科，都是在自然辩证法的旗帜下衍生和成长起来的。创办于 1979 年的《科学与哲学》，第 2 期就是"科学学专辑"[17]，而《自然辩证法通讯》自认为培育和促进了科学哲学、科学技术史、科学社会学等三个学科在中国的生根和发展。这也许并非言过其实。

七、走向科学技术学

在后来学科的发展过程中，各个本来有内在联系的学科群却是分布在不同的（高一级）学科之中的。学理上的共识并没有得到体制性的保障，其后果是相关学科没有得到协调的发展。

目前，尽管在我国的国家标准（GB/T 13745-92）中，科技哲学（720.1520、720.1530）、科学技术史（770.7025，科技史，列在专门史下）、科技社会学（630.3510，科学社会学，列在科学学与科技管理下）、科技政策（和管理）（630.3550，科技管理学，列在科学学与科技管理下）等四个学科都是存在的，科技哲学、科技社会学、科技政策（和管理）都是作为二级学科分布在其他一级学科之中的，而在国务院学位委员会办公室新颁布的学科目录中，科技社会学、科技政策（和管理）现在都不见了。科学技术史作为一级学科，既没有学科评议组，在种种基金中也（几乎）没有专门的"口粮"。目前，大体上可以说，自然辩证法（科技哲学）是"有户口、有口粮、力量大，但戴了一顶小帽子"；而科学技术史是"有户口、（基本）无口粮、地位高，但有些高处不胜寒"；科学学[科技政策（和管理）]是"不见了户口、到处能找口粮、最活跃，联系实际贡献显著"；而科技社会学的情况更弱一些。相应的三个重要一级学会是：中国自然辩证法研究会、中国科学技术史学会、中国科学学与科技政策研究会。

凡是列入其他一级学科之中作为二级学科时，以科学技术某一侧面为研究对象的二级学科总是在该一级学科中处于边缘地位，这已经是有目共睹的了。甚至连科技史，也曾面临 1996 年"拟将科技史从理工类调到哲学类哲学学科下作为二级学科"的风浪。经过各常务理事特别是名誉理事长卢嘉锡、钱临照、柯俊，理事长路甬祥和席泽宗亲自签名写信给国务院学位委员会、王渝生秘书长多次反映情况，最后终于将科学技术史列为一级学科。

2002 年由中国工程院、中国科学院、中国科学技术协会联合主办的"中国近现代科学技术回顾与展望国际学术研讨会"，实际上是由中国科学院自然科学史研究所承办的，会议论文集包括如下几个基本部分：科学技术发展与社会文化，"李约瑟之谜"及相关问题，基础科学、医学与农林，应用科学与工程技术，科技政策与管理及其他。在一个以"科学技术史"为主题的重要会议上，"科技文化""科技政策与管理"也堂而皇之地进入了殿堂。[18]

中国科学院自然科学史研究所所长刘钝（与俞晓群合作）在《科学史在中国》一文中指出：科学史特别是与相邻的学科如科学社会学和科学哲学互相渗透影响，从而构成一个研究元科学的新兴边缘学科群。

笔者也于 2000 年的自然辩证法学术年会上发表了《弘扬自然辩证法传统 建设科学技术学学科群》一文。[19]刘华杰在《多管齐下研究科学》一文中，主张"中国高校需要成立专门以科技为研究对象的系级建制，称'科技学'系是一种考虑"[20]。

新的行动也在形成之中，例如，江苏的 18 所高校的同行正在积极编写关于"科学技术学"的著作。再例如，大连理工大学成立了科学技术学系。武汉大学"科学学"交叉科学系列课程中，包括"科学引论""科学社会学""科学方法论""综合技术学""自然科学概念""科学技术史""交叉科学导论""决策学基础""自然辩证法""自然科学哲学问题"等课程。[21]这里恰恰也包括科技哲学、科技史、科技社会学和科技政策这样几个基本方面。

因此，新的共识正在形成之中，争取新的体制保障的共识也在孕育之中。

老一辈学者关西普在纪念中国科学学与科技政策研究会成立 20 周年的专文中写道："在我国科学学的建设和发展中，广义的科学学理论研究和教学工作者（其中包括自然辩证法和科学哲学）、中外科学技术史的研究和教学工作者、科技政策和管理工作者（包括各级科委、科协和科技研究机构的管理层）三支方面军的联合和协同作战，是我们的一个优良传统，应当继承和继续发扬。"[22]

正如科学技术学"学科门类"中包含着四个基本的"次级学科"所表明的，也就是说，要真正建立起来科学技术学"学科门类"，就至少需要四个基本的"次级学科"共同行动。因此，中国科学学与科技政策研究会、中国自然辩证法研究会、中国科学技术史学会，三家的共识和协调，是将"走向"变为"现实"、将"共识"变为"体制"的一个必要前提。这三家是有内在联系的，其会员、理事和常务理事也多有交叉。是携手共进、建设科学技术学"学科门类"（或"一级学科"）的时候了。①

这是历史的启示，学理的引导，也是现实的需要。

（本文原载于《科学学研究》，2003 年第 1 期，第 1-7 页。）

参 考 文 献

[1] 夏禹龙, 刘吉, 冯之浚, 等. 科学学基础[M]. 北京: 科学出版社, 1983: 30.

[2] 王续琨. 科学学: 过去、现在和未来[J]. 科学学研究, 2000, 18 (2): 19-23, 111.

[3] 查有梁, 查星. 科学学的奠基人——贝尔纳[J]. 科学学研究, 1996, 14 (2): 75-79.

[4] 罗伟. 科技政策研究[J]. 科学学研究, 2002, 20 (增刊): 127-139.

[5] 魏章玲. 美国的科学社会学[J]. 社会学研究, 1986, (1): 116-120.

[6] 刘珺珺. 科学社会学的研究传统和现状[J]. 自然辩证法通讯, 1989, (4): 18-25.

[7] 殷登祥. 时代的呼唤: 科学技术与社会导论[M]. 西安: 陕西人民教育出版社, 1997: 136-137.

[8] V. 布什. 科学: 没有止境的前沿[R]. 北京: 中国科学院政策研究室, 1985.

[9] 刘兵. 科学史的兴起与发展[J]. 哈尔滨师专学报 (社会科学版), 1996, (2): 1-9.

[10] Jasanoff S, Markle G E, Petersen J C, et al. Handbook of Science and Technology

① 正如列入"国家中文核心期刊"中关于科学技术的活动和发展进行文科研究的期刊数目所体现的，这比现在划分的一些"学科门类"还要大。以《中文核心期刊要目总览》（2000 年版）分类表为依据，至少可以列出如下的一些期刊: 目前划归"哲学"门类的《自然辩证法研究》《自然辩证法通讯》《科学技术与辩证法》; 目前划归"科学、科学研究"（显然，这里的"科学研究"即"科学学"）中的《科学学研究》、《科学学与科学技术管理》、《中国科技论坛》、《科研管理》、《中国软科学》、《科学管理研究》、《中外科技政策与管理》（改名为:《中外科技信息》）、《科技进步与对策》、《软科学》、《科学对社会的影响》; 目前划归"综合性科学技术"门类中的《自然科学史研究》《自然杂志》。这里就已经达到了 15 个。

Studies[M]. Thousand Oaks: Sage Publication, 1995.

[11] 刘华杰. 一点二阶立场——扫描科学[M]. 上海：上海科技教育出版社，2001: 125-128.

[12] 徐飞. 国际科学学研究的新进展[J]. 科学学与科学技术管理, 2000, 14(8): 16-18.

[13] 中国自然辩证法研究会, 自然辩证法研究资料编辑组. 中国自然辩证法研究历史与现状[M]. 北京：知识出版社, 1983: 223-240, 258-262, 335.

[14] 于光远. 一个哲学学派正在中国兴起[M]. 南昌：江西科学技术出版社, 1996: 555-557.

[15] http://www.ihns.ac.cn/xuehui/index.htm[DB/OL]. 2002-11-26.

[16] 冯之浚. 继往开来、迎接中国科学学发展的新局面[J]. 科学学研究, 1997, 15(2): 1-12.

[17] 陈益升. 通向世界科学学的窗口——从《科学与哲学》到《科学学译丛》[J]. 科学学研究, 2002, 20(增刊): 15.

[18] 中国工程院, 中国科学院, 中国科学技术协会. 中国近现代科学技术回顾与展望国际学术研讨会论文集[C].

[19] 曾国屏. 弘扬自然辩证法传统 建设科学技术学学科群[J]. 北京化工大学学报（社会科学版), 2002, (3): 9-14.

[20] 刘华杰. 多管齐下研究科学[J]. 自然辩证法研究, 2002, 18(1): 65-66, 72.

[21] 李光. 关于科学学理论与实践的几个关系问题[J]. 科学学与科学技术管理, 1997, 18(5): 44-48.

[22] 关西普. 说点"顾"与"盼"——纪念中国科学学与科技政策研究会建会 20 周年[J]. 科学学研究, 2002, 20 (增刊): 11-12.

消费文化语境中的杨柳青年画木版技术变迁

| 朱洪启，刘兵 |

技术的演化与变迁，是与具体的社会文化语境密切相关的。对此的理解，案例研究是一种很有效很具体的方法。本文以杨柳青年画木版技术的变迁及其所依存的地方性情境为例，进行了相关的分析与探讨，分析了特定文化语境中杨柳青年画木版技术体系的运作，重点探讨了当前杨柳青年画消费文化语境中的木版技术重塑过程。通过对杨柳青年画这一传统技艺在具体社会文化语境中运作过程的考察，我们可察觉技术体系与具体社会文化语境的文化融合及其技术转型，体会到社会文化语境对技术复杂的塑造作用。

本文中，社会文化语境主要是指年画的消费文化语境。杨柳青年画，作为一种大众消费品，在消费中获得了多元的价值和意义，而大众对杨柳青年画的消费活动既赋予了杨柳青年画特定的意义与价值，同时，对杨柳青年画的生产技术产生着重要的影响。随着杨柳青年画消费文化的转变，年画的文化意义发生了转变，同时，杨柳青年画的这种文化转型又重塑了杨柳青年画技术体系。

本文之所以以杨柳青年画木版技术的变迁为核心，主要是因为木版技术是杨柳青木版年画的核心技术之一，如今又被认为是杨柳青年画的重要象征元素。同时，在当前的社会文化语境中，木版技术的变迁是杨柳青年画技术变迁的焦点。

一、杨柳青年画木版技术概况

杨柳青位于天津市西青区，是我国重要的木版年画生产基地之一。杨柳青木版年画，创于明代，盛于清代，在清乾隆、嘉庆年间达到鼎盛，当时杨柳青一带形成了"家家会点染、户户善丹青"之盛况。

杨柳青木版年画的产生，依赖于雕版与印刷技术的成熟，但是，它更依赖于民间广泛地张贴年画的民俗需求。我国的雕版与印刷技术兴于唐代、盛于宋，但直至明末清初，尤其是康乾年间，我国民间大规模张贴年画的风俗及其文化体系才形成，此时，张贴年画的风俗已是定不可移的了[1]。在这种民间风俗的推动下，成本较低、生产速度较快、较易于操作的木版年画技术得以迅猛发展。

如上所述，民间文化需求促进了杨柳青木版年画的产生，同时，民俗需求也形塑着木版年画的木版技术。木版年画的木版技术肇始于唐宋以来的雕版技术，宋代的雕版作坊主要是刻印经卷与图书，刻印图书受文人审美的影响，崇尚典雅精致、含蓄和诗意；而印制年画受大众审美和年俗的影响，追求鲜明强烈，热情洋溢。于是，刻版的手法、技巧、审美，与刻印图书完全不同。许多年画产地的刻版刀法纯熟，刻技高超，其产品称得上是木雕中的上品。其线条追求简练流畅，刀随情走，极其生动，富于张力，印出画来，版味十足。如果将明清时期徽派和金陵派经典的书版和皇家的殿版拿出来，与杨柳青、朱仙镇、武强、杨家埠的年画古版比较一下，一望而知这两者全然是两个审美世界[1]5。

杨柳青木版年画的产生与发展，除了广泛的民俗需求之外，同时也离不开以下几个要件：其一，杨柳青当地盛产杜梨木，木质细腻坚硬，适于雕刻，这吸引了不少当地或外地艺人集此进行创作；其二，明清时期的杨柳青具有发达的航道水运资源，是东西南北漕运交汇的重要码头，这给杨柳青木版年画的制作、销售带来了无限的生机；其三，大量年画艺人的迁入，对杨柳青木版年画的兴盛和发展都起了积极的推动作用[1]12-14。

杨柳青年画初兴于明代。当时，乡人中有美术和雕刻的爱好者发现附近村庄盛产的杜梨木，木质细腻坚硬，适于雕刻，因之试刻了门神、灶王等年画印卖。当时的年画，一般都是用黄色纸，印上黑色或朱色线条，即告成功，比较单调、素朴。明万历年间，杨柳青出现了套色木刻，改用白纸，用朱、绿、黄、黑等颜色套印，并加简单涂色的画幅。至清乾隆和嘉庆时期，杨柳青木版年画从题材到形式都有了极大发展，尤其在创作技法上，已形成了杨柳青木版年画的独特风格[1]4-5。清末以来，杨柳青木版年画逐渐衰落。

杨柳青木版年画工序复杂，一幅年画制作完成，一般需要经勾、刻、印、画、裱五道工序。勾是指勾描画稿；刻是指年画制版，也称"雕版""刻版"，版材最初使用杜梨木，杜梨为野生树种，生长缓慢，木质软硬适度，纹理细腻；印是指在雕刻好的画版上"印画坯子"；画是指在"画坯子"上进行手工绘制；裱是指将制作完成的年画装裱起来[1]529-538。但过去发行于民间的杨柳青年画，大都不用装裱。由此可见，杨柳青的木版年画，并不只是一印了之，而是指在以木版印制的"画坯子"的基础上，再进行手工绘制，而且，后一程序在年画的制作中所占比重相当之大。木版套印与手工彩绘相结合，这是杨柳青年画的一大特色。当然，以这种方式制作的年画，也相应地具有了一种特殊的风格与韵味。

明至清末之前，杨柳青年画全是木版年画，之后，杨柳青年画先后经历过石印年画、胶版年画、丝网版年画等技术变迁，这一系列技术变迁的核心在于"雕版"这一工序的变革。在这一技术变迁过程中，杨柳青年画的消费文化始终是一个重要影响因素，对杨柳青年画木版技术的形塑发挥着重要的作用。

二、传统杨柳青年画消费文化语境中木版技术之危机

（一）传统杨柳青年画消费文化：生活审美的表达

传统杨柳青年画的消费文化的核心是年画的题材与内容，年画是生活审美的表达方式之一。年画在年俗及人们的日常生活中扮演着重要的角色，传递着社会信息，展现着人们的生活审美，是民间社会文化表达的一个重要手段。

杨柳青年画题材丰富，不仅有娱乐休闲、烘托节日气氛、装饰居室之功能，还具有一定的文化传播及社会规训的作用。

首先，杨柳青年画满足了人们的年俗及民间各种习俗的需求。每当新年时，人们为了装饰居室，烘托节日气氛，表达新年的祈望，往往要张贴年画。装饰居室、烘托新年气氛是年画最基本的功能。同时，门神、灶君、天地众神等神像年画，也满足了民众的心理需求及民俗需求。

其次，杨柳青年画产生于民间，用于描绘民间世俗生活，反映人们的生活追求，传递人们的心理感觉，非常符合人们的审美趣味。由此，年画具有强大的信息传播功能，是我国传统社会中信息传播的一个重要渠道，具有强大的社会规训力度。

清道光二十九年（公元 1849 年），在李光庭著《乡言解颐》中记有"新年十事"，在"年画"一事中说："扫舍之后，便贴年画，稚子之戏耳。然如《孝顺图》《庄稼忙》，令小儿看之，为之解说，未尝非养正之一端也。"李光庭为直隶宝坻县人，他所见的年画是指前人所说的"卫画"，即杨柳青年画作坊刻印的《二十四孝图》《大庆丰年》之类的农民喜看的故事内容[2]。可见，年画不仅是年俗的载体，不仅有审美的功能，还有"养正"之意义。

由于新年时几乎家家户户都要张贴年画，年画的消费群体几乎覆盖了所有人家，尤其是在信息传输不太通畅的广大农村地区，年画是一种重要的信息传播渠道，对社会的规训起着重要的作用。

当然，如果从传播的角度来看，杨柳青年画还有其他一些传播教化的功能，如传播农业知识和社会理想、传播科学思想观念，以及启蒙社会新思想等。由于年画的价格低、发行量大、广受人们喜爱等特点，它作为一种信息传输渠道，具有极高的效率。在新中国成立之后，政府也曾更加有意识地利用年画作为政治宣传的手段。

年画，是一个文化传承及传播的重要载体，是个体体会、感悟社会理念的一个重要方式，是个人与社会发生联系的一个重要媒介。年画，是一种符号，是将社会的结构或秩序以一种图像形式的再现。

我们可以把年画作为一种社会叙事，年画中的图像及其意境，是当时一种理想的生活方式或生活哲学的体现，是人们心目中美好的生活理想的展现。在日常的观看中，年画不再仅仅是一幅图画，它还成了人们的行动宝典，或者说它成了行动者所拥有的内隐的、共享的"袖里乾坤"[3]，年画中的场所与人们日常生活的场所融为一体。

（二）传统年画消费文化语境中杨柳青年画木版技术的"危机"

清光绪年间，日本"中东洋行""中井洋行"运来的彩色石印"洋画"侵入中国年画市场[4]205，这些"洋画"不是用木版技术，而是用石印技术制作而成。石印技术是平版印刷的一种技术，可以将色彩复杂而丰富的绘画制版印刷。19 世纪初，石印技术已在欧洲普及，清末传入我国并在年画生产中得到广泛运用。由于石印年画画面色彩更加鲜艳，且以机器成批印制，与木版年画相比，其成本较低，售价比木版手工印绘者低廉。

国外石印仿华年画之输入，促进了天津、上海、杨柳青石印着色的年画印行的发展。同时，上海彩印的"月份牌"年画也在天津出现[4]206。"月份牌"是一种新的年画形式，多使用石印技术印制，成本较低，颜色比较鲜艳，画样新颖好看，售价比传统木版年画低廉，这极大地冲击了杨柳青木版年画市场。

如此，清末兴起的以石印机器印制的年画迅速占领了杨柳青木版年画市场。到了辛亥革命后，杨柳青木版年画虽然尚有新题材的画样刻印，但已寥寥无几、屈指可数了。此后，天津杨柳青的年画作坊，都以刷印门神、灶君、天地众神等为主。这是因为百姓皆认为木版刻印者才是神灵所附，故畅销不绝，尚能维持下来[4]207。

后来，胶印年画取得进一步发展，如民国期间，天津富华印刷局，搜集炒米店等村遗存年画，研究画面特点，聘请画师重绘后石印出版。后又改作胶印，物美价廉，更加夺走了传统年画的市场[1]16。

后来由于战乱，本已处于危机中的杨柳青木版年画更是雪上加霜，画版也被破坏无数。

直至新中国成立初期，政府采取了一些抢救措施，杨柳青木版年画又得以初步恢复，但在"文化大革命"期间，受破"四旧"的影响，传统杨柳青木版年画又受到严重摧残。

20 世纪 80 年代，胶印技术得到广泛应用①，杨柳青年画社大量生产胶印杨柳青年画约数百万张②。

从以上论述我们可以看到，自清末以来，杨柳青年画木版技术已步入衰落期，虽然新中国成立初期，政府曾试图进一步发展杨柳青木版年画，但经"文化大革命"的影响，并没能持续下来。这一时期杨柳青年画木版技术的衰落，有许多因素在起作用，如传统年画消费文化、战乱的影响、新技术的侵入、政治环境的影响等，但在这众多的因素当中，年画消费文化对年画技术的形塑作用是巨大的。本文仅关注这一时期杨柳青年画的消费文化对杨柳青年画木版技术变迁的影响。

这一时期，由于人们对于杨柳青年画的消费，核心并不是杨柳青年画的传统技术，而是年画的题材与内容，因此，杨柳青年画传统木版技术的衰落并没有成为人们关注的焦点。在此情境中，人们并不在意年画是不是木版年画，石印以及胶印年画同样能满足人们的消费需求。在这一语境中，成本较低的石印以及胶版年画依然具有广大的市场和广泛的需求。总之，这一时期，

---

① 胶印具有墨层薄、颜色鲜亮、色调柔和的特点，胶印工艺较简单，印刷量大、周期短、成本低。
② 据杨柳青年画业协会会长李明禄讲述。

人们并不刻意去追求木版年画（除部分神像类年画之外）。年画生产的传统木版技术迅速被成本更低的石印技术及胶版技术所取代。传统木版年画技术衰落，传统木版年画艺人迅速减少，传统技术的传承中断。在这一技术变革进程中，经济的因素，或者说成本的因素，发挥着重要的作用。石印年画以及胶印年画主要是凭借着更低的销售价格使传统的木版年画淡出了历史舞台。

1992 年，玉成号画庄成立，民间木版年画作坊重现杨柳青。自此以后，民间木版年画作坊发展迅速，现已发展到 40 多家[①]。杨柳青木版年画又逐渐复苏发展起来。但此时的杨柳青木版年画，并不是传统杨柳青木版年画的重现。随着社会文化的转变，杨柳青木版年画的文化定位及技术体系已发生了整体性的转型。

三、杨柳青年画新的"看点"的产生与文化定位的转变

随着社会文化的急剧变迁，人们对于生活的感知发生了显著的变化，而且，文化表达方式日渐丰富与多元化，视觉产品表现出了鲜明的时代性。在此社会语境下，传统年画遇到了巨大的生存危机。

在现代社会中，传统年画已有了一种对于当代人而言的"古旧"感觉。现代的人们会更多地把年画作为一种历史的遗留物、一种传统民俗的物质载体，或作为一种民间艺术品而用现代艺术的概念、范式去进行艺术史的分析，而年画中所蕴含的兴奋与生活审美的深意，却渐渐淡化，传统年画已失去了其原来意义上的观众。

然而，另一方面，在当今繁杂的视觉产品世界中，年画却又具有了另一种意义上的"可看性"。在新的社会文化语境中，传统年画产生了一种新的"看点"，而这种"看点"，是由年画的地方性、民俗性、传统性的特征所造成的，或者说，是在传统与现代的碰撞之中，地方性与全球性磨合的语境中所形成的，而这种"可看性"造成了现代社会中的年画角色的转变，这与传统社会中年画作为人们的生活审美的媒介已有所不同。其传统性、民俗性及地方性塑造的特殊品味，使现在的杨柳青年画成了一种满足现代娱乐（或需求）的一道文化景观。此时的杨柳青年画，已不是年文化的组成部分、年画的题材，也不再具有信息传播与社会规训的功能。杨柳青年画被赋予了新的

---

① 据杨柳青年画业协会会长李明禄讲述。

文化形式，以及新的文化意义、文化品位。

这种新的文化品位，是在我国文化急剧转型，传统文化快速消退的社会环境中所孕育的一种大众文化需求，展现的是在现代化进程中，人们对传统及民间地方性文化的怀念之感。当前杨柳青年画的文化魅力，正是它的传统性、民俗性及地方性特征，而这些特征的表现，又紧密地与其传统的技术体系相联系。虽然现在的杨柳青年画市场中，有些消费者并不会特意追求年画是不是用传统技术加工而成的，那是因为他们主观上已经把各种新技术生产的杨柳青年画"当成"传统杨柳青年画。其中的原因很多，如普通消费者因艺术修养或对年画了解的欠缺，并不清楚年画生产的传统技术与现代年画生产技术的不同，从画面上也很难分辨出差别；或者由于普通消费者只要求"像"传统年画，能够表现出一定的传统性及地方性与民俗性韵味即可。

当前人们对杨柳青年画传统技术的变迁，最为关注的就是杨柳青年画的木版技术，木版技术已成为杨柳青年画传统技术体系的一种符号性的象征。是不是木版年画，成为判断当前的杨柳青年画是不是传统年画的重要标志。对木版技术的消费，也相应地成为当前杨柳青年画消费的焦点，成为杨柳青年画新的看点的根源，成为杨柳青年画新的文化品位的根源。现在，人们真正消费的，是以木版为代表的杨柳青年画传统技术的文化价值，而其具体的艺术内容却退居第二位了。

正是由于普通消费者一方面很难辨识和欣赏木版年画的艺术意蕴，但新的非木版制作的技术又不断出现；另一方面又将年画的传统象征与对传统的木版制作技术的追求相联系，这种带有内在冲突的现状构成了当下杨柳青年画木版技术发展所特有的矛盾境况。

四、在杨柳青年画定位之冲突中的技术重塑

在当前杨柳青年画的发展中，有两种因素在强烈影响着年画的技术演变。一是杨柳青年画的传统与文化因素，这种因素带动着杨柳青年画传统技术的发展；二是杨柳青年画的市场因素，这种因素倾向于选择成本低的现代年画生产技术（即非木版的制作技术）。在这两种不同因素的作用下，人们对年画的定位，出现了多维性。

当前，杨柳青年画艺人对于杨柳青年画是否应该坚持传统技术，尤其是否应该坚持传统的木版技术，观点不一。有些年画艺人认为年画工艺的变迁

是正常的，新的丝网版年画①及胶版年画在有些方面要比木版年画的艺术效果更好；而有些年画艺人则认为，非木版的杨柳青年画就是假的杨柳青年画②。在政府方面，则主要还是宣传与适当倡导杨柳青年画传统技术的发展，但与市场的力量相比，这种倡导的力量是比较弱小的。

当前，杨柳青年画的价格及销售量的大小，主要取决于年画的寓意及图像好看与否，而图像的差别主要来自手绘部分的功力。在杨柳青年画中，工序最为烦琐的是脸部的手绘，主要在于眼、嘴，各画店都有自己的开眼、开嘴的秘方。当前杨柳青年画的价格主要取决于这些手绘细节的成本。同时，由于利用传统工艺进行生产的成本也比利用现代技术高很多，且难度大，生产速度慢，不利于盈利。甚至于，利用丝网版、胶版等新技术生产的杨柳青年画，与利用传统的木版技术生产的年画相比，普通人通常看不出其差别，市场也很好，这就导致传统木版技术在市场竞争中处于劣势，而各种新技术则得到广泛使用。

现在杨柳青的一些小型画店，生产的几乎都不是传统木版年画。有些大型画店，也在利用丝网版技术或胶版技术生产年画。现在，在杨柳青年画店中，坚持使用传统木版技术的已是非常少了。

但是，当笔者在考察中，以游客的身份在每个画店向店主询问该店的年画是不是木版年画时，各店无一例外均回答说自己店中的年画是纯正木版年画。例如，某家画店宣称自己为"传统正宗，纯正木版，手工彩绘"，或在店前的幌子上写着"杨柳青木版彩绘年画"等等，有些画店极力宣扬它的历史悠久。

但事实上，根据进一步了解，在这些店铺中，只有极少数画店生产销售的是木版年画。店家之所以都宣称自己的年画是木版年画，既是由于一般顾客区分不出木版年画与丝网版、胶版等非木版年画之间的区别，但更为主要的则是由于销售者也意识到，在当下人们的心中，杨柳青年画的魅力在很大程度上来自其古老的传统工艺，而传统工艺的一个重要象征又是由木版技术来体现的。这种在消费者实际的审美需求与对年画文化之技术象征的追求之间的不一致，反映了当前杨柳青年画市场中，年画生产的传统工艺与年画生产的现代技术之间的冲突，反映了传统工艺与现代市场环境之间的冲突，反

---

① 丝网印刷属于孔版印刷，现代丝网印刷技术，利用感光材料通过照相制版的方法制作丝网印版，丝网印刷设备简单、操作方便，印刷、制版简易且成本低廉，适应性强。

② 据笔者在杨柳青年画作坊的访谈资料。

映了传统文化遗产与现代社会文化之间的冲突；同时，这种市场的混乱，也反映了人们的一种心态的混乱，对杨柳青年画定位的混乱，反映出人们对杨柳青年画的文化定位的多维性。

在这种定位多维性的环境中，杨柳青年画陷入矛盾的发展空间之中。一方面，杨柳青年画具有浓厚的地方性、传统性、民俗性的文化特征，并且它已成为全国非物质文化遗产，所有这些，都在促使杨柳青年画保持其传统技艺，这给杨柳青年画的发展提供了一种保持传统技艺的动力。但与此同时，由于现代年画市场的原因，更易于盈利的成本较低且较易于掌握的新技术逐渐取代传统技术，现代年画市场使得杨柳青年画获得了技术更新的动力。在经济利益的推动之下，杨柳青年画又在偏离传统，传统技术日益衰落。丝网版、胶版等现代技术在杨柳青年画作坊已得到普遍使用。

在这一次技术变迁中，文化因素与市场因素同时发生着作用。杨柳青传统木版年画在新的社会文化语境中显示出巨大的文化魅力，这使得传统的杨柳青木版年画得以部分复苏，并且，在这种新的社会文化语境中，以传统木版技术为核心的杨柳青年画传统技术成为消费的焦点。然而，随着传统杨柳青年画市场的扩大，各种低成本的年画生产新技术侵入，使得年画生产成本降低，从而在市场中与传统木版技术产生了激烈的竞争。

在杨柳青，由于年画传统技艺的传承出现过一些断层，另外一些重要传统工艺也已处于失传或濒于失传的状态，例如，在杨柳青会调配传统的植物与矿物颜料的人，已几乎没有。对于本文核心讨论的木版技术而言，传统的木版制作技术也处在衰落之中。其原因也是多方面的。首先，在历史上，杨柳青盛产杜梨木，杜梨木非常适于雕版，但现在，杨柳青已没有了杜梨木，使得年画雕版缺乏最佳的传统材料。其次，由于技术传承的中断，现在杨柳青会雕版的艺人已非常少了。最后，雕版所需时间较多，且难度较大，这就导致与年画生产的新技术相比，其成本较高，从而使得愿意创作、经营木版年画的经营者比较少，而在这少数的木版年画生产经营者当中，多数人出于价格等因素的考虑，不得不到外地去定做雕版。

五、结语

（1）杨柳青年画消费文化对杨柳青年画木版技术的形塑发挥着重要的作用。在不同的杨柳青年画消费文化中，杨柳青年画木版技术的变迁呈现出不同的轨迹。

（2）在当代社会文化语境中，杨柳青年画的魅力主要来自其传统技术，这就导致传统技术成为当前杨柳青年画消费文化的核心，尤其是其木版技术。随着年画消费文化的变迁，人们开始在意传统的技法、传统的价值、传统的意蕴。但是，这种对于与文化价值相联系的传统技术的消费，是与非木版的新制作技术在经济方面有利之处相冲突的，而普通消费者又因种种原因无法辨识出不同制作技术在画面效果上的细微差异。这就构成了一种传统技术体系与市场经济之间的冲突和错位。

（3）就发展策略而言，对于杨柳青年画还要不要坚持其木版技术的问题，本文认为，这也许将取决于具体社会文化语境中年画的消费文化的变迁与在市场经济下技术发展之间的互动的结果。在 20 世纪 80 年代之前，年画是年俗的重要组成部分，也是人们生活中的重要成分，是一种重要的民间的文化表达方式，当时年画消费文化的核心是年画的题材与内容，而不是年画的传统技术。在这样的文化语境中，年画的技术革新并没有引起公众的关注与争议；而在当下的文化语境中，杨柳青年画的传统技术体系是年画消费文化的焦点，在这种文化导向之下，杨柳青年画的木版技术成为杨柳青年画魅力的根源，如若放弃木版技术，则杨柳青年画就会在当前的社会文化语境中丧失生命之源，成为无本之木。但是，在实践中，基于消费者实际的审美需求、对传统技术之文化象征的追求，以及实际生产成本的市场动力这三种重要力量彼此互动，关于传统的杨柳青木版技术之未来究竟将会有怎样的前景，现在要做出确实的断言恐怕仍为时过早。

（4）因而，我们可以看到，研究杨柳青年画制作技术，为我们理解技术变迁、文化语境与市场需求之间复杂的互动关系，提供了一个很有意思的案例。

（本文原载于《自然辩证法研究》，2008 年第 7 期，第 43-48 页。）

参 考 文 献

[1] 冯骥才. 中国木版年画集成：杨柳青卷[M]. 北京：中华书局，2007.

[2] 王树村，王海霞. 年画[M]. 杭州：浙江人民出版社，2005：1-3.

[3] 特纳. 社会学理论的结构（下册）[M]. 邱泽奇，等译. 北京：华夏出版社，2001：254.

[4] 王树村. 中国年画史[M]. 北京：北京工艺美术出版社，2002.

从"统治"到"治理"

——疯牛病危机与英国生物技术政策范式的演变

| 高璐，李正风 |

从"统治"（government）到"治理"（governance）被看作是当前政府管理模式的重大转变。"统治"通常被看作是"一种自上而下根据法规以相当具体和细化的方式规制个人或机构行为的管理方式"，而"治理"则试图"通过行动者的自我规制实现期望的结果"[1]。有人认为这是用多个参与者情境化的"行动权"（power to）取代政府作为中心角色的传统的"控制权"（power over）[2]。有学者认为"治理"模式的出现，不但意味着非政府行动者在决策中作用的增强，而且逐渐表现为政府-社会关系的愈趋复杂，在新型关系中，是行动者网络而不是等级关系在主导着决策的过程[3]。

关于"治理"范式的讨论源起于制度经济学、国际关系、组织理论、政治科学与公共管理等领域的不同学科[4]。但值得注意的是，一方面，在这些讨论中与科技决策相关的案例往往成为人们分析的重要对象；另一方面，近年来，"治理"问题也成为科学学（science of science）、科学技术学（science and technology studies）研究的重要内容。比如，英国学者凯瑟琳·莱尔（Catherine Lyall）和乔伊斯·泰特（Joyce Tait）等于 2005 年出版了《治理的新模式》，旨在"发展一种关于科学、技术、风险与环境的整合的政策进路"[1]。再如，2008 年出版的《科学技术学指南》第三版[5]中专门有一章对科学技术治理的 STS 视角进行了讨论。我国一些学者也已对"科学与治理"[6]及全球化科学治理[7]等问题做出了相关的探讨，治理理论关心的问题主要是社会是怎样组织和管理的，各种关于治理的理论在不同程度上都是以现代社会某些重要变化的特征为出发点的[6]。

然而，"统治"与"治理"范式的根本差异是什么？科技政策的制定模式如何从"统治"走向"治理"？哪些重要因素在这样一个范式的转变中起到了重要的作用？对这些重要问题的探讨仍然有待深化。本文以英国生物技术规制政策的转型为案例，特别通过对疯牛病和转基因作物等危机事件对政府决策模式的影响进行分析，以探究"统治"和"治理"两种范式的特征以及相关行动者对范式转变的影响；同时本文试图通过这一分析来阐明"治理"范式的发展与新兴科技带来的复杂社会关系的新变革之间的契合。

一、疯牛病危机：对传统"统治"范式的挑战

疯牛病是牛海绵状脑病①（bovine spongiform encephalopathy，BSE）的又称。1985 年英国首次发现牛感染疯牛病，公众在 1986 年的报纸上了解到这种新型的传染病。之后十年，疯牛病迅速蔓延，波及数十个国家。英国政府在疯牛病发现的早期错误地估计了风险，未能及时阻断疯牛病的传播，使得疯牛病事件最终演变成英国政策领域的一场危机。疯牛病事件的核心在于如何处理对牛的已知危险和对人的未知风险的问题。科学与不确定性及其所带来的治理与信任的问题在疯牛病事件中极大地凸显出来[8]。2000 年英国政府发表长达 16 卷的《疯牛病调查报告》[9]（The BSE Inquiry Report），对这一时期的政府决策进行了详细的分析②。在此我们将具体探讨政府决策通过怎样的政策议程完成，哪些因素影响了政府的决策。对这些问题的分析，将引导我们发现传统的"统治"模式的特点，以及这种模式所面临的挑战。

（一）"权威性"的决策中心与"政府-专家"共同体

《疯牛病调查报告》第 15 卷《政府与公共管理》（Government and Administration）对英国各相关政府部门传统的政策过程进行了分析。政策过程无疑是复杂的，但总体上看，"政府-专家"共同体构成了权威性的决策中心。在英国，政府部门的主要职责一是为当选政府提供政策建议，二是根据

---

① 牛海绵状脑病是由传染因子引起的牛的一种进行性神经系统的传染性疾病。该病的主要特征是牛脑发生海绵状病变，并伴随大脑功能退化，临床表现为神经错乱、运动失调、痴呆和死亡。

② 2000 年由英国疯牛病调查委员会公布的《疯牛病调查报告》披露了大量的官方文件与书信，并对当事人进行了大量访谈，详细记录了疯牛病危机的政策始末。本文参考了报告中的若干章节，来讨论疯牛病时期的政策范式。在下文的引用中，只注明卷期和页码。

部门职责制定并实施相关政策，议会则负责监督部长及各部门对其政策做出合理解释。部长作为主要决策者在政策过程中具有核心作用。在遇到政策问题时，部长的信息主要来源于部里的高级官员与其他公务员，同时部长要充分考虑专家意见，包括科学家、律师、经济学家、统计学家和其他相关领域的专家。之所以需要这些专家意见，是"因为当部门内的专业和技术能力不断下降时，部长们却不得不回答各种各样复杂性不断增加的问题"（Vol.15，36）。但值得注意的是，为官员们提供政策建议的专家往往是"组织好"（well-marshalled）的专家，或者是"自己的专家"（own specialist staff）。对此，有两种解释，一是这些专家更了解决策的情景与问题，可以为政府的决策提供更直接、更有效的支持；二是这些专家更愿意配合政府的意志，可以更积极地用"科学的"证据来为政府的决策辩护。

在疯牛病事件中，"卫生部（Department of Health）与农渔食品部（Ministry of Agriculture Fisheries and Food，MAFF）都严重依赖自己的专家"（Vol. 15，23）。1988 年 5 月，在公众的压力下，根据卫生部的建议，农渔食品部成立了带有外部专家咨询委员会性质的索思伍德工作组（Southwood Working Party），作为官方研究机构来评估疯牛病对牲畜和人类可能产生的影响。这一机构自成立之初就备受争议，主要原因是这一工作组与政府关系密切，共同工作。评估过程中农渔食品部不仅控制着资料来源，更控制着评估和研究的结果。对此，《疯牛病调查报告》认为，在疯牛病早期，"政治控制了科学"。索思伍德工作组经历若干次会议，最终得出结论疯牛病是一种动物传染病。在其 1989 年的报告中，工作组指出"疯牛病对人类的危害看上去还是很遥远的"（Vol. 4，45），并推断牛是疯牛病的唯一受害者，在经过 1993 年的高峰期后，疯牛病将在 1996 年消失（Vol. 4，32-33）。"索思伍德报告被农渔食品部和卫生部的许多官员，有时也被部长，看作包含了专门的科学家基于对风险和应对风险的必要措施的评估之上的权威性的结论"（Vol. 4，1）。时任食品大臣大卫·麦克林（David Maclean）甚至认为："索思伍德报告是我们的圣经……我们有索思伍德报告，再没有什么比索思伍德报告更科学了。"（Vol. 4，68）

显然，在这个过程中，"政府"与"专家"之间形成了一种"权力-知识"共同体，它们实现了政府的"合法性"与科学的"合理性"之间的结合。在传统的"统治"模式下，这种"政府-专家"共同体成为权威性的决策中心。对此，《疯牛病调查报告》引用农渔食品部官员罗伯特·洛森（Robert Lowson）的话："对于疯牛病的政策过程，当部长已经做出了决定，而这一决定是建

立在咨询委员会的意见上时，那么我们就很难再去质疑了。"（Vol.15，25）

（二）影响决策的因素与政治控制科学的方式

1984 年疯牛病开始在英国出现，1985 年确认首例疯牛病。此时一些科学家便认识到这种疾病可能迅速蔓延，并对人类产生影响，必须采取措施。但政府一直采取谨慎保密的态度来应对可能产生的风险。农渔食品部有意识地淡化其危害，认为这只是从羊传播到牛的一种痒病而已。1987 年该部门已意识到疯牛病可能会威胁人类，但国家兽医局在大约 6 个月的时间内禁止公开任何有关新发现的疯牛病的消息。此后，相关部门更是想方设法封锁消息，掩饰疯牛病风险的存在。是什么因素影响了这个决策？调查委员会对此的解释是：采取这种做法的主要原因，是担心倘若走漏了消息，可能会影响出口，并会产生政治影响。"农渔食品部意识到这将使英国牛肉面临空前的信任危机，而由此对个人、厂家和政府造成的经济损失是非常严重的。"（Vol. 6，726）

在应对疯牛病风险和危机的政府决策中，有两个特点是值得注意的：第一，政府决策中基于经济、政治的考量遮蔽了其他相关者的切身利益，特别是消费者的健康和生命安全；第二，政治控制着科学，科学被以特殊的方式作为支持其错误决策的依据。

决策过程中政治控制科学的方式主要体现在三个方面。第一，政府严格垄断相应的研究工作，主要手段是不向他人提供病牛的活体组织，如兽医检查出疯牛病，该病牛立即被宣布为国家财产而扣留。对科学家的自主研究则取消或大幅度削减其研究经费，以限制科学家与政府意志不一致的独立研究。第二，通过受控的"专家委员会"对疯牛病的风险进行官方评估，以获取对官方意见的"科学支持"。对此，上述的索思伍德工作组即为一例。第三，根据受控的"科学证据"，认为没有证据表明疯牛病对人类有风险。直到 20世纪 90 年代初，一种类似于疯牛病的疾病在猫身上突然蔓延开来，这很可能是人类社会暴发这种疾病的先兆。但相关部门的官员仍然以缺乏科学证据为由极力否认英国牛肉对人类的风险，认为"英国的牛肉绝对是安全的"（Vol. 6，368），风险由此被长时期秘密地锁在了决策者手中。

政治对科学的控制，实质在于滥用科学的权威，以及公众对科学的信任，以之服务于特定的政治目的或经济利益。在疯牛病的案例中，政治控制科学以比较极端的、比较引人注目的方式展现了在传统的"统治"模式下，政府维系其"控制力"并实施自上而下的"统治"一般采取的一种基本手段：控制信息源并过滤信息，掌控对信息的解释权和话语权。

（三）独立科学家、媒体和公众的角色

疯牛病出现伊始，一些独立科学家便开始展开相关研究，并不断挑战政府散布给公众的信息，他们的意见被媒体宣传后，引起了民众对这一问题的关注与担忧，同时也给英国政府造成了一定的压力。一个典型案例是当时在利兹大学工作的英国微生物学家斯蒂芬·迪勒的相关研究[10]。1987年迪勒见到英国医学杂志关于疯牛病的相关报告后，与伦敦的公共卫生实验服务中心联系，但该中心的回答是他们奉命不向任何人提供消息，而且自己也不开展研究。同年，迪勒发表文章，认为感染疯牛病的牛肉对人类十分危险。此后，政府取消了给他提供的研究经费，迪勒只好靠个人和朋友的资助继续研究疯牛病对人类潜在的危害。迪勒数次将其研究成果提供给政府有关部门，农渔食品部认为他的数据错误，没有意义。但迪勒的研究逐步引起公众的注意，他所设立的网站得到越来越多的关注。与此同时，媒体也在不断挑战政府的权威，如1990年5月13日，《星期日泰晤士报》发表了头版标题文章《权威食品科学家呼吁屠宰600万头牛》，提醒公众疯牛病传染给人类的可能性正在增加（Vol. 6，360）。

独立科学家的研究和媒体的报道影响着公众对政府发布的信息的判断，公众开始质疑政府决策的可靠性。但总体上看，在这种"统治"模式下，公众往往成为风险信息的最后知情者。不论在决策的过程中，还是在风险评估和管理的过程中，公众都难以介入。公众是决策结果和风险信息的被动接受者。然而，值得注意的是，正是"统治"模式的这一特点，带来了对该模式的根本挑战。因为当政府难以控制风险并不得不向公众披露相关信息时，风险往往已经演变成为社会危机。英国疯牛病的案例正是如此，事实上，随着令人担忧的科学证据日益增加，政府在1996年意识到"纸是包不住火的"，英国卫生大臣在1996年3月宣布在人身上出现的新型克雅氏病①病症可能与1989年禁止销售动物肉骨粉②的措施实施之前食用的牛肉有关，这立即引起

---

① 新型克雅氏病是一种可传播的脑病，发病机理为小脑和大脑皮层为主的海绵样变性和朊病毒的出现。在20世纪90年代科学家就开始怀疑新型克雅氏病与疯牛病有关。

② 肉骨粉是用不适于食用的家畜躯体、骨、内脏等物作原料，经熬油后的干燥产品，以此为牲畜提供蛋白质。有人认为疯牛病的肆虐发展就是因为这一饲养方式改变了原有的畜牧业养殖手段。英国在发现疯牛病之后一部分病牛被制成了肉骨粉，20世纪90年代后，英国本国已经禁止用肉骨粉当作饲料，但英国政府仍不断将肉骨粉出口到欧洲的其他国家，这一做法颇受指责。

了英国社会的恐慌。此时，因疯牛病而带来的英国政治、经济和科技领域的全面危机已经形成。

（四）疯牛病危机的实质及其影响

英国官方对疯牛病的最终态度为：它是 "全国性的悲剧"，其对英国社会产生了 "破坏性的" "深远的" 影响[11]。在英国疯牛病盛行的 1993 年，每周有超过 1000 例的人类病例报告，到 1997 年，英国因感染疯牛病死亡的人数已达到 80 人。疯牛病对英国经济也产生了巨大的影响，1996 年 3 月，政府终于向公众公布了实情，这立即引起了社会恐慌。上百万消费者不再吃英国牛肉，伦敦股票价格大跌，英镑对马克、美元的汇率下降，贸易逆差扩大，失业率与通胀率上升，国内生产总值下降，英国经济损失惨重。

然而，疯牛病事件带来的更深刻的危机是公众对政府，以及 "政府-专家" 决策共同体的信任危机。尽管疯牛病后期政府开始采用一系列手段阻断疯牛病传染的链条，控制疯牛病可能带来的潜在风险，但公众已经丧失了对政府的信心，随之而来的是公众对专家意见、科学家权威，以及决策过程和政策透明度的质疑。因此，对于整个英国社会来说，疯牛病危机产生最持久的影响当属其对既有的以专家为中心的政策制定模式的动摇[12]。可以说，疯牛病危机带来了对传统的 "统治" 范式的深刻挑战，最终演变为传统的 "统治" 范式的危机，而在这种危机的背后蕴含着催生新的 "治理" 范式的重要动力。

二、重塑政策范式：走向新的 "治理" 结构

疯牛病的危机直接影响了英国公众对新兴生物技术领域的态度。1998 年，英国阿伯丁罗威特研究所的普兹泰教授在参加节目时宣布转基因土豆对老鼠的内脏和免疫系统均造成了破坏，这一事件引起英国社会对转基因作物的讨论与反抗。尽管普兹泰本人的研究成果在事后被证明也存在着缺陷，但这一事件却激起了人们对转基因技术的不信任，英国政府也再一次陷入生物技术政策的困境之中。公众对转基因技术的态度从某种程度上是受到疯牛病危机的影响，这不仅是公众对政府的信任危机，而且是对以 "政府-专家" 共同体为核心的传统 "统治" 模式的信任危机。为了克服这种信任危机，英国政府通过探索新兴生物技术政策开始重塑政策范式，并逐渐走向新的 "治理" 模型。

（一）开放、透明的政策体系

在疯牛病危机中，公众对政府最强烈的批评是政府隐瞒实情，不让公众知道坏消息的做法。在疯牛病之后，政府强调政策一定要保证公开与透明[11]。1999 年，英国首相和内阁大臣向国会提交了《现代化政府》（Modernizing Government）白皮书，主旨就是要建立开放的、一体化的政策制定体系。传统的简单化的、自上而下的统治模式开始逐渐被开放、一体化的透明政策取代，随之而来的是一场管理范式的悄然的革命。

开放的政策制定模式以公众的广泛参与为特点。英国政府在 2002 年启动了"转基因国家？公众讨论"（GM Nation？Public Debate）全民辩论计划，并发布三份与转基因作物安全相关的报告，即转基因引起的社会与经济问题、转基因科学评估以及转基因作物的大田评估实验①。这场全国范围内的"转基因国家"的辩论有着不同于以往的政策目标：发起一场创新的、有效的和协商性的转基因问题公众辩论，探讨转基因作物在英国进行商业化的可行性，并通过这场辩论，为政府决策提供公众意见（特别是基层民众意见）作参考。辩论提出了四项原则：主动为公众提供所需的相关信息；由公众决定辩论应涉及的议题；促使尚未发表看法的公众参与；保证辩论不受特定的倾向性意见控制。2003 年 9 月，专家委员会向英国政府递交了关于转基因公众辩论的研究报告，报告总结出在转基因辩论中体现出的七点主要问题，涵盖了英国民众对转基因研究及其相关的应用问题的态度，成为政府了解民意，制定政策的重要依据。

政府通过实行危机事件的早期预警与透明的政策过程机制来放弃部分的"控制权"，用来换取更大范围内政策参与者的"行动权"，这种政策信息与政策过程的开放型管理是治理模式的重要特征。

（二）解构封闭的决策中心

在传统的"统治"模式下，"政府-专家"共同体构成权威性的决策中心，这种决策结构以专家拥有甚至垄断决策所需要的科学知识为前提。在"治

---

① 2003 年 7 月英国发布 "Field Work: Weighing up the Costs and Benefits of GM Crops"，其中对英国社会在转基因作物领域的成本与收益做出了评估。2003 年 7 月发布的 "GM Science Review" 从安全角度评价了转基因作物。2003 年 10 月，英国政府又发表了全世界规模最大，历时五年的转基因作物大田评估实验（Farm Scale Evaluation）结果。

理"的新型模式下,这种封闭的中心模式正在消解。在这个过程中,建立科学家、专家与社会公众之间的互动关系,让公众理解科学、参与科学,并开放决策过程中政府、科学家与公众联系和共享信息的通道,成为一项基础性工作。1998 年,英国就曾经组织过生物技术领域 "公众理解科学" 的讨论会,其目的是 "让外行公众清楚地认识到并明确提出自己的期望和关注,并打算在决策中考虑他们的这些期望和关注" [13]。此后关于公众理解、参与科学的研究、讨论和活动成为构建英国新型 "治理" 结构的重要内容。2009 年 4 月,英国科学与创新大臣德雷森勋爵(Lord Drayson)认为,公众对科学知识的理解是英国保持其领先科学地位不能缺少的要素。2009 年春天发布的英国政府 "科学与社会" 规划中有很大篇幅关于如何促进科学家与普通百姓之间的对话,让媒体、产业界与科学共同体共同宣传与科学相关问题[14]。英国首相布朗在 2009 年 1 月 28 日发起了一个名为 "科学:那又怎样?"(Science:So what?)的运动,该运动的目的就是要建立起科学与平民之间的联系,让人们认识到科学并不仅仅是枯燥的知识和专家的特权,科学存在于公民的生活之中并关联着公众的切身利益。

(三)不断扩大的政策共同体

重建公众的信任不仅仅是让公众信任科学知识本身,更重要的是让人们对相关机构与政策制定过程产生信任。因此政府为了达到更大范围内的同意与信任,不断扩大政策共同体的范围。英国政府在 1999 年发布的生物技术治理回顾报告——《生物技术管理与规章制度》(The Advisory and Regulatory Framework for Biotechnology)中,建议组建两个委员会,以便以一种 "更开放、更长远的视角来发展生物技术"。这两个委员会分别是人类基因委员会(the Human Genetics Commission,HGC)和农业与环境生物技术委员会(the Agriculture and Environment Biotechnology Commission,AEBC),分别对与人类基因及卫生相关和新型农业生物技术相关的问题做出跨越多学科的考量。报告体现出政府构建一个开放的政策共同体(policy community)的愿望,并期待这一开放的政策共同体能够更好地认识到在新兴生物技术领域中公民社会、科技与产业间的复杂与紧张关系[15]。

如在人类基因研究的问题上,其政策共同体的核心是由以内阁办公室与贸工部及卫生部的研究机构等组成的,人类基因委员会是整个政策共同体的外延,其目标是给政府提供人类基因领域社会、伦理和法律方面的建议,关键职能是促进讨论，并听取公众和各利益相关者的意见。人类基因委员会的格言是公开与透明，它位于政策共同体的外围意味着能够更好地接受来自外部与内部的信息，起到桥梁作用。我们可以看到这一政策共同体中第一次有了公众的地位。公众不仅可以通过人类基因委员会间接地传达他们的意见，政府在做出具体决策前一般也会进行公众咨询，用来支持其决策过程[16]。

（四）强化新兴科技的社会研究

在疯牛病危机中，受政府控制和约束的研究，以及缺乏充分有效的信息，是影响评估和管理风险的重要因素之一。因此，在重塑政策范式的过程中，特别是面对不确定性更大、社会关联性更强的新兴生物科技领域，加强独立的科学研究，尤其是对新兴科技的社会研究，成为一项重要工作。从人类基因组计划开始，对生物技术领域的伦理、法律和社会问题（ELSA）研究的支持已经固化成为一种"制度化"投入[16]。在英国，由于其突出的社会反对力量，英国政府不断寻求通过对基因技术相关的社会研究加大投入，来润滑技术与社会的交界面的阻力。

英国的经济与社会研究理事会（ESRC）是英国最重要的社会科学研究理事会，它资助了一系列与基因和生物技术问题相关的研究项目。基因研究网络（ESRC Genomics Network，EGN）是 ESRC 在 2002 年开始资助的一个为期 10 年投入高达 1250 万英镑的跨学科研究网络。这一研究网络包含 5 所英国大学，由 3 个中心及 1 个论坛组成，其关注的重点是生物技术与经济社会之间相互作用的机制及其相关的政策问题。研究网络中的社会科学家们定期组织讨论，共享研究成果，组织公众参与科学等活动，积极促进政府、学术界、科学家及公众的交流。社会科学家与其他的行动者一起参与到政策制定过程中，社会科学家不仅仅是学术问题的研究者，同时也是政策实践的参与者。

除此之外，英国诸多学会及研究理事会，如生物技术和生物科学研究理事会（BBSRC）也会在特定项目中规定社会科学家的参与，尤其在新兴的合成生物学等领域，社会科学家与科学家正一道探讨技术应用的规范与前景，定义新技术可能出现的应用及伦理问题。科学技术研究与社会科学研究的关系在新兴的生物技术领域已经发生了巨大的变化，两者已经由互不交融变成合作研究。这既体现了新兴科技发展的特点，也重塑了新的"治理"结构的要求。

三、从 "统治" 到 "治理"：演进轨迹与比较分析

从 "统治" 走向 "治理" 是社会转型的必然趋向，但在不同的国家有不同的演进轨迹。[17]在英国，疯牛病等危机事件促使公共管理模式的转变代表了一种特殊的演进路径。疯牛病以相对集中和极端的方式暴露出传统的 "统治" 范式的局限性，并催生了新的 "治理" 范式。其特殊性在于以下几个方面。

第一，对疯牛病事件的处理最初基本上是在 "统治" 的范式下进行的。因此，"统治" 特点在此过程中得到了充分的体现。

第二，疯牛病事件最终演变为一场涉及政治、经济、科技等诸多领域的社会危机，这同时也是传统的 "统治" 范式面临的全面危机。具体表现为公众不但失去了对政府的信任，而且失去了对既有的以 "政府-专家" 为中心的政策制定模式的信心。

第三，对传统的 "统治" 范式的信任危机，导致了英国在制定针对新兴生物技术领域的科技政策时难以延续传统的政策模式。在克服这种信任危机，探索新型的生物技术政策的过程中，英国政府开始重塑政策范式，并逐渐走向新的 "治理" 模式。

基于以上的案例分析，我们也可以对 "统治" 与 "治理" 两种政策范式进行比较分析（表1）。

表1 "统治" 与 "治理" 两种政策范式比较

管理模式	"统治"	"治理"
国家角色	权威	组织者、协调者
政策主体	国家	国家行为者和多种功能的利益相关者
政策目标	追求共同的 "国家利益"	统筹各方利益
运行方式	以控制为基础的单向命令机制	多方协商，达成一定程度的共识
界限	明确的界限	更加灵活
对风险的态度	认为风险是可以控制的	承认风险的复杂性，力求达到最优决策
政策共同体	小范围，封闭	开放的，不断扩大
权威	政府与专家	难以定义权威
公众角色	被动的，最后的知情人	参与到决策过程中，公众意见受到关注

传统的"统治"范式的一个突出表现就是公共权力资源配置的单极化和公共权力运用的单向性[18]。在"统治"范式中，国家政府是唯一的权威，其政策共同体由政府部门和与之紧密关联的专家组成，"政府-专家"构成了合法性与合理性结合的决策权威。从疯牛病案例中我们能够发现专家治国是"统治"范式的显著特点，专家意见成为政策实施的保护伞，此时的政策共同体是封闭的，公众被完全排除在政策过程之外，成为对风险的最后一个知情人。

"治理"理论的核心是非政府参与者在政策制定过程中作用的提升与国家角色的转变。"治理"与"统治"最基本的甚至可以说是本质性的区别就是，"治理"虽然需要权威，但这个权威并非一定是政府机关；而"统治"的权威则必定是政府。各种公共机构只要其形式的权利得到了公众的认可，就可能成为各个不同层面上的权力中心。"治理"范式下，国家成为斡旋者，多元的行动者参与到社会事务的治理中来，其政策目标也由一个单一的共同国家利益转变为统筹协调，达到多方利益的平衡。"治理"中的权力运行方向不再是自上而下单一向度的，不是单纯的控制与统治，而应包括上下互动、彼此合作、相互协商的多元关系。

在科技领域，科学专家不再是唯一的权威，人们对科技权威从怀疑到不信任，最终权威成为模糊的概念。多元政策共同体的构建能够消除单一权威的影响力。对于复杂科学技术问题，"治理"范式强调多种相互影响的行为者的互动，政府需要引入更多的参与者，政府部门需要与产业、科学家以及公民个人一起解决问题，实现公共利益的最大化。也正是因为这样的需求变化，一些研究领域的合作模式已经改变，社会科学研究与科学研究已经在某些特殊领域融为一体，成为推行新政策、治理新问题的必要条件。社会科学研究在科技问题上的回归体现了科技发展在向以人为本的向度延伸。

（本文原载于《科学学研究》，2010 年第 5 期，第 655-661 页。）

参 考 文 献

[1] Lyall C, Talt J. New Modes of Governance: Developing an Integrated Policy Approach to Science, Technology, Risk and the Environment[M]. Hants: Ashgate, 2005.

[2] Pierre J, Peters B G. Governance, Politics and the State[M]. New York: Palgrave Macmillan, 2000.

[3] Bache I. Governing through governance: education policy control under New Labour[J]. Political Studies, 2003, 51(2): 300-314.

[4] Stoker G. Governance as theory: five propositions[J]. International Social Science Journal, 1998, 50（155）: 17-28.

[5] Hackett E J, Amsterdamska O, Lynch M E, et al. The Handbook of Science and Technology Studies[M]. 3rd ed. London: The MIT Press, 2008.

[6] 樊春良. 科学与治理的兴起及其意义[J]. 科学学研究, 2005, 2（1）: 7-13.

[7] 苏竣, 董新宇. 科学技术的全球治理初探[J]. 科学学与科学技术管理, 2004, （12）: 21-26.

[8] 黄小茹, 樊春良, 张新庆. 疯牛病事件与英国科技伦理环境的变化[J]. 科学文化评论, 2009, （2）: 48-60.

[9] GM Government. The BSE Inquiry Report[EL/OL]. http://www.bseinquiry.gov.uk/[2009-02-27].

[10] Bartlett D M C. Mad Cows and democratic governance: BSE and the coonstruction of a "free market" in the UK[J]. Crime, Law & Social Change, 1998, 30: 237-257.

[11] GM Government. The Interim Response to the Report of the BSE Inquiry by HM Government in Cosultation with the Devolved Administrations[R]. London: The Stationery Office, 2001.

[12] Frewer L, Salter B. Public attitudes, scientific advice and the politics of regulatory policy: the case of BSE[J]. Science and Public Policy, 2002, 29（2）: 137-145.

[13] 李正伟, 刘兵. 生物技术与公众理解科学——以英国为例的分析[J]. 科学文化评论, 2004, 1（2）: 61-74.

[14] Bauer M. The evolution of public understanding of science - discourse and comparative evidence[J]. Science, technology and society, 2009, 14（2）: 221-240.

[15] Salter B, Jones M. Changing in policy community of human genetics: a pragmatic approach to open governance[J]. Policy and Politics, 2006, 34（2）: 347-366.

[16] Rip A. Future of ELSA[J]. EMBO Report, 2009, 10（7）: 666-670.

[17] 胡祥. 近年来治理理论研究综述[J]. 毛泽东邓小平理论研究, 2005, （3）: 25-30.

[18] 俞可平. 治理和善治引论[J]. 马克思主义与现实, 1999, （5）: 37-41.

从意识形态批判到"交往理性"构建

——深度解释学视域中的哈贝马斯技术批判理论

| 张成岗 |

"意识形态"一词最初出现于 18 世纪晚期，由洛克（J. Locke）及其门徒特拉西（Tracy）创造[1]1-2，目前已经成为重要学术领域。在传统理论倾向上，人们通常将意识形态视作与科学无关；20 世纪中叶以来，以法兰克福学派为代表的西方学者开始抛弃科学与意识形态不相容的观念，提出科学技术本身已成为一种新意识形态。法兰克福学派试图用不同方式把意识形态概念融进现代工业社会的更广泛框架内，进而对现代社会中意识形态的性质与作用提出了一种独特而新颖的解释，这一解释包含着对现代社会发展特点和人类命运的关怀。[2]107 比如，霍克海默（M. Horkheimer）提出"科学是意识形态"的观点，指出"不仅形而上学，而且还有它所批评的科学，皆为意识形态的东西；后者之所以也复如是，是因为它保留着一种阻碍它发现社会危机真正原因的形式"[3]。哈贝马斯（J. Habermas）则进一步发展了该思想，提出科学技术即意识形态的理论，并论证了"技术统治论"作为新意识形态的特征。20 世纪 80 年代以后，国际国内的意识形态研究文献都有日益增多的趋势，以至有学者感觉，"意识形态概念在近些年中被非常广泛地使用，并在某些地方受到猛烈批判，使它已丧失了它的一些分析性益处和理论吸引力"[2]356。本文认为，理解当代科技实践活动时，意识形态批判理论具有其合理性与必要性，不应被盲目批判和简单抛弃。

意识形态是一种象征形式，深度解释学主要关注意识形态的社会背景，认为意识形态的生产与接受发生在结构性社会背景内，技术是象征形式的物质基础。"象征形式分析可以在我称为'深度解释学'的方法论架构内得到最适当的概念式说明"[2]294,深度解释学可以分为三个阶段,它"为意识形态解释提供了合适的架构,但意识形态解释对深度解释学的各个阶段作了与众不同的批判性改变"[2]318,意识形态研究在根本上是一种解释学问题,可以在深度解释学方法论构架内得到恰当说明。社会理论既具有分析性又具有解释性,"在现代性理论中,尤其在哈贝马斯的现代性理论中,在研究社会时既要使用解释学的方法又要使用分析的方法"[4]。本文试图利用深度解释学的方法论构架对哈贝马斯现代性理论中从意识形态批判到交往理性构建的逻辑演进加以分析。

一、社会—历史分析:"新意识形态"的背景透视

汤普森(J. Thompson)指出,意识形态一般用来指"个别的信仰体系或象征形式,它们在世俗化以后出现,服务于发起政治运动抑或掌握现代社会中的合法政治权力"[2]93。不同思想家往往会以不同方式使用此概念,比如,有人用其指"以理性论述来推动社会重建公共工程的象征系统";有人用其指"综合的和总体的个别政治信仰体系或学说的具体部分"。汤普森认为,使用上的多义性通常会缩小意识形态与统治之间的关联,引导我们仅仅去关注个别的政治学说或象征体系,而深度解释学社会历史分析阶段的主要目的就是重构象征形式生产、流通与接收的社会历史条件。对意识形态的关注把我们的注意力引向了对象征形式与统治关系的关注以及对意识形态产生与接收背景的关注。[2]93-94

19世纪后期,资本主义进入所谓"晚期资本主义时期",哈贝马斯注意到,在新历史时期,资本主义国家出现了两种新趋势:一是国家干预活动日益频繁;二是科学与技术之间相互关系日益密切,科学技术成了第一生产力。"研究和技术之间的相互依赖关系日益密切;这种相互依赖关系使得科学成了第一位的生产力。"[5]58 科学、技术和生产被融合到单一的高度生产性体制中。技术与科学成为第一生产力后,改变了剩余价值的主要源泉,技术与科学构成社会劳动根基中最主要部分,对现代化进程起着直接甚至决定性作用。这种趋势所表征的"来自下面"的合理化的新变化必然要求意识形态作出相应回应。意识形态所要解决的合法性问题实际上也就是解决如何使群众只关心技术问题而不关心实践的问题。在新的历史情境下,传统文化已丧失提供

合法性的力量，"补偿纲领代替了自由交换的意识形态……政治不是以实现实践的目的为导向，而是以解决技术问题为导向"[5]59-60。

20 世纪 20～40 年代欧美的历史情境和社会发展状况构成早期批判理论形成的社会历史背景。霍克海默和阿多诺根据启蒙与统治的总逻辑分析了现代社会中革命潜力被遏止、挫败的结局。他们认为，随着科技的发展，人们越来越把自然界（甚至包括人类的内心世界）看作技术控制的一部分。在此过程中，传统社会神话的、泛灵的信仰被不断抛弃；工具理性以及技术控制观念逐步成为占据主导地位的文化。法兰克福学派用"文化产业"一词来指称 19 世纪末 20 世纪初娱乐业在欧美兴起所带来的文化的商品化，他们认为，娱乐业作为资本主义企业的兴起导致了文化形式的标准化与理性化，而这一过程反过来却使人们以批判与自主方式思考和行动的能力萎缩了[2]108-109，"文化产业的发展是现代社会中增加理性化和物化过程的内在部分，这个过程使得人们越来越难以独立思考和越来越多地依赖于他们极少或无法控制的社会进程"[2]111。在此社会历史背景下，文化产业所导致的新意识形态开始融入社会现实本身。

汤普森洞察到，19 世纪的政治意识形态由分散的信仰体系组成，提供对社会和政治现象的合理解释，服务于发起社会运动并为权力行使提供理由，"意识形态主要吸引那些不满现存社会与政治体制的、并已通过号召激进变革来表达他们不满的知识分子"[2]89。科学技术作为"新意识形态"是特定历史条件与社会背景的产物，在新情境下，"旧的'意识形态政治'让位于发达工业社会中的一种新的意义上的实用主义。革命热情在衰退，并且被一种在混合经济和再分配型福利国家（至少在西方）框架内的实用主义和零零碎碎的社会变革方法所代替"[2]90。

新意识形态与文化产业密切相关，随着科技的进步，意识形态正日益融入现实当中。随着大规模工业组织的兴起和大众文化的传播，个人越来越被吸收进一个社会总体，逐步丧失了批判性思维能力，现代社会是一台运转自如的大机器，个人在其中只不过是一些功能性部件，"无论如何，把意识形态吸收到实在当中去并不标志着'意识形态的终结'。相反，在一个特定的意义上，发达的工业文化比以前的文化更具意识形态性，因为在今天，意识形态是在生产过程本身中的。这一见解以富有刺激的形式揭示了普遍的技术合理性的政治方面"[6]。以上论述表明，在资本主义社会中，意识形态和科学技术结合在一起，并且统治人们的思想，技术理性已经成为新意识形态的核心内容，意识形态已经渗透到生产过程本身。

二、逻辑分析：新意识形态运行及其特征

汤普森认为，意识形态运行具有五种模式，即合法化、虚饰化、统一化、分散化和具体化，他指出"意识形态分析不能再局限于研究政治学说而必须扩大到考虑社会领域中流通的各种象征形式"[2]115。深度解释学第二阶段集中于探讨象征形式的结构性特征，着眼于分析象征建构的谋略或过程如何与意识形态的某些运行模式联系在一起。[2]316法兰克福学派洞察到了科技发展对意识形态的重要影响。从现代性视角看，现代社会的兴起是一个理性化过程，与工业资本主义兴起相伴随的是传统价值观和信仰的解体，"工业资本主义在欧洲等地的兴起伴随着在前工业社会流行的宗教与巫术信仰和习俗的衰落。工业资本主义在经济活动层面的发展在文化领域伴随着信仰和习俗的世俗化和社会生活的不断理性化"[2]85。在现代世界中，西方文明的某些传统的、特有的价值观淹没在日益扩展的社会生活的理性化和科层化之中，韦伯用"祛魅"来表征此过程，他认为，"资本主义的发展以及相关官僚国家的兴起，不断地使行动理性化并使人类行为适应于技术效能的标准。传统行动的纯个人的、自发的和感情的因素都被有目的的理性筹划和技术效能的要求所挤走"[2]87。

新意识形态是一种历史谋划，在技术现实中，客观世界被体验为工具世界。技术环境预先规定了对象出现的方式，"对象作为不受价值约束的要素或关系复合体而先验地出现在科学家面前，并容易在有效的数理逻辑系统内组织起来；从常识角度看，它们则是工作或闲暇、生产或消费材料"[7]189。对象世界是特定历史谋划的世界，"初始的选择规定着种种可能性在这条道路上所开展的范围，并排斥与之不相容的其他可能性"[7]189-190。作为一种历史谋划，意识形态通过把具体的、暂时性社会历史现象描述为永久的、自然的实在进而服务于统治关系。

作为分析和理解文化的一种方式，意识形态是哈贝马斯关注的主题，他在实证主义科学模式中发现了意识形态批判的新模式。实证主义科学模式要求科学家受事实而不应当受个人价值观念影响，科学绝不能被"情绪的污水"污染。虽然哈贝马斯认同自然科学实证模式，但他同时意识到：当代社会中，科学技术本身成了一种意识形态，"当对这一原则的信奉使得自然科学成为

教条，使它看不见可以影响和构造其运作的微妙价值观体系时，科学自身就变成了意识形态的"[8]80。他试图表明，科学技术被资本主义文化价值观念驱动，许多对科技发展重要性的信奉，都变成对资本主义制度进行辩护和维持的意识形态。

"工具理性"在社会现代化进程中起重要作用，借助现代性解释资源，哈贝马斯将新意识形态与"理性"联系起来。他指出，工具理性"是为了实现任何给定目的而对最恰当手段的合理选择。工具理性诉诸关于世界的可认知的事实，尤其是诉诸可以在手段和目的之间被确立起来的因果关系……对于科技的发展和应用，从而对于对自然世界的控制来说，工具理性是基础性的。就社会世界可以被理解为由社会事实之间的因果关系塑造的而言，工具理性可以用于社会管理和社会、经济政策的形成"[8]84。在现代性行进中，理性成了征服自然、控制社会、操纵个人的工具，并集中体现在"经验—分析科学"（自然科学）和"历史—解释科学"（社会科学）中。在哈贝马斯看来，现代科学技术已经成为维持社会系统正常运转的重要工具，成为一种决定社会系统发展的自主力量。

话语分析也是深度解释学第二阶段经常使用的手段，比如在资本主义社会，工人通常会抱怨"盥洗室不卫生""工资太低"等，将这些话语进行进一步精确化，如"盥洗室不卫生"，指镜子或者地板有污迹；"工资太低"，是因家人有病需要大笔钱治疗等。马尔库塞（H. Marcuse）认为，经过话语分析，特例可以变成易处理和对付的偶然情况，人就失去了批判性思想和行动。

在当代，科学技术活动已渗透到其他社会活动中，并逐步成为其他社会活动的基础，成了理解一切问题的关键。哈贝马斯指出，"以思想的实证主义形式出现的科学技术本身，当其被表达为技术决定论时，它就取代了已被摧毁的资产阶级意识形态而成为一种新的意识形态"[9]21。作为一种新意识形态，技术统治论"把掌握社会发展进程理解为一项技术任务；他们想按照目的理性活动的自我调节的系统模式和相应的行为的自我调节的系统模式重建社会，并想以此来控制社会，和以同样的方式来控制自然"[5]74。哈贝马斯认为，新意识形态具有以下三个特征。

首先，更具迷惑性。与旧意识形态相比，技术统治的新意识形态"意识形态性较少"[5]69。不像传统的意识形态靠制造幻想、蛊惑和宣传等欺骗手段进行统治，技术统治是透明的，直接把自己的统治力量诉诸客观工具理性。

其次，更具辩护性。传统意识形态或多或少都包含某种超越现实的美好生活规划,科学技术作为意识形态则阻碍对现实进行反思和批判,其目的是现实永恒化,更具辩护功能,"技术统治的意识是不太可能受到反思攻击的,因为它不再仅仅是意识形态,因为它所表达的不再是'美好生活'的设想"[5]69。

最后,更具操作性。科学技术作为意识形态,较之于旧式意识形态更加不可抗拒,新意识形态掩盖了实践问题,不仅为一种占统治地位的特殊阶级利益服务,压抑另一个阶级局部的解放的要求,而且"损害人类要求解放的旨趣本身"[5]69

三、解释/再解释:技术统治论与工具理性僭越

汤普森认为,意识形态解释/再解释阶段是一个创造性综合过程。在此阶段,一方面,解释过程处于深度解释学框架之内,由社会历史分析方法及逻辑分析方法来促进;另一方面,解释过程又超越了社会历史分析和逻辑分析。作为解释客体的象征形式已经被组成社会—历史领域的主体所解释,解释实际上是在再解释一个先前解释过的领域,是在设计一个具有可能性的意义。汤普森指出,在此阶段要设法表明象征形式如何在具体社会—历史环境中像意识形态那样运行。[2]317

作为一种意识形态,技术统治论根基于技术自主发展,在此过程中"自我反思、自我批判"的意识缺位了。科学技术作为意识形态把本应在公共领域讨论的政治问题变成技术问题,合理性的标准被狭隘化为技术系统的工具理性标准,"技术政治思维"日益成为占统治地位的意识形态形式,与新意识形态相伴的是工具理性的无限扩张。

哈贝马斯对工具理性进行反思的一个重要解释资源来自韦伯,"韦伯的理性化概念作为现代性的特征在现代性理论中具有重要影响,尤其在社会批判理论的法兰克福学派那里具有特别重要的影响,法兰克福学派的成员比如阿多诺、霍克海默、马尔库塞和哈贝马斯,他们在一定意义上都以韦伯和马克思的概念为基础来形成他们对现代社会的批判"[10]。虽然韦伯认识到工具理性并非理性可以采取的唯一形式,但他认为,在资本主义社会中,工具理性的支配地位越来越明显。尽管被增强的工具理性可以在某种程度上导致浪费和无效做事方式被避免,但工具理性对现代社会同时具有如下影响:一方面,导致"世界的祛魅",结果人类日益生活在一个没有意义、没有根基、失去方向感的世界中;另一方面,导致对自由的侵蚀,官僚机构变成了限制

人行动自由的"铁笼"。哈贝马斯认为，西方逻各斯中心主义意味着忽视生活世界中的理性的复杂性，把理性限制在工具层面，使工具理性获得特权："工具理性并不仅仅是变成了支配性的，而且成了在资本主义制度中被承认的唯一的合理性形式。"[8]85 技术统治论作为隐形意识形态与工具理性联系在一起，为以解决技术问题为核心的资产阶级政权提供了新的合法性。

从现代性解释的维度来看，现代性肇始阶段，启蒙思想家们号召追求实证科学以便把人类从传统重担中解放出来，"启蒙进程曾经设法以技术统治自然来控制世界，最终导致了一个理性化的、物化的社会总体，而人类在其中不是主人而是奴仆和牺牲品，他们的意识被文化产业产品所禁锢"[2]112,317。在现代性运动中，理性化、商品化和物化过程结合起来产生了一种不可阻挡的趋势，理性化过程包括使自然界日益从属于技术操作；人类在追求知识科学时却发现自己陷入了一张不断扩张的统治之网，现代社会"是不提供一个象征空间来使人们能培养他们的想象力和批判性反思，来发展自己的个性和自主性，而是将其精力纳入对标准化货品的集体消费"[2]111。

由启蒙运动开启的现代性乃是在西方文化中的一种全新时代意识，这种意识的哲学基础即是理性主义。在哈贝马斯看来，理性主义具有两种维度：其一是体现在现代经济和行政系统中的工具理性；其二是在生活世界中的交往理性。现代性危机主要表现在工具理性在交往领域中的扩张和占据支配地位。在现代社会，生产力高度发展，工具行为越来越合理化，人的劳动越来越符合技术要求，人变成了工具，失去了本质性存在；当代社会把处理人与自然关系的方式搬到处理人与人之间的关系上来，技术本身成了对人的统治，技术合理性变成了对人统治的合理性。然而，"手段选择的合理性，恰恰同对待价值、目标和需要的态度的明显的非合理性联系在一起"[5]98，"社会的制度框架始终是同目的理性活动系统相区别的。社会制度框架的组织，仍旧是一个受交往制约的实践问题，并不只是以科学为先导的技术问题"[5]61。哈贝马斯深刻洞察到技术统治论的新意识形态并没有解决意义合法性的根本问题。

深度解释学的意识形态分析告诉我们，作为意识形态的象征形式是社会与历史的产物，并不具备永恒含义；当代意识形态运作是一种社会历史谋划，体现在文化产业、话语分析、符号表征等诸多方面；作为一种新意识形态的技术统治论是社会生活的政治化，其根源在于意识哲学中的理性主义，在于工具理性的僭越。

四、"生活世界"与"交往理性"构建

对理性的一个常见批评就是它被简化为工具理性,"这是尼采、阿多诺、霍克海姆、马尔库塞和后现代主义者以各自不同的方式所做的"[1]180。循此思路,哈贝马斯认为,早期法兰克福思想家对现代性的批判尽管深刻,但由于其对先验主体理性的假定而陷入意识哲学泥淖,在意识哲学中,理性是绝对的、先验的,"由 18 世纪启蒙哲学家所开创的现代性事业,就在于根据各自的内在逻辑来努力发展客观科学、普遍道德与法律以及自主艺术。与此同时,这一事业还意图将这些领域中的认知潜能从各自的秘传神授(esoteric)形式中解放出来。启蒙哲学家希望用不断积累起来的各门专业文化来丰富我们的日常生活,也就是说,理性地组织我们的日常社会生活"[11]301-302。实际上,理性并非先验之物,理性结构具有内在社会特征,思想和行为原则都具有历史与文化的可变性。在当代意识哲学中,理性被理解为工具理性,以该理性为主导的行为是工具性行为,工具性行为把手段关联于目的,把技术关联于目标,却没有去反思这些目标本身的合理性问题。在哈贝马斯看来,发挥现代性的潜能,包含着对理性各领域的界定和划分,对理性各方面各司其职的规定。现代性中工具理性对社会生活其他领域的扩张和统治是破坏性的,必须进行限制。他认为,解决问题的关键是完成从意识哲学范式向交往哲学范式的转换;同样对意识(自我、理性)的理解也须完成从主体性向主体间性的转变。

将现代性称为"未竟的工程"的哈贝马斯将现代性区分为早期阶段和晚期阶段。尽管批判晚期现代性,哈贝马斯在早期现代性及中产阶级公共领域中发现了解放潜能。在批判一些现代性元素(工具理性的决定性角色、技术专家文化等)的同时,哈贝马斯也努力想救赎一些现代性元素(理性社会的启蒙观念、文化领域的现代差异和价值的自主标准、民主的观念等)。完成这项任务的关键就是对两种类型理性的区分:目的或者工具理性与交往或者社会理性。根基于两类理性的是两类行为:"工具行为"与"交往行为"。在《认识和兴趣》一书中,哈贝马斯把"劳动"和"相互作用"归类为"工具行为"和"交往行为"。所谓工具行为指按照技术规则进行的行为,工具性行动是由工具性的或目的性的理性支配的行动,而且意在操控自然世界的行动。"工具性行动就可以根据它达到任何给定目的的功效而被估价。"[8]83交往行为则是指人与人之间的相互作用,它以语言为媒介,通过对话达到人与人之间的相互理解和一致，"在这里，发言者和听众，从他们自己所解释的生活世界的视野，同时论及客观世界，社会世界和主观世界中的事物"[12]。

哈贝马斯认为，一个自由、开放的社会能够通过交往行为得以产生，但近现代社会的发展却导致了现代性的合法性危机，其根源在于"生活世界"受到了来自"工具系统"的"殖民"和侵蚀。哈贝马斯将受等价交换的内在逻辑所支配的市场和管理称为"系统"。在现代社会，市场系统正在组成一种日益增长的日常生活领域，我们也可以把这种过程称作市场对生活世界的"殖民"过程，"在那些从前个人讨论如何为他们自己相互的利益一起行动或者如何维持习俗的仪式和角色的地方，在市场和管理的自动调节功能下，我们现代人则要使我们自身的行为与交往的最小化相适应"[4]。哈贝马斯认为，目的或者工具理性是交换和控制的手段，它建立在主客关系之上；交往或者社会理性调整的是理解活动，它建立在主体-主体关系之上；而主体-主体关系是交流行为的基础。他指出，启蒙运动以来，人们对工具的、科学技术理性的单方面强调已经阻碍了表达的可能性，结果导致了经济、国家、技术和科学的混合系统对生活世界的"殖民"。哈贝马斯把建立在交往理性基础之上的交流行为看作限制这一殖民系统并拓展生活世界边界的行为。[10]现代性的病理学根源不在理性自身而在于理性单向度发展，哈贝马斯继承了批判传统，试图用理性精神克服启蒙理性产生的问题。他并不否定工具理性，而是把工具理性纳入到交往理性中来，一旦实现了从主体性向主体间性的转移就能为现代社会提供一个自我修复的机会。哈贝马斯希望通过新启蒙，通过用交往理性对抗各种非理性思潮为现代社会的进一步发展奠定更加坚实的基础。

五、结语

法兰克福学派的意识形态批判与"文化工业"及"技术理性"等概念密切相关。将技术理性视作统治手段，从意识形态的维度来思考技术理性是法兰克福学派技术批判理论的重要特征与学术贡献。在理解当代社会的科技实践活动时，意识形态批判理论具有一定合理性和必要性，不应被盲目批判和简单抛弃。

法兰克福学派把科技批判置于一个大的社会生活系统中加以考察，揭露出科学技术对政治、经济、文化、心理、理性等方面的全面影响，尽管对法兰克福学派的意识形态批判有不少指责，但应当承认，该理论具有不少启示意义。当然，应当明确指出的是，尽管在当代资本主义社会，社会管理及政治趋于工具理性化和科学化，科学技术被用来为维护统治服务，这些都是不争的事实，但这种情况并不是由科学技术自身的内在逻辑决定的，而是人与人的现实的社会关系使然。中国目前正处于由传统农业文明向现代工业文明过渡的历史时期，现代性在当代中国尚处于生成阶段；而哈贝马斯的现代性理论，则是以高度发达的工业文明作为历史背景来展开论述的。因此，二者之间存在着巨大的时代落差，这是我们必须予以正视的前提。与此同时，我们也应该看到，法兰克福学派关于现代性危机以及重建现代性的理论，无疑为正在致力于现代化建设的中国提供了一种前瞻性启示。

（本文原载于《清华大学学报（哲学社会科学版）》，2012 年第 1 期，第 103-109 页。）

参 考 文 献

[1] 乔治·拉伦. 意识形态与文化身份: 现代性和第三世界的在场[M]. 戴从容译. 上海: 上海教育出版社, 2005

[2] 约翰·汤普森. 意识形态与现代文化[M]. 高铦, 等译. 南京: 译林出版社, 2005.

[3] 马克斯·霍克海默. 批判理论[M]. 李小兵, 等译. 重庆: 重庆出版社, 1989: 5.

[4] Feenberg A. Modernity theory and technology studies: reflections on bridging the gap[A]//Misa T J, Brey P, Feenberg A (eds.). Modernity and Technology. London: The MIT Press, 2003: 73-104.

[5] 尤尔根·哈贝马斯. 作为"意识形态"的技术与科学[M]. 李黎, 郭官义译. 上海: 学林出版社, 1999.

[6] Marcuse H. One Dimensional Man[M]. London: Routledge & Kegan Paul Ltd, 1964: 11.

[7] 赫伯特·马尔库塞. 单向度的人[M]. 刘继译. 上海: 上海译文出版社, 1989: 197-198.

[8] 安德鲁·埃德加. 哈贝马斯: 关键概念[M]. 杨礼银, 朱松峰译. 南京: 江苏人民出版社, 2009.

[9] 威廉姆·奥斯维特. 哈贝马斯[M]. 沈亚生译. 哈尔滨: 黑龙江人民出版社, 1999: 21.

[10] Brey P. Theorizing Modernity and Technology[A]//Misa T J, Brey P, Feenberg A (eds.). Modernity and Technology. London: The MIT Press, 2003: 33-72.

[11] 道格拉斯·凯尔纳, 斯蒂文·贝斯特. 后现代理论——批判性的质疑[M]. 2 版. 张志斌译. 北京: 中央编译出版社, 2006: 301-302.

[12] 尤尔根·哈贝马斯. 交往行动理论(第 1 卷)[M]. 洪佩郁, 蔺青译. 重庆: 重庆出版社, 1994: 135.

科学社会学视野下的默会知识转移

——科林斯默会知识转移理论解析

| 王增鹏，洪伟 |

1996 年，经济合作与发展组织（OECD）首次提出"知识经济"（knowledge-based economy）的概念[1]，表明人类在历经农业经济、工业经济阶段之后，正式走入知识经济时代。如今，知识已取代土地、劳动力和资本，成为基础经济资源[2]。它不仅是在宏观层面上推动国家、地区乃至全球经济发展的基础，也是界定企业等微观组织核心竞争力的关键要素[3]。从以知识为基础的角度看，企业本身就是生产、转移[4]、整合[5]、存储[6]知识的共同体。因此，随着全球化程度的不断加强，想方设法通过战略联盟的方式，从竞争伙伴或高校、国家实验室等公共研究机构中获得外部知识资源，已逐渐成为大多数企业的最优选择。各领域内取得成功的正是那些不仅能够有效生产知识，而且能将自己放置在外部新知识环境中，以期重塑自身能力的企业[7]。

知识转移过程中，默会知识内容往往占有重要比重。卡纳尼（Karnani）对德国148家于1973~2009年成立的大学衍生企业进行有效问卷调查后的分析结果显示，只有45%的衍生企业应用大学已编码的知识，其余55%的衍生企业全部应用大学所拥有的默会知识[8]。此外，知识的默会度还会影响到组织间的合作关系。在企业形成的战略联盟中，默会知识内容越多，越会引起双方关系的不稳定，从而更容易导致合作失败[9]；反之，企业所拥有知识的编码程度越高，则越会加速其知识转移[10]。所以，默会知识是知识转移的重点和难点，其转移成功与否直接决定了整个知识转移的成败。

虽然默会知识是知识转移过程中不能忽略且必须跨越的重要障碍，但在知识管理领域，独立、系统的默会知识转移研究几乎空白。反倒是科学社会学领域内，以科林斯（H. M. Collins）为代表的科学社会学家，借助 20 世纪 70 年代兴起的科学知识社会学微观研究方法，深入到实验室进行人类学观察，发现了默会知识及其转移的诸多特点，逐渐形成了一套相对完整的默会知识转移理论。这对当下主流的默会知识转移研究无疑具有重要启发意义。

本文第一部分首先厘清默会知识与知识转移研究的合流过程，也即默会知识转移研究的缘起，之后分析散见于知识管理领域与默会知识转移相关的论述，并指出其不足。第二部分将重点介绍科学社会学家科林斯从 20 世纪 70 年代一直持续到现在的默会知识转移研究工作，并对其理论内涵和意义做出解析。当然，由于科林斯实证研究的场域主要在实验室，观察群体也是清一色的科学家，他的理论在应用到不同情境下的知识转移实践中是否完全合适，值得实证研究的进一步探讨。第三部分就此给出小结。

一、默会知识转移：缘起与现状

作为客观发生着的社会现象，知识转移活动几乎贯穿整个人类社会发展历程。塞格曼（Segman）通过历史分析，将知识转移实践追溯到了史前时代[11]，而书写语言这种显性知识转移的重要中介，直到公元前 3000 年才出现。因此，在文字大规模普及之前，人类在相当长一段时间内的知识转移都是以师徒代际相传的默会形式进行的，显性知识转移并不突出；只是到了现代社会，随着知识编码化程度的加强，人类社会才更依赖于显性知识转移[12]。默会知识转移是一个多学科交叉研究领域，从根本上讲，它是默会知识概念被引入到知识转移研究的结果。两者的合流过程，实质上也是理论界对知识转移过程中默会知识重要性的确认过程。

（一）默会知识与知识转移

"默会知识"概念最早由波兰尼[13]提出，之后又有进一步补充与发展[14]。如今看来，波兰尼默会知识研究的贡献主要有三个方面。第一，他最早确认了默会知识的存在，即我们所知要比所言的多。比如，在其著名的骑自行车例子中，他指出我们虽能顺利地骑车，却无法告知他人骑车到底遵循哪些具体的规则，换言之，即使我们不知道骑车的具体细节与规则，仍可以学会骑自行车，这种骑车的能力是默会的。第二，他在与显性知识对比的意义上界定了默会知识的内涵，并为默会知识的表述提供了可能性。波兰尼认为人类的知识分为两种，一种是以书面文字、图表和数学公式表述的知识，另一种是我们做某事的行动中所具有的知识，前者为显性知识（explicit knowledge）或言明知识（articulated knowledge），后者为默会知识（tacit knowledge）或非言明知识（inarticulated knowledge）。但他同时指出，不可言喻的知识并不代表无法被表述，而仅仅是不能完全将其表述出来而已。这一洞见为之后的默会知识与显性知识之间的动态转换提供了可能。第三，他将默会知识放到比显性知识更为优先的位置。在波兰尼看来，知识的最终载体是个人，而且一切知识要么是默会的，要么是源于默会的。这便充分肯定了个人的创造力，为持续的知识生产提供了可能。

波兰尼虽没有在知识转移的意义上论述默会知识，而且对默会知识内容的讨论也比较粗糙，但他的诸多洞见还是启发了包括哲学、心理学、社会学、管理学、经济学以及人工智能领域内的诸多学者[15]。特别是上述三点内容，为知识生产与转移的可能性提供了理论基础。

知识转移①的思想则由提斯（Teece）在 1977 年提出[16]，提斯提出该思想的初衷是为了反对仅仅将工具、设备等技术的"硬件"内容考虑在技术转移成本之内的简单方法，他认为使得这些"硬件"得以顺利运行的信息或非具形化（unembodied）知识才是影响技术转移成本的核心因素，技术转移成本实质上就是为传递并吸收所有相关的非具形化知识所需要的成本。此后，知识转移这一提法逐渐明晰，针对该领域的研究也快速兴起，同样吸引了包括经济学、管理学、社会学、人类学、组织行为学和心理学等学科在内的诸多学者[17, 18]，最终成为一门横跨多学科的交叉研究领域。瑞斯曼（Reisman）曾仿照化学元素周期表，给出了 173 项涉及知识转移的要素[19]，足见该领域

---

① 这里的知识转移将技术转移包含在内。从概念出现的时间上看，技术转移要先于知识转移。前者最初作为解决南北问题的一个重要战略，于 1964 年第一届联合国贸易发展会议上一份呼吁支援发展中国家的报告中首次被提出。对两者关系做细致论述，必然又要退回到知识和技术的概念分析，而出于不同的学科与理论视角，得出的结论不尽相同，更何况对技术转移概念本身就有纷繁复杂的理解。因此，此处不对两者关系做具体讨论。但需要指出的是，无论怎样界定，技术绝不仅仅是器物或工具的综合体，特别是技术转移过程中，没有知识要素的参与是不可能的，技术转移的本质是知识转移。从这个角度看，知识转移的外延更为广泛，包含了技术转移，两者并不冲突。也因此，学界一直以来都是交叉使用这两个概念的，未做具体区分。不过从近来的研究看，意识到知识在技术转移过程中的核心作用后，技术转移概念正逐渐被知识转移替代。当然，也有学者对此持异议，认为技术转移与知识转移在很多方面都存在不同[例如：Gopalakrishnan S, Santoro M D. Distinguishing between knowledge transfer and technology transfer activities: the role of key organizational factors[J]. Transaction on Engineering Management, 2004, 51(1): 57-69]。在国内，多以科技成果转化概念替代技术转移。

研究的复杂性。

当然，这些要素都是随着研究程度的不断深入而逐渐增加的：在理论研究的初始阶段，知识转移只关注纯技术因素，而没有将知识考虑在内；随后人们发现，没有知识的参与，纯粹的技术转移不可能持续进行。于是，从 20 世纪 80 年代起，知识管理和组织学习理论兴起后，知识的重要性逐渐凸显[20]；但在初期阶段，人们也只关注显性知识内容，企业知识管理的所有内容仅仅是知识的编码与存储，知识转移似乎只依靠文字或图表等显性内容即可完成。而之后的知识转移实践证明，成功地完成知识转移困难重重[21-24]，非单纯的显性化知识所能决定。能否克服默会知识的转移障碍，成为决定知识转移成败的关键。

因此，直到 20 世纪 90 年代，由波兰尼于 50 年代末提出的默会知识才真正跟知识转移领域汇合，成为知识转移理论研究的重要内容。默会知识与知识转移研究合流的过程，实际上也是学界对默会知识重要性的确认过程。这一方面把默会知识提到了前所未有的重要位置，但另一方面，过于专注论证知识转移过程中默会知识要素的重要性，反而使后者丧失了独立性。默会知识似乎仅是影响知识转移效率的一个自变量，其具体转移过程、特点及其条件反倒成了无人问津的"黑箱"。相较于纷繁复杂的知识转移理论样态，默会知识转移理论则显得过于单薄，至今没有取得实质性突破。

（二）知识管理文献中的默会知识转移

随着越来越多的企业通过战略联盟进行组织学习，组织间的知识转移已经发展成为知识管理中一个有特色的研究方向，研究对象涵盖跨国公司间的知识转移[25]、合作公司间的知识转移[26]、总公司和子公司之间的知识转移[27]等。温特（Winter）曾对知识的维度做过一个详细的分类，以帮助人们理解知识的转移障碍：默会知识和显性知识；不可传授的知识和可传授的知识；未言明知识和言明知识；无法观察的知识和可观察的知识；复杂知识和简单知识；系统知识的一部分和独立知识[28]。这个分类后来被应用于知识管理的一些研究中。但是，默会知识只被视为造成知识转移困难的一个维度，和不可传授的、难以言明的、无法观察的知识如何区分，并未很好说明。

类似地，冯西普（Von Hippel）提出了信息黏滞度的概念，将其定义为"为了将一个单位的信息以可用的形式传递给特定地点的特定的信息寻求者所必须增加的费用"[29]。信息黏滞度来源于信息的默会度（tacitness）、信息总量和信息寻求者与提供者的特征（例如，缺乏相关经验的信息寻求者会觉得该信息很难理解，这就增加了信息黏滞度）。西蒙尼（Simonin）提出知识模糊性的概念，并将模糊性的来源分解为知识的默会性、知识的特殊性、知识的复杂性、知识接受方的经验、合作伙伴的保密倾向、文化距离、组织距离[30]。这两项研究应该说是做得相当细致的，但是他们提出的有关知识本质的黏滞度和模糊性，既来自知识本身的默会性、复杂性、特殊性，又来自外部的一些社会与境（如知识转移方和接受方的关系、接受方的经验、组织和文化上的差异等）的因素，在概念界定上依然不够清晰。

更多的研究干脆放弃对知识本质的探讨，将所有模糊不明、难以言传的知识统称为默会知识，然后专注于研究什么样的条件有助于默会知识的转移。例如，多项研究已经显示地理距离阻碍知识和技术的传播[31-34]，并降低哪怕是同一个组织内部的沟通效率[35, 36]。这就是为什么许多公司的开发实验室都设在制造车间附近[37, 38]或将研发部门设在有大学存在的大城市。费尔德曼（Feldman）和列辰伯格（Lichtenberg）观察到，当组织间传递的知识是默会知识时，会出现组织在地理上的集聚[39]。奥彻什（Audretsch）和斯蒂芬（Stephan）也发现传递默会知识的费用随距离增加而增加[40]。

波什马（Boschma）则提出，地理邻近只是有助于组织学习的一方面，在社会、组织、制度等其他维度上的邻近也至关重要[41]。例如，社会邻近会降低不确定性、增强沟通意愿[42]，而这些都有助于默会知识的传递[43]。组织和制度上的邻近则会带来在微观和宏观层次上的文化相似性，更有助于知识接受方融入知识转移方的情景，理解和消化其转移的知识。洪伟和苏毓淞通过经验研究发现，地理、社会、制度、组织上的邻近的确提高了校企合作的概率，但这些邻近效应具体如何作用于默会知识的转移，则没有足够的经验研究加以说明[44]。

另外，还可以通过增强信息寻求者的相关知识来克服默会知识在传递中带来的困难。科恩（Cohen）和列文森（Levinthal）[45, 46]提出，公司通过以前的 R&D 工作积累的知识和经验来提高它们对外部知识的吸收能力（absorptive capacity），从而比那些没有相关经验的公司获益更多。类似地，帕维特（Pavitt）提出："即使只是知识的借用者，也必须有他们自身的技能，并在开发和生产上有所投资；他们不可能把别人开发的技术无偿地占为己有，而是要付出不菲的代价。"[47]上面提到的，这些外在于待转移知识的变量在冯西普[29]和西蒙尼[30]的研究中成了信息黏滞度和知识模糊性的来源，是将知识本身的特性和用于调和这些特性的手段混为一谈了。

总之，无论是个人到团队、团队到个人、团队到组织、组织到团队还是组织到组织之间的知识转移，都受到众多因素的影响[48]。总体而言，这些影响因素几乎都与知识转移方、知识转移中介、知识转移对象、知识转移环境、知识接收方以及知识转移方与接收方的关系六个方面有关[49-52]。针对这六个方面及其相互之间纷繁复杂的关系的研究虽多，却也显示出诸多不足：一是对默会知识的界定不够清晰，分类不够彻底[53]，导致在分析过程中不能全面展示默会知识的转移过程，误认为默会知识就是那些等待被显明的知识，所有知识都可以被陈述或外化①；二是从分析层次上看，已有研究综合考虑了个体到团体再到组织的知识转移与转换过程，但没有细致考察默会知识在个体层面上如何转换，个体层面的知识转换又与社会语境有何关联；三是虽然众多学者都指出默会知识最好的转移方式是转移双方的持续互动，但他们并没有深究造成默会知识转移障碍的根本原因，即未表明面对面交流的默会知识转移形式，到底从哪些方面给予了知识转移双方以突破知识默会性障碍的条件；四是虽然知识转移吸引了众多学科的研究成果，但主流研究还是集中在知识管理与组织学习领域，其他学科，如知识社会学的最新研究成果，并没有在其中凸显出来。

造成以上理论现状的原因在于，一方面，知识理论对默会知识的讨论不够深入，以至于它被融合到知识转移研究中时，并没有太多可以发挥的内容；另一方面，知识转移领域偏重定量研究和知识转移模型建构，只是将默会知识放置到整体知识转移的背景下，或者验证默会知识是否影响到知识转移、在什么条件下影响，或者寻找影响默会知识转移的外部环境，默会知识完全成了知识转移过程的一个自变量，丧失了自身的独立性。

其实早在知识转移研究开始兴起的前十年，科学社会学家科林斯就发现了技术转移过程中存在的默会知识问题，并将其作为解释诸多"反常"现象的原因。但直到现在，他的理论成果也未引起足够重视。因此，将科学社会学视野下的默会知识转移理论，引入到知识转移领域，一方面，可以填补该领域的理论研究空白；另一方面，从科学知识社会学的角度对知识转移做出论述，增添了新视角，可以带给我们更多新的理论启示。

二、科林斯：默会知识转移的科学社会学研究

科林斯对默会知识的关注始于他对横向激发气体（TEA）激光器复制

---

① 这一观念在人工智能领域尤其盛行，很多知识工程师认为所有知识都能够从专家那里抽离出来，输入到专家系统中，最终机器会取代人类。

过程的实证考察[54, 55]，之后他继续围绕这一问题做了大量深入细致的工作[56-61]。除此之外，科林斯还从行为研究角度[62, 63]反驳了人工智能对人类行为的完全模仿和替代，并开辟了一个全新的专识与经验研究①（studies of expertise and experience，SEE）领域[64-67]，从而形成专识与经验研究、默会知识研究和行为研究三大遥相呼应的理论体系。默会知识处于整个研究工作的核心，往上为专识与经验研究提供基础，往下为行为研究提供理论分析来源[53]。

（一）默会知识转移的濡化模型

自 20 世纪 70 年代初开始，科林斯深入到英国与北美的 TEA 激光器建造实验室进行定性研究。在观察中，他发现了诸多有趣的现象。例如，没有哪一个实验室能够仅仅通过已发表的 TEA 激光器建造的文章，而成功地造出 TEA 激光器；同样，也没有哪一个科学家是从没有亲身体验的"中间人"那里获取信息，而成功建造激光器的；更为奇怪的是，即使曾经参与过激光器建造，并有过成功先例的科学家，在另外一个实验室建造第二台激光器时，也无章可循，并且完全有可能失败。

科林斯就此指出了知识流动的以下特点[55]：首先，它只在与成功的实践者有私人联系的地方传播；其次，它的传播过程是无形的，因此，科学家在完成工作之前，并不能确定自己是否掌握了该领域的专业知识；最后，知识是如此变幻无常，以至于师生之间的关系也不能保证知识的传播。

知识的这些特征被科林斯放置到默会知识的领域加以解释，并提出了知识转移的算法模型（algorithmical model）和与之相对应的知识转移濡化模型（enculturational model）。在知识转移的算法模型中，知识作为一种信息，像计算机执行程序员意图那样，能够指示接收者完成相关工作；而知识转移濡化模型，把知识看作一组社会技能，或者至少以一组社会技能为基础，接收者必须渗入到知识发送者的生活形式中去，才能完成知识的转移。

意识到默会知识重要性的科林斯，结合实地经验研究，深入分析了默会知识的内容[58]，并将其细分为五种不同类型：隐藏知识（concealed knowledge）、错配知识（mismatched salience）、示例知识（ostensive knowledge）、未被

---

① 专识与经验研究被科林斯称作是科学学的第三波[65]，因而被寄予厚望。科林斯现在英国卡迪夫大学知识、专识与科学研究中心（Center for the Study of Knowledge, Expertise and Science, KES），重点从事的就是与该领域相关的研究工作。

注意到的知识（unrecognized knowledge）以及未/无法认知的知识（uncognized/uncognizable knowledge）。

隐藏知识是指知识转移方出于各种原因而刻意隐藏以防止知识接收方有效获取的知识，杂志没有足够空间发表太多文章细节，也算是一种知识隐藏行为。当然，科林斯并不十分看重这类知识，认为它不是实质意义上的"默会知识"，因为既然知识转移方知道如何隐藏知识，就必然知道如何显示它。错配知识是指知识转移方并没有意识到某些知识对知识接收方是重要的，而知识接收方也不知道怎样正确地提出问题。引起错配知识的原因是，在完成某项工作时，有无限多重要的潜在变量需要处理，而知识转移方不可能把每个细节都陈述出来，也不知道哪些细节对对方是重要的。要克服它，需要通过知识转移双方持续不断且长时间的交流。示例知识是指文字、图表、照片等无法传递，只能通过直接指示的方式来完成转移的知识内容。它与错配知识的区别在于，在前一情况中，知识转移方原则上可以将自身知识内容全部书写出来，只要有足够的时间与条件，但示例知识却未必如此，因为知识转移方除以直接指示的方式让接收方理解外，根本就无法用其他方式表达，即使他明白所有知识内容。未被注意到的知识是指对完成工作十分关键，但连知识转移方都可能不知道其重要性和原理的知识。这部分知识的显性化只能寄希望于科学发展，以使相关原理逐渐被人理解；或者知识接收方有很强的文化能力，可以将它转换到自己可理解的知识范畴中去。未/无法认知的知识就如同我们不必注意自己是如何组织词语、短语就能说话一样，是最为基本的能力，它只能通过学徒式或者无意识濡化的方式获取。

（二）默会知识的分类与特性

最近的研究中，科林斯又将上述五类默会知识加以整合，按照默会度的弱、中、强，将其划分为关系默会知识（relational tacit knowledge，RTK）、身体默会知识（somatic tacit knowledge，STK）与集体默会知识（collective tacit knowledge，CTK）[53]。其中，关系默会知识包括上述五类默会知识的前四类，身体默会知识与集体默会知识是未/无法认知默会知识的再次细分。

对于关系默会知识，我们有可能将其全部显示出来，因为造成其"默会"的根本原因是社会生活的偶然性，由人类关系、历史、传统与逻辑的偶然性所致，也即它跟社会特有的组织方式有关，而这些条件并非不能改变。从这个意义上说，默会知识的转移过程中，根本就没有什么知识本身的默会性障碍，有的只是林林总总的社会特有组织方式的不同，成功的知识转移就是突破特有社会组织方式障碍的过程。同样，对于身体默会知识而言，它是人类身体与大脑的本性使然，我们可以通过改变自身身体状况来获取身体默会知识，就像学骑自行车一样；也可以通过科学研究明晰身体与大脑构造，将其工作原理显示出来，再加以模仿，就如同现已设计出的骑自行车的机器人一样。但是集体默会知识却不可能被完全显示出来，因为它背后隐藏的是社会本性，其内容仅对那些享有共同生活形式的人可理解。知识接受方想要获取知识内容，前提是与转移方享有共同的生活形式，或者渗入到对方环境中去，学习对方特有的语言与行为方式。科林斯认为，在同一学习过程中，一般会包含所有这三类知识的获取（RTK+STK+CTK），并没有严格顺序。也正因为如此，前人往往混淆了不同种类的默会知识，如波兰尼所举的骑自行车的例子中，他实际上是错把身体默会知识与集体默会知识放到一起看待。纯粹的骑车能力是一种身体默会知识，但如果骑车人上路，就需要理解社会规则并有意或无意地躲闪车辆，因此需要集体默会知识的参与。综合以上几点，我们将科林斯有关默会知识特性[①]的论述总结如表1所示。

表1　默会知识的分类与特性

默会知识种类		形成原因	能否显性化	获取途径
关系默会知识	隐藏知识	社会生活的偶然性（组织、传统、历史、逻辑）	能	说出秘密
	错配知识			多提问、回答
	示例知识			示例
	未被注意到的知识			等待科学研究进展
身体默会知识		身体/大脑本质	能	亲身体验/科学探究
集体默会知识		社会本质	不能	社会濡化

科林斯对默会知识的分析具有重要意义：首先，他将默会知识细分为不同种类，为进一步研究默会知识转移提供了基础；其次，与之前知识转移研究仅仅强调组织间持续交流是默会知识转移的最有效方式，却避而不谈其有效性的根源不同，科林斯找出了其中的原因，即社会特有的组织方式、人类身体的本质以及社会本质造就了知识的默会性，我们之所以用持续交流的方

---

① 在知识转移研究领域，强调共有知识、文化与组织距离、伙伴相似性、先在知识/经验以及组织惯例的重要性，其根本原因就在于此处科林斯强调的默会知识本质及其转移障碍。

式跨越默会知识的转移障碍，是因为知识的默会性不在知识本身，而是隐藏在它所寄生的载体当中。持续的社会互动能够让隐藏的知识显现，让双方都没有意识到的重点知识凸显，让接收方有时间渗入到转移方的"社会生活"中去接收濡化……这便道出了默会知识转移的第一层意义：默会知识的转移首先是通过转移双方持续互动而打破三层默会知识障碍的交流过程。

但是，正如德文波特（Davenport）所言，知识如果没有被吸收，那它就谈不上转移，知识转移是传递（transmission）+吸收（absorption）的过程[68]。它既是一种交流行为，也是一种转译（translation）行为[69]。因此，与其说是"这是我的知识"（This is what I know），还不如说"这是对于你而言的我的知识"（This is what my knowledge means for you）[70]。知识的转译代表了组织开发并提升自身惯例，以促进现有和新获取知识整合的能力[71]。仅通过互动而打破交流的障碍，实现信息传递，并不能称作成功的知识转移。因此，科林斯也明确指出，默会知识的本质问题与默会知识的转移联系在一起，而默会知识的转移又与知识从一种类型转入另一种类型相关[53]。对于那些不能直接被接收者吸收的默会知识，首先要在个人层面上被调整到接收方可理解的形态后，转移才是可能的，默会知识的转移伴随着知识转换。

三、小结

自 20 世纪 90 年代默会知识与知识转移理论合流，形成默会知识转移研究进路至今，已有几十年时间。然而，相较于枝繁叶茂的知识转移理论成果，默会知识的转移研究还处在幼年阶段，并没有产生独立、系统的研究。一方面，对默会知识在知识转移过程中重要性的理论论证已足够充足；另一方面，现有的理论与方法又无力支撑起更为深入、细致的默会知识转移研究。因此，本文在分析当下默会知识转移研究现状的基础上，引入科学社会学的研究成果，目的是要从新的视角切入该领域的研究，以期突破现有的理论困境。

科林斯的研究表明，默会知识的转移同时包含关系默会知识、身体默会知识和集体默会知识这三部分内容，它既是一个跨越社会生活偶然性、身体本质与社会本质障碍的过程，也是一个知识转换过程。其中关系默会知识与身体默会知识可以在互动中显性化，而集体默会知识只能浸淫到知识转移方的群体中接受濡化，将关键知识内容内化到个体中才能完成转移。

当然，科林斯的论述也有进一步探讨的可能。例如，由于他的观察多是立足于实验室技术转移项目，被观察群体是清一色的科学家，都受过正统学术训练，一开始就处在相同的"生活形式"中，因此知识转移方和接受方的异质性不强。在实际的技术转移项目中，知识转移双方很可能具有差异化的知识背景，存在着知识转移的不对称性[72]。这种情况下，默会知识的转移与转换很可能跟科林斯所述有所不同。另外，科林斯考虑的是知识接受方如何转换知识范畴，但实际技术转移项目（如校企合作研发的项目）中，知识转移方也受接收方的反作用。尤其是转移初期，他们要想方设法走入接受方的情景中去[20]。因此，作为双向互动过程的默会知识转移，不仅要关注知识的接受方，还要关注知识的转移方。在项目初期，知识转移方如何调整自身知识范畴，对接收方情景做出回应？项目完成后，他们又如何调整原有知识范畴，以一种接收方更能理解的形式将默会知识展现出来？这些都是需要我们在实地研究中进一步考察的问题，也是我们期待能够对默会知识转移理论做出新贡献的出发点。

（本文原载于《科学学研究》，2014 年第 5 期，第 641-649 页。）

参 考 文 献

[1] OECD. The Knowledge-Based Economy[R]. Paris: OECD Publications, 1996.

[2] Drucker P F. Post-Capitalist Society[M]. New York: Harper Business, 1993.

[3] Leonard-Barton D. Core capabilities and core rigidities: a paradox in managing new product development[J]. Strategic Management Journal, 1992, 13: 111-125.

[4] Kogut B, Zander U. Knowledge of the firm and the evolutionary theory of the multinational corporation[J]. Journal of International Business Studies, 1993, 24(4): 625-645.

[5] Grant R M. Toward a knowledge-based theory of the firm[J]. Strategic Management Journal, 1996, 17 (Winter Special Issue): 109-122.

[6] Nelson R R, Winter S G. An Evolutionary Theory of Economic Change[M]. Cambridge: Harvard University Press, 1985.

[7] Gold A H, Malhotra A, Segars A H. Knowledge management: an organizational capabilities perspective[J]. Journal of Management Information Systems, 2001, 18 (1): 185-214.

[8] Karnani F. The university's unknown knowledge: tacit knowledge, technology transfer and university spin-offs findings from an empirical study based on the theory of knowledge[J]. Journal of Technology Transfer, 2013, 38: 235-250.

[9] Borys B, Jemison D. Hybrid Organizations as Strategic Alliances: theoretical and Practical

Issues in Organizational Combinations[R]. Working paper no.951, Stanford University, 1987.

[10] Zander U, Kogut B. Knowledge and the speed of the transfer and imitation of organizational capabilities: an empirical test[J]. Organization Science, 1995, 6(1): 76-92.

[11] Segman R. Communication technology: an historical view[J]. Journal of Technology Transfer, 1989, 14(3, 4): 46-52.

[12] Gorman M E. Types of knowledge and their roles in technology transfer[J]. Journal of Technology Transfer, 2002, 27(3): 219-231.

[13] Polanyi M. Personal Knowledge: Towards a Post-critical Philosophy[M]. Chicago: University of Chicago Press, 1958.

[14] Polanyi M. The Tacit Dimension[M]. London: Routledge & K. Paul, 1967.

[15] Gourlay S. Tacit Knowledge, Tacit Knowing, or Behaving?[C]. 3rd European Organizational Knowledge, Learning and Capabilities Conference. Athens, Greece, 2002.

[16] Teece D. Technology transfer by multinational firms: the resource cost of transferring technological know-how[J]. Economic Journal, 1977, 87(346): 242-261.

[17] Zhao L, Reisman A. Toward meta research on technology transfer[J]. IEEE Transactions on Engineering Management, 1992, 39(1): 13-21.

[18] Wahab S A, Rose R C, Osman S I W. The theoretical perspectives underlying technology transfer: a literature review[J]. International Journal of Business and Management, 2012, 7(2): 277-288.

[19] Reisman A. Transfer of technologies: a cross-disciplinary taxonomy[J]. Omega, 2005, 33: 189-202.

[20] Daghfous A. Organizational learning, knowledge and technology transfer: a case study[J]. The Learning Organization, 2004, 11(1): 67-83.

[21] Kogut B, Zander U. Knowledge of the firm, combinative capabilities, and the replication of technology[J]. Organization Science, 1992, 3(3): 383-397.

[22] Argote L. Organizational Learning: Creating, Retaining, and Transferring Knowledge [M]. Norwell: Kluwer, 1999.

[23] Szulanski G. Exploring internal stickiness: impediments to the transfer of best practice within the firm[J]. Strategic Management Journal, 1996, (17): 27-43.

[24] Rogers E M. The nature of technology transfer[J]. Science Communication, 2002, (23): 323-341.

[25] Inkpen A C, Beamish P W. Knowledge, bargaining power, and the instability of international joint ventures[J]. Academy of Management Review, 1997, 22(1): 177-202.

[26] Appleyard M M. How does knowledge flow? Interfirm patterns in the semiconductor industry[J]. Strategic Management Journal, 1996, 17: 137-154.

[27] Lyles M A, Salk J E. Knowledge acquisition from foreign parents in international joint ventures: an empirical examination in the Hungarian context[J]. Journal of International Business Studies, 1996, 27(5): 877-903.

[28] Winter S. Knowledge and competence as strategic assets[A]//Teece D. The Competitive

Challenge. Cambridge: Ballinger, 1987.

[29] Von Hippel E. "Sticky information" and the locus of problem solving: implications for innovation[J]. Management Science, 1994, 40: 429-439.

[30] Simonin B L. Ambiguity and the process of knowledge in strategic alliances[J]. Strategic Management Journal, 1999, 20: 595-623.

[31] Acs Z J, Audretsch D B, Feldman M P. R&D spillovers and recipient firm size[J]. Review of Economics and Statistics, 1994, 76: 336-340.

[32] Coccia M. Spatial mobility of knowledge transfer and absorptive capacity: analysis and measurement of the impact within the geoeconomic space[J]. Journal of Technology Transfer, 2008, 33: 105-122.

[33] Scott A. New Industrial Spaces[M]. London: Perga-mon, 1988.

[34] Tyre M J, Von Hippel E. The situated nature of adaptive learning in organizations[J]. Organization Science, 1997, 8: 71-83.

[35] Hough E A. Communication of technical information between overseas markets and head office laboratories[J]. R&D Management, 1972, 3: 1-5.

[36] Tomlin B. Inter-location technical communication in a geographically dispersed research organization[J]. R&D Management, 1981, 11: 19-23.

[37] Hatch N W, Mowery D C. Process innovation and learning by doing in semiconductor manufacturing[J]. Management Science, 1998, 44: 1461-1477.

[38] Kenney M, Florida R. The organization and geography of Japanese R&D: results from a survey of Japanese electronics and biotechnology firms[J]. Research Policy, 1994, 23: 305-323.

[39] Feldman M P, Lichtenberg F R. The impact and organization of publicly-funded research and development in the European community[J]. Annales d'Économie et de Statistique, 1998: 199-222.

[40] Audretsch D B, Stephan P E. Company-scientist locational links: the case of biotechnology[J]. American Economic Review, 1996, 86: 641-652.

[41] Boschma R A. Proximity and innovation: a critical assessment[J]. Regional Studies, 2005, 39: 61-74.

[42] Lundvall B A. Explaining interfirm cooperation and innovation. limits of the transaction-cost approach[A]//Grabher G. The Embedded Firm: on the Socioeconomics of Industrial Networks. London: Routledge, 1993.

[43] Maskell P, Malmberg A. The competitiveness of firms and regions: 'Ubiquitification'and the importance of localized learning[J]. European Urban and Regional Studies, 1999, 6: 9-25.

[44] Wei H, Su Y. The effect of institutional proximity in non-local university-industry collaborations: an analysis based on Chinese patent data[J]. Research Policy, 2013, 42(2): 454-464.

[45] Cohen W M, Levinthal D A. Innovation and learning: the two faces of R&D[J]. The Economic Journal, 1989, 99: 569-596.

[46] Cohen W M, Levinthal D A. Absorptive capacity: a new perspective on learning and innovation[J]. Administrative Science Quarterly, 1990, 35: 128-152.

[47] Pavitt K. The objectives of technology policy[J]. Science and Public Policy, 1987, 14: 182-188.

[48] Sun P Y-T, Scott J L. An investigation of barriers to knowledge transfer[J]. Journal of Knowledge Management, 2005, 9(2): 75-90.

[49] Bozeman B. Technology transfer and public policy: a review of research and theory[J]. Research Policy, 2000, 29: 627-655.

[50] Argote L, Ingram P, Levine J M, et al. Knowledge transfer in organizations: learning from the experience of others[J]. Organizational Behavior and Human Decision Processes, 2000, 82(1): 1-8.

[51] Rothaermel F T, Agung S D, Jiang L. University entrepreneurship: a taxonomy of the literature[J]. Industrial and Corporate Change, 2007, 16(4): 691-791.

[52] Easterby-Smith M, Lyles M A, et al. Inter-organizational knowledge transfer: current themes and future prospects[J]. Journal of Management Studies, 2008, 45(4): 677-690.

[53] Collins H M. Tacit and Explicit Knowledge[M]. Chicago: The University of Chicago Press, 2010.

[54] Collins H M. The TEA set: tacit knowledge and scientific networks[J]. Science Studies, 1974, 4: 165-186.

[55] Collins H M. Changing Order: Replication and Induction in Scientific Practice[M]. Chicago: University of Chicago Press, 1992.

[56] Collins H M. Expert systems and the science of knowledge[A]//Bijker W E, Hughes T P, Pinch T J. The Social Construction of Technological System: New Direction in the Sociology and History of Technology. Cambridge: MIT Press, 1987: 329-348.

[57] Collins H M. Artificial Experts: Social Knowledge and Intelligent Machines[M]. Cambridge: MIT Press, 1990.

[58] Collins H M. Tacit knowledge, trust and the Q of sapphire[J]. Social Studies of Science, 2001, 31: 71-85.

[59] Collins H M. What is tacit knowledge?[A]//Schatzki R, Cetina K K, von Savigny E. The Practice Turn in Contemporary Theory. London: Routledge, 2001.

[60] Collins H M. Gravity's Shadow: The Search for Gravitational Waves[M]. Chicago: University of Chicago Press, 2004.

[61] Collins H M. Bicycling on the moon: collective tacit knowledge and somatic-limit tacit knowledge[J]. Organization Studies, 2007, 28: 257-262.

[62] Collins H M, Kusch M. The Shape of Actions: What Humans and Machines Can Do[M]. Cambridge: MIT Press, 1998.

[63] Ribeiro R, Collins H. The bread-making machine: tacit knowledge and two types of action[J]. Organization Studies, 2007, 28: 1417-1433.

[64] Collins H M, Evans R. The third wave of science studies: studies of expertise and experience[J]. Social Studies of Science, 2002, 32: 235-296.

[65] Collins H M, Evans R, Ribeiro R, et al. Experiments with interactional expertise[J]. Studies in History and Philosophy of Science, 2006, 37: 656-674.

[66] Collins H M, Evans R. Rethinking Expertise[M]. Chicago: University of Chicago Press, 2007.

[67] Collins H M. Case studies of expertise and experience[J]. Special Issue of Studies in History and Philosophy of Science, 2007, 38 (4): 615-760.

[68] Davenport T H, Prusak L. Working Knowledge: How Organization Manage What They Know[M]. Boston: Harvard Business School Press, 1998.

[69] Liyanage C, Elhag T, Ballal T, et al. Knowledge communication and translation—a knowledge transfer model[J]. Journal of Knowledge Management, 2009, 13 (3): 118-131.

[70] Seaton R A F. Knowledge transfer. strategic tools to support adaptive, integrated water resource management under changing conditions at catchment scale—a co-evolutionary approach[R]. The AQUADAPT Project, Bedford, 2002.

[71] Zahra S A, George G. Absorptive capacity — a review, reconceptualization and extension[J]. Academy of Management Review, 2002, 27 (2): 185-203.

[72] Lam A. Embedded Firms, embedded knowledge: problems of collaboration and knowledge transfer in global cooperative ventures[J]. Organization Studies, 1997, 18: 973-996.

STS 的发展图景及其展望

——4S 学会前主席迈克尔·林奇专访[①]

问：首先，请您看看这幅哈根斯（Lowell Hargens）描绘的"地图"（图1）。通过文献共引分析，他描绘了这幅"地图"。图的上部以拉图尔（Bruno Latour）为中心，包括布鲁尔（David Bloor）、巴恩斯（Barry Barnes）、夏平（Steven Shapin）、科林斯（Harry Collins）、吉尔伯特（Nigel Gilbert）、马尔凯（Michael Mulkay）；中间的是默顿学派，包括本-戴维（Joseph Ben-David）、哈格斯特朗（Warren Hagstrom）、克兰（Diana Crane）、朱克曼（Harriet Zuckerman）和科尔兄弟（Jonathan Cole 与 Stephen Cole）；底部的属于科学计量学。我们想知道，您作为 STS 的核心人物，尤其是曾担任4S 学会的主席和 3S[②]的主编，是否也会在头脑中编织这样一幅"地图"呢？

林奇：这幅"地图"很有用，但也具有误导性，因为它没有历史的维度。图的上部把拉图尔放在中间，把布鲁尔、巴恩斯等人放在周围，这打乱了他们之间在时间上的联系。的确，通过共引分析，我们可以发现一些集群。但是，在时间性上，最早是默顿（Robert K. Merton）这一批人在 20 世纪 60 年代和70 年代早期做出他们最有名的研究的，库恩（Thomas Kuhn）也是在 1962 年出版了《科学革命的结构》（*The Structure of Scientific Revolutions*），然后在 60 年代末修订这本书的。图上部这些人如科林斯是 20 世纪 70 年代到

---

① STS，"科学、技术与社会"或"科学技术学"，Science, Technology and Society 或 Science and Technology Studies 的缩写；4S，科学的社会研究学会（Society for Social Studies of Science）的简称。

② STS 领域顶级期刊《科学的社会研究》（*Social Studies of Science*）的简称。

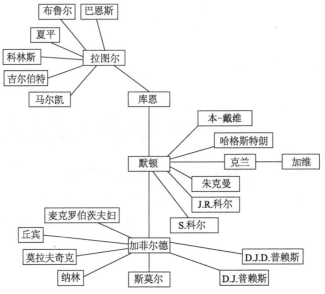

图 1　默顿学派科学社会学的作者共引 "地图"[1]

80 年代才崭露头角的，拉图尔也在这个时期出现。在总结了许多前人的工作后，他逐渐成为中心人物，进而吸引了许多不在这幅图上的人。下面这群人大部分都与图中间那一群人处在同一个时期，其中的普赖斯（Derek John de Solla Price）非常重要，他是在 20 世纪 80 年代去世的。在这幅 "地图"①中，许多不可见的东西没有展现。拉图尔确实一直处于中心的位置，布鲁尔、巴恩斯、夏平以及科林斯等被视为科学知识社会学（SSK②）的代表，其鼎盛时期是 20 世纪的 80 年代和 90 年代早期，现在则让位于哈拉维（Donna Haraway）和文化研究等新兴力量。贾沙诺夫（Sheila Jasanoff）在这张图上也应该有一席之地，她从非常实用的角度切入科学和科技政策研究，你会发现她和拉图尔很不一样。虽然有缺陷，但是思考这样的宏大图景是有意义的。

　　问：在按您所说的时间性的图景中，STS 在 20 世纪 70 年代有一个重要的研究转向，从默顿学派的科学社会学转向科学知识社会学，您如何看待这一转向及其带来的争论？

---

　　① 图 1 中未在此处提及的人物还有加菲尔德（Eugene Garfield）、麦克罗伯茨夫妇（Michael H. MacRoberts、Barbara R. MacRoberts）、丘宾（Daryl E. Chubin）、莫拉夫奇克（Michael J. Moravcsik）、纳林（Francis Narin）、斯莫尔（Henry Small），他们是自 20 世纪六七十年代以来活跃于学术界的著名科学计量学家。值得一提的是，其中的加菲尔德是 "科学引文索引" 即 "SCI"（Science Citation Index）的开发者，被誉为 "SCI 之父"。

　　② Sociology of Scientific Knowledge 的缩写。

林奇：事实上二者并没有发生太直接的碰撞。产生争论的部分原因是，在 20 世纪 70 年代，以巴恩斯、布鲁尔还有爱吉（David Edge）等为代表的爱丁堡学派发展出了"强纲领"（strong programme），其中爱吉应该出现在上面那张图中，因为他做了很多重要的组织工作。他们的研究工作与默顿有一定的距离，而且他们中的许多人都没有社会学的背景，因此不需要依靠默顿，他们对默顿有批评而且默顿回应了那些批评。但是，这不是一个直接的对抗，在这个过程中，也没有强有力的证据表明它带来了研究重点的转移。事实上对"强纲领"的抵抗最初来自哲学，劳丹（Larry Laudan）和布鲁尔有过一次著名的辩论。布鲁尔更多的是在哲学和历史的层面进行论证，因为布鲁尔和巴恩斯以相对主义者自居带来了争议。相对主义对于哲学家来说是一个不好的词，它标志了一种错误的思考方式、一个坏的想法，一般大家都试图在争论的最后给对手扣上相对主义的帽子。但是，布鲁尔和巴恩斯确实称得上是相对主义者，他们希望通过具有穿透性的观测和分析打开科学的"黑箱"。他们有哲学上的资源，特别是来自库恩的以及库恩的大量哲学同侪们的，包括费耶阿本德（Paul Feyerabend）、拉卡托斯（Imre Lakatos），甚至是波普尔（Karl Popper）[①]。

问：您似乎曾经认为默顿和早期 SSK 在某种程度上很相似，尤其是都采用逻辑主义的立场，是这样吗？

林奇：是的，我想我是曾经这么说过，应该是在我那本被译成中文的书里。[②]要回答这个问题要回到我对"划界"（demarcation）和"边界工作"（boundary work）所做的比较。我喜欢用默顿的学生吉尔因（Thomas Gieryn）的观点[③]来教学生，因为他的观点造成了"划界"概念的内在张力。在某种程度上，这又误导了人们，波普尔也是如此。波普尔对学科差异的处理就像在地图上给不同的区域之间画一条线[④]，然而，由于边界的模糊和由此产生的协商，你其实无法画线，这就会产生问题。不过，如果真的有一幅不同区

---

① 林奇指出，尽管波普尔经常被批评，但他的一些观点仍然被运用于 SSK。

② 指的是 Lynch M. Scientific Practice and Ordinary Action: Ethnomethodology and Social Studies of Science[M]. New York: Cambridge University Press, 1993. 中译本：迈克尔·林奇. 科学实践与日常活动：常人方法论与对科学的社会研究[M]. 邢冬梅译. 苏州：苏州大学出版社, 2010.

③ 核心内涵是科学在智力活动中的独特性，科学划界已在日常实践中实现，原文 Even as sociologists and philosophers argue over the uniqueness of science among intellectual activities, demarcation is routinely accomplished in practical, everyday settings. 出自 Gieryn F T. Boundary-work and the demarcation of science from non-science[J]. American Sociological Review, 1983, 48: 781-795.

④ 指的是波普尔证伪主义（falsification）的科学划界标准。

域之间有界线的地图的话，你是可以表征观念，也可以表征差异的。

在 SSK 中，尤其是布鲁尔那里，令我感到困惑的是他的"规则"以及"遵守规则"①。布鲁尔倾向于认为"主体"（subject）和"对象"（object）之间有一条明确的界线，即使有时候对象就是主体自身。这种对表征的坚持，不一定和默顿相关，但却是和传统的语言使用相关并且被一般的语言哲学家和维特根斯坦（Ludwig Wittgenstein）所质疑的。所以，布鲁尔作为一个信奉维特根斯坦的学者，却仍然坚持这种表征的观点，不得不说是令人感到沮丧的。

我对布鲁尔的另一个质疑与默顿不是那么相关，而与曼海姆（Karl Mannheim）有很大关系。布鲁尔认为曼海姆从知识社会学（Sociology of Knowledge）角度检验了作为科学的数学[2]，我对此论断一直感到不满意。因为如果你深入阅读曼海姆，就会发现其实科学的很多东西都符合他关于相关性（relevance）②的具体论述。他所要求的不是必须判断这个知识系统是错的，而是说这个系统不能自己解释自己，它是无法完全解释它自己的发现的。

科林斯以及布鲁尔的一些论述认为任何数学公式、物理科学都不能解释它们是如何达成共识的。它们做出了解释，只是它们自己的解释是不完全的，因而就只能开放解释的空间，引入外部的数学证据或理论注释。这些东西在实际生活中都不是很重要的东西，但却构成了这部分论证的最主要内容。尽管这不能说明这些系统就是错误的，但确实给像科林斯、布鲁尔这些人打开了一个缺口，使他们可以引入社会因素来做解释。这与曼海姆的观点完全一致，而且通过使用 20 世纪 50 年代和 60 年代科学哲学中流行的一些怀疑主义（skepticism）观点，他们往前推进了一步。因此，SSK 所做的在很大程度上与知识社会学是一致的，但它只是将之前的步伐再推进了一点而已，并没有开辟一块全新的领地。他们也没有批判地检验社会学，他们对社会学的使用与 20 世纪早期和中期是一样的。

拉图尔、伍尔加（Steve Woolgar）和我以及加芬克尔（Harold Garfinkel）的观点，在起点上是质疑社会学的，我们确实是从这里开始的。我们对社会学有许多不满，所以转向对科学的社会学解释似乎是件很困难的事情。因为我们发现社会学是一个被科学主义观点（scientistic point of view）所主导的学科，此外，在处理其他现存行为系统时，社会学的解释框架和概念框架也

---

① 指的是"强纲领"的四条原则：因果性（causation）、公正性（impartiality）、对称性（symmetry）及反身性（reflexivity）。

② 林奇所指的"相关性"即曼海姆所谓的"延展性"（extential commitment），意为检验可以延伸到意识形态的背景上。

很弱。所以，某种程度上，摆在第一位的是批判社会学本身，而不是转向用社会学来批判性地检验其他学科。

问： 有人曾将您的"常人方法论"（ethnomethodology）和马尔凯的"话语分析"（discourse analysis）做过比较，认为很相似，您和马尔凯之间的差别是什么？

林奇： 如果把我们画进刚才的那幅图，我和他比起其他人来会有更多的相似性。使用"话语分析"这个术语可以有不同的方式，马尔凯使用的方法非常接近于常人方法论的"对话分析"（conversation analysis）。事实上，英国的许多大学既用"话语分析"也用"对话分析"，尽管两者间有不同，但它们确实分享了一些共同的基础，都强调通过考察语言的使用来理解人们的行为。马尔凯在他与吉尔伯特所著的《打开潘多拉之盒》（*Opening Pandora's Box*）中有很有趣的处理方式，他们不去给科学家寻求一种哲学定位——实在论（realism）或建构论（constructivism），而是把与实在论或建构论相关的论述看作是同一个人可以在不同情况下使用的论述。我想这是那本书里很精彩的观点，如果不把科学家看成是实在论者，你就可以看到他们在某些时候会使用实在论的语言，而在另一些情况下却会使用解构（deconstruction）或建构论的语言。我发现这在诉讼类的法律争论中很有用，不管是哪一方，他们在具体的案例中都可能非常一致地使用这种方法。

"话语分析"的限制性在于总是在处理写出来的语言，而这与具体的行动是分离开来的。它是关于修辞的，当然这在语言写作中是很重要，另外还有等式、图示这些东西。但是，当你研究实践中的语言时，事情不会恰好掉进马尔凯他们的那个分析框架里。所以，更学术的方法是检验正在使用某种工具的人们的谈话、正在同一个地方的人们的谈话、正在从事某项活动的人们的谈话，在这样的连接中，语言被灵活运用。至少当我有机会去观察行动中的语言运用时，我发现语言或对话不是独立于行动或与行为相分离的。所以，我考虑的问题在于语言是如何与其使用的行为构成一个整体从而构成了证据的。

我认为这是"对话分析"——作为"常人方法论"——与"话语分析"的一个差异，我们常常忘记的一点是，研究的重点应该是行为而不是语言，而且事实上语言是行为的一方面。如果你以这样的方式来思考语言的话，我们前面提到的"表征"①就是偶然的（occasional）了，人们总是在使用语言

---

① 指的是上文对布鲁尔观点做出的评论：布鲁尔倾向于认为"主体"和"对象"之间有一条明确的界线……却仍然坚持这种表征的观点，不得不说这是令人感到沮丧的。

表征事物而且使它成为各种行为的一部分。几个世纪以来被赋予特权的"表征"与"指称"这些哲学术语受到了加芬克尔等人的质疑,"话语分析"也在这个方向上做了一部分努力。但是,"话语分析"经常不能真正地抛弃"表征"。

问:作为一个社会学家,您是怎么样如此好地与 SSK 相适应的呢?尤其是成为 STS 的领军人物。

林奇:我过去就不喜欢做定量分析,只在读硕士时做过几年。我不喜欢是因为你做了许多工作,然后却发现你能解释的东西如此之少。定量分析要求分解社会中的行为和过程以找到互相之间有清晰关系的变量,这些工作人造的痕迹很重,大部分时候我们不能作出合理的解释。SSK 所展示的一个好处就是,以科学的概念为基础,社会学家的视野是非常具有讨论余地的。此外,作为科学和社会学紧密结合的研究,这些人所做的不是在回避科学。他们是在研究科学而非以社会学的方式指出科学应该如何做。我在美国开始做的常人方法论研究,是独立于这个网络的。拉图尔注意到了 SSK,他的同事伍尔加以及诺尔-塞蒂娜(Karin Knorr-Cetina)接受了类似常人方法论的训练。我们处在同一个时期,都是 20 世纪 70 年代后期。

问:所以,你们那时互相都不知道彼此?

林奇:最开始不知道,我不知道拉图尔和诺尔-塞蒂娜是在何时互相认识的,但是,他们在做我也在做的事情。我们只是在做完田野调查之后才发现有一些人也在加利福尼亚的实验室做研究。某种程度上,这与布鲁尔和巴恩斯在谈论的东西相差很远,但建构主义这时已经开始充斥于社会科学的许多领域,因此我不太惊奇我们同时在单独开展研究。但是,我认识到常人方法论在实验室研究上有着非常不同的旨趣,而且我是在几乎做完了我这个研究项目的专题论文时,才知道其他人所做的东西。我借鉴了其中的一些内容,比如我博士论文的一章就是批判布鲁尔的。

问:那么,在您开展您的田野调查时,您是否意识到 STS 的存在呢?

林奇:没有意识到,我记得我的老师加芬克尔在学术休假的时候,曾碰到过朱克曼。她有一张对科学进行微观研究的参考书目,但是主要是默顿学派的这些研究。她那时没有实验室民族志方面的文献,因为我们几个人的工作直到 1976 年或 1977 年才出版。也有一些很早期的工作,比如巴伯(Bernard Barber)和福克斯(Renee Fox)的研究。这些研究虽然主要是基于访谈,但是风格上是民族志的。我不记得他们的工作发表年份了,但比朱克曼的参考书目要早。也有一些科学家的反思,比如波兰尼(Michael Polanyi)。他们讨论实验室实践，但是基本上不是对具体案例的近距离观察。

问：您为什么选择实验室来做您博士论文研究的对象呢？

林奇：这是相当特别的，在加利福尼亚大学尔湾分校（University of California, Irvine）的第一年，我与加利福尼亚大学洛杉矶分校（University of California, Los Angeles）的两位教授一起工作，他们都是常人方法论领域内的，其中一个是建立这个领域的加芬克尔，另一位叫波尔纳（Melvin Pollner）。他比加芬克尔年轻得多，那时是加利福尼亚大学洛杉矶分校的新教师，前些年去世了。他有一个概念叫"现实分离"（reality disjunctures），指的是对相同现实情境的有差别的、不可通约的看法（discrepant incommensurable views of the same real situation）。他事实上一直在寻找这样的经验案例，身处其中的人们在一些情况下存在对世界认识的巨大差别，跨文化就是这样的情况。他选择了两个案例，其中一个是交通诉讼，尽管这是一种非常世俗的情境，但他感兴趣的是这些诉讼案件中的法官与参与者。它们是审理很快的诉讼案件，比如超速。如果你想争辩没有超速从而不支付超车的罚款，这就需要法庭来判决了。可能会有警察或是行车记录来指出你的驾驶速度是 70 英里①，然后你会说，"不，我只是开了 50 英里"。这里的分歧就在于，你的速度不可能既是 70 英里又是 50 英里，所以其中涉及了世俗理性的力量。这种不同必定会产生，而且这种差异是通过不同的方式所产生的，或者是你说谎，或者是警察的测量有误。波尔纳对这些分歧是怎么解决的很感兴趣。

我认为这很有趣，也许通过获得一些经验材料的方式能探索这些想法。我先是到科学史中去观察在遭遇不可通约的观点时会发生些什么。不一定是"范式"的不可通约，更多的是独特的不可通约性观察。我最开始时读了一些显微镜学的历史，因为我小时候做过一些关于显微镜学的事情。在列文虎克（Antonie van Leeuwenhoek）等看见了被称为"动物杀手"的游动实体这段历史中，这些"动物杀手"因太小了而不能被观察到，因此直到它们可以通过工具被观察到，才知道它们很小，小得肉眼看不见，比昆虫还要小。我就在想这是如何发生的，工具是怎么变得如此重要的。我的质疑在于工具是有缺陷的或人工物的来源，这意味着你所看见的不是真正的生物而是来自工具投射的一些对象。人工物的世界存在于许多科学领域之中，像噪声就是工具的副产品。我确实找到了一些材料，大部分是二手的显微镜学史，然后我被介绍给了一些科学家，这确实是一个好的进入点。我去和他们一起工作时，这

---

① 1 英里=1.609 344 千米。

群人还没有取得诺贝尔奖级的发现。其中一个是循环生物系的神经科学家，他使用小白鼠或其他动物来研究受伤大脑的恢复。我被介绍给了他，而他也愿意让我加入他的实验室。

我感兴趣的主要问题是，他们在什么情况下决定将所看见的东西视为一个真正的实体或是某些要宣称的东西、什么情况下又决定忽略它。因此，围绕实验室图片进行的科学论证是我所关注的东西。我关注的方向有两个：实验室研究和研究的可视化，可视化材料对于科学论证至关重要。在古德温（Charles Goodwin）关于专业视角（professional vision）的一篇文章中，他讨论了一些我早期做过的关于显微镜学的事情，他也引用了我的研究。通过做标记、编码一类的方式，他在可视化的层面上去确证现象。这就不再是心理学上的个人可视化的东西了，而是转化为文本化的形式。

我也是在那时见到了拉图尔，我们相处得很好，但在一些观点上有分歧，他使我更为完整地了解了 STS。我想拉图尔是从伍尔加那里知道 STS 的，伍尔加是马尔凯的学生，1974 年就已经发表文本分析（textual analysis）的文章了，同时也在写他关于脉冲星发现的博士论文，他应该算是很早就介入 SSK 研究的学者了。拉图尔所受的训练主要是哲学、神学，还有一点人类学。他后来受邀到吉尔曼（Roger Guillemin）①那里去参观实验室，待了很长时间。我认为，他和伍尔加合作开展实验室研究，一方面是寻求英语方面的帮助，另一方面也是为了实现概念化。虽然伍尔加在这方面的贡献没有被充分认识到，但是我猜想伍尔加确实在理论框架上是有帮助的，因为拉图尔自那以后的研究就相当不同了。

问：伍尔加是一个非常有趣的学者，我们的一门课②就要求学生读了两篇他的文章，一篇是对麦肯齐（Donald MacKenzie）关于利益分析的文章③的批评④，另一篇是对技术研究的批评⑤。他一直持续对 STS 的发展进行批评，他的思想有过变化吗？比方说，变得对 STS 的发展不满意。

林奇：你可以在所谓的"胆小鬼辩论"（chicken debates）中感受到这一

---

① 20 世纪 70 年代邀请拉图尔到加利福尼亚大学开展研究的科学家。

② 指的是清华大学科学技术与社会研究所洪伟副教授主持的"科学技术的社会研究"课程。

③ 即 MacKenzie D. Statistical theory and social interests: a case study[J]. Social Studies of Science, 1978, 8: 35-83.

④ 即 Woolgar S. Interests and explanation in the social study of science[J]. Social Studies of Science, 1981, 11: 365-394.

⑤ 即 Woolgar S. The turn to technology in social studies of science[J]. Science, Technology, and Human Values, 1991, 16(1): 20-50.

点。皮克林（Andrew Pickering）有一本书叫作《作为实践和文化的科学》（*Science as Practice and Culture*），书中有几章是不同观点的辩论，一边是科林斯等在保卫 SSK；另一边是拉图尔、卡隆（Michel Callon）和伍尔加对科林斯的反对意见。这是一个非常激烈的争论，我因为涉及某些议题，也被称为"伍尔加派"的成员。这成了科林斯和其他人之间永久的争论。在"行动者网络理论"（actor-network theory，ANT）远离 SSK 的时候，伍尔加就有自己的思想定位了，接近于拉图尔和劳（John Law）。我更倾向于拉图尔和伍尔加，虽然我从来都不是 ANT 圈子里的人，但是我同样关注布鲁尔以及科林斯等人在社会学解释上所使用的方法。

问：因此，在 STS 内部以及 STS 与其他领域——比如科学——之间都存在很激烈的争论？

林奇：是的，一些杰出的科学家，比如索卡尔（Alan Sokal）、格罗斯（Paul Gross）、温伯格（Steven Weinberg），对建构主义以及文化研究不满。他们的观点非常粗糙，但是很有人气，尤其是索卡尔的那篇诈文——《超越界限：走向量子引力的超形式的解释学》[3]。那是很多事件的源头，既充满幽默，又令人愤怒。

问：那您认为这篇文章引起的公众关注带给 STS 的是更多的益处还是损害？

林奇：好问题！STS 从中存活了下来，这个领域未受到真正的损害。"索卡尔事件"也许令一些作者听到了一些批评，但是就大的领域而言，并没有遇到太大的麻烦，而且更多的宣传使得人们知道了 STS。很多不好的宣传没有被用来反对 STS，据我所知，受拖累的主要是文化研究（culture studies），争论集中在人文学科的院系，不是历史系或哲学系，而是诸如英语文学系这类院系。他们用到了建构主义的某些方面，但是他们没有做近距离的历史研究，只有许多争论者的观点。这些行为惹怒了一些持激进实在论的科学家，而他们对抨击目标的选择又是相当混乱的。英语中有句话叫，"每种宣传都是好的宣传"。我认为，这样多少也让 STS 领域的人在写作时更小心了，因为那些批评总是抽取相同的句子或段落，一再引用科林斯等的著作。

"科学大战"（Science Wars）不是保守的右翼对激进主义的一场战斗，它混合了多种联系。学术界对文化研究所取得的成功非常反感，这场争论中站在科学家一边的很多参与者来自哲学和社会学，默顿科学社会学和定量社会学的卫士们都乐于见到这些从事文化研究的"暴发户"受到批评。到 2000 年或 2001 年，这个争论在美国就完全结束了。在 2001 年，"9·11"事件转变了人们思考问题的导向。

问：除了科学界的影响，还有哪些其他重要事件影响了 STS 的发展吗？STS 的思想基石是什么？

林奇：我记得，也许是 20 世纪 80 年代后期，在"科学大战"之前，夏平和平奇（Trevor Pinch）曾跟我说过，他们已经习惯于来自实在论哲学家的批评，所以要随时准备好面对这类批评，但同时却也要受到人文领域的批评，比如女性主义对 STS 的攻击。哈拉维就将她的工作定位于批判性地重读夏平和沙弗（Simon Schaffer）的书，我想夏平对此应该是惊讶的，因为他真的认为自己在对科学的研究中已经属于最激进的一派了。

哈拉维认为夏平讲述了一个绅士社会的男性故事，这给人一些不好的感觉。拉图尔设法适应这类批评，他与哈拉维及其他人有过一些讨论，设法使其研究与女性主义运动和一些人的感受更为一致。布鲁尔则拒不改变，他与拉图尔等人有一个争论[1]，发表在《科学哲学与科学史研究》（*Studies in History of Philosophy of Science*）杂志上，反对他们 20 世纪 90 年代中期的一些观点。其中之一是"行动者网络理论"逐渐远离 SSK，证据是我刚刚提到的在 20 世纪 80 年代发生的"胆小鬼辩论"。之所以称之为"胆小鬼辩论"，是因为科林斯的那篇文章[4]就是从他所谓的"认识论的胆小鬼"开始的。这个名字来源于一种叫"Chicken"的游戏，在中文里可能是另一个名称，它是这样的：两辆车相向而行，互相都在看彼此谁会先转向，先出现转向的就被称为 chicken，因为 chicken 是"胆小鬼"的意思。因此，他们都试图吓唬对方，使对方先转向。"认识论的胆小鬼"就是科林斯对伍尔加的拒斥，因为伍尔加总是在不断地提"反身性"问题，暴露出 SSK 的矛盾之处。拉图尔则把"对称性"（symmetry）放大到另一个维度，并引入了物作为行动者。所以，这里"认识论的胆小鬼"这个词是说他们走得太远了，仍然需要留在 SSK 的框架之内，做社会学的研究而不是在玩这类游戏。这场争论明确表明了两者的差异。公平地说，欧洲的 STS 迅速地转移到了"行动者网络理论"，美国也有这个趋势。尽管这些研究不一定和拉图尔的一致，经常仍然以人为中心，但它们接受了某些词汇，例如协商（negotiations）、网络（networks）、花招（maneuvers），而不是用直白的语言来对科学的某些特殊发展做出社会学

---

① 指的是 Latour B. For David Bloor… and beyond: a reply to David Bloor's "Anti-Latour". Studies in History and Philosophy of Science, 1999, 30(1): 113-129. 此文回应的是 Bloor D. Anti-Latour. Studies in History and Philosophy of Science, 1999, 30(1): 81-112.

解释。这种变化与文化研究等人文学科的一些观点也是非常融合的。

问：我们之前不知道女性主义与 STS 或拉图尔之间还有争论，让 STS 吸收女性主义的批评很难吗？

林奇：是的，这很难。在 SSK 和 STS 建立的时候，开展了一些对皇家学会绅士们的历史研究。研究这个问题的学者没有考虑到的一个大议题就是，这个领域是男性主导的。这就为女性主义的批评敞开了大门，尤其是当女性主义在美国的学术圈确立起来以后，其中的一些也扩展到了英国。这不仅提供了做科学女性主义研究的机会，而且这些源自女性主义认识论的观点对 STS 已经形成的思维方式持非常尖锐的反对意见。这就使一些人——像夏平、我和平奇——处于困境。我们认为自己是反对保守派的，但我们却被攻击成是保守派。部分的原因是时代变了，而这不仅仅是 STS 领域所发生的事情，整个美国学术圈都是这样。

我认为现在没有女性主义议题的论战，只有不断地让彼此融合的努力，而现在的后殖民主义（post-colonialism）研究开放了更多的国际参与，这不是在抵制，而是加快这个领域组建的步伐。就国际参与而言，在我做主编时，*3S* 上发表的文章主要来自少数几个国家，像英国、美国、荷兰和一些北欧国家。一般来说，文章如果是来自说英语和用英语写作——尤其是在教育系统——的地方，就会很好处理。即使是欧洲，像来自西班牙的文章，我们都很难处理。我们也收过来自土耳其的文章，大多数时候，我们对此什么都做不了。因为文章里的英语无法理解，而且他们的学术文化在文献上和思维方式上与我们也没有充足的联系，所以我们拒绝了很多这类文章。大部分文章仍然来自有很强的英语语言背景以及学术文化的人，但现在正在变化，来自日本、中国、印度的投稿越来越多。去年也几乎没发表过南美或墨西哥的文章，原因在于那些国家的人很难获得最新的文献，经常还是以过去的风格及话语来做研究与写作，这些都使他们的文章不能被处理。

但确实会慢慢变化，另一件正在发生的事是世界上其他国家的人都正在学会熟练地使用一门外语，这些地方也有英语的杂志，像《东亚科技与社会：国际期刊》（*East Asian Science, Technology and Society: an International Journal, EASTS*），但它更多的是面向东亚国家的，南美也有他们自己的协会。那些仍然用西班牙语以及德语做研究的人，由于不用英语发表文章，在学术上走得都不够快，甚至在北欧国家也是这样。

问：在作为杂志主编的您眼中，*3S* 这本 STS 领域最重要的杂志在发表上的口味是不是也在随着时间的变化而变化？

林奇：我只做了十年主编，但从最初到最后，已经发生了巨大的变化。当然，其中有很多工作与 ANT 有关。我想即使在我接管杂志之前，有一点就已经显而易见了，就是这个领域快速地进入到生物医药领域。也有其他方面，像地理学、社会科学、经济学的话题，但几乎没有物理学、化学、数学的研究。在 STS 的会议例如 4S 年会上，也几乎没有这些研究。我所关心的一点是，布鲁尔批评默顿的旧科学社会学不能解释科学的内容，但这就意味着开放了一个问题，很多事情都可以用来解释科学的内容。很多时候这些内容不是社会学家所能解释的。如果你没有受过这方面的训练，这是很难的。如果只是涉猎了一点点这个领域的人所谈论的东西，你是无法跟上他们的要求的，这就是只受过社会科学训练的人存在的困难，除非你有工程或科学的背景。当然，其中一些人的确有这些背景。

第二点是社会学家没有动力对科学内容做出解释，因为这是科学家的工作。但是，"强纲领"所提供的基础框架确实可以用来从社会学的角度对科学家所做的事情进行再解释。这引发了许多争论，然而至少为形成一种完整的科学史产生了激励，正如某些人做出的历史研究那样。另外，STS 的研究能生动地注意到科学家所做的事情。现在涌现了很多相关的人类学研究，但是都没有能够展现科学家如何把现象变为可见，或者一些科学家是如何说服其他科学家他们发现的现象是有效的。这类问题都太微观了，从而使社会学家不感兴趣。20 世纪七八十年代所做的研究，我们知道是建构主义的，但是没搞清它究竟意味着什么。

问：在科学的社会建构研究之后，技术研究（technology studies）在 STS 中更为流行了，也许人们认为技术更好研究？

林奇：比起科学的社会研究与科学史间的关系，技术的社会研究与技术史之间存在更强的联系。平奇和克莱恩（Ronald Kline）就在同一个系①，他们都做过 4S 学会和技术史协会的主席，这就是这种联系的一种表现，而我们与科学史的关系不是这样的，也不再与科学哲学有联系。这很不幸，因为我们发现有的哲学家对这个领域感兴趣。STS 能成功地获取基金去支持相关研究，而这些基金被用于解释当前的问题，像那些被报纸报道的问题。这些研究多是关于技术的，生物技术、制药技术、信息技术等领域是这些研究基金的主要去向。

---

① 平奇与克莱恩及林奇均是康奈尔大学 STS 系的教授，前二者均是技术研究的资深学者。

问：NSF①中有一个专门针对 STS 的特别机构是吗？专项资助是如何开始的？

林奇：是的，过去这些年来有几个相关的项目。有一个项目是关于伦理价值研究的，它更多地支持和政策相关的研究。另一个是 STS 的，资助的是科学的历史研究、哲学研究和社会研究。尽管主题和名称会发生变化，但它是专门给这个领域的基金。这在美国是非常重要的，因为在我开始做科学的社会研究时，是没有这个专项的。虽然原来有给社会学的基金，但来自 NSF 的社会学基金几乎全是给定量研究的。STS 的专门基金也为康奈尔大学建立 STS 系和圣迭戈大学（University of SanDiego）设立 STS 项目提供了资助，基金也支持研究生和教师去做研究。

这确实使研究被推进到一些与公共生活交界的问题领域，例如气候变化，而不是进入到那些布鲁尔想要说明科学是建构起来的研究，例如基础数学、皮克林研究过的粒子物理学以及生物学。生物学领域不一定都是在公共生活中有争议的，有些只是涉及了技术方面，像野生生物学（Field Biology），它就与政治争议无关。NSF 不鼓励去研究那些与政治争论无关的科学。

我不知道 NSF 为 STS 提供专项基金是如何开始的，我只能猜一猜，一个猜测是 NSF 喜欢像康奈尔大学的科学家所启动的这个项目，因为其中涉及了一些伦理价值的议题。也可能是与默顿学派的人有很大关系，从而使得 NSF 进入了这个方向。有这个专项对我们的发展很有帮助。

问：STS 研究的内容非常广泛，您是否想过为 STS 设定一个边界？

林奇：我没有打算设定边界，因为边界在不断移动。20 世纪 80 年代，当我们考虑是否接受技术的社会建构那篇论文②时，爱吉就告诉我，其中的某些点可能和 3S 不相容。这个时候，是否应该对技术开放就成了一种政策性决定。现在回过头去看当时所做的决定，我不认为有一个清楚的标准。后来，就有了关于技术研究的文章，再后来，我们对医学也开放了。

NSF 有更大的麻烦，因为他们要和 NIH③一起界定这个边界。如果一个项目申请是关于医学技术或医学护理的，他们就需要特别证明这个项目与 NSF 有关，而不是与全国性的健康事务有关。这当然是一个很模糊的、可渗透的边界。他们证明的方式通常是通过文献的引用，如果他们引用的是科学

---

① 即美国国家科学基金会，全称为 National Science Foundation。

② 即 Pinch J T, Bijker E W. The social construction of facts and artefacts: or how the sociology of science and the sociology of technology might benefit each other[J]. Social Studies of Science, 1984, 14(3): 399-441.

③ 即美国国立卫生研究院，全称为 National Institutes of Health。

的社会研究的文献，人们会认可这个项目属于 NSF。当然，如果你要做病人对医院护理的满意度调查，那可能就不适合申请 NSF 而要去找 NIH。如果你去看医院的民族志研究，或者我以前和学生一起做的对韩国医疗系统的比较研究[5]，其中的争论涉及所谓的不可通约性（incommensurability），比如医疗技术的使用与文化之间的关联。这类研究毫无疑问属于 NSF 可以资助的范畴。至于 3S，我们作为杂志，没有政府部门那样严格的规定，但我们也会看研究的实施、概念的框架是否与已有的大家公认的 STS 研究相符。

问：最后，我们想知道，您对 STS 有什么展望，或者现在 STS 的发展趋势是什么？

林奇：我认为 STS 很大，也许是太大了，因而不可能说出它究竟包括什么。有那么一段时间 STS 很需要一种认同，因此提出的观点很强，使得对科学和实践的研究成为可能。这吸引了一群人，也带来了另一些人的敌意。现在，这个领域已经壮大到仅靠它自己的文献就能维持。因此，来到这个领域的学生读这些文献，了解 STS，并且无须走出这个领域就可以做自己的研究。也许 STS 会这样继续走下去，但有一个风险在于它的议题可能会不断扩散，然后被其他学科俘虏，从而失去它自己的学科认同，这是目前面临的一个重要问题。

（本文原载于《科学学研究》，2017 年第 9 期，第 1281-1288，1421 页。）

参 考 文 献

[1] Hargens L. What is Mertonian sociology of science[J]. Scientometrics, 2004, 60(1): 63-70.

[2] Bloor D. Knowledge and Social Imagery[M]. London: Routledge & Kegan Paul, 1976.

[3] Sokal D A. Transgressing the boundaries: towards a transformative hermeneutics of quantum gravity[J]. Social Text, (46/47), 1996: 217-252.

[4] Collins H, Yearley S. Epistemological chicken[A]//Pickering A (ed.). Science as Practice and Culture. Chicago: University of Chicago Press, 1992: 301-326.

[5] Ma E, Lynch M. Constructing the east-west boundary: the contested place of a modern imaging technology in South Korea's dual medical system[J]. Science Technology & Human Values, 2014, 39(5): 639-665.

声 音 研 究

——一个全新的 STS 研究领域

| 徐秋石，刘兵 |

一、导言

除了传统研究中人们关注较多的文字和图像之外，声音也是人类解读世界的一种重要方式，是人类文明发生的一种途径，但声音又是长期被研究者所忽视的一个维度。

声音研究（Sound Studies）是科学、技术与社会（science, technology and society，STS）视域下新兴的独立学术领域，2002 年由特雷弗·平奇（Trevor Pinch）教授[1]等欧美学者开创，并迅速成为热点。诸多 STS 学者投身其中，从历史学、技术元勘、科技的社会研究等视角进行声音研究。各国的科学和技术研究组织、社会科学研究组织，以及政府相关部门，也愈发关注并资助声音研究，其研究成果相继问世。十余年来，声音研究业已形成相对成熟的学术阵地，多所高校相继开设声音研究课程，STS 及相关院系有越来越多以声音研究为选题的博士研究生。尽管如此，STS 视域下的"声音研究"仍然是一个全新的、处于发展初期的、尚未被广泛研究和传播的学术领域，对于中国 STS 学界而言，此领域仍属空白。

---

① 特雷弗·平奇，康奈尔大学科学与技术研究系教授、前系主任，戈德温·史密斯（Goldwin Smith）教授、社会学教授。科学知识社会学（SSK）的创始人之一，技术的社会建构创始人之一，声音研究的开创者和引领者。

声音研究这一独立学术领域的出现，意味着 STS 学科的研究范式将不再仅仅以视觉范式为主导，STS 领域的研究出现了全新的阐释方式和研究维度。

二、声音研究的历史背景：声音作为一种文化的存在

声音是一个广博的概念，囊括世间一切声响。既包括自然声音，也包括人工声音，既包括音乐，也包括噪音，甚至同时还包括无声的状态——静默。事实上，除了大自然中所发生的天然声音之外，声音，在社会文化中是一种人工制品。

在文字出现以前，声音是人类文明的传承方式，比如《荷马史诗》等经典，依靠口口相传而得以留存。文字出现以后，听觉较之于视觉则长期处于被忽视的地位，如今我们所处的社会是一个以视觉文化为中心的世界，视觉中心主义占据着主流话语权，也充满了学界的各式研究。

然而，依据西方哲学史的视角，从哲学起源一直到形而上学思维遭遇危机，音乐和哲学都有着共同的基础。古希腊时期，毕达哥拉斯学派最早认识到音程与有理数的关系，开始了对声音的研究。[1]最初，世界的和谐是建立在声音之上的，这即是柏拉图音乐理念的本质。在尼采和本杰明的理论中，声音是语言和音乐两者的起源，考虑到这种起源，哲学展现了"思考音乐就是在音乐中思考"，而这种思考就是哲学自身的起源。[2]

就科学史而言，众所周知，音乐与数学和物理有着漫长且密切的关联。亥姆霍兹很早就认识到研究音乐是理解物理现象的一种途径。[3]根据杰克逊的研究，乐器的产生和发展对科学仪器的发展有着非常重要的影响，并且，科学家长期以来对乐器的理解和制造也做出了巨大的贡献。[4]不仅如此，声音同科学领域的众多学科有着密切的联系，例如在动物行为学和地震学领域中，声音一直是人们理解世界的一个重要方式。[5]进入到 21 世纪之后，声音与科学的连接则更为深入，"整个乐器法领域，以及部分科学研究，都依赖于声音"[5]638。

可以看到，在人类文明的历程中，声音是重要的，能够记录声音亦是人类文明的重大突破。声音作为一种文化载体，有其自身的属性、特点、功能，也有其自身的语言符号系统。因此，自然哲学和科学的研究在历史上为声音研究提供了正当性、合理性和必要性。

三、声音研究的发展历程

（一）起源——声音的艺术与文化研究

在STS学科关注声音维度之前，关于声音的研究主要在音乐学和艺术学领域。自然，音乐学和艺术学所关注的研究对象大多围绕音乐这一主题，而鲜有关于抽象意义上的声音、噪音和静默的研究。近年来，将社会学、人类学的研究方法运用到音乐之中的研究日渐增多，音乐社会学、音乐人类学等学科应运而生。

在文化研究这一领域兴起之后，亦有不少学者关注声音维度，开始对声音进行文化研究。例如，在国内学界，中国人民大学的副教授王敦近年来致力于在文化研究领域对听觉进行文化研究。还有一些文化研究学者从社会文化维度上探析音乐和技术的关系。但是，这些研究关注于某一项技术的文化建构，而技术和技术制品本身对于他们而言仍是一个"黑箱"。[6]

打开技术和技术制品的"黑箱"，这恰恰是STS学科的意义所在。区别于传统社会学研究的范式，探索技术的内容以及技术实践的内容，在STS学者看来才是真正得以理解音乐技术本质的研究，而这也是STS视域下声音研究得以创立的独特性。

（二）发展——STS聚焦于声音研究

当录音技术出现后，声音的形态和景观（soundscape）发生了变化，声音文化也随之发生了革命性的变化。声音作品，是音乐人、录音师、听者共同建构的，即声音是一种由制造者与消费者共同建构的技术产品。制造者是一次创造，消费者又是一次再创造。人们所聆听到的声音是一种人工建造物，蕴含着建构者的意识形态。

自19世纪晚期录音技术的发明以来，录音及音乐制作的变革是与技术的进步同步而行的。发展至今，电子技术和互联网的出现又导致了传统录音行业的衰退以及录音行业新范式的出现，此新范式的出现又导致从业者和受众的行为方式随之发生变化。[7]例如，"网络音乐工作室"的出现正是在信息技术发展导致的全球化潮流中应运而生的，音乐产业全新的音乐制作方式、运作方式和消费方式正在逐渐改变着当代音乐文化，技术的革新致使音乐行业新模式的生成。[8]

这一切的变化无一不在改变着声音的形式和形态。录音行业，既得到科学技术发展的推动，又受到科学技术发展的制约，并随之对社会文化产生了广泛的影响。声音文化在变化，人们的听觉文化在变化。

那么，STS应如何理解这种变化？这种改变又意味着什么？这是STS视域下的声音研究着意想要解决的问题。

（三）成熟——声音研究作为独立领地的出现

康奈尔大学科学与技术研究系的特雷弗·平奇教授被公认为STS视域下声音研究的创始人和领军人。平奇教授作为哈里·科林斯（Harry Collins）的学生，是科学知识社会学的创建者之一。著名的STS著作"勾勒姆系列"即是其师徒二人的作品。20世纪80年代，平奇教授与维贝·贝克尔两人把研究科学社会学的研究方法延展到研究技术上，创立了"技术的社会建构"（social construction of technology，SCOT）理论，开创了技术社会学这一广阔领域。[9]此后，SCOT的理论框架在批评中不断发展，技术系统的社会建构[10]和技术使用者的重要性[11]扩展着技术研究的话语方式，技术的社会研究在一个更为广阔的社会语境下被探讨，而这就是技术的社会研究"转向声音"（turn to sound）[12]的理论基础。

1995年，平奇教授带领学生开始研究慕格电子音乐合成器，2002年出版其声音领域的第一本著作《模拟时代：慕格电子音乐合成器的发明和影响》。[13]他运用SCOT的核心理论对电子音乐合成器进行分析。在他看来，研究某一特定的音乐技术能够提高STS对把握技术和社会关系的核心部分的理解。[14]并且，他着意于探索表演者对新音乐技术的反应，是如何为考察技术隐藏于传统的、规范的框架里的方式，提供一个丰富的研究场域的。[14]70

在平奇教授出版他关于电子音乐合成器的研究之后，他到荷兰马斯特里赫特大学访问，开启了与卡琳·拜斯特菲尔德（Karin Bijstervel）教授①的长远合作，两人促成了声音研究这一独立学术领地的创建。2002年11月，两人在荷兰马斯特里赫特大学召开了题为"声音很重要：音乐的新技术"（Sound Matters：New Technology in Music）的国际研讨会。此次研讨会由STS学者主导，聚集了来自人种音乐学、历史学、人类学、文化研究、社会学的学者共同研究"听觉文化"（auditory culture）。会议的主题是新技术与音乐，着

----

① 卡琳·拜斯特菲尔德，荷兰马斯特里赫特大学技术与社会研究系教授，主要研究方向为科学和技术研究、声音研究（声音的社会文化史）。

重探讨了音乐制作和消费中的一系列技术创新。此次研讨会无疑是声音研究领域中的一个划时代事件，标志着声音研究作为独立学术领域的出现。会议促成其他各学科学者与STS领域学者的成功对话，并强调运用跨学科的理论和方法进行声音研究。

随后，2004年，平奇教授在《科学的社会研究》（*Social Studies of Science*）刊物上主编了一期以"声音研究"为主题的专刊，收录了上述国际研讨会所报告的论文，总共八篇，将STS领域声音研究的主要研究内容及研究状况进行详述。首篇即由他和拜斯特菲尔德教授合作的题为《声音研究：新技术与音乐》[5]635 的总结性文章。其后七篇分别为：《加利福尼亚噪音：加利福尼亚南部的改装吉他与硬核庞克和重金属》[15]《工程的表演：录音工程师、默会知识与声音控制的艺术》[16]《说到声音：语言和音响工程师的专业化》[17]《网络工作室：实现音乐制作新理想的历史路径和技术路径》[8]759《黄金耳朵与仪表读者：有关声音爱好者认识论权威的争论》[18]，以及述评性文章《现代声音》[19]。

这组主题文章可谓STS视域下声音研究的首批经典文献，虽然只囊括了该领域的部分研究，但却映射了其整体图景，反映了当下阶段的主要研究方向和主要研究方法。

这次会议之后，声音研究在国际学界如火如荼地开展了起来，涌现出一批经典研究，例如，乔纳森·斯特恩（Jonathan Stern）的《可听的过去：声音重放的文化起源》[20]，以及艾米丽·汤普森（Emily Thompson）①的《现代性的声景：1900～1933年美国的建筑声学和听觉文化》[21]。这些研究为STS学科带来了新图景和新视野。发展到如今，"STS与声音研究的相遇"已成为一种得到确认的话语方式。平奇教授所在的康奈尔大学，到目前为止已开设了大约18门声音研究的相关课程，内容涵盖声音史、声音维度下的科学技术与医学、声音与寂静、声音的物理学、听觉文化、录音实践的历史与哲学等。其研究范围之广泛、研究内容之丰富、研究方法之多元，已形成了该校声音研究的学术共同体，并作为声音研究最前沿的阵地，引导着欧美各高校声音研究的进行。[16]703 正如平奇教授所言："研究声音对于研究生而言不再是一件疯狂的事了，声音研究愈发成为一个令人尊重的领域。"[6]89

---

① 艾米丽·汤普森，技术史学家，普林斯顿大学历史学教授，主要研究领域为声音、音乐、噪音和聆听的文化史，并聚焦于研究声音现象和声音活动与留声机、电影以及建筑的交叉，以及19～20世纪的技术史。

四、声音研究学科概况

（一）学科概念

声音研究也可以说是一个新兴的、处于萌芽期的交叉学科，并毋庸置疑地有着繁荣的未来。[19]816 简而言之，声音研究是运用 STS 学科的视角来研究声音，以深化对文化、物质性，以及社会和艺术传统之间关系的理解。[14]70 按照目前比较权威的定义，"声音研究主要研究音乐（music）、声音（sound）、噪音（noise）和静默（silence）这四者的物质生产和消费，研究这四者在不同的社会文化中、在历史之中是如何变化的"[5]636。在上述西方学界所给出的关于声音研究的定义中可以看到，作为交叉学科名称的 Sound 和作为研究内容的 sound，此两个"声音"在英文书写中用首字母大小写以作区分。事实上，作为研究内容的声音是一种特指，指代除了音乐、噪音和静默三者之外的其他声音，诸如人声、自然声等。然而在这一定义中却存在着同语反复的问题，这或许是需要在之后的发展中更加明确的概念。

"STS 参与到声音维度之中可以被看作是该领域中对构成技性科学（technoscience）的详细物质实践的延伸考察。"[5]637 从 STS 的视角看，理解声音的社会维度不能与声音的技术维度、物质维度，以及发声者的实践活动及其文化含义相分离。[14]71 "科学和技术研究对声音研究的贡献在于研究声音的物质性，这种物质性不仅植根于历史、社会和文化，同时存在于科学、技术，以及科学技术的机制和其认知与相互作用的方式之中。"[5]636 物质维度在科学和技术研究中是非常重要的一部分，在声音研究中也同样如此。[6]86 正因为如此，STS 和声音研究才有如此紧密的关联，而这也是 STS 将会给音乐文化的研究带来超越其他主流学科的贡献的原因所在。[5]636

（二）研究对象

要想弄清声音研究的研究对象，首先要分清该领域一阶的和二阶的研究。在声音研究领域中，一阶的研究包括研究声学、音乐和录音技术。声学，是声音领域的科学，声学的研究者是科学家、工程师和技术人员；音乐，是声音的一部分，音乐的创造者是音乐人；录音技术，是关于声音的技术，其研究者是录音师。二阶的研究是，运用人类学、社会学、艺术学、音乐学、哲学、环境学、文化研究等的研究方法，对一阶的研究对象和研究者进行研究。此即 STS 视域下的声音研究。

（三）研究主题与方法

声音研究按照主题目前可大致分为却不仅限于如下几个方面：乐器及乐器使用者研究、录音（音乐）工作室研究、听觉文化研究、录音（声音制作）技术研究，以及噪音研究。

在研究方法上，国际学界业已达成共识，声音研究的复杂性要求研究者突破单一学科，放眼于自己所属学科之外的视角，秉承跨学科学习的精神，综合各相关领域的理论和研究方法。[5]637 需要注意的是，由于声音研究是一个新兴的、处于发展初期的跨学科领域，其独特的理论体系正在建构过程中，因此，其现有研究是综合各类理论和方法，在社会文化的维度上对声音进行 STS 研究。

（四）新视野——理论、视角与实践

在学术研究中，长久以来"视觉范式"主导着 STS 学科、人文学科和社会科学学科的研究。[5]637 在这个视觉世界中，我们研究我们所看到的，研究我们所看到的是如何被呈现的以及应作如何解读。在 STS 的研究中，其工作聚焦于视觉实践和科学家技术的细节研究上。[22] 而对于科学家和技术人员的世界是怎样的，以及他们的理论、产品、研发的研究都是以视觉化的对象作为载体的，正如迈克尔·林奇（Michael Lynch）所描述的，"外部化的视网膜"（externalized retina）主导着科学研究。[23]

但是，如果说视觉维度是物质实践的一部分，那么声音维度同样也是。正如平奇教授所阐释的，科学实验室不仅是一个视觉的世界，同样也是一个听觉的世界；因为进入到实验室去观察的研究者必须也要做好"听"的准备；在实验室中，科学家之间的谈话、科学设备发出的声响、办公设备的声音、背景声、环境噪音，甚至于茶壶、咖啡壶所发出的声响，都对科学研究产生直接或间接的影响，都是研究者需要关注的对象。[5]637

然而，研究维度关注于听觉并不意味着视觉范式不再重要，相反听觉研究无法同视觉研究相脱离。因为，视觉隐喻长期以来主导着我们的话语方式，可以说，视觉语言建构了整个人类文明的沟通范式。正如平奇教授所讲，即使我们在谈论声音研究的时候，也是在说我们"看"到了一个全新的领域，而不是说我们"听"到了一个全新的领域。[5]637 在学术研究中，国际学术共同体是以视觉的技术和表述方式为主导的，发表的书和论文很容易复制图像信息，却很难以声音的方式记录。相比较视觉而言，听觉是一个未知的、不熟悉的、全新的领域，就好似"一个陌生人在敲着我们的门，并且威胁着要打乱我们的世界"[5]637。所以，在声音研究的初始阶段，我们仍需通过视觉的话语方式来进行研究，来描述声音，而无法通过声音来阐释声音。

因此，STS 领域研究范式从视觉向听觉的转向，并不一定是一种范式与另一种范式相争的过程，而是将听觉范式纳入到 STS 研究体系之中。其意义在于：第一，充盈了 STS 研究的广度，关注于声音这一非常重要却一直被忽视的维度；第二，由于以往 STS 的研究中忽略了声音这一重要维度，使得对科学和技术的研究并不完整，首先是遗漏了诸多重要因素，其次是或许可以从声音维度对科学和技术研究进行重构。虽然声音研究由于处于发展初期，其自身的理论系统仍在建构当中，但是它为 STS 学科所带来的贡献绝不仅是提供丰富案例那么简单。[12]948事实上，它在建构理论和实践的过程中，提供了一种全新的视野。

五、经典案例及其理论和研究方法

声音研究有非常丰富的研究对象，同时亦综合了丰富的理论和研究方法，因此其研究范围之广泛无法在此文尽述。到目前为止，已生产出诸多不同方向的经典研究成果，在此仅选取声音哲学研究、乐器研究、录音工作室研究、听觉文化研究，以及噪音研究这五个方面的数个经典案例，以作简单阐述，旨在展现声音研究的具体内容和研究方式。并且，在案例的选择上，以西方学界的研究为主要选择对象。由于声音研究的跨学科属性，在各案例中均融合了多种理论和研究方法，哲学、音乐学、人类学、社会学、文化研究、历史学等多种研究方法在不同案例中均有交叉和融合的运用。

（一）声音哲学研究

声音的发展历经了一个漫长的过程，从自然声音发展到符号声音，声音演变成一种社会语言，声音作为一种"符号表达"，负载了意识形态，具有社会属性。[24]从西方哲学的视角来看，声音具有两种本体论意义：其一，声音是一种不可复制的独特的事件，依赖于客体而发生；其二，声音作为自主的对象而存在。[25]

在国际学界，有诸多研究探讨声音与哲学的关系。在声音哲学的研究中，主要的研究是以雅克·德里达的声音现象学研究作为理论基础。德里达在其《声音与现象——胡塞尔现象学中的符号问题导论》中讲述了声音现象学。德里达认为："现象学的声音就是在世界的不在场中的这种继续说话并继续面对自我在场——被听见——的精神肉体。"[26]18 他认为，声音是在普遍形式下靠近自我的作为意识的存在，"作为意识的在场的特权只能够——就是说，历史地被确定犹之乎被揭露——特别通过声音被建立，这正是从来没有在现象学中占据过主要地位的自明性所在"[26]19。因此，研究声音对于现象学来说有重要意义，然而声音的哲学研究却从来没有占据过主要地位，并且对其的研究在常规哲学史的哲学观念中是难以想象的，而这正是德里达所做的研究意图补缺的，即声音对现象学的价值。

国内对德里达的声音现象学研究发展得较为深入的当属研究音乐人类学、音乐美学和音乐哲学的韩钟恩教授。他对声音哲学进行了深入研究，他的研究涉及德里达的现象学研究、波普尔的历史学研究、福柯和格尔兹的文化研究，以此来探讨由声音引发的文化发生。[27, 28]韩钟恩教授的弟子则延续其研究，从音乐哲学、音乐美学、音乐人类学等的视角来探究音乐文化。

（二）乐器研究

"乐器——作为一种有着其特殊用户群体的技术制品，将声音研究带入到技术研究的领地。"[5]638 在乐器研究中，可以大致分为两个子方向，一是乐器的社会研究，二是乐器史和乐器编史学。本文在此仅选取乐器的社会研究的经典案例来作讨论。

乐器的社会技术研究关注于打开某一乐器技术的"黑箱"，研究某一个设计是如何被社会、文化和经济等因素所形塑，反过来，这一项乐器技术又是如何形塑了社会、文化和经济，即技术和社会两者的相互建构。此外，技术使用者的重要性，即技术使用者与技术的互相建构，亦是技术的社会研究中非常重要的一部分，而这两点正是乐器的社会研究的核心。

在乐器的社会研究中，最为经典的研究是上文所介绍的平奇教授等的《模拟时代：慕格电子音乐合成器的发明和影响》，这是一项从 STS 视角研究乐器进化演变的综合性研究。研究乐器的进化过程可以深化对于音乐是一种文化形式的理解。据平奇教授的讲述，某一乐器的使用是在一个成熟的，并且受某一种社会和文化环境制约的语境中进行的，反之，某一种文化传统会制约着新乐器的发展；一种新乐器出现，或者是一种旧乐器的重新使用，很可能会引发音乐文化的变革；在这种文化转型过程中，对噪音、声音、音乐，甚至于静默的划界是一项艰难的任务。[5]639

（三）录音工作室研究

在声音研究中，录音工作室的研究是必不可缺的组成部分，其中非常经典的案例是霍宁（Susan Schmidt Horning）对录音室中的默会知识的研究。默会知识在录音工作室中扮演了非常重要的角色，相比于正规录音训练而言，录音实践中所获取的默会知识更为重要。霍宁运用"话筒拾音技术"（microphoing）作为案例对默会知识的发生进行详细考察。[16]710 此外，霍宁论证录音室是技师和艺术家的合作场地，两者成为一种共生的工作关系，这直接导致了录音师成为艺术表演的组成部分。于是，录音师的身份成了集技师、艺术家、公关为一体的角色。霍宁使用了口述史的研究方法，采访了录音师在从录音技术发展早期到如今高度智能化的历程中，所经历的工作体验的变化过程。在录音技术欠发达阶段，录音工作要求录音师充分发挥自己的水平、能力、艺术感知，去创造优秀的录音作品，在这一过程中，对技术的更高要求不断地推动着录音技术的更新发展。然而，当录音技术发展到高度智能化的时候，虽然技术工具给录音师以控制和创造声音更多的选择，但技术工具的复杂性同时也限制了录音师创造力的发挥。如今录音师的工作是要结合并平衡技术选择和默会知识这两者，从而满足某一录音作品的需求。霍宁认为，"尽管录音室的技术景观（technological landscape）在不断变化，录音师的正统训练在不断加强，并且技术在不断变革，但录音工作仍是由个人技能和艺术水平两者所共同评判的，正如录音技术和实践在不断地形塑声景，且不断地被声景所形塑"[16]725。

与之相关联的，波尔切洛的研究关注于录音室所建构的独特的声音空间，以及声音标准化的发展。[17]733 录音师通过有效的习得默会技能，以及用于描述声音的语言，来重新建构工作室的声音空间。录音室中所使用的语言，可以被视为强化了"内部人士"（insider）和"学习中的人"的阶层区分。[5]641 可以说，录音室里充斥着微妙的、混杂着技术词汇的声音用语，而这正是一种地方性知识。在声音标准化问题上，波尔切洛论述了录音师是如何操控声音，并且把声音标准化的过程。某种特定声音是如何被公认、复制，而最终被标准化是一个极为复杂的问题，不仅需要录音室内技术的配置，还需要仰仗全球录音行业的认可和传播，从而使某一种声音被标准化。[5]641

（四）听觉文化研究

听觉文化的研究是声音研究领域中非常复杂而广博的一个分支。听觉文化在关注听觉方式改变声音消费模式和形式之外，还关注声音环境在历史中的变革，以及声音环境如何塑造了现代性、声音环境又是如何被现代性所建构的。在此部分有巨大的空间等待挖掘。

在声音研究中，"声景"这一概念占据重要地位。"声景"这一概念最初是由加拿大作曲家、环境保护者默里·谢弗（Raymond Murray Schafer）在20世纪70年代提出的，指的是一个环境里的声音状态，既包括声音的自然环境，也包括人为创造出的声音环境，其目的是勾勒出历史的声景和当代的声景。[29]他非常著名的"世界声景计划"（World Soundscape Project）从环境立场出发，关注新产生的声音以及已经消失的声音。他与其团队提出，现代声景的一个重要问题就是"声音分裂"（schizophonia），即原声（original sound）和电声学复制（electroacoustic reproduction）声音的分裂。他认为，在前工业时代，人们所处的声音环境是高保真（hi-fi）的，而工业时代是一个声音过于拥挤而被掩盖的低保真（low-fi）声音环境。在他提出这些概念之后，诸多学者对"声景"这一概念进行研究。由于谢弗的概念局限在环境的考量上，之后有许多学者对其进行批判和发展。例如，法国文化史家阿兰·科尔班（Alain Corbin）将声景理解为在听觉接受意义上的景观，而不再局限于声音自身的景观。[30]于是，声景就不仅停留在物理环境，而包括感知环境，以及其所呈现出的文化建构，包括科学的和审美的听觉方式、听者与其所在环境的关系，以及声音发声的社会环境等文化层面，也正因如此，声景被不同时代、不同文化语境所不断建构和变革。[30]

汤普森教授的经典研究《现代性的声景：1900～1933年美国的建筑声学和听觉文化》，分析了20世纪初美国听觉文化的历史。这本专著可谓是听觉文化史上最重要的著作之一。依据其研究，20世纪声学的发展同建筑和新技术密切相关，通过声音的体验改变了公共空间。汤普森教授从多个层次——包括建筑学、电影学、噪音等方面——对20世纪初声音的变化和听觉的变化两者进行深入剖析。其从听觉的视角研究建筑空间，为长期以来被视觉主导的建筑史学家带来全新维度。她建议史学家不仅要看，还要"听"昔日的建筑，这为理解美国现代建筑的兴起提供了新的路径。她声称，对于声景的任何探索，最终都应该带来对其产生的社会和文化的认识，而这种社会文化不仅仅是放置某一种科技成果的背景，其与科技活动本来就是不可分割的一体。汤普森教授的研究从历史学视角出发，对听觉文化进行了历史叙事。在她看来，声音这一维度是长期以来被技术史所遗漏的重要部分。正如她所阐释的，即使在历史发展中声音消失了，它们还是会在器物、人及其社会文化中留下丰富的痕迹，再借助于现代声音和听觉技术，以及技术使用者的物质性实践，历史学家便可以着手还原那些业已消散的声音及其所呈现的人类历史。她的工作对以视觉范式为主导的现代化研究进行了革新，在她看来："新的听觉历史显示，现代化并不像'看'起来的那么简单。"[30]

在听觉文化研究中，部分学者关注于听觉模式的变化，其中一个经典研究是铂尔曼探索新的声音技术是如何改变听觉模式的。[18]783 铂尔曼对音响发烧友（audiophile）进行了人类学民族志的考察。他区分了两类人群："黄金耳朵"（golden ears），以及"仪表读者"（meter readers）。前者是重视自身耳朵的听音，避免科学和音响技术，声称所使用的设备是为了提升声音保真度，但是这在音响工程师看来不过是一种技术的"黑魔法"；后者则是痴迷于运用科学和技术去测量和理解声音。通过研究这两类音响发烧友，铂尔曼探析了他们所谓的"绝对声音"（absolute sound）的不同建构，即这类群体在追求绝对声音的不同方式中，他们所宣称的什么是合理的科学以及什么在他们看来是伪科学。铂尔曼的这项研究探索了听者是如何通过把声音嵌入到一个高控制的音响环境中，而掌控和理解他们所追求的声音的。[5]644

（五）噪音研究

噪音研究是 STS 领域的重要研究方向，也是最早被 STS 学者所关注的声音研究的部分。自工业革命之后，这个世界变得愈发嘈杂喧闹。噪音控制已成为重要的社会运动之一，并且已成为现代性声景的一个重要组成部分。噪音是如何被体验、被测量、被回应的，静默的喻义是什么，以及噪音和静默是如何产生的都是声音研究的核心内容。[5]645

作为最早进行声音研究的学者之一，拜斯特菲尔德教授对声音的研究是从噪音研究开始的。2001 年，她发表了首篇有关噪音研究的论文。[31]这篇论文当属 STS 领域最早的关于噪音的研究之一。她强调，技术的声音不仅深刻地改变着整个世界的声景，同时，也承载着象征意义的技术所极具争议的部分，然而 STS 领域对于技术的声音研究却非常稀缺。她认为，声音的重要性可以通过研究噪音和静默的编史学和人类学，以及通过分析欧洲和北美城市进行声音控制的历史来获得。她的研究展现了技术文化的研究可以通过研究声音而得到深化。[31]37 此后，拜斯特菲尔德教授一直专注于噪音研究。例如，她针对工业噪音中的机器噪音进行专项研究，并以此探讨声音的文化意义。18 世纪以来，医生就宣告了工业设备的噪音会导致失聪等听觉失调现象，然而多数雇佣者意识不到噪音的损害而拒绝使用耳塞等保护设备。文章以专家对工业噪音的定义同工人对其回应的冲突作为案例，揭示了在西方语境下，听觉的保护是如何受到声音的象征意义和听觉文化的影响的。[32]

在这个本已吵闹的工业社会，个人音响设备和音频录音技术的迅猛发展使得噪音的研究更加复杂化。个人随身听、车载随身听、家庭影音设备，以及个人家庭录音工作室的普及化，在使得个体具备控制声音能力的基础上，为他人和社会制造了更多的噪音声源[5]645，而这一切都使得现代社会的声景及其文化含义不断地发生变革。

六、结论

声音是构成人类文化的重要部分。然而，在以往 STS 领域中，抑或说在整个人文和社科领域，一直以视觉范式作为研究主导，听觉范式在学术研究中鲜少被关注和运用。声音研究的特殊性，即是将声音维度纳入到 STS 的研究范式之中，从声音视角——包括产生声音的乐器（技术）制品、声音制作的音频和录音技术，以及听觉文化和声音景观——来重新建构技术、文化与社会的关系。通过考察声音与技术、文化和社会的关系，来深化对 STS 的理解，并且补充、修正，甚至于重塑以往视觉范式研究中所忽视的声音维度的思考。

声音和聆听很重要。国际学界业已达成共识，然而当下所做的工作只是对这个新领地试验性的探索而已，整个音乐技术领域和听者体验的广阔领域仍处于未知状态，几乎没有学者对该领域进行持续的研究，"这是一个不可想象的极为广博和复杂的领域，然而我们却对其所知甚少"[5]636。因此需要更深更广地挖掘，而未来的研究方向，正如平奇教授在接受采访时讲道："声音研究是一个交叉学科，聚焦于研究社会的声音维度，在此方向上将 STS 研究同文化的社会研究相互连接。"[14]64

声音研究作为一个独立学术阵地对 STS 领域的贡献，并不仅仅在于扩展了其研究方向。虽然该领域仍处于发展初期，其自身理论仍在建构之中；但是，从声音视角探析技术、社会、文化和艺术的关系，并挖掘这种关系在历史进程中的不同时期社会文化语境中的变化发展，声音维度所展现的图景在深化 STS 学科自身的理解之外，为从 STS 视角诠释技术、社会和文化提供了新图景。通常，全新的研究对象也会带来在研究进路和学术观念上的新变化，尤其在当下以视觉范式为主导的社会文化中，人们也将会期待关注声音维度的转向在 STS 领域给学术视角和相关理论带来新的突破。

回望中国 STS 学界，对声音研究的了解和关注甚少。本文也是中国学界首篇关于 STS 视域下的声音研究的总体性评述文章。限于篇幅，本文也只是对目前笔者所注意到并认为是此领域中最重要的代表性工作做初步的总结，努力刻画出国际学界声音研究的大致图景，但显然还仍有大量相关研究需要进一步研读和梳理。

（本文原载于《自然辩证法通讯》，2018 年第 4 期，第 89-97 页。）

参 考 文 献

[1] Hankins T L, Silverman R J. Instruments and the Imagination[M]. Princeton: Princeton University Press, 1995: 1-5.

[2] Distaso L V. On the common origin of music and philosophy: Plato, Nietzsche, and Benjamin[J]. Topoi, 2009, 28: 137-142.

[3] von Helmholtz H. On the Sensations of Tone as a Physiological Basis for the Theory of Music[M]. New York: Longman's Greene & Co, 1895: 1-5.

[4] Myles W J. The Standarization of Aesthetic Qualities: The Music and Physics of Reed Pipes in Early-Nineteenth-Century Berlin. 2003, unpublished paper.

[5] Pinch T, Bijsterveld K. Sound studies: new technologies and music[J]. Social Studies of Science, 2004, 34(5): 635-648.

[6] Magaudda Paolo. Studying culture differently: from quantum physics to the music synthesizer: an interview with trevor pinch[J]. Cultural Sociology, 2014, 8(1): 77-98.

[7] Pras A, Guastavino C, Lavoie, M. The impact of technological advances on recording studio practices[J]. Journal of the American Society for Information Science and Technology, 2013, 64(3): 612-626.

[8] Théberge P. The network studio: historical and technological paths to a new ideal in music making[J]. Social Studies of Science, 2004, 34(5): 759-780.

[9] Pinch T, Bijker W. The social construction of facts and artifacts: or how the sociology of science and technology might benefit each other[J]. Social Studies of Science, 1984, 14: 339-441.

[10] Bijker W, Hughes T P, Pinch T. The Social Construction of Technological Systems[M].

Cambridge: MIT Press, 2012, 1-5.

[11] Oudshoorn N, Pinch Trevor. How Users Matter: The Co-Construction of Users and Technologies[M]. Cambridge: MIT Press, 2003: 1-5.

[12] Marshall O. Synesthetizing sound studies and the sociology of technology[J]. Sociology Compass, 2014, 8(7): 948-958.

[13] Pinch T, Trocco F. Analog Days: The Invention and Impact of the Moog Synthesizer[M]. Cambridge: Harvard University Press, 2002: 1-11.

[14] Magaudda P. The broken boundaries between science and technology studies and cultural sociology: introduction to an interview with Trevor Pinch[J]. Cultural Sociology, 2014, 8(1): 63-76.

[15] Waksman S. California noise: tinkering with hardcore and heavy metal in Southern California[J]. Social Studies of Science, 2004, 34(5): 675-702.

[16] Horning S S. Engineering the performance: recording engineers, tacit knowledge and the art of controlling sound[J]. Social Studies of Science, 2004, 34(5): 703-731.

[17] Porcello T. Speaking of Sound: Language and the Professionalization of Sound-Recording Engineers[J]. Social Studies of Science, 2004, 34(5): 733-758.

[18] Perlman M. Golden ears and meter readers: the contest for epistemic authority in audiophilia[J]. Social Studies of Science, 2004, 34(5): 783-807.

[19] Braun H-J. Modern sounds[J]. Social Studies of Science, 2004, 34(5): 809-817.

[20] Stern J. The Audible Past: Cultural Origins of Sound Reproduction[M]. Durham: Duke University Press, 2003: 1-5.

[21] Thompson E. The Soundscape of Modernity: Architectural Acoustics and the Culture of Listening in America, 1900-1933[M]. Cambridge: MIT Press, 2002: 1-12.

[22] Lynch M. The externalized retina: selection and mathematization in the visual documentation of objects in the life sciences[A]// Lynch M, Woolgar S. (eds). Representation in Scientific Practice. Cambridge: MIT Press, 1990: 153-186.

[23] 马艳容. 从自然声音到符号声音[J]. 语文学刊, 2010, (4): 46-47.

[24] Dokic J. Two ontologies of sound[J]. The Monist, 2007, 90(3): 391-402.

[25] 雅克·德里达. 声音与现象: 胡塞尔现象学中的符号问题导论[M]. 杜小珍译. 北京: 商务印书馆, 1999.

[26] 韩钟恩. 音乐意义的形而上显现并及意向存在的可能性研究[M]. 上海: 上海音乐学院出版社, 2004: 1-5.

[27] 韩钟恩. 非临响状态: 在沉默的声音中倾听声音——由声音引发音乐文化发生问题讨论[J]. 音乐艺术, 2006, (1): 65-73, 5.

[28] Schafer R M. The Soundscape: Our Sonic Environment and the Tuning of the World[M]. Rochester: Destiny Books, 1994[1977]: 1-5.

[29] Corbin A. Village Bells: Sound and Meaning in the Nineteenth-Century French Countryside[M]. London: Macmillan, 1999: 1-5.

[30] 艾米丽·汤普森. 声音, 现代性和历史[J]. 王敦, 张舒然译. 文学与文化, 2016, 2: 95-99.

[31] Bijsterveld K. The diabolical symphony of the mechanical age: technology and symbolism of sound in European and North American noise abatement campaigns, 1900-40[J]. Social Studies of Science, 2001, 31(1): 37-70.

[32] Bijsterveld K. Listening to machines: industrial noise, hearing loss and the cultural meaning of sound[J]. Interdisciplinary Science Reviews, 2006, 31(4): 323-337.

科学社会学视角下的中国科学共同体

中国科技系统中的"系统失效"及其解决初探

李正风

一、中国科技系统中的"系统失效"

科教兴国战略对科技体制改革提出了明确的要求，新的科技体制既要保证国家科技实力和创新能力的不断提高，又要保证国家科技体系对社会经济进步的第一位的持续推动作用。要做到上述两点，必须解决中国科技系统存在着的"系统失效"问题，建立各种科技资源合理配置的格局。

中国科技系统存在着明显的"系统失效"。这种"系统失效"总体反映在科技、教育与经济的脱节上，导致这一问题出现的原因主要是：企业与科研机构、企业与大学以及企业与企业之间合作、联系和知识流动不足，国家资助的基础研究方向与产业界的应用和开发研究不匹配，高等学校不能培养企业所迫切需要的具有强烈创新、创业意识的人才，金融机构回避创新创业风险，技术转移等中介机构在促进知识流动方面没有发挥应有的作用，企业在吸收创新信息方面显得无能为力等。从中国科技系统转型看，1985 年开始的科技体制改革便把"真正从体制上解决科研机构重复设置、力量分散、科技与经济脱节的状况"作为核心任务。但至今，"对国家科技资源总量进行优化配置的机制尚未形成，致使在国民经济结构已发生重大变化的新形势下，科技力量并没有配套进行相应的调整，因而出现既短缺又浪费的不正常现象……科研机构设置重复、机构臃肿、条块分割等组织结构问题依然存在"[1]116。"科技与经济脱节的问题还没有从根本上得到解决。"[2]可以说，科技系统的"系统失效"依然是制约中国总体创新绩效的重要问题。

有关研究为此提供了比较充分的证据。关于世界各国国际竞争力的比较指出了中国科技资源与产出之间的反差[3]，造成这种反差固然部分是由于科技资源质量不高，但也表明中国的科技资源的应有潜能远未得到充分发挥。

科技系统"系统失效"的原因是复杂的。1996 年，国家科学技术委员会和国家统计局联合进行的 6 省市技术创新调查，曾就影响企业从高校、研究与开发机构获取科技成果的 9 个因素的影响程度进行过排序。居于前 3 位的因素分别是：缺乏有关高校或研究与开发机构科技成果的信息；高校或研究与开发机构的科技成果很难实现商业化生产；科技成果的技术不够成熟。这一调查从一个侧面反映出影响创新主体互动因素的复杂性，但它主要是从科技成果向企业转化这个维度展开的，对影响因素的概括尚不全面。事实上，阻碍不同创新主体整合与互动的因素涉及制度、结构、组织等多个层面，要促进科技系统中不同创新主体的互动，不单纯是要在现行体制和结构状况下强化管理，更重要的是要进行制度性、结构性调整，即必须以实现科技、教育、政治与经济的有机结合为指向，进行组织的重构和体制的改革。

二、完善科技活动主体整合与互动的制度环境

科技、教育与经济的脱节，科技系统中的机构臃肿、条块分割，是旧体制"系统失效"的综合表现。要解决这些问题，单纯依靠科技系统、教育系统或经济系统的改革是无法奏效的。必须依赖科技体制、教育体制和经济体制改革的协同配套。这既是深化中国特色社会主义改革的关键，也是真正形成各种科技资源合理配置的制度环境的关键。

这种立足于"系统范式"的制度变革对中国科技系统的转型具有双重意义。因为中国科技系统中的"系统失效"往往是同"市场失效"交织在一起的，市场体系发育不成熟，也是"系统失效"的成因之一。解决"系统失效"问题，本身也是培育以市场经济制度为基本制度安排的经济体制的过程。

从这种立足于系统整体的改革思路出发，与之相对应的制度创新将不仅关注单个创新主体动力的激发和能力的提高，而且要突出强调改进不同主体之间的相互作用，以及国家科技系统中组织机构之间的相互作用，强调企业之间及其与公共部门机构之间的合作研究和开发协作。

1978 年之后，中国科技系统在制度建设方面取得了长足的进步，初步构

筑了激励创新的法律框架，与法律系统相匹配的创新政策也处于不断完善之中。这些制度设施正在不同程度地发挥作用。然而从总体上看，在这些法律和制度中，政府对科学技术领域的干预大多是指向市场失效的，或者是公司由于难以从投资中获得全部利益而减少投入的技术开发领域。在促使一般公共回报的利益最大化时，科学和技术政策也集中于通过诸如研究与开发（R&D）免税和补贴等手段，来鼓励或支持产业界的 R&D 投入。相对来讲，尽管促进科技和经济结合是一个核心目标，但在使不同创新主体真正互动起来方面，仍然缺乏明确而且具有较强约束力的法律和制度。如何为不同创新主体之间的合作提供制度保证，将成为今后制度建设的重中之重。

新型的政策在继续强化创新主体自身的创新动力和创新能力的同时，需要突出高水平的知识、技术和人员流动，需要通过实施知识产权规则、劳动力市场政策等，促进创新主体之间不同方式的合作。特别是需要促进企业与公共研究部门之间的连接。这种连接是融合知识创新和技术创新的重要途径。公共部门主要包括公共研究机构和高校。政府支持的研究机构和高校是一般研究的主要执行者，其不仅生产出产业所需要的最主要的基础知识，而且也是新方法、仪器和非常有价值的技能的源泉。这些机构中进行的研究越来越依靠企业的支持，企业与公共部门签订进行特定研究或资助工作人员、研究人员的合同，从而在合资技术项目中进行合作。对于这种 R&D 合作，公共研究机构成了特定领域的科学和技术知识的储存场所，并使这种科学和技术知识进入企业，对企业的发展和创新能力的提高至关重要。利用各种专利、关于科学新发现的发表物以及嵌在新仪器和方法中的知识，接近科学网络，尤其是共享合作研究所产生的知识和技术等，都将成为企业获得此种知识的渠道。

在这方面，美国过去近 20 年间联邦政府合作技术计划的发展可以提供有益的借鉴。1980 年以来，美国联邦政府在支持创新方面的作用已明显超出了仅为面向任务的研究开发提供资金的传统做法，开始更加重视促进不同创新行为之间的合作和协同。为促进联邦政府和私人企业的合作，促进各部门之间在 R&D 上的协同，美国政府出台了一系列法律，其效果是联邦政府实验室与私人企业之间的合作 R&D 协议从 1987 年的 108 个增加到 1991 年的975 个；联邦实验室公布的发明数量增加了 60%；企业和联邦政府实验室之间的专属许可证或非专属许可协议证增加了 100%。与此同时，合伙及费用公摊等以前原政府机构中很少听到的术语，已成为大多数联邦政府研究与开发政策与计划的专用词汇[4]。

三、通过结构性调整实现科技资源的优化配置

要克服"系统失效",不但要注意创新主体之间的相互作用,而且要注意它们相互作用的方式。系统的结构决定着系统的绩效,而合理的结构是以系统各要素在功能上的分工协作为条件的。但从中国科技系统看,科技资源的配置并不合理,不能适应国民经济结构的变化,资源的短缺与闲置并存。

一方面,不同科技资源之间的功能重复仍多于分工合作。从基础研究、应用研究和试验发展经费在不同执行部门的分布看,非常值得人们注意的是,在各 R&D 活动执行部门对其经费的使用中,存在着显而易见的职能重叠,除企业的 R&D 活动主要集中于试验发展外,高校和政府所属研究与开发机构并无明确分工,应用研究的比重均在 50%以上(表 1)。这种分散重复的情况同样反映在国家级科技计划项目的实施过程中[5]94。

表 1   R&D 活动执行部门的 R&D 经费按活动类型分布（1995 年）（单位：%）

活动类型	高校	研究与开发机构	企业	其他单位
基础研究	14.4	8.8	0.7	0.7
应用研究	55.7	59.8	13.7	13.7
试验发展	29.9	31.4	85.6	85.6

来源：国家科学技术委员会. 科学技术黄皮书 第 3 号: 中国科学技术指标. 北京: 科学技术文献出版社, 1997。

不同创新主体在职能上的重叠,降低了国家科技系统的有序程度,既增加着管理成本,也降低着科技储备。分工混乱而带来的对资源的盲目竞争往往造成重复建设,同时也导致一系列短期行为。要改变这种状况,需要在国家科技系统建设的过程中,通过适当方式明确不同创新主体在职能上的相对分工,并在这种分工基础上,实现创新资源的有效集成。这种分工并不能同过去计划经济体制下的部门分割等同起来。部门分割追求的是在局部各种职能齐备的"小而全",而这种职能分工追求的是在国家范围内以恰当分工为基础的系统协同。因此,明确不同创新主体的职能分工和互补,应当是促进不同科技资源合理配置的重要内容,而这意味着在国家范围内创新资源的结构性调整。

在这个调整过程中,政府属研究机构的重要职能是任务驱动型研究和战略性研究。相应地,高校不但在培育创新促进知识扩散方面具有主要责任,

而且应在基础研究方面居于主导地位。事实上，高校在基础研究方面的主导地位是同高素质创新人才的培养不可分割地联系在一起的，而且确立高校在基础研究方面的主导作用完全是可能的，也是世界各国的成功经验所表明的。从我国的实际情况看，尽管高校在基础研究经费总额中所占比重仅为32.1%，但在基础研究的产出上，却表现出相对突出的绩效。高校不但在国内科技论文总数中占61.6%，而且其国际论文数也占科学引文索引（SCI）、工程索引（EI）、科技会议录索引（ISTP）三系统收录我国论文总数的65.6%，远高于其他各R&D执行部门[5]120。

另一方面，企业内部创新能力的缺乏与大量科技力量未能充分发挥作用之间存在着强烈的反差。企业内部R&D机构的状况便可以作为体现其R&D能力的重要指标之一。统计资料表明，1990～1995年，我国设有技术开发机构的大中型企业占全部大中型企业的比重几乎逐步呈下降趋势，在新增的近万家大中型企业中，设有技术开发机构的企业不足1/5[5]174，这一数据可以解释企业20世纪90年代以来R&D产出进步缓慢这一事实，也可以反映企业技术创新能力的缺乏。

与此同时，集中在研究与开发机构中的科技资源并没有得到充分利用。首先，R&D活动资源主要集中在一部分研究机构中，从1995年全国民口4850家研究与开发机构的课题经费支出的统计数据可以看出，只有1223家机构主要从事R&D活动（R&D课题经费占课题经费总额的比重大于或等于0.7%），有一半的机构根本不从事R&D活动，有73.8%的机构（3579家）不从事科学研究，即不从事基础研究和应用研究；其次，从研究与开发机构的产出状况看，据统计，1993年，我国4875家研究与开发机构中只有2697家发表了论文，近一半的研究与开发机构一年竟然没有发表一篇论文，1993年我国研究与开发机构平均一年只获得0.09项发明专利，我国97.4%的研究与开发机构的科技成果应用每年不超过10项[6]。

上述状况表明，在政府属研究与开发机构中很大一部分科技资源处于近乎闲置的状态，这既意味着这些科技资源，尤其是人力资源存在着从这些机构中"溢出"的必要性，同时也为企业充分利用这些科技资源提供了可能性。这种可能性正在逐渐向现实性转化。尤其是1999年部委属研究与开发机构的企业化改制大大加速了这一进程。

当然，企业要吸纳这些创新资源并不是无条件的，而且这些创新资源进入企业也需要必要的改造。从1978年之后中国创新系统的转型过程看，上述转化仍然存在着诸多需要解决的问题。但有理由认为，以经济体制改革和科技体制改革的深化和协同为条件，在以科技与经济结合为方针的全国范围内创新资源全面配置的过程中，不但现有的企业可以通过自我改造和广泛引入外来创新资源而使其技术创新能力得到较大的提高，而且也会生长出更多在新型机制下运行并具有较强技术创新能力的新企业。上述两种方式都将加快处于转型之中的中国企业技术创新能力的进化速度，并由此使科技力量对经济发展与社会进步的第一位的推动作用得到更好体现。

四、创造融合不同创新行为的组织形式

促进不同主体之间的整合与互动，以及促进知识和技术在不同创新主体之间的高效流动，即要以既有知识、技术存量为依托，以相关的制度安排为支撑，同时也要以必要的组织形式为载体。

人类科技系统不断拓展的过程，既是科技活动的主体互动不断强化的过程，也是其相互作用的组织形式不断变迁的过程。不论是国外创新行为的演变，还是中国初步的实践经验都证明，为促进产学研的合作，将创新主体和创新资源进入经济建设主战场的"推力"和"拉力"有机地结合起来，高科技工业园区为我们提供了一种卓有成效的组织形式。

第二次世界大战以来，科技与经济结合的显著趋势是，在靠近一流大学或研究机构附近大量出现倾向于特定技术的研究与开发的专业化知识中心。这些技术包括计算机软件、生物技术、通信技术。无论是国内的还是外国的高技术公司，以及研究机构都倾向于聚集在这些地区，以获得进入正式的和非正式的技术网络的优势。这种以知识优势为基础的聚集能力引导了各种高科技工业园区的产生。例如，在美国，有加利福尼亚的硅谷（靠近斯坦福大学和加利福尼亚大学）、波士顿地区的生物技术簇群（靠近麻省理工学院），以及新泽西的通信簇群（靠近普林斯顿大学和原贝尔实验室）。在英国有剑桥科学园，在日本有筑波科学城等。中国自1988年开始在北京海淀区设立中关村新技术试验区以来，相继出现了一批对社会经济发展影响日益扩大的高科技工业园区，如清华科技园、武汉东湖区、沈阳南湖区、深圳科学园等，它们构成了我国高新技术产业开发区的内核。

这些高科技工业园区的经验表明成功的高科技工业园区一般具备以下几方面条件。①高技术辐射源，即以高水平的大学或研究与开发机构为知识技术源。其含义可以通俗地表达为："靠近加利福尼亚州圣琼斯的'硅谷'

和环绕波士顿的 128 号公路作为商业创新和创业中心的地位是由于人们与斯坦福及麻省理工学院靠得很近。"[7]②基于某一种或某几种核心技术而形成的企业群体。不论是硅谷，还是波士顿 128 号公路，都是以核心技术为联结纽带的。这些核心技术主要以作为技术辐射源的高校或研究与开发机构的优势知识存量为基础，不论是从这些高校或研究与开发机构中滋生出的企业，还是从外部进入的企业，往往只有与这些核心技术相关联，才能利用高科技工业园区的特殊资源和优势，而且这种高科技工业园，还具有孵化出新的创新企业的作用。③适应高技术发展的社会经济条件，既包括有利于创新的服务性支持，也包括政府所提供的政策。

从上述基本条件可以看出，科技工业园区是使不同创新主体高效互动并由此融合不同创新行为的重要方式。这种组织形式的功能是多方面的[8]：①集聚功能，即凭借在知识、技术或制度方面的比较优势，使原本分散于不同社会组织中的创新资源集聚起来并协同发挥作用；②孵化功能，即孵化、培育高新技术成果、科技创业者以及科技小企业，促使其逐渐发展和成熟；③扩散功能，即知识和技术迅速传播并促使应用该知识或技术的高新技术企业不断繁衍壮大；④渗透功能，即扩散功能的深化，扩散后的知识或技术被应用于其他产业，并使其经济效益产生质的飞跃；⑤示范功能，即在知识、技术和高新技术产品以及组织制度等方面的创新对区域外企业或其他经济组织产生影响和带动作用；⑥波及功能，即知识、技术或组织制度等方面的扩散、渗透和示范对开发区所在地区经济、科技、社会等方面的促进作用。

在我国科技工业园区的发展过程中，上述各种功能已经有了比较充分的体现。特别值得指出的是，这些科技工业园区在产权制度、分配制度、劳动人事制度、社会保障制度、转变政府职能和建立现代企业制度等方面，进行了广泛的改革和探索。这些新增机制的运行和绩效，对于中国科技系统的全面转型具有尤其特殊的意义。在中国科技系统的建设过程中，进一步加大高科技工业园区建设的力度，促进高科技产业化，应当成为一项极其重要的任务。

五、促进知识流动和技术扩散

从知识流的角度看，不同创新主体之间的互动总是伴随着知识的流动和扩散。特别是随着社会的不断知识化，随着人们向知识经济时代的介入，知识流动逐渐成为创新主体相互作用的基本方式，也成为提高创新绩效的一个重要途径。系统或系统内各个组织的创新绩效越来越取决于能否吸收和利用在其他地方发展起来的知识、技术或产品。多数研究表明，在广泛水平上的技术扩散对产业的生产率有积极的影响。其重要性在许多情况下如同 R&D 投入对创新绩效的重要性。例如，业已发现，在 1970～1993 年，日本的技术扩散对生产率的影响大于直接 R&D 投入的影响。先进机器和设备在生产上的密集应用，对促进日本经济的技术密集，要比研究投入的效果大得多。依此分析，仅仅狭隘地关注于加强研究投入或偏爱技术密集型企业都会导致对技术扩散的忽视，技术扩散对于中国科技系统的整体演进来说是根本性的。

随着知识扩散重要性的不断提高，不但创新主体整合与互动的程度可以用知识流动速度的快慢以及效率的高低来加以测度，而且促进知识的扩散本身也就成了促进创新主体互动并提高创新绩效的基本手段。正是因为这样，各国政府都非常重视以制度、组织或技术等各种方式促进知识的广泛传播和流动。比如，美国政府 1993 年所提出的关于国家信息基础设施（信息高速公路）的设想的依据就是：信息在社会生活各个方面的作用正在加强。对商业和工业，信息将生产商、供应商、服务提供者、运输商、经销商和顾客联结在空前紧密的商业活动网络中。信息同样将研究和发展、生产、市场销售联结在一个紧密的创新过程之中，不论这些活动是在公司的内部抑或外部，而先进技术是有效地管理和利用这些信息所必不可少的。[9]103-104 显然，国家信息基础设施的发展将有助于发动一场永远改变人们生活、工作和交往方式的信息革命。使这一设想转化为现实将推动科学探索和科学发现，提高商业生产率以及人民的教育。

与发达国家相比，中国科技系统在为创新主体提供知识或信息资源方面，存在着较大差距。在影响企业从高校或研究与开发机构获取科技成果的因素中，"缺乏有关高校或研究与开发机构科技成果的信息"居于首位。信息的缺乏已经成为制约企业创新行为的重要因素。这种情况也与技术中介机构尚未真正发挥作用有关，由于"缺乏区域性、全国性的信息网络，2/3 以上的成果转化是自行联系洽谈的"[1]164。

要以促进知识和信息流动的方式来推动创新主体的互动，需要进一步强化技术中介机构的职能，要把完善技术市场作为提高科技系统绩效的重要手段。需要强化知识和信息网络建设，要把加强信息基础设施建设作为科技系统转型的基础性工程；需要努力增强各创新主体获取和使用包括国内国外有用知识的能力，要把增进知识存量与盘活知识存量有机地统一在一起。

作为知识流动的重要方式，科技系统中的人员流动同时也是创新主体互动不可缺少的重要方面。人员及其所携带的知识的流动，是国家科技系统中的一种关键性流动。人员之间的相互作用，无论是正式的还是非正式的，都是产业之中以及公共部门与私人部门之间的重要的知识转移渠道。知识不仅包括具有公共性的编码知识，同时包括具有个人性的隐会知识（又称"默会知识"）。由于隐会知识来源于具体的实践过程，因而以经历该实践活动的特定个人为载体，不具有可共享性。这种知识的流动便主要通过人员的流动来完成。

随着编码知识的不断丰富，在提高获取知识的容易程度并降低其成本的同时，也使选择和有效利用信息的技艺和能力变得更加起决定性作用。[10]在这种情况下，体现隐会知识流动的人员流动就显得尤其重要了。这种流动转移的不仅是编码化知识，主要是一般的创新方法和解决问题的能力，是发现并鉴明信息以及进入研究者、相关人员的网络之中的能力，这是一种宝贵的、特殊的知识财富。适于技术扩散的绝大多数研究都表明，全体人员的技能和由这种技能交织构成的网络能力，对于实施和采纳新技术是关键性的。对先进技术的投入，必须与采纳能力相配合，而这种能力主要是由劳动力的质量、整体隐会知识的状况及其流动所决定的。

人员流动在促进创新主体互动并进而提高系统绩效过程中的作用是显而易见的，但中国科技系统中的人员流动却存在着较大的障碍。在46个国家国际竞争力的评估中，中国在"市场上获得合格工程师的难易程度"和"市场上获得有能力高级经理的难易程度"两项的排名分别为第44位和第43位。这种评估结果固然与人力资源的质量有关，但也是缺乏人才流动的市场机制所致。促进科技系统中的人员流动，需要创造解除流动人员后顾之忧的社会条件，即需要深化住房制度、医疗制度等社会保障制度的改革，改变社会保障制度以"单位制"形式存在的状况，使之真正走向"社会化"，从而为促进创新主体的全面互动，为符合市场经济发展规律的科技系统的真正确立提供必需的"安全网"。这一需要意味着与创新主体互动相连接的知识流动问题不单纯是一个技术问题，同样也是一个制度问题。

综上分析，可以看出，不同科技活动的主体之间的整合与互动构成一个复杂的交互作用的网络，促进中国科技活动主体的整合与互动的多个层面也是交织在一起的。这决定了要解决科技系统的"系统失效"，本身也必须以"系统范式"为内在前提。事实上，解决"系统失效"的过程，正是技术创新、制度创新和知识创新相互协同并融汇为一个有机整体的过程。

（本文原载于《清华大学学报（哲学社会科学版）》，1999 年第 4 期，第 19-24 页。）

参 考 文 献

[1] 国家科学技术委员会. 中国科学技术政策指南[A]//科学技术白皮书（第 7 号）. 北京: 科学技术文献出版社, 1998: 116.

[2] 中共中央, 国务院. 关于加强技术创新, 发展高科技, 实现产业化的决定[N]. 光明日报, 1999-08-25(01).

[3] 国家体改委经济体制改革研究院, 中国人民大学, 综合开发研究院联合研究组. 中国国际竞争力发展报告(1996)[M]. 北京: 中国人民大学出版社, 1997.

[4] 美国国家科学管理委员会. 科学和工程指标—1996[Z]. 113.

[5] 国家科学技术委员会. 科学技术黄皮书 第 3 号: 中国科学技术指标[M]. 北京: 科学技术文献出版社, 1997.

[6] 游光荣. 中国科技国情报告[M]. 长沙: 湖南人民出版社, 1998: 76,

[7] Jaffe A. Real effects of academic research[J]. American Economic Review, 1989, (5): 959-970.

[8] 蔡莉. 高技术经济论[M]. 长春: 吉林科学技术出版社, 1995: 262-283.

[9] 美国科学技术委员会. 技术与国家利益[M]. 李正风译. 北京: 科学技术文献出版社, 1999: 103-104.

[10] 经济合作与发展组织(OECD). 以知识为基础的经济[M]. 杨宏进, 薛澜译. 北京: 机械工业出版社, 1997: 11.

科学知识生产的动力

——对默顿科学奖励理论的批判性考察

| 李正风 |

　　不同的科学观蕴含着对科学研究动力的不同理解。理想主义的科学观认为科学知识生产的动力源于科学家求知的内在冲动，而功利主义的科学观则认为这种动力源于社会的现实需求。然而，不论是有效维护科学家求知的内在冲动，还是持续满足社会对科学知识不断变化的需求，都需要社会为科学知识生产提供制度性的保障和动力。近代科学革命以来，特别是在科学研究成为相对独立的生产活动和职业行为之后，科学知识生产的动力机制和相对完备的产权制度便成为维系科学事业并使之持续发展的关键因素之一。

　　在近代科学革命之初，培根等敏锐的思想家已经意识到建立科学知识生产动力机制的必要性。但直到 20 世纪 50 年代，默顿通过对科学发现优先权之争的分析，发现"承认"是科学家财产的存在形式，才由此揭示了科学知识生产过程中的奖励机制，才第一次形成了对科学知识生产动力机制的系统理解。这被认为是默顿及其学派的重要贡献之一。

　　然而，默顿关于科学知识生产动力机制的理论存在两方面缺陷：第一，如果把科学知识生产作为一种职业化活动，那么默顿对科学奖励系统的分析主要是着眼于对科学家的"名誉性"奖励，但这种"名誉性"奖励与社会分配体系之间的关系并没有得到充分的重视；第二，默顿关于科学奖励系统的分析主要局限于"学院科学"，难以反映当代科学发展动力结构的复杂性。因此，随着"学院科学"向"后学院科学"的转变，我们需要进一步研究科学知识生产的新的、多元化的动力机制。

一、基于"承认"的动力结构与科学的奖励系统

从科学发展的历史看，近代科学革命之后，便频繁出现关于科学发现优先权的争论。默顿关于科学奖励系统的分析，正是源于对这种科学史新动向的敏锐观察。在 1938 年《十七世纪英格兰的科学、技术与社会》中，默顿就在一则注释中这样写道："就我所知，有关优先权的争论最初在十六世纪开始变得频繁起来，这构成了进一步研究中的一个十分有趣的问题，这意味着对'首创性'和竞争作出崇高的评价……整个问题都和剽窃、专利、版权等概念以及其它管理'知识产权'的制度模式的兴起紧密相关。"[1]220

在 1957 年 8 月的《科学发现的优先权》（以下简称《优先权》）一文中，默顿进一步分析了科学发现优先权之争这一科学史实背后隐藏着的价值导向和制度含义。默顿认为，"如果把经常发生的关于优先权的这些冲突说成是由于人类本性中的自我中心主义，那几乎什么也解释不了；如果说它们源于受雇于科学的那些人的好争论的个性，这尽管能够解释部分东西，但这种解释还是不充分的；我认为，把这些冲突说成在很大程度上是科学自身制度规范的结果更加接近于事实"[2]293。科学发现的优先权之争，"可以作为建立'科学奖励制度'的基础，而且当把它同科学的精神气质联系起来时，可以补充我们对科学作为一种社会体制的动力学及其结构的理解"[1]12。

如果科学制度把独创性作为一种最高的价值，那么一个人的独创性是否能得到承认就成为一个事关重大的问题。要使科学家的独创性劳动得到承认，就需要提供对这种创造性活动的制度性激励，即要求赋予创新者对于特定资源排他性使用的排他性权利[3]17。因此，科学发现的优先权本质上是一种财产权，与之相关的科学制度本质上也是一种特殊的产权制度。对于一般物质生产而言，物质产品本身的排他性，使得人们可以因为拥有物质产品而具有了"排他性使用的排他性权利"。但对于科学知识生产而言，科学家公开发表科研成果便意味着丧失了对科学知识产品"排他性使用的排他性权利"。在这种情况下，科学家的"知识产权"需要以另外的方式加以明晰。对科学发现优先权的认定和"承认"，尽管没有赋予科学家使用科学知识产品意义上的排他性，却使其享有认定贡献意义上的排他性。在此基础上，就可以形成具有激励功能的产权制度。

由此，不难理解为什么默顿等人把科学共同体的"承认"看作是一种财产。默顿认为，"通常在其他形式的财产中结合在一起的数种权利凝聚成了

一种,即被其他人承认的权利"[2]295。科尔也强调:"在科学中,虽然没有我们通常使用意义下的财产字样,但是,科学家确实拥有财产的一种代理形式——承认。"[4]45

因此,努力获得作为"排他性财产"的"承认",成为科学家进行科学知识生产的重要动力。"对一个人所取得的成就的承认是一种原动力,这种原动力在很大程度上源于制度上的强调。对独创性的承认成了得到社会确认的证明,它证明一个人已经成功地满足了对一个科学家最严格的角色要求。科学家的个人形象在相当程度上取决于他那个领域的科学界同仁对他的评价。"[2]293 这也正是在科学中频繁地出现关于科学发现优先权纷争的根本原因。

默顿认为,基于"承认"这种排他性的权利,形成了科学知识生产过程中的奖励系统。不同程度的"承认",成为科学共同体进行分层并形成权威结构的基础。"个人自我选择过程和体制的社会选择过程相互作用,影响了在既定活动领域相继获得机会结构的概率。……因此,奖励制度、资源分配和社会选择就发挥作用,在科学中创造并维持了一个阶层结构,在科学家中提供了一种分层的机会分配,以增进他们作为研究者的作用。"[1]9-10

二、集体契约:基于"承认"的激励与社会分配

发现"承认"是科学家财产的存在方式,并由此引发对科学知识生产动力的研究,是默顿的重要贡献。但需要进一步探讨的是:这种基于"承认"的产权制度为什么能够维系职业化科学的发展?

科学的职业化本质上是使科学知识生产纳入到整个社会的价值分配体系之中。为此,它要解决两个关键问题:第一,形成科学知识生产与社会其他活动之间的交换关系,既使科学知识生产这样一种需要成本和投入的社会活动得以维系,又使它的社会功能真正地得以实现,真正成为一种相对独立的社会劳动;第二,使科学共同体的"界内承认"转换为"社会承认",并建立物质回报和精神回报相互支撑的动力机制。

默顿把基于"承认"的科学奖励主要看作是"名誉性"的,并把分析的视野主要局限于科学共同体内部的"名誉"分配,而没有进一步探讨科学奖励与社会分配体系之间的关系。这使得默顿关于科学奖励机制和科学知识生产动力的分析不够完备。从默顿关于科学奖励系统的相关分析看,默顿并非

没有注意到科学界存在着对"物质性奖励"的要求，比如默顿在谈及现代大学和科学学会关于科学奖励机制的抱怨时，就认为这些抱怨"主要涉及的是物质性的奖励而不是荣誉性的奖励"[2]298。但默顿没有注意到这种对"物质性奖励"的抱怨背后的制度性根源。

在《优先权》一文的结论中，默顿明确地说："像其他的社会制度一样，科学有其自己的根据角色表现的情况分配奖励的系统。这些奖励大部分是名誉性的，因为即使到今天，科学基本上已经职业化了，但从文化上讲，对科学的追求仍被定义为主要是一种对真理的不谋私利的探索，其次才被说成是一种谋生的手段。与对这种价值的强调相一致，奖励是按照成就的大小给予的。当科学制度能够有效地运行时，知识的增加与个人名望的增加并驾齐驱；制度性目标与对个人的奖励结合在一起。"[2]323 从默顿的这段话可以清楚地看出，默顿所强调的基于"承认"的激励主要是科学共同体内部的"名誉性奖励"，而这种"名誉性奖励"与社会更广泛的资源分配之间的关系，特别是与物质分配之间的关系，往往是默顿没有涉及的，或没有给予应有的重视。

然而，科学的动力机制绝不单纯是"名誉性"的，"物质性奖励"在其中发挥着基础性作用。在这里，作为与"名誉性奖励"对应的一个概念，"物质性奖励"并不单纯指金钱或纯粹以物品形式体现的激励，而是指与科学家的生活实践密切相关的社会物质资源回报，包括获得必需的生活资料、适宜的生活条件和科研环境、新的科研投资及较高的社会待遇等复杂内涵。

之所以认为"物质性奖励"在科学的动力机制中发挥基础性作用，是因为如果把科学作为一种职业化活动，其制度安排首先应当保证从事科学知识生产的科学家能够从社会分配体系中获得生存和发展的必要条件，使科学家能够在社会分配体系中处于恰当的位置。因此，科学家在科学共同体中获得的承认与整个社会资源分配体系的关联，是科学职业化的关键；科学共同体的"界内承认"与社会分配系统中"社会承认"的结合，也是科学知识生产的动力结构的核心。虽然说在一定时期内，科学的发展得到了近代以来以崇尚科学为特征的特殊文化形态的支持，但单纯依赖这种文化的支持是难以维系科学的永续发展的。事实上，作为职业化的生产活动和生产制度，科学的动力机制不但要解决科学共同体内部的"荣誉"分配，更重要的是要建立科学奖励与社会分配体系之间的制度性关联。

因此，我们需要在默顿等人关于科学共同体"界内承认"研究的基础上，进一步分析科学共同体的"界内承认"转变为"社会承认"的机制。事实上，以认定科学贡献意义上的排他性为特征的"承认"之所以能够发挥作用，有其更深刻的制度原因。

从近代科学职业化的机制看，近代科学的职业化是通过科学共同体与政府、社会之间没有明示但却事实上存在的"集体契约"加以维系的。[5]189-242 一方面，政府和社会为科学知识生产者提供相应的经费和生产资料，以及科学家从事科学知识生产活动所应获得的薪金，科学家则作为具有特定能力的科学知识生产者受雇于国家科研机构或大学；另一方面，科学家通过公开发表论文、参加学术会议及出版学术著作等方式为社会提供公共知识。在这个集体契约中，科学共同体通过集体让渡"科学知识的专有使用权"，而获得与社会资源之间的交换关系，并借此形成与社会资源分配体系之间的联系和交换关系，实现了科学知识生产的职业化。

这种集体契约蕴含着双重承诺：就政府和社会而言，承诺给予科学共同体以适当方式的资助和支持，保障科学家科学知识生产的职业化，同时保障科学共同体的自治；就科学共同体而言，一方面承诺集体让渡其所生产的科学知识的"专有使用权"，使之成为"公共知识"，另一方面则承诺通过科学共同体的自治，最大限度地利用政府和社会提供的资助，以给社会带来丰厚的回报。

在这种"集体契约"中，科学家公开发表科学论文，成为职业化地进行科学知识生产活动的前提条件。但与职业化之前的科学知识生产不同，在公开科学知识产品并让渡其专有使用权之后，科学家所收获的并不仅仅是声望或科学共同体的承认，更重要的是在职业体系中的特定职位、与此职位相联系的薪金和相关体制化的社会待遇等"职业收益"，以及在该职业体系中升迁的可能性。因此，作为科学能力和科学贡献大小的标识，"承认"的积累不仅意味着科学家获得了"名誉性奖励"，更重要的是使科学家可以在科学知识生产的职业体系中获得合适的位置。科学职业体系以这种"集体契约"嵌入到社会分配体系之中的内在规定性，决定了科学家在获得科学职业体系中的合适位置的同时，也以一定方式纳入到社会分配体系之中，并获得社会的"物质性"回报。

如果说在科学职业化之前，"名誉性奖励"体现了科学知识生产的主要激励机制，那么，在19世纪科学职业化之后，基于"承认"的"物质性奖励"便开始发挥着基础性的作用。较之于"名誉性奖励"，"物质性奖励"更涉及科学建制与社会其他建制之间的交换关系、科学知识生产在整个社会分配体系中的地位和作用，以及科学知识生产如何被纳入到整个社会分配体系之中等方面。

拉图尔和伍尔加关于实验室生活的研究表明，广义的"物质性奖励"较之单纯的奖励要广泛得多，更具有基础性的意义，而这种广义的"物质性奖励"是通过科学家积累"信用"实现的。在这里，拉图尔和伍尔加引入了"信用"的概念，并认为可以"把信用与信任、能力和经济活动"联系在一起。在他们看来，"对于实验室的科学家而言，信用的意义要比单纯的奖励广泛得多，尤其是科学家对他们信用的利用，意味着一种整合事实生产活动的经济模式"，而"信用"的积累提高着科学家的"可信性"，"可信性概念不仅能用于科学生产（事实）的物质范畴，同时也可以用于外部因素的影响，如资金或机构等"[6]194-198。

当然，在科学职业化的过程中，充分肯定具有多种内涵的"物质性奖励"的广泛的、基础性的地位，并不意味着否定"名誉性奖励"的特殊意义。"名誉性奖励"不仅仍然作为激励科学知识生产的特定社会文化的象征，维系着刺激科学知识生产的重要的精神力量，而且也是对科学职业体系"物质性奖励"刚性结构的"制度性补偿"。"名誉性奖励"往往进一步提高了科学家的"承认"度，提升了科学家的社会声望，这反过来提高了科学家在职业体系中升迁的机会，也更有利于科学家在社会分配体系中获得各种形式的回报。

三、当代科学知识生产动力的变化：根据与特征

默顿对科学知识生产奖励机制的研究主要适用于"学院科学"时代的科学知识生产活动。当默顿把科学的追求定义为"主要是一种对真理的不谋私利的探索"时，他所理解的科学主要是"学院科学"。这种"学院科学"有三方面特点：第一，科学知识生产主要以知识的内部演进为线索，以知识自身的进步为主要考量，科学家的兴趣是科学知识生产的主要动力；第二，科学知识生产的专业化分工主要是按照所研究的对象的特点展开的，即主要表现为基于研究对象的差异性的学科分工，因此，科学知识生产主要体现为"学科知识"的生产；第三，"学院科学"是一种以"学院"这种组织建制为依托的科学知识生产模式。[5]238-239

"学院科学"以生产公共知识为主要任务，"公有主义"是这一时期维系科学职业化过程的制度性要求。在这种"学院科学"中，默顿意义上的科学奖励机制和动力系统无疑发挥着重要作用。一方面，基于"承认"的科学奖励系统必须与社会分配体系之间建立联系；另一方面，这种联系主要通过

科学共同体作为相对独立的整体而与社会分配体系发生联系：科学家个体与社会分配体系之间的联系是间接的，科学家主要通过科学共同体的"承认"而在科学系统中确立自己的职业地位，科学共同体对科学家个体贡献的"承认"成为科学家与社会分配体系建立联系的中介。

然而，随着"学院科学"向"后学院科学"发展，科学共同体与政府、社会之间传统的"集体契约"开始产生分化：不但科学共同体与政府之间形成了新的契约、大学与企业之间建立了新的联系，而且科学家与政府和产业界之间开始建立多种形式的直接联系。这导致当代科学知识生产往往具有"应用驱动"和"异质性互动"的新特点。

第一，"学院科学"中的科学知识生产主要是在"兴趣驱动"下展开的，其所要解决的问题也通常是在没有学术共同体之外的利益干扰的情况下产生和解决的，换言之，研究问题的确定和解决主要受科学共同体这一特殊团体的学术追求和科研兴趣所支配。

然而，在当代科学知识生产的新模式下，尽管"兴趣驱动"的研究依然存在，并仍然发挥重要作用，但与此同时，"应用驱动"的研究不断兴起。这种研究往往在应用背景中实施，问题的选择和解决围绕着特定的应用目标展开；科学知识生产的目的不仅是要推进知识的进步，更是要通过知识生产解决具有经济和社会目标的科学问题。在这种情况下，科学家对其工作可能产生的应用价值和直接的经济贡献也有很强的敏感性；科学知识生产的过程表现为基础研究和应用研究之间、理论研究和实践应用之间的不断往复和交互作用；科学家也因此直接介入到与政府、企业家等其他社会角色的合作之中，以及和不同利益关系的博弈之中，直接参与到科学知识产品的价值的社会分配之中。

第二，"学院科学"中的科学知识生产中的互动主要是科学共同体内部的"同质性互动"。这种"同质性互动"以互动者之间有相似的资源（可以包括财富、声望、权力和生活方式等）为特征[7]46，主要发生在具有相似知识资源和相似生活方式的科学家之间，由此大学往往被视为是"学院科学"知识生产的中心。[8]11-27

然而，在当代科学知识生产过程中，"异质性"的群体互动特征愈益广泛并不断趋于制度化。

一方面，科学知识生产活动的参与者具有显而易见的"异质性"：参与者不只是科学家，科学共同体之外的角色也开始介入并影响科学知识的生产过程；他们作为特定利益群体或特定社会集团的代表，共同参与到科学问题的确定和解决的过程中。

另一方面，这种不同角色共同参与的"异质性互动"贯穿在科学知识生产的全过程，而且是反复发生的。在这个互动的过程中，不同参与方所代表的社会责任和社会利益，及其对所要生产的科学知识的特定要求，始终以不同方式反映在整个知识的生产中，即不仅表现在研究成果的解释和应用上，而且体现在对要研究的问题和优先主题的设置上，体现在对研究路径的确定和结果的选择上。在这个"异质性互动"的过程中，科学家社会交往网络发生了变化，获得社会回报的空间也不断扩展，并由此改变了科学知识生产的激励模式。如果说，在以科学家之间的"同质性互动"为主的"学院科学"中，对科学家贡献的激励主要体现为科学共同体的"界内承认"，并通过"界内承认"转化为"社会承认"，那么在从"同质性互动"到"异质性互动"的过程中，更加复杂的社会网络的形成意味着科学家通过"异质性互动"而直接获得"社会承认"的可能性大大地提高了。

作为当代从"学院科学"向"后学院科学"转变这一历史演变过程的重要方面，当代科学知识生产的动力机制发生了重大变化。这突出表现在以下两个主要方面。

第一，不仅默顿意义上的"承认"是一种排他性财产，而且科学知识成果也开始在一定程度上成为排他性财产。因此，不仅可以在"排他性的承认"的基础上形成特定类型的产权制度和动力系统，而且可以在"排他性的知识产品"的基础上形成另一种类型的产权制度和动力体系。

科学知识成果之所以开始在一定程度上成为一种具有排他性的财产，一方面是由于人类社会的"知识化"发展到当代形态，社会直接消费科学知识的能力空前提高；另一方面是由于科学技术活动发展到当代阶段，科学发现与技术发明、商业生产之间开始形成交互作用的生态系统，科学研究和技术创新的问题与活动常常超越传统的界限而相互交叉。这不但愈益展现了科学知识生产对经济社会发展的重要性，而且使那种具有明显应用价值和经济价值的"科学知识"成为非公开的或在一定范围内公开的"专有知识"，并且更为普遍和更加重要。

关注学术研究的应用价值，或者为追求经济利益生产科学知识并使之成为在一定范围内的"专有知识"，意味着科学知识在一定意义上成为具有排他性的专有财产，同时意味着科学与财产这两个以往被认为相互独立甚至对立的概念，开始通过含义更广泛的"知识产权"范畴而相互联系起来。

在生命科学和纳米科技等领域，新的科学知识不以公共知识的形式发表，而以"专有知识"或"个人知识"的形式存在，或者直接转化为专利，这种情况时有发生。这也是当代"应用驱动"的科学知识生产的新特点的一种表现。不论是保密、部分公开，还是保护性专利或保护知识产权的其他形式，都向"学院科学"的两个核心规范，即"公有性"和"祛私利性"提出挑战，从而也使得"学院科学"时代以公开发表知识而获得"承认"为特征的科学奖励机制和动力系统失去了唯一性。

第二，科学家不仅通过获得"承认"而间接地与社会生产和分配体系相联系，而且开始通过生产有明确应用价值的科学知识产品而直接地进入到社会生产和分配体系之中。

正如亨利·埃茨科维茨等人指出的："默顿学派的科学规范对科学家做了这样的描述：他们不愿意直接把研究成果转化成货币价值。那些推销自己的研究的学院派科学家被认为是异端。然而，1980年以来，相当一部分学院派科学家逐渐开始把自己的学术贡献转化成可销售的产品从而扩大自己的利益，而不是只关注出版和同行的认可。而且，这些科学家得到了那些试图获得商业机遇的同行的尊重，并被后者视为榜样。"[9]480 部分科学家开始以自身的知识为资本直接参与到社会生产和分配体系之中，这使得科学知识生产的动力机制发生了重大变化。如果说学院派科学家以前满足于名誉方面的回报，而把研究的经济回报留给产业部门，那么现在，这种制度性的劳动分工正在被打破，即科学家不仅谋求因探索真理而获得"名誉性奖励"，而且试图谋求因知识可能的应用而产生的经济报偿。

最后要指出的是，当代科学知识生产激励机制和动力系统的新变化并不意味着默顿意义上基于"承认"的科学奖励机制不再发挥作用。事实上，"后学院科学"与"学院科学"相交叠，前者部分地包含着后者的特征。当代科学知识生产动力机制的新变化也不以否定或替代默顿意义上的"科学奖励机制"为标志；变化的关键是新的动力机制开始出现，并且已经开始被制度化，从而使科学动力机制开始呈现出多样性，这也是当代科学规范结构多元化的重要表现。[10]

（本文原载于《哲学研究》，2007 年第 12 期，第 90-95，125 页。）

参 考 文 献

[1] 默顿. 十七世纪英格兰的科学、技术与社会[M]. 范岱年, 等译. 北京: 商务印书馆,

2000.

[2] Merton R K. The Sociology of Science[M]. Chicago: University of Chicago Press, 1973.

[3] 布罗姆利. 经济利益与经济制度[M]. 陈郁, 等译. 上海: 上海三联书店, 1996.

[4] Cole J R, Cole J S. Social Stratification in Science[M]. Chicago: University of Chicago Press, 1973.

[5] 李正风. 科学知识生产方式及其演变[M]. 北京: 清华大学出版社, 2006.

[6] Latour B, Woolgar S. Laboratory Life: The Construction of Scientific Facts[M]. Oxford: Princeton University Press, 1986.

[7] 林南. 社会资本: 关于社会结构与行动的理论[M]. 张磊译. 上海: 上海人民出版社, 2005.

[8] Hellström T, Jacob M. The Future of Knowledge Productionin the Academy[M]. The Society for Research into Higher Education & Open University Press, 2000.

[9] Etzkowitz H, Webster A. Science as intellectual property[A]//Jasanoff S, Markle G E, Petersen J C, et al.(eds.). Handbook of Science and Technology Studies. California: Sage Publications, 1995.

[10] 李正风. 再论科学的规范结构[J]. 自然辩证法通讯, 2006, (5): 53-59, 42, 111.

后默顿时代科学社会学述评

｜洪伟｜

　　科学社会学，这个由默顿开创的社会学分支学科，曾经爆发出极强的生命力。在 20 世纪六七十年代，默顿及其学生做出了一系列堪称典范的社会学研究，其影响延续至今。但是，随着科学知识社会学的兴起，对科学的研究从科学家、科学组织和科学建制扩展到了对科学知识本身的研究。科学社会学（sociology of science）也随之被科学技术学（science and technology studies）和科学、技术与社会（science，technology and society）这些带有跨学科色彩的名称所取代，而默顿在此领域所做出的杰出贡献则被冠以默顿科学社会学（mertonian sociology of science）的标签。基于怀特（Howard D. White）对默顿和其他作者被共引情况的分析，哈根斯（Hargens）[1]告诉我们这一标签的意义在不同的历史时期、对不同的群体，有着迥然不同的含义。

　　在 20 世纪 70 年代，默顿科学社会学几乎就等同于科学社会学本身；而之后科学知识社会学对其不遗余力的抨击和排挤则使得这一标签隐隐带上了负面的含义。哈根斯的引文分析发现科学知识社会学阵营的人几乎不引用默顿的著作，即使引用也是因为要对之进行批判；反而是引发这一革命的库恩（T. Kuhn）本人对默顿有较为正面的评价。与之相反的是另一群默顿主义者（Mertonians），其中包括默顿的学生科尔兄弟（Jonathan R. Cole 和 Stephan Cole）、朱克曼（Harriet Zuckerman），本-戴维（Joseph Ben-David）以及曾撰写《科学共同体》一书的哈根斯特朗（Warren O. Hagstrom）。他们的研究中大量引用默顿的几乎所有工作，可以被视为默顿最忠实的拥护者[1]。

　　国际学界中的派别对立到了中国并未延续，概因无论是来自北美的默顿科学社会学，还是源于欧洲大陆的科学知识社会学，对国内均有借鉴意义。对于从未置身于争端的国内学界来说，两者都是值得学习的对象。目前国内关于科学社会学的教科书仍以默顿学派的理论为主，但对默顿之后科学社会学的发展没有进一步的追踪，而是转而关注科学知识社会学的理论，仿佛默顿科学社会学作为科学争论中失败的一方彻底消亡了。事实上，默顿科学社会学虽然在 STS 领域被否定，在社会学内部也属于边缘化方向，但其学术价值在公共政策领域和经济管理领域得到了充分的承认和应用，近年来其影响正在逐步提高。本文试图对此介于默顿主义者与 STS 之间的领域做一梳理，以促进后默顿时代的科学社会学在其本源学科的发展。

本文的第一部分将介绍科学分层方向的研究。这个方向的研究者普遍具备很强的定量分析能力。他们关于科学分层的研究可以说是对默顿普遍主义规范的检验——科学家所获得的承认是否真的不受个人特质（如性别）和出身（如博士毕业的学校）的影响？鉴于科尔兄弟在这一领域的贡献已为国内读者熟知，本文将集中介绍科尔兄弟之外的一个精英团体。这个团体不属于默顿主义者，其只会有选择地引用默顿的相关研究。但他们的研究沿袭默顿范式，大多发表于顶级的社会学期刊。第二部分介绍科学家的合作研究，这部分研究始于普赖斯和克兰对无形学院的研究。以两人为主线，分别发展出科学计量学对科学整体网络的分析和社会学家对科学家个体网络的分析两种主要进路。克兰虽然是默顿的学生，但她的研究可谓独树一帜①。这个方向的研究者通常会根据自己研究的主题有选择地引用默顿的工作作为理论支撑，也是科学社会学一个很有前景的发展方向。第三部分介绍科学对经济的影响及衍生问题研究。早在 20 世纪 60 年代，经济学家提出公共研究机构生产的知识将会对经济增长有所贡献[2, 3]，到 20 世纪 80 年代，许多国家开始反省对基础科学的过分投入，转而强调研究要结合社会的实际需要。弗里曼（Freeman）等人进一步提出了国家创新系统的概念[4]，并将大学视为该系统的一个重要组成部分。由此，大学在传统的教学和科研任务以外，又开始肩负服务社会，将科研成果向市场转化的创业使命。创业型大学的概念应运而生[5]。这一革命性的转向对传统的学术规范造成了巨大冲击，也由此衍生出一系列对新形势下创业型大学和科学家的研究。这部分应该说是科学社会学和经济学交叉的产物，社会学特质已不明显。但这一取向认可默顿科学社会学的贡献，不失为另辟蹊径的一个学术阵地。

---

① 哈根斯没有把她划入默顿主义者的阵营。

一、科学界的分层

哈根斯[1]基于社会科学引文索引（SSCI）中 library and information science 和 history and philosophy of science 分类下的论文进行了引文分析，之所以没有包括社会学类杂志是因为科学社会学只是默顿社会学生涯中的一小部分，如果包括社会学类杂志，共引分析得出的结果势必是关于默顿其他方面的成就，而不仅仅是限于科学社会学的。为了把社会学类杂志也包括进来同时把分析范围局限于科学社会学，怀特[1]又做了默顿和哈根斯的共引分析，这时，科学知识社会学的群体消失了，一个新的由社会学家组成的研究科学界分层的小群体浮出水面。他们是埃里森（Paul D. Allison）、拜耳（Alan. E. Bayer）、福克斯（Mary Frank Fox）、龙（J. Scott Long）、瑞斯金（Barbara Reskin）和哈根斯。在这 6 人中，除了拜耳，其他 5 人之间有着或紧密或偶尔的学术合作，在科学界分层方向的学术成果经常见于美国顶级的社会学杂志，可以说是构成了一个小型的无形学院，以下将回顾他们科学界分层的主要研究成果。

（一）什么因素决定了科学家的科研产出、职业地位？

根据默顿的普遍主义规范，科学界的奖励系统会根据科学家对科学知识的贡献分配奖励。这些奖励包括文章的发表和被引用、好的工作、科研经费、快速的提职、在业内的声望，乃至各种荣誉（如入选科学院院士、获得诺贝尔奖）。科尔兄弟在《科学界的社会分层》一书中写道："科学界产生分层的社会过程也许近似于一种基于普遍主义原则之应用的英才统治的理想，而且可能在这一点远远胜于我们社会中的大多数（或许是全部）体制。"[6]100 而上文提到的研究科学界分层的小群体则通过若干实证研究提出了相反的观点。

首先，科学家在分层体系中处于什么位置，是由科研表现决定的，还是由其他因素决定的？这一问题直接关系到默顿的普遍主义规范是否真正作用于科学界分层。早在 1967 年，哈根斯和哈根斯特朗[7]就通过对 576 位自然科学家的调查发现，在控制科研产出的情况下，科学家们博士毕业院系的声望和他们现在任职院系的声望高度相关，从而提出科学界分层并不是完美地按科研表现而定的。龙[8]再次验证了这一发现，科研产出不仅对科学家的第一份工作没有影响，而且对后面更换的工作也没有影响。和人们普遍认为的科研表现好才能找到更有声望的工作相反，是声望高的院系促进了科学家的科研产出。这一因果关系只能通过跨时间的数据分析发现。龙对此结果的解释是好的院系教学任务较少，有更多时间用于科研；能提供更多资源和好的研究助理；有杰出的同事和支持研究的氛围；也许署名声望高的院系更有助于论文的接收和扩散。这一发现在后来的两项研究中得到进一步的证实，科学家的科研表现会和所在环境相符，是工作环境决定科研产出而不是相反[9, 10]。不过龙在和埃里森合作的另一项科学家流动的研究中[11]，对以上结论做了一点修正，即换工作之后的院系声望由前一个工作的声望、博士毕业院系的声望和六年内出版物的数量决定。换工作是否能带来职称的提升则由博士毕业院系的声望、职业生涯的长度和文章被引频率决定。

其次，博士毕业院系的影响不仅来自该院系的声望，还源于导师的产出率和声望。瑞斯金[12]提出，同一系里教授的水平不一，因此应该把导师的特征作为解释学生工作的重要变量加以考虑。通过对一个化学家样本的追踪调查，她发现导师的科研产出影响样本科学家求学期间的科研产出，所在系的声望则对科学家毕业 5～10 年后的产出有正面影响，这些都可以归结为好的院系和导师的确能提供更好的指导和训练，从而提高其毕业生的科研能力和就业前景，完全符合默顿的普遍主义规范。导师是否入选国家科学顾问系统及获得荣誉学位的数量代表了导师的声望，这两个指标对学生是否能找到终身制轨道的教职及是否能最终获得成功有显著影响，这一影响独立于学生的科研表现而存在，违反了普遍主义规范。与之前许多研究不同，瑞斯金没有发现博士毕业院系的声望对科学家工作职位的影响。但瑞斯金并没有否认这一效应的存在，而是归因于自己使用了不同的测量科学家工作职位的指标。无独有偶，龙和埃里森等[13]也发现博士毕业院系的声望和导师声望对毕业生的第一份工作的声望有显著影响，而科研产出对此却没有影响。

最后，马太效应带来的累积优势效应是导致科学分层的重要因素，早期得到认可的科学家更容易得到有利于科研的资源，如科研经费、实验室、优秀的同事和学生等，从而有更好的科研产出。未能及时得到认可的科学家会因为缺乏以上资源从而与前者进一步拉大差距。埃里森和斯图尔特（Stewart）[14]通过把一个截面数据分为不同年龄的群体进行比较发现，科研产出的差距的确随年龄的增加而加大，而这主要是因为科研产出高的科学家继续投入较多的时间进行科研，而产出少的科学家则逐渐淡出研究工作。因为这不是跨时间数据，埃里森等[15]又收集了真正的同期数据进行分析，同样发现科研产出的数量差距随时间加大，但论文被引的差距则没有加大。结合前面的发现，科学家的第一份工作往往取决于科研能力之外的因素，那么名校出身的科学家在开始阶段就会相对其他科学家有初始优势。通过后期的优势累积，差距会越来越大。这一科学分层的产生和维系是违反普遍主义规范的。

与其他作者不同的是，哈根斯没有止步于对科学家个体特质的分析，而是另外探讨了一些宏观变量对科学分层的影响。哈根斯和哈根斯特朗[16]发现，研究领域的共识程度越大，研究能力杰出的科学家就越容易取得成功。例如，以往研究发现的博士毕业院系的声望效应，在共识程度低的领域作用较明显。也就是说，普遍主义规范在共识程度高的领域贯彻得更好。哈根斯和费米里（Felmlee）[17]提出，领域的发展和更新速度影响科学分层。快速成长的领域中论文被引频次增多，整体被引差距加大，从而加剧科学分层。但对最近工作的引用超过对过去工作的引用则有助于减小这种差距，因为年长学者的优势不复存在。最近哈根斯[18]更分析了宏观劳动市场对科学产出的影响。通过对 1975～1992 年 638 位社会学助理教授的研究，他发现在工作市场不景气时教授的产出率更高，也许是因为这时拿到终身教授的职位更难，所以面临更大的发表压力。以往研究对宏观背景的忽略显然是有可能得出错误结论的。这一方向的社会学研究集中在 20 世纪 70 年代末到 90 年代初，如前所述，大部分相关研究者关注更多的是社会统计方法，后来未在这一领域进行持续研究。现在在公共政策领域仍然有许多关于科学家科研产出的研究，但就理论深度和系统性而言，均未能超越上述研究。

（二）科学家性别对科研产出和职业生涯的影响

科学界分层中有一个重要的方向就是性别研究。不同时期的研究都分别发现，女性科学家的科研产出低于男性科学家且较不可能得到研究型大学的教职、职称提升较慢。原则上以上提到的所有影响科学奖励分配的因素，都可以进一步考察其和性别的交互作用。事实上，普遍的分层研究渐已淡出科学社会学的视野，反而是性别研究的方向一枝独秀。这大概是因为性别和职业成就的关系在社会学领域里一直是一个主流话题，科学家的性别研究在这棵大树的庇荫下得以延续，而科学分层的普遍研究由于延续默顿传统，在科学知识社会学家占据了主流地位的情况下受到更多打压。

福克斯最为专注科学家性别领域的研究，早在 1981 年，她即撰文抨击女性的科研表现没能为她们带来和男性一样的薪酬回报率[19]的现象。她和菲尔（Faver）合作[20]，考察了科学家的个人特质、环境特征和公共服务及婚姻家庭情况后发现，对于女性而言，对科研的态度和投入程度对于科研产出来说是最重要的因素。在公共服务方面，担任杂志编委对所有人的产出都有正面效应，但服务于全国性的职业协会则只对提高男性的产出有积极影响，对女性产出有负面影响。这说明这类社会活动只会分散女性的时间和精力，而并未带来额外的收益。婚姻状况和孩子的数量一向被认为是导致女性科学家产出较低的主要因素，但以往的经验研究得出的结论往往互相矛盾。这项研究划分了孩子的年龄，发现家有年幼的孩子对女性科学家科研产出有正面影响，原因很可能是孩子年幼的时间一般也正好是获得终身教职前的这段时间，发表压力比较大。在 2005 年的一项研究中，福克斯[21]进一步细化了婚姻状况和配偶职业等变量，进一步探讨了婚姻和家庭对女性科学家的影响。结果显示，配偶是学术界以外的科学家或专业人员的女性有更多科研产出；处于第二次婚姻的女性科学家有更多科研产出（二婚女性科学家更多与科学家结婚）；有年幼的学前孩子对科研产出有正面影响。福克斯给出了 7 种可能的解释，其中强调了女性只要善于规划时间，是可以平衡事业和家庭的。总体而言，福克斯强调女性科学家能够靠对科研的投入来克服女性先天的劣势。

博士毕业院系的教育质量和导师的研究水平对科学家的职业生涯至关重要。龙[22]发现，女性博士生往往会因为生育失去和导师合作的机会，而男性博士生则没有这个问题。鉴于导师的指导对其读博期间科研产出的重要性，女性在起步阶段就已经落后了，而这一劣势会因为马太效应而加剧。福克斯[23]更进一步详述了女性博士生在教育阶段受到的不同对待，女性较少得到教授的严肃对待和尊重，她们也较少在组会上发言、较少和男性同学或老师合作，和导师的关系更像师生关系而不是平等的合作关系。但福克斯也说明这些情况在女性比例快速上升的院系里有所改善。

龙[24]发现，所谓的女性科研产出较男性低是源于均值比较的结果，其提供的是不全面的信息。事实上，在产出很少的人群中，女性远多于男性；在多产科学家中，男性远多于女性，这些因素共同作用的结果是女性平均产出较低。但在男性产出开始下降的时候，女性产出反而会有所升高，对男女产出的差异要放到其整个职业生涯中去看。而且，女性的论文得到的引用要高于男性。谢宇和舒曼（Shauman）[25]也发现科学家科研产出的性别差异在逐渐缩小，而且所谓的性别差异其实是由于在资源获取机制上的性别不平等。龙和埃里森等人[26]发现对于科研产出特别高的女性而言，她们从副教授提升到正教授的可能要高于同等水平的男性。但是这部分女性的比例很小，大部分女性科研产出很低，她们得到提升的可能则小于同等水平的男性。反映到总体上，我们看到的就是女性获得提升较慢。而且，愈是声望高的院系，对女性的提升愈为苛刻。

针对女性在科学家中的比例远低于博士毕业生比例的现象及由此带来的性别歧视的指控，哈根斯和龙[27]指出，即使没有歧视，人口学惯性注定了女性比例的提升是个长期而缓慢的过程。他们的模型假设女性博士毕业生的比例从20%升高到50%，同时男女能力一样，不存在歧视，教授队伍的数量保持不变。5年后，会有14%的教授退休，其中20%是女性，这些职位被新人填充，其中50%是女性，而这只将教授中的女性比例提高了4.2%。要使得教授中的女性比例达到50%，需要大约35年的时间！这一研究再次证明，脱离了社会结构变量，拘泥于个体层面的分析，很容易得出错误的结论。

二、科学家的合作研究

普赖斯和克兰对无形学院的研究开启了对科学家合作研究的先河。普赖斯在《小科学，大科学》[28]一书中首次把科学家非正式的交流群体称为无形学院。无形学院原指英国皇家学会的前身——由十来位杰出的科学家组成的非正式小群体。普赖斯借用这个词来指那些从正式的学术组织派生出来的非正式学术群体，群体成员保持不间断的接触、彼此分发手稿复印件，并且频频到对方的机构中进行合作研究。克兰后来在《无形学院》[29]一书中将无形学院重新定义为合作者群体中少数多产科学家形成的核心交流网络，他们使合作者群体之间联系起来，促进科学交流和创新的扩散，决定领域的范式和发展方向。在现代科学日益专门化、交叉学科兴盛、实验仪器昂贵的形势下，科学合作已成为优势互补、降低科研成本的重要手段，对科学合作的研究也成为科技政策的热点领域。

最常见的衡量科学合作的指标是看科学家之间是否有合作的文章发表，这可以通过查找科学引文索引（Scientific Citation Index，SCI）得到。从这个规范全面的数据库中，我们既可以查找目标科学家的合作记录，构建以科学家个体为中心的合作网络，也可以以领域学科为单位，分析其中科学家整体合作网络的态势。虽然以这种方法查找的科学合作客观全面，但也有不少缺点为人诟病。例如，有的科学合作不一定最后表现为发表的文章，而共同署名发表的文章不一定代表科学合作真正发生了，对论文没有贡献而获得署名的现象中外皆有。另外还有许多技术上的问题比如重名的情况，会带来数据上的偏差。因此也有不少研究通过问卷调查，让科学家自己填写科学合作的情况。当然这种方式成本较高，科学家的回忆也可能出现偏差。以下具体介绍几个方向的研究。

（一）科学计量学的视角：科学合作是否能提高科研产出的数量和质量？

目前对科学合作研究最多的是科学计量学方向的学者。通过搜集特定领域和时间段内合作发表论文的信息，可以获得作者的姓名、工作单位、国籍等信息，进而分析科学家之间、院系之间、单位之间乃至国家间的合作情况。其中最核心的问题是合作是否能提高科研产出的数量和质量。

高登（Gordon）[30]研究了某主流天文学杂志的投稿情况，发现署名作者越多，文章被接受的频率越高。这可能是因为在文章提交前已经在内部进行了交互检查和修改，从而提高了文章质量。拉瓦尼（Lawani）[31]发现在癌症研究领域，论文的作者越多，其越可能成为高被引文章。纳林（Narin）和威乐（Whitlow）[32]也发现国际合作的文章的被引次数可达到单一国家来源的文章被引次数的两倍。普拉威迪（Pravdic）和欧陆客（Oluic-Vukovic）[33]发现化学领域的科研产出和合作频率高度相关，和高产者合作能提高自身的科研产出；而和低产者合作则会降低自身的科研产出。最高产的作者合作频率最高，所有人都喜欢和他们合作。

约时凯（Yoshikane）等[34]从 SCI 数据库中计算机科学领域里选取了 1998年第一次在该领域以第一作者身份发表文章的作者，然后搜索了其排名最后的一位合作者（在该领域通常为最重要的合作者）前 7 年的发表记录和该合作者后面 7 年的发表记录，以分析资深合作者之前的科研产出对新人科学家后来科研产出的影响。研究发现资深合作者之前的科研产出和新人科学家之后的科研产出没有明显的相关，但和高产科学家合作有助于新人科学家继续而不是中断科研产出。由此引申出的结论是资深合作者能帮助新人科学家走上学术道路，但新人科学家最终表现如何还是取决于自身努力。

针对某个领域和时间段提取的科学合作复杂网络，科学计量学家和物理学家都表现出浓厚的兴趣，对其网络特质和动力学进行了数学分析[35-37]。约时凯和凯格拉（Kageura）[38]从日本的某个会议论文数据库中选取了电子工程、信息处理、合成化学、生物化学四个领域，通过蒙特卡罗模拟研究其作者的个体网络规模和差异性的动态变化。分析显示，生物化学领域的合作最多，而信息处理合作最少。化学科学家与不同合作者合作的频率差异很大，体现了对核心合作者的较大依赖性；工程科学家与不同合作者合作的频率则较平均，显示了较小的对某些科学家的依赖。

（二）科技政策的视角：对科学合作本身的考察

科学计量学善于运用数据库的资源做宏观层面的分析，但是具体到科学家为什么要进行合作、怎样进行合作、合作为什么能提高科研产出，则未能提供更深入的分析。卡兹（Katz）和马丁（Martin）[39]对科学计量学把合作发表论文等同于科研合作的方法论进行了系统的批判，指出科研合作形式很多，合作发表论文只是其中一种形式。同时，合作的层次也分个体合作、小组合作、院系合作、机构间合作和跨国合作，其紧密程度相差很大。到底什么能称为科研合作，这是一个开放的问题，需要根据具体情况而定。他们还总结了科研合作上升趋势的原因：大型仪器费用上升、交通和通信的便利、科学家的交流需要、实验技术日益专门化、交叉学科有助于创新、政治层面的政策激励（如欧盟的诸多鼓励合作的项目）。他们还指出，合作虽然能带来知识的共享和传递、思想的碰撞、克服科研的孤独感、融入更大的科学共同体、提高工作的可见度等好处，但也需要付出一定的成本。异地的合作需要旅行，有时还需要运输科研设备；需要大量的时间一起写作项目申请、更新研究的进程、解决意见的不一致、决定作者排名顺序等；随着涉及人员的增加，管理成本也大幅升高；当不同机构进行合作时，还可能因为不同的文化、财政系统、知识产权政策等产生协调成本。兰锥（Landry）和阿玛拉（Amara）[40]对合作的交易成本也进行了专门分析。

梅林（Melin）[41]通过问卷调查和访谈试图从微观的角度探讨合作究竟是如何进行的，科学家为什么要进行合作。他发现大部分的合作是因为需要对方的特殊技能、数据、仪器、方法等，余下16%的合作是因为朋友关系，14%是师生间的合作。他也验证了合作对科研的积极作用，38%的受访者认为合作提升了知识，30%认为合作提高了论文质量，25%认为合作为未来工作建立了联系，17%认为合作产生了新的思想。总之梅林充分肯定了合作对科研的正面影响，并认为科学家通常是出于实际需要展开科研合作的。

针对科学家和政策界普遍相信科学合作有助于提高科研产出的现象，李（Lee）和波兹曼（Bozeman）[42]提出合作是否有利于产出取决于许多中间变量，不能一概而论。时下的科技政策热衷于设立各种鼓励合作的奖项、项目、甚至建立跨学科机构、中心等，其实是源于对科学合作的盲目相信。例如，他们发现，从合作动机来看，出于指导学生或年轻同事动机的合作者会有更多科学合作，但这些合作对他们的科研产出没有帮助。真正能提高科研产出的合作是基于优势互补动机的合作，这和梅林[41]的发现是一致的。总体而言，这项研究的结论是科研合作对提高文章发表总数是有益的，但对人均发表数的提高则没有帮助。波兹曼的观点在以前的文章中已表述得很清楚[43]，合作不一定是为了提高科研产出，也可能是为了提高他人/学生、集体乃至领域的科技人力资本（scientific and technical human capital）。导师和学生合作虽然也许不如和资深同事合作有效率，但从研究小组或者整个领域的角度来看则是有好处的。

（三）社会网的视角：什么样的合作网络有助于更好的科研产出？

社会网分析是社会学、管理学近年来非常流行和有理论前景的视角。从社会网的视角分析科学家的社会网络对科研产出的影响给这一方向注入了新的活力。乔治亚理工学院的梅卡斯（Julia Melkers）和伊利诺伊大学芝加哥分校的威尔士（Eric Welch）合作对美国科学家的个体合作网和讨论网做了调查，产生了一系列会议论文①。例如，梅卡斯和威尔士[44]探讨了社会网络的性别差异：女性科学家的职业社会网络在结构上是否不同于男性科学家？社会网络的组成和层级是否有性别差异？男女科学家的合作网和讨论网一样吗？女性是否能够进入为研究提供资源的关键网络？梅卡斯和科帕（Kiopa）[45]则研究了国际合作的源起、资源和互动情况，探究科学家在多大程度上涉入国际合作，这些合作如何产生和维系，以及网络中交换了何种资源。她们检验了一系列网络变量和参与国际合作的关系，比较了国际合作和本土合作所动员资源的多少。帕诺玛里夫（Ponomariov）[46]发现以相互信任、经常联络和相同背景为特征的长期合作更有利于提高科研产出，这和普遍提倡的进行宽泛和异质性的合作观点相反。

事实上，到底该追求同质性强、互相联系紧密的社会网络，还是异质性强、互相联系稀疏的社会网络，是社会网研究中的一个核心理论问题。以科尔曼（Coleman）[47]为代表的观点认为，互相联系紧密的社会网络更容易培

---

① http://netwise.gatech.edu/team.php.

育信任、避免投机行为，于团队合作乃至社会运行有利；以伯特（Burt）[48]为代表的观点则认为，互相联系稀疏、结构洞多的社会网络能够高速传递有效信息，对个体发展有利。管理学由此发展出诸多有关公司研发部门内部网络的研究，其方式方法同样适用于科学界的科研团队。因为是以团队为研究对象，收集内部成员间互相交流的整体网数据就成为可能，在网络结构方面的变量，可以做得比个体网精细，进而可以研究团队的网络结构对绩效、对知识传递效率的影响。

帕佛弗尔（Pfeffer）[49]在他的经典研究中展示了不同时期来公司工作的团体之间的对立。他认为同期进入一个组织的人之间会发展出非正式的社会网络和彼此的认同感，这导致同期群内的沟通增加，而不同期群内的沟通减少。因而，同质性强的群体更容易合作，总体表现更好。与此相反，阿卡那（Ancona）和卡德维尔（Caldwell）[50]认为不同时期进入公司的人圈子不同、拥有的技能和信息不同、看问题的角度不同，能更具创造性地解决问题。同质性强的群体虽然内部比较和谐，但因其成员的观点、信息和资源有较高冗余度，整体表现欠佳。雷根斯（Reagans）等[51]考察了 224 个合作团队的样本，检验了网络密度和网络异质性与科研团队绩效的关系。他们发现，网络密度越高，合作的可能性越大，交流越多，绩效越好；同时网络异质性越大，就有越多的学习和创新的可能性，绩效就越高。也就是说这两个看似效应相反的结构变量对知识传递都有正面影响。

三、科学对经济的影响及衍生问题研究

近年来，科学研究对经济的促进作用，引起了经济学和管理学研究领域对科研人员的研究兴趣。在一定程度上可以说，默顿学派的科学社会学在社会学内部日趋衰亡，却在公共政策和经济学领域获得了新生。麻省理工学院和哈佛商学院有一门课就叫作科学社会学和经济学，两校学生均可选修，充分说明了这一现状。科学对经济的影响方面的研究（如大学对企业、地区乃至国家创新的作用）更多地属于经济学的范畴，在此略过。本文将集中于对其衍生研究方向的介绍，即大学在积极投身经济建设后，反过来对大学本身有何影响。在大学要服务于社会的新要求下，科学家纷纷为自己的发明申请专利、为公司提供咨询服务或者自己开办公司，成为所谓的创业型科学家（entrepreneurial scientists）。大学传统的价值规范、分层体系会受到怎样的挑战呢？这是一个相当长时期内我们都要面临的问题。

（一）对科学价值规范的影响

科学共同体有其独特的文化和规范，默顿将之称为"科学的精神特质"并简洁地概括为四条基本规范，即普遍主义、公有主义、无私利性、有条理的怀疑主义。[52]然而，在大学和研究机构普遍参与商业活动的今天，科学家还会固守以前的信条吗？哈克特（Hackett）[53]认为我们可以将科学规范视为多维度的综合体，每个维度的两端代表不同背景下的规范（例如大学实验室和公司实验室、一个领域和另一个领域、竞争升温之前和之后的大学）。这一由相对立的多维价值组成的科学模型认为科学建制所处的社会和经济环境对科学的文化有着巨大影响。所以，当大学愈来愈依赖工业界的资助时，它们的运作方式也会更接近于商业机构，那些与商业机构相适应的价值观会相应获得主导地位。因此哈克特的模型意味着两个对立的科学模型（学术的/公开的科学和商业的/私有的科学）是科学建制的互相竞争的两面，何者占据主导取决于具体的社会和经济环境。类似地，斯洛特（Slaughter）和莱斯利（Leslie）用"学术资本主义"这一术语来描述这一环境的变迁和相应的规范和实际行动的改变，具体表现为大学的研究者在竞争压力下更多地采纳资本家研究与开发（R&D）实验室的运作方式。斯洛特和罗德斯（Rhoades）[54]认为当学术资本主义被制度化，学术的/公开的科学模型和商业的/私有的科学模型之间的差别就模糊了，两者合并成一种新的范式，把知识制造视为在竞争性的环境中一种确保资源的手段。大学价值规范的变化使人们产生了一系列担忧。

首先，最主要的担忧集中在，来自企业的科研经费会导致科学家把工作重心转移到应用研究和开发上，而忽略了基础研究[55]。虽然，以应用为目的的基础研究已取得越来越多的认可，但如果没有纯粹的好奇心驱动的基础研究，必定会对科学的长期发展带来不利影响。弗罗里达（Florida）和科恩（Cohen）[56]将此称为"偏移问题"（skewing problem）并通过检验相关的实证研究加以考察：由科恩等人执行的针对美国的校企研究中心的卡内基梅隆调查显示，大学在发展校企关系的过程中是占主导地位的，并不像人们想象的那样被企业所操纵。但那些以提高和改善企业产品和流程为使命的研究中心，的确更多地从事应用领域的研发工作。拉姆（Rahm）和摩根（Morgan）①的调查也发现科学家涉入企业合作越多，应用研究的倾向就越明显。当然，在没

---

① 转引自 Florida R, Cohen W M. Engine or infrastructure? The university role in economic development[A]//Branscomb L M, Kodama F, Florida R L. (eds.). Industrializing Knowledge: University-Industry Linkages in Japan and the United States. Cambridge/London: MIT Press. 1999: 589-610.

有更细致的跨时间数据的情况下，我们还不能贸然判定是企业资助导致了研究方向的偏移，还是企业更偏好选择从事应用研究的科学家进行合作。冯洛伊（van Looy）等[57]甚至认为科学家研究方向的改变也许和科学文化的改变有关，而不一定是企业资助的原因。

其次，人们普遍担心商业利益的介入会妨碍大学研究的开放性。按照默顿的理想型描述，科学家通过及时公布研究成果来力图证明自己是第一个作出某项发现的人，从而获得同行认可[52, 58, 59]。这种认可是科学家的知识产权，在理想型中也是科学家能从发现中获得的唯一所有权，因为科学成果一经公布即成为公共财产，科学家没有权力通过扣留成果来规定别人如何使用成果。正因为知识本质上是公共货物，公司难以从新知识的制造中获利，从而普遍缺乏生产公共知识的动力[60]。一个解决方案是对研究结果的保密，这可以使得研究人员获利，但却阻断了新知识的传播和广泛利用，及由此带来的社会福利[61]。另一个广泛使用的措施是专利，允许发明者通过暂时把研究成果据为己有并获利，来换取成果持有人对发明的公开和传授，发明在专利过期后即成为公有知识的一部分[61, 62]。可以看出，当科学家涉入与企业的合作时，就面临着两种文化的冲突。一方面，公有主义规范要求及时发表研究成果；另一方面，市场机制要求对研究成果保密或申请专利以获取商业利益。弗罗里达和科恩[56]将延迟发表甚至不发表等现象称为"保密问题"（secrecy problem），认为其违反了传统的学术规范。

洪伟和沃尔什（Walsh）[63]特别研究了 1968～1998 年美国科学家保密行为的变化情况，这一研究阶段与美国竞争议程的提出和创业型大学的上升正好重合。结果显示，在这 30 年里，科学家的保密行为显著增加，尤以生物医学领域的科学家为甚。更进一步，她们发现科学竞争是预测保密行为的一个显著变量。与坎布尔（Campbell）、布鲁门（Blumenthal）及其同事之前的研究认为专利是导致保密的重要因素[64, 65]不同，在她们的样本里，未发现专利和保密之间的联系，尽管申请专利对数学家和物理学家的保密行为有微弱影响。与之前的研究一样，她们的确发现产业界的资助和愈演愈烈的保密行为相关。但她们也意外地发现校企合作会带来较低程度的保密行为。因此，不像许多之前的研究一味地强调校企联系的负面影响，洪伟和沃尔什的结果揭示的是一幅更加复杂和有趣的图画。她们认为，对于高科技公司来说，研发信息的及时性和用户化通常比保密更加重要，因此公司也许愿意容忍乃至鼓励它们的学术界合作者与领域内的其他人进行讨论，从而能得到更多专家意见[66]。和这类较高层次的校企合作相对的是，单纯的产业界资助常常只是大学实验室承担了一个较低端的公司研发项目，对合作水平要求不高，但对保密性要求较高。

（二）对科学分层体系的影响

前文提到，理想情况下在科学共同体内部，奖励是按照科学家对科学知识体系的贡献分配的。现在科学家对商业行为的涉入无形中创造了另外一套分层体系，其奖励的标准不是发表论文的质量或数量，而是其发明创造在经济领域的表现情况。海斯乐（Haeussler）和科瓦斯（Colyvas）[67]由此提问，科学家的创业行为是复制了目前的分层体系——那些拥有资源和资历的科学家更容易把科学发现转化到商业领域——还是创造了新机会、颠覆了现有的秩序呢？他们通过对德国和英国的生命科学家的调查发现，拥有更多科学和人力资源的资深男性科学家更多地涉入创业行为，从而证明两套分层体系在很大程度上是一致的。

在科研产出上，古尔布兰森（Gulbrandsen）等[68]发现，获得外部资助的科学家比未获得外部资助的科学家发表更多出版物，而其中在社会科学和医药领域，有工业资助的科学家又比获其他资助的科学家有更多出版物发表。冯洛伊等[57]对一所比利时大学研究人员的出版物做了数量和内容上的细致分析，发现在有工业界项目支持的研究中心工作的科学家要比其他同事发表更多的文章。特别值得注意的是，在应用领域，涉及企业项目的科学家发表更多论文，但他们在基础研究方面的论文产出也并不落后于其他同事。这两项研究都说明：①上一部分所讨论的"偏移问题"并未发生，虽然承担企业项目的科学家在应用领域有更多论文发表，但这并不是以对基础研究的放弃为代价的，他们也许只是付出了更长时间的工作来满足学术和企业项目的双重任务；②科研产出和创业行为有一定的相关性，涉入创业行为的科学家往往也是科研表现杰出的科学家，再次证明现有的科学分层体系没有受到商业化的太多冲击。

管理学家还探讨了环境对科学家创业行为的影响。斯图尔特（Stuart）和丁[69]在回顾了美国大学对商业行为的漫长接受过程后，把190位创立生物科技公司和727位在公司科学顾问委员会任职的科学家界定为创业科学家，分析他们为什么会从科学家变成创业者。他们发现，科学家的同事和合作者的商业化倾向，以及其他工作场所的特质，显著影响科学家走向创业的概率。尤其当周围对自己成果进行商业转化的是有声望的科学家时，这种影响效应最为显著。坎尼（Kenney）和郭（Goe）[70]考察了斯坦福大学和加利福尼亚州大学伯克利分校的电子工程与计算机系，发现前者的教授更多地涉入创业行为。他们认为尽管两个系都很支持教授的创业行为，但因为斯坦福大学在学校层面有更为悠久和成功的创业历史及支持政策，所以造成了两系教授的表现不同。路易斯（Louis）等[71]也发现科学家所处小组的规范对科学家是否积极投入商业化行为至关重要。与第一部分传统分层研究中组织环境影响科研产出的发现相联系，我们基本可以断言：科学家的社会环境、社会圈子极大地影响了他们的职业取向和职业成就。这也正是科学社会学有必要存在的原因。

四、结语

　　传统的分层研究经过了 1970～1990 年的辉煌时期后戛然而止，其核心研究成员除了哈根斯都转向了其他方向，新生力量的缺乏似乎使这一方向难以为继。但社会网理论的盛行和科学家新的服务社会使命的出现给这一方向注入新的生机：科学家的社会网络在何种程度上对其科研产出、职位的获得和提升、研究经费及荣誉奖励的获得产生影响？科学家的商业行为对传统的评价机制和分层体系有何影响？这些研究问题都是在继承科学分层的经典研究成果的基础上发展出的具有理论和现实意义的新方向。性别研究方向一直保持着旺盛的生命力，当然，结合新的形势，我们也可以探讨科学家社会网络的性别差异、女性科学家在创业的新战场上是否仍然处于劣势等问题。科学合作因其数据的易得性而一直是科学计量学的重点研究领域，近年来又因为被政策界普遍认为对科学产出有积极影响而成为科技政策研究的热点，但这两个方向的研究在理论性上都稍有欠缺。延续克兰的传统，社会网视角的介入给这一方向带来更多理论创新的空间。科学对经济的影响及衍生研究是近年来备受关注的热点领域，虽然这主要是经济学家的领地，但其中涉及科学规范、科学分层的部分，则需要社会学家的贡献。

　　具体到我国的情况，和国际上又有所不同。在科学分层方向上，其实在政策界一直有研究科学人才成长方面的课题支持，但研究的规范程度与国际水平相距较远。究其原因，除了我国社会科学总体水平比较落后外，还因为从事科学社会学研究的人才匮乏。社会学家对科学家这个群体不感兴趣，对科学家感兴趣的学者则主要出身科技哲学，对社会学的理论和方法不熟悉，科学知识社会学的崛起更分散了科学社会学方向的研究力量。在科学合作方向上，我国的科学计量学发展水平具备和国际接轨的能力，应该能够做出有中国特色的研究；管理学家在科研团队的研究上也做了很多工作；但从社会网角度出发研究科学家个体网络的目前还很少，亟须社会学家的介入。在科学对经济的影响及衍生研究方向上，经济管理、公共管理的学者都积极参与。但我国学界目前的情况是过于强调科学对经济的正面促进作用，对学术商业化可能对科学建制带来的负面影响则不作考虑。社会学家理应肩负起自己的学术责任和社会责任，对这个学术空白加以填补。

综上所述，科学社会学在我国面临的主要困境是社会学人才的稀缺，在最能体现社会学特色的方向上没有形成研究队伍。但我们同时也有比国际上更为宽容的学术氛围，科学知识社会学和科学社会学在中国的发展并行不悖，甚至因为科学社会学的应用性较强，在政策界能够获得更多的经费支持。当国外科学社会学的生存空间不断受到来自科学知识社会学的排挤而庇身于科技政策和知识管理等方向时，中国反而为科学社会学的发展提供了肥沃的土壤。同时，中国作为经济快速发展的大国也引起国际学术界的强烈兴趣，有诸多国外学者不远万里来到中国对科学家进行调查或访谈，但国际期刊中却鲜有来自中国本土的科学社会学研究。我们应该适时壮大科学社会学在中国的队伍，让国际上因为学术政治无谓中断的研究方向在中国得到继承和发扬光大。这对我们既是挑战，也是机遇。

（本文原载于《科学与社会》，2012 年第 3 期，第 37-59 页。）

参 考 文 献

[1] Hargens L L. What is Mertonian sociology of science?[J]. Scientometrics, 2004, （1）: 63-70.

[2] Arrow K. Economic welfare and the allocation of resources for invention[A]//Nelson R R. (ed.). The Rate and Direction of Inventive Activity. Princeton: Princeton University Press, 1962: 609-625.

[3] Nelson R R. The simple economics of basic scientific research[J]. Journal of Political Economy, 1959, （3）: 297-306.

[4] Freeman C. National Systems of Innovation: The Case of Japan Technology Policy and Economics Performance——Lessons from Japan[M]. London: Pinter Publishers, 1987.

[5] Etzkowitz H. The norms of entrepreneurial science: cognitive effects of the new university-industry linkages[J]. Research Policy, 1998, （8）: 823-833.

[6] 乔纳森·科尔, 斯蒂芬·科尔. 科学界的社会分层[M]. 赵佳苓, 顾昕, 黄绍林译. 北京: 华夏出版社, 1989.

[7] Hargens L L, Hagstrom W O. Sponsored and contest mobility of American academic scientists[J]. Sociology of Education, 1967, （1）: 24-38.

[8] Long J S. Productivity and academic position in the scientific career[J]. American Sociological Review, 1978, （6）: 889-908.

[9] Long J S, McGinnis R. Organizational context and scientific productivity[J]. American Sociological Review, 1981, （4）: 422-442.

[10] Allison P D, Long J S. Departmental effects on scientific productivity[J]. American sociological review, 1990, （4）: 469-478.

[11] Allison P D, Long J S. Interuniversity mobility of academic scientists[J]. American Sociological Review, 1987, （5）: 643-652.

[12] Reskin B F. Academic sponsorship and scientists' careers[J]. Sociology of Education, 1979, （3）: 129-146.

[13] Long J S, Allison P D, McGinnis R. Entrance into the academic career[J]. American Sociological Review, 1979, （5）: 816-830.

[14] Allison P D, Stewart J A. Productivity differences among scientists: evidence for accumulative advantage[J]. American Sociological Review, 1974, （4）: 596-606.

[15] Allison P D, Long J S, Krauze T K. Cumulative advantage and inequality in science[J]. American Sociological Review, 1982, （5）: 615-625.

[16] Hargens L L, Hagstrom W O. Scientific consensus and academic status attainment patterns[J]. Sociology of Education, 1982, （4）: 183-196.

[17] Hargens L L, Felmlee D H. Structural determinants of stratification in science[J]. American Sociological Review, 1984, （5）: 685-697.

[18] Hargens L L. Academic labor markets and assistant professors' employment outcomes[J]. Research in Higher Education, 2012, （3）: 311-324.

[19] Fox M F. Sex, salary, and achievement: reward-dualism in academia[J]. Sociology of Education, 1981, （2）: 71-84.

[20] Fox M F, Faver C A. Men, women, and publication productivity: patterns among social work academics[J]. Sociological Quarterly, 1985, （4）: 537-549.

[21] Fox M F. Gender, family characteristics, and publication productivity among scientists[J]. Social Studies of Science, 2005, （1）: 131-150.

[22] Long J S. The origins of sex differences in science[J]. Social Forces, 1990, （4）: 1297-1316.

[23] Fox M F. Women, science, and academia: graduate education and careers[J]. Gender and Society, 2001, （5）: 654-666.

[24] Long J S. Measures of sex differences in scientific productivity[J]. Social Forces, 1992, （1）: 159-178.

[25] Xie Y, Shauman K A. Sex differences in research productivity: new evidence about an old puzzle[J]. American Sociological Review, 1998, （6）: 847-870.

[26] Long J S, Allison P D, McGinnis R. Rank advancement in academic careers: sex differences and the effects of productivity[J]. American Sociological Review, 1993, (5): 703-722.

[27] Hargens L L, Long J S. Demographic Inertia and Women's Representation among Faculty in Higher Education[J]. The Journal of Higher Education, 2002, (4): 494-517.

[28] Price D. Little Science, Big Science[M]. New York: Columbia University Press, 1963.

[29] 黛安娜·克兰. 无形学院——知识在科学共同体的扩散[M]. 刘珺珺, 顾昕, 王德禄译. 北京: 华夏出版社, 1988.

[30] Gordon M. A critical reassessment of inferred relations between multiple authorship, scientific collaboration, the production of papers and their acceptance for publication[J]. Scientometrics, 1980, (3): 193-201.

[31] Lawani S M. Some bibliometric correlates of quality in scientific research[J]. Scientometrics, 1986, (1-2): 13-25.

[32] Narin F, Whitlow E S. Measurement of Scientific Cooperation and Coauthorship in CEC-related Areas of Science, Office for Official Publications of the European Communities[Z]. Luxembourg, 1990.

[33] Pravdic N, Oluic-Vukovic V. Dual approach to multiple authorship in the study of collaboration/scientific output relationship[J]. Scientometrics, 1986, (5-6): 259-280.

[34] Yoshikane F, Nozawa T, Shibui S. An analysis of the connection between researchers' productivity and their co-authors' past attributions, including the importance in collaboration networks[J]. Scientometrics, 2009, (2): 435-449.

[35] Newman M E J. The structure of scientific collaboration networks[J]. Proceedings of the National Academy of Sciences, 2001, (2): 404-409.

[36] Newman M E J. Scientific collaboration networks. I. Network construction and fundamental results[J]. Physical Review E, 2001, (1): 16131.

[37] Newman M E. Scientific collaboration networks. II. Shortest paths, weighted networks, and centrality[J]. Physical Review E, 2001, (1): 16132.

[38] Yoshikane F, Kageura K. Comparative analysis of coauthorship networks of different domains: the growth and change of networks[J]. Scientometrics, 2004, (3): 435-446.

[39] Katz J S, Martin B R. What is research collaboration?[J]. Research Policy, 1997, (1): 1-18.

[40] Landry R, Amara N. The impact of transaction costs on the institutional structuration of collaborative academic research[J]. Research Policy, 1998, (9): 901-913.

[41] Melin G. Pragmatism and self-organization: research collaboration on the individual level[J]. Research Policy, 2000, (1): 31-40.

[42] Lee S, Bozeman B. The impact of research collaboration on scientific productivity[J]. Social Studies of Science, 2005, (5): 673-702.

[43] Bozeman B, Dietz J S, Gaughan M. Scientific and technical human capital: an alternative model for research evaluation[J]. International Journal of Technology Management, 2001, (7-8): 716-740.

[44] Melkers J, Welch E. The structure of collaborative and career development social networks of women and men in academic science[C]. Atlanta: The Atlanta S&T Conference, 2009.

[45] Melkers J, Kiopa A. The social capital of global ties in science: the added value of international collaboration[C].Atlanta: The Atlanta S&T Conference, 2009.

[46] Ponomariov B. Relational determinants of the productivity of scientific collaborations[C]. Columbus: The 2009 Public Management Research Conference, 2009.

[47] Coleman J S. Social capital in the creation of human capital[J]. American Journal of Sociology, 1988, (S): S95-S120.

[48] Burt R S. Structural Holes[M]. Cambridge: Harvard University Press, 1992.

[49] Pfeffer J. Organizational demography[A]//Cummings L L, Staw B M. (eds.). Research in Organizational Behavior. vol.5. Greenwich: JAI Press, 1983: 299-357.

[50] Ancona D G, Caldwell D F. Demography and design: predictors of new product team performance[J]. Organization Science, 1992, (3): 321-341.

[51] Reagans R, Zuckerman E, McEvily B. How to make the team: social networks vs. demography as criteria for designing effective teams[J]. Administrative Science Quarterly, 2004, (1): 101-133.

[52] Merton R K. The Sociology of Science: Theoretical and Empirical Investigations[M]. Chicago: University of Chicago Press, 1973: 267-278.

[53] Hackett E. J. Science as a vocation in the 1990s: the changing organizational culture of academic science[J]. The Journal of Higher Education, 1990, (3): 241-279.

[54] Slaughter S, Rhoades G. Academic Capitalism and the New Economy: Markets, State and Higher Education[M]. Baltimore: The Johns Hopkins University Press, 2004.

[55] Nelson R R. Observations on the post-Bayh-Dole rise of patenting at American universities[J]. Journal of Technology Transfer, 2001, (1-2): 13-19.

[56] Florida R, Cohen W M. Engine or infrastructure? The university role in economic development//Branscomb L M, Kodama F, Florida R L. (eds.). Industrializing Knowledge: University-Industry Linkages in Japan and the United States. Cambridge/London: MIT Press, 1999: 589-610.

[57] Van Looy B, Ranga M, Callaert J. Combining entrepreneurial and scientific performance in academia: towards a compounded and reciprocal Matthew-effect?[J]. Research Policy, 2004, (3): 425-441.

[58] David P A. The economic logic of open science and the balance between private proeperty rights and the public domain in scientific data and information: a primer[A]//Esanu J M, Uhlir P F. (eds.). The Role of the Public Domain in Scientific and Technical Data and Information. Washington: National Academies Press, 2003: 19-34.

[59] Merton R K. Priorities in scientific discovery[J]. American Sociological Review, 1957, (6): 635-659.

[60] Jaffe A. Economic Analysis of Research Spillovers: Implications for the Advanced Technology Program[Z]. Economic Assessment Office, The Advanced Technology

Program, National Institutes of Standards and Technology, U. S. Department of Commerce, 1996.

[61] Cohen W M, Nelson R R, Walsh J P. Protecting Their Intellectual Assets: Appropriability Conditions and Why U. S. Manufacturing Firms Patent (Or Not)[Z]. NBER Working Paper 7552, 2000.

[62] Scherer F M. Patents and the Corporation[M]. 2nd ed. Boston: Privately Published, 1959.

[63] Hong W, Walsh J. For money or glory? Secrecy, competition and commercialization in the entrepreneurial university[J]. The Sociological Quarterly, 2009, (1): 145-171.

[64] Blumenthal D, Campbell E G, Anderson M S, et al. Withholding research results in academic life science: evidence from a national survey of faculty[J]. JAMA, 1997, (15): 1224-1228.

[65] Campbell E, Clarridge B R, Gokhale M, et al. Data withholding in academic genetics[J]. JAMA, 2002, (4): 473-480.

[66] Zucker L G, Darby M R, Armstrong J. Commercializing knowledge: university science, knowledge capture, and firm performance in biotechnology[J]. Management Science, 2002, (1): 138-153.

[67] Haeussler C, Colyvas J A. Breaking the ivory tower: academic entrepreneurship in the life sciences in UK and Germany[J]. Research Policy, 2011, (1): 41-54.

[68] Gulbrandsen M, Smeby J C. Industry funding and university professors' research performance[J]. Research Policy, 2005, (6): 932-950.

[69] Stuart T E, Ding W W. When do scientists become entrepreneurs? The social structural antecedents of commercial activity in the academic life sciences[J]. American Journal of Sociology, 2006, (1): 97-144.

[70] Kenney M, Goe W R. The role of social embeddedness in professorial entrepreneurship: a comparison of electrical engineering and computer science at UC Berkeley and Stanford[J]. Research Policy, 2004, (5): 691-707.

[71] Louis K S, Blumenthal D, Gluck M, et al. Entrepreneurs in academe: an exploration of behaviors among life scientists[J]. Administrative Science Quarterly, 1989, (1): 110-131.

科学家在决策中的角色选择

——兼评《诚实的代理人》

｜尹雪慧，李正风｜

一、问题的提出

今天，尽管仍有持续不断的声音呼吁科学家坚守象牙塔，远离权力和利益的诱惑，并与各种政治意图保持距离，但是，现实中科学与政治分离的可能性却很小。一方面，科学活动依赖于社会资源的支持，科学家需要向公众展示其工作的价值，证明他们获得政府和公众支持的合理性和正当性；另一方面，科学日益广泛地渗透进社会生活的各个层面，科学与社会问题的广泛相关性使得人们无论作为个体还是整体进行决策时，都需要充分考虑科学这种关键性资源可能发挥的作用。为此，不但决策者和相关社会公众要对科学与技术有基本的了解[1]5，而且需要科学家为相关的决策提供智力支持。政策制定者和各种政策方案的提议者常常指望科学来强化其主张的合理性，甚至政策的辩论也常常会以科学的语言来终结。这种情况下，科学家就会不可避免地参与到公共事务和政治生活中来。在政治、经济、社会各领域的公共政策和法律制定中，科学顾问都成为不可或缺的重要角色。

然而，人们对科学家应如何在决策中发挥作用却始终存在着困惑。对于决策者而言，在依赖专家的同时，科学的不确定性和科学家们的"免责要求"又使得他们变得迟疑，"在现代行政国家崛起的几乎每个阶段，都能够看到对专家意见遵从抑或怀疑的彷徨"[2]9。对于科学家们来说，他们也不得不在那些看似矛盾的选择之间左右摇摆。一方面，他们期望保持科学事业的自主性和科学主张的独立性，维护"向权力说真相"的科学形象，以此延续并巩固科学的权威；另一方面，面对复杂的政治问题和矛盾的科学证据，他们常常痛苦于"科学事实"本身的不一致性和科学知识自身的不确定性，并不可避免地卷入到纷繁的价值冲突之中。科学家究竟应该如何在科学-政治的复杂关系中确定自身的职业定位和角色选择，这已经不单纯是科学家个人的认识问题了，而是与民主制度设计密切相关的社会问题和政策问题。

"如果政策制定所依据的科学总是掺杂着价值的因素，那么在职业属性上被认为需保持中立的科学家应该期望在政治决策中扮演什么样的角色呢？" [2]7 结合对《诚实的代理人：科学在政策与政治中的意义》(The Honest Broker: Making Sense of Science in Policy and Politics，以下简称《诚实的代理人》) 一书基本观点的批判性考察，本文将探讨与科学家在决策中的角色选择相关的一些理论问题，并分析"诚实的代理人"得以存在且有效地发挥作用的前提条件。

二、科学家在决策中的四种理想类型

《诚实的代理人》的作者小罗杰·皮尔克 (Roger A. Pielke, Jr.) 在科学研究和政策咨询两方面有丰富的经验。作为美国科罗拉多大学博尔德分校环境研究计划的教授和环境科学研究合作研究院 (Cooperative Institute for Research in Environmental Sciences, CIRES) 的研究员，2006 年他曾因在跨学科气候研究方面的突出贡献被授予爱德华·布鲁克纳奖 (Edward Brückner Price)，同时他也是一位积极参与政治决策和政策咨询的科学顾问。在《诚实的代理人》一书中，他试图回答一个颇有挑战性的问题，即科学如何能够以最佳方式对决策和健全的民主政治做出贡献？他希望在自己丰富的政策咨询实践的基础上提出一种能富有成效地处理科学与政治互动关系的思考框架，帮助科学家建立"明确的、自觉的"为政策提供参考的意识，并了解哪些因素将影响他们参与决策时的选择和选择后果。

在对自己参与大量政策咨询实践反思的基础上，皮尔克认为，将科学和政治、科学家的主观价值标准与决策咨询实践分离开来非常困难，只处理纯粹科学问题的科学顾问几乎不可能存在。但科学家对在政治和政策中应该扮演何种角色仍有选择的空间。他敏锐地意识到，对于参与决策的科学家来说，个人角色的选择与其所持有的科学与民主的观念有关。在不同科学观与民主观的影响下，科学家对自己在决策中的角色定位将有所差异。

皮尔克对科学观和民主观都做了二元的划分。就民主而言，他认为民主政治的观念可以划分为麦迪逊式的民主和谢茨施耐德式的民主。在麦迪逊式的民主政治观点下，专家们通过与他们支持的党派或利益集团结盟，将其意见作为一种特殊资源提供出来用于政治斗争，其也在政治争论中担当了一种更主动的角色。后者同样是一种竞争的体制，但在这个体制中公民就提供给他们的可选方案提出意见，并由此参与到政治的过程中，而可选方案来自专家，因此是一种精英帮助甚至代替公众做出选择的民主政治。就科学而言，皮尔克认为，可以把人们对科学及其在社会中的作用的态度区分为线性模式和利益相关者模式，前者强调基础研究的重要性并使科学家从政治责任中摆脱出来，同时还暗示了科学对政策的特殊指导地位。后者则不仅坚信科学的使用者在知识生产中发挥了某种作用，而且认为对科学如何被用于决策的考虑本身构成了科学有效性的一个重要方面。

这些关于民主政治和科学的社会作用的观点是互补的。以民主观和科学观的划分为基础，皮尔克试图为政策和政治过程中的科学顾问（科学家或一般意义上的专家）的四种理想角色类型提供"一个简单易懂的理论基础"（表1）。

表 1　科学家在决策中的四种理想化的角色

民主观	科学观	
	线性模式	利益相关者模式
麦迪逊式的民主	纯粹的科学家	观点的辩护者
谢茨施耐德式的民主	科学的仲裁者	政策抉择的"诚实的代理人"

第一种角色是纯粹的科学家（pure scientist），他们不提供论断，也不参与判断的过程，而是提出一些与科学有关的基本信息；第二种角色是科学的仲裁者（science arbiter），他们服务于决策，随时准备回答决策者提出的各种实际问题，但并不提出自己偏向的选择；第三种角色是观点的辩护者（issue advocate），他们通过提出理由，说明某种选择为何优于其他选择，从而试图主导决策；第四种角色则是政策抉择的"诚实的代理人"，他们提供各种信息以努力拓展或阐明决策选择的范围，使决策者可以根据自己的偏好和价值观去决策。

对于纯粹的科学家和科学的仲裁者来说，他们并不关心特定的决策，更愿意充当信息资源的作用。相反，"诚实的代理人"（honest broker of policy alternatives）和观点的辩护者则对政策选择有清晰和明确的主张。就这四种角色而言，观点的辩护者压倒性地威胁了其他角色，他们通常利用隐蔽的形式，"能够把自己隐藏在科学后面"，把自己描绘成纯粹的科学家或者科学的仲裁者，但实际上却将自身的科学权威作为替自己观点辩护的工具。[3]4

这四种角色的划分，以及对四种科学-政治观的不同交互作用模式的区分是一种非常理想化的情形，并不完全符合现实世界的实际情况。但是，科学家在向决策者提供专业建议时，必然或多或少地更接近某一特定理想类型，故而这种划分不乏经验基础，但皮尔克为说明这四种理想类型而展开的分析却值得进一步讨论和商榷。

三、对"线性模式"科学观的批评与再批评

皮尔克对科学家在政治决策中可能持有的"线性模式"科学观进行了多方面的批评。他认为科学家之所以愿意或自以为扮演着纯粹的科学家或科学的仲裁者的角色，并相信科学共识将最终导致政治上的共识，其根源应归结于隐含在这一模式下的对科学与社会关系的理解。"科学的'线性模式'为科学家提供了把自己看作纯粹的科学家或科学仲裁者的动机，而事实上他们却是秘密的观点辩护者。"[3]72

对"线性模式"的理论阐释可以追溯到万尼瓦尔·布什（Vannevar Bush）等1945年的著名报告《科学：没有止境的前沿》[4]，布什主要关注的是国家该如何支持科学的问题，其基本思想是，只要科学家能够自由地探索真理而不管其会导致什么结果，那么，新的科学知识将会（自然地）流向政府、产业界或其他领域中可将其用于实际问题的人那里。[4]12 1993年，司托克斯（Donald Stokes）将布什的观点进一步概括为科学政策中的"线性模式"[5]。该模式对基础研究和应用研究作出了区分，提出了一种从基础研究到应用研究，再到开发和最终社会受益的知识流模型。第二次世界大战以来，"线性模式"一直被用于强调基础研究的重要性，以及让科学家从政治责任中摆脱出来。同时，该模式也隐含了在科学知识方面达成一致的意见是取得政治上的共识并进而产生政策行动的一个先决条件[3]12，科学家只需确保科学的正确性，其研究成果自然会产生社会效益和改进特定的政策制定。科学对决策的特殊指导作用也仿佛不言而喻。

　　皮尔克对科学政策的"线性模式"明确提出了质疑。他认为，就实践而言，这一模式并非总是（或许说很少）能为科学家寻求在决策中发挥积极作用提供有效的引导；同时，也会引起政治风险，导致科学家在决策中扮演的角色的混乱。[3]73 在他看来，这种"线性模式"文化广泛渗透进了科学事业中，大多数科学家所接受的训练也都是基于"线性模式"的价值论。尽管"线性模式"遭受到来自 STS 领域的全面批评，但很多从事研究活动的科学家却并未在意。在从气候问题到食品安全等的各种政策辩论中，科学家会有意或无意地将自己的观点隐藏在"线性模式"的幌子下参与其中。同时，对于政策制定而言，当"线性模式"成为科学对决策作用的普遍指导时，科学提供给政策的选择变得极其有限，而且答案似乎应该是唯一的和最优的，这使得科学获得了一种异乎寻常的权威，这也有可能庇护科学家在政策辩论中的隐藏观点，借助科学的权威性可将政治引入科学，轻而易举地将科学当作了推进政治利益的策略工具。

　　然而，值得注意的是，皮尔克关于"线性模式"的理解尚有缺陷。希拉·贾萨诺夫（Sheila Jasanoff）甚至认为，这种并不准确的理解是《诚实的代理人》一书存在深层次混乱的根源。[6]对"线性模式"的质疑固然很有针对性和启发性，但更重要的是对其背后理想主义科学观的批判。事实上，"线性模式"不仅强调"基础"与"应用"的区分，更重要的是还赋予了基础研究及其知识成果以基础性的、优先的特殊地位，即认为科学研究的过程是价值中立的，科学研究的成果（科学知识）是客观可靠、普遍适用的。正是在这种理想化了的科学观和知识观的影响下，科学知识获得了客观性和真理性，科学家才被视为无私利的纯粹的知识发现者，或借助专业知识来评判政治争议的仲裁者。

　　实际上，把"科学的仲裁者"归于"线性模式，也存在着理论上的困境。因为"科学仲裁者与决策者有直接的互动"[3]16，这时，"基础"和"应用"之间的复杂关系已经远远地超出了"线性模式"，专家们从事的研究似乎更应被归入"为了政策的科学"，利奥拉·索尔特（Liora Salter）称之为"统制科学"（mandated science），贾萨诺夫等人称之为"管制科学"（regulatory science）。索尔特认为，统制科学即以制定政策为目的的科学，它与常规科学存在着重大差异，其独特之处应归因于这样一个事实，即在其产生和应用的每一个环节中，科学的考虑和政策的考虑始终紧密地结合在一起。[7]187-190 贾萨诺夫认为，"管制科学最显著的特征之一是政府与产业界深深地参与了知识的生产和证明过程"[2]108。从管制科学的推进议程看，议程所涉各方会有目的地开展各种科学活动，这些活动将使知识状态经历不断重新定义的过程，而不是简单地应用已有的知识。

面对科学问题与政治问题已经相互缠绕的现实，科学家们在科学决策中想要退回他们熟悉的纯粹的科学家的边界之内已不可能，而进一步需要调整的，是如何在满足社会对科学家职业角色期待的同时，又能够正视科学-政治互动，避免政治对科学事业的过度侵入。

四、科技咨询面临的挑战

有关科学政策的研究表明，科学在政治和政策中如何发挥作用，同时存在着多种相互矛盾的情形，这也表明，即便在民主政治下，科技咨询活动也面临着多方面的挑战。

其一，就科学家而言，提供的与决策相关的科学信息既可能信息不足，也可能信息过度。在许多情况下，决策者需要的信息不能从已有的科学研究中获得充分回答；而在另一些情况下，不同科学家提供的信息却可能彼此矛盾，让决策者无所适从，即"提供了'过度的客观性'，可以被用于支持一系列相互冲突的主观立场"[8]。

其二，对于政策制定者或政府监管者而言，既存在科学能力不足的问题，也存在滥用科学的问题。如科学政策分析领域早期的代表人物约尔·普利马克（Joel Primack）和弗兰克·冯·希普（Frank von Hippel）就指出，在一些重要的科技政策问题上，政府机构总是滥用、忽视或隐匿他们的科学顾问所提出的专业意见[9]，而专家的权威观点也并不总能为公众生活提供令人满意的保障。

其三，从决策的过程看，科学在与政策发生关系时，总是会遭遇批评性不足（under-critical）或批评性过度（over-critical）的情况。[3]前者往往会在新的研究展开之前，各方就已经达成政策共识，由此支持政策结论的科学论断更容易被采纳；后者却可能由于政治立场尖锐冲突而使科学论断受到异乎寻常的审查和质疑。

我们今天已经无法回避科学在决策中的作用的这些冲突。一方面，无论如何，在行动前获得必要的知识和信息总是好于对其一无所知，科学的理性、经验主义和尽可能的客观性对行动的指导作用仍然比其他知识更有效更优越，决策合法性的基础仍然在很大程度上诉诸科学权威，我们仍然需要通过民主的机制去确保这些关于自然的知识在科学政策制定中有效地发挥作用。[10]152 另一方面，科学家参与公共事务的过程中，作为政策合法性所诉诸的科学客观性基础将会受到侵蚀。政治上的麦迪逊体系也意味着在政治协商和制度平衡下，竞争各方所依靠的科学顾问提出的意见不可避免地带有了派系色彩，从而破坏了科学作为客观知识体系的权威性。科学参与政策制定的意义，不是通过引入科学知识把自己的利益映射到政治决策上去，也不再是在对科学真理的崇高想象下迫使所有理性人达成一致[11]，而是要利用自己的专业知识和特殊技能为合理决策服务。在直接为政策制定服务的"管制科学"中，更需要民主的制度为合理决策提供保障。

这些矛盾丛生的景况，也说明不能把决策问题完全还原到由科学家或技术专家来解决的科学或技术问题上来，政治决策，最终不可避免地回归政治过程的评价、磋商和抉择。科学家在决策中的角色定位总是在一定的政治结构中完成的，这一角色选择并不完全取决于科学家自身，而是包括一定社会的科学观、民主观和具体的民主制度设计等多种因素共同作用的结果。在《科学顾问：政策过程中的科学家》一书中，布鲁斯·史密斯（Bruce L. R. Smith）的讨论也得出类似结论：科学顾问"需要将政策议题所涉及的纯技术方面的内容，融入到一个更大、更复杂并需要做出价值判断的整体情境中，而对此并没有准确的答案。科学家受到邀请，是因为他们拥有特殊的专业知识，然而如果科学家想真正发挥作用，那么他们必须要像政治家一样思考和行动"。[12]254-255 然而，问题在于，在复杂的民主政治和制度设计中，科学家如何才能更好地扮演"诚实的代理人"这一角色？

五、民主政治决策中"诚实的代理人"何以可能？

首先，"诚实的代理人"要求代理人自身的自律。诚实意指"真实表达主体所拥有信息的行为"，因此诚实意味着不因特定利益关系或个人偏好而对自身拥有的信息做"选择性表达"，特别是不回避可能对自身有负面影响的信息表达。对于科学家而言，诚实既是一种伦理道德的要求，也是一种职业规范的准则。在决策中，科学家的独特价值正在于他们拥有与决策相关的信息，或者具有获得这些知识与信息的特殊能力。诚实的规范不但要求科学家尽可能提供可靠的知识，而且要求科学家如实地反映知识的不足和科学信息的不确定性。一方面，科学共同体要"能够以批判性的眼光审视自己在政治过程中的作用，自问是否已尽力为政策发展贡献了有效的知识"[3]139；另一方面，"以一种职业的谦卑精神如实地披露自身信息的局限性与知识的不确定性，政策咨询专家才能够最好地作为政策抉择的诚实代理人来履行其职责"[6]。

其次，诚实的代理过程需要多方监督和参与。政策制定的过程既不是决策者的独角戏，也不完全是决策者和科学家之间的对话，而是包括公众、相关利益集团共同参与的多元互动的过程。在民主政治中，科学家参与决策并不只是服务于决策者，更重要的是要将知识为全体所知所用。政治学家马克·鲁希夫斯基（Mark Rushefsky）通过美国癌症政策制定的研究指出，科学的不确定性是一种可被监管者和其他主体利用以影响政策的资源。[13]决策者和科学家都有滥用这种资源的条件、优势和可能性，以至于危害公众利益。在英国 20 世纪 90 年代的疯牛病事件中，被选择的专家与决策者之间的同谋曾是阻碍不利信息向公众扩散并因此误导公众的主要屏障，其结果是使疯牛病事件演变为一场影响深远的社会危机。[14]建立公众监督的机制，重要的在于避免决策者滥用、忽视或隐匿科学顾问所提出的专业意见，防止科学家与决策者形成危害公众利益的同谋关系。当然，公众的监督和参与也重构决策过程中的权利关系，重新界定什么是好的科学，因此也是约束和调整科学家行为方式的一种重要力量。

最后，诚实的代理过程要通过扩展可选的政策方案来推进决策，而不是尝试操纵或者替代决策。政治中的价值冲突和对抗，往往是导致对立双方争执不下的根本原因，而科学本身却不具备化解价值争论的能力。正如贾萨诺夫所指出的："在完成调和不同的社会和政治价值观这一基础性工作之前，利用科学解决一项政治争议是徒劳无用的。"[2]250 科学决策的"诚实的代理人"应寻求通过发现新的科学知识或技术手段，塑造新的活动空间，建构新的行动路径，为政治上的让步和政策行动提供新的机会，来化解政治争论和政策风险，达成新的政策共识，而不仅是被用于提供反驳不同意见者的证据。

因此，政策选择的"诚实的代理人"不是简单地寻求把科学成果更好地"传达"给政策制定者，或者主张某一个"最好的"行动方案，而是要提高将科学纳入政策情境的能力。这实际上是要求科学家广泛地介入到民主决策的磋商机制之中。这种参与是科学家成为"诚实的代理人"的必要条件，而且也是民主决策的必要前提。科学顾问面对和将要解决的从来都不是纯粹的科学问题，他们所应该评估和处理的是那些对决策有影响的科学分歧，并在咨询过程中围绕这些分歧展开更多的协商。科学顾问并不是解决政策问题的最终仲裁者，然而，科学咨询过程和科学顾问的加入却是实现科学、社会和国家间的协调互动，并形成广泛的政策共识的必要条件。

（本文原载于《自然辩证法通讯》，2012 年第 4 期，第 73-77，127 页。）

参 考 文 献

[1] 迪尔克斯, 冯·格罗特. 在理解与信赖之间: 公众科学与技术[M]. 田松, 卢春明, 陈欢, 等译. 北京: 北京理工大学出版社, 2006.

[2] Jasanoff S. The Fifth Branch: Science Advisers as Policymakers[M]. Cambridge: Harvard University Press, 1990.

[3] 皮尔克. 诚实的代理人: 科学在政策与政治中的意义[M]. 李正风, 缪航译. 上海: 上海交通大学出版社, 2010.

[4] 布什, 等. 科学: 没有止境的前沿[M]. 范岱年, 等译. 北京: 商务印书馆, 2004.

[5] D. E. 司托克斯. 巴斯德象限: 基础科学与技术创新[M]. 周春彦, 谷春立译. 北京: 科学出版社, 1999.

[6] Jasanoff S. Speaking honestly to power[J]. American Scientists, 2008, 96: 240-243.

[7] Salter L. Mandated Science Science and Scientists in the Making of Standards[M]. Dordrecht: Kluwer Academic Publishers, 1988.

[8] Sarewitz D. Science and environmental policy: an excess of objectivity[A]//Frodeman R.(eds.). Earth Matters: the Earth Sciences, Philosophy, and the Claims of Community. Upper Saddle River: Prentice Hall, 2000: 79-98.

[9] Primack J R, Hippel Frank V. Advice and Dissent: Scientists in the Political Arena[M]. New York: Basic Books, 1974.

[10] Jasanoff S. What inquiring minds should want to know: review of science truth and democracy by Philip Kitcher[J]. Studies in History and Philosophy of Science, 2004, 35: 149-157.

[11] Ezrahi Y. Science and utopia in late 20th century pluralist democracy[A]//Mendelsohn E, Nowotny H.(eds.). Nineteen Eighty-Four: Science Between Utopia and Dystopia. Dordrecht: D. Reidel Publishing Company, 1984: 273-290.

[12] 布鲁斯·史密斯. 科学顾问: 政策过程中的科学家[M]. 温珂, 李乐旋, 周华东译. 上海: 上海交通大学出版社, 2010.

[13] Rushefsky M E. Making Cancer Policy[M]. New York: Suny Press, 1986.

[14] 高璐, 李正风. 从"统治"到"治理": 疯牛病危机与英国生物技术政策范式的演变[J]. 科学学研究, 2010, (5): 655-661.

在航天工程创新空间中选择与建构

——王永志创新思想案例研究

| 鲍鸥，苏徽 |

引言

王永志[①]于 20 世纪 60～70 年代作为重要技术骨干曾参加中国第一代液体火箭的研制工作，为增大射程、解决洲际火箭"有无"问题攻克了大量的技术难题；20 世纪 80 年代作为第二代战略火箭研制工作的主要技术带头人，为中国实现火箭技术更新换代做出重要贡献；20 世纪 80 年代末至 90 年代初中国运载火箭技术研究院运用市场机制实现军民结合以及与国际市场接轨等重大体制转型，确立了全面研发运载火箭、战略火箭、战术火箭和民品四个系列的战略格局；1992 年出任载人航天工程总设计师之后，提出许多重要创新理念并加以实施，为实现中华民族的千年飞天梦想、推动工程持续发展做出了历史性的特殊贡献。

笔者认为，王永志所取得的成就不仅限于对我国航天事业的贡献，使他取得成功的思维方法、实践经验、创新理念是更宝贵的财富，具有深入挖掘的理论价值。需要以王永志作为研究对象从工程史学、工程哲学、工程社会学、工程文化学、工程行为学等不同角度进行专题性的深层分析，并把研究成果广泛传播，以发挥其文化教育功能。

---

① 王永志（1932～），辽宁省昌图县人，2003 年度国家最高科学技术奖获奖人之一，中国工程院院士（1994～），俄罗斯宇航科学院外籍院士，国际宇航科学院院士（1992～），曾任中国运载火箭技术研究院院长（1986～1991）、中国载人航天工程总设计师（1992～2006）。

"工程是人类运用各种知识（包括科学知识、经验知识，特别是工程知识）和必要的资源、资金、装备等要素并将之有效地集成构建起来，以达到一定的目的——通常是得到有使用价值的人工产品或技术服务——的有组织的社会实践活动。"[1]5 中国学者在工程哲学、工程社会学、工程创新等领域运用理论研究与工程案例分析相结合的方法上已取得不少研究成果，而把理论触角深入到对具体人物的微观层面分析的研究正处于起步阶段。

开拓创新是保障中国稳定并可持续发展的必由之路。如何提高中国的创新能力是当前理论研究的重点问题之一。工程哲学的创始人之一李伯聪教授指出，"工程创新是创新活动的主战场"[2]51，"工程创新活动就是在创新空间中连续不断的选择和建构的过程"[2]51，"'创新者'就是可以用'心灵之眼'在'创新空间'中'敏锐地看见''普通人'看不见的东西或景象的人"[2]54。工程创新案例是创新理论研究的出发点和支撑点。航天领域是工程集群，中国航天工程为工程创新理论研究提供了丰富的实践依据。王永志从普通设计者成长为中国航天工程领军人物的过程恰恰充分证实了个人可以通过运用创新思维和创新方法在工程中发挥重要作用。他正是一位在航天工程创新空间中不断进行"选择"与"建构"的创新者。因此，从工程创新视角出发，结合理论微观剖析王永志的创新实践，总结其工程创新思想和方法，无疑将有助于创新理论的深入研究。

笔者基于工程哲学的基本理论、选择与建构学说、工程创新空间学说，通过梳理分析现有公开报道的王永志事迹（包括访谈）等相关材料，形成《王永志学术思想传承整理研究》报告。鉴于篇幅有限，本文仅分析王永志工程创新实践的典型案例，并阐释其创新思想。

一、王永志的创新实践案例分析

王永志的成长历程分为学习和工作两大阶段。

在学习阶段，王永志走出农舍①，步入航空领域②，跨出国门③，转学导

---

① 1946年，已上小学五年级却辍学回家务农的王永志，在刘汉甲老师的动员下，考入昌北中学免费学习。这是王永志实现从农民到学子的第一次人生转折。

② 1952年，王永志在高中班主任钱永耀老师的鼓励下考取清华大学航空系，同年因全国高校院系调整，转入北京航空学院航空系。

③ 1953年，王永志因成绩优秀、家庭出身好，被选为新中国第一批留苏预备生，1955年秋被派到苏联莫斯科航空学院飞行器系学习飞机设计。

弹设计[①]，经历了四次命运转折。其间，6 年留苏生涯使王永志受到苏联文化的熏陶。他亲身体验了苏联发射世界上第一颗人造地球卫星上天事件的震撼，树立了献身祖国航天事业的人生目标，完成了火箭导弹设计专业的学习任务，打下了坚实的理论基础。这一切成为王永志日后从事航天工作的必要准备。

王永志留苏期间，正值中苏两党、两国关系从亲密走向交恶。在中苏关系越发紧张的政治形势影响下，王永志于 1961 年毕业回国，从事火箭研制工作。

工程是以目的为前提，对工程方案、工程材料、工程路径、工程共同体等不断进行选择、决策，最终建构出新人工物的过程。这是工程哲学选择与建构学说的基本观点。

以选择与建构学说和工程创新空间学说的观点看王永志的成长历程，在学习阶段，他大部分时间只能被动地为环境、条件所选择；而在工作阶段，他经历了从被动"被选择"转为主动"被选择"，再到主动"选择"的创新提升过程。在这个过程中，王永志不断建构并拓展了自己的创新空间。

（一）突破局限性，主动"被选择"——研制近程火箭的案例

在王永志事迹报道中曾多次提到一个案例：王永志回国后，任职于国防部五院一分院总体设计部。1964 年 6 月，王永志作为总体设计部总体设计组组长参加中国自行设计的近程火箭的第二次发射[②]任务。当时，因天气炎热，火箭推进剂在高温下膨胀，燃料储箱内不能灌进足量的燃料。弹道计算组认为这将影响射程。王永志经过计算，提出如果使火箭保持氧化剂的质量不变，泄出 600 公斤燃料反而可以达到预定射程。然而王永志这个设想没有被专家们采纳，他们认为减少燃料和提高射程之间是南辕北辙。王永志坚持自己的观点，直接向当时的最高技术负责人钱学森陈述。钱学森认为王永志的意见有道理，批准实施这一方案。1964 年 6 月 29 日，这枚火箭连续发射三发，都进入了目标区，发射成功。

以往对这个案例的报道一般仅限于赞誉"伯乐"钱学森识"千里马"王永志之智，较少从其他视角深入分析。笔者从认识论和工程创新空间学说角度复原王永志的思维过程，发现这个案例具有更深刻的哲学意义。它反映出：

---

① 1957 年，王永志服从祖国需要转学导弹设计专业。1961 年，通过毕业论文（《洲际导弹设计》）答辩，获得优秀毕业生和工程师证书。

② 该型号火箭在 1962 年第一次发射时失败。

第一，王永志的逆向思维方式。按照常规，当设计组接到燃料箱中燃料不足的问题指令后，需要沿着如何增加燃料的思路设计解决方案。但是，王永志首先寻找产生问题的根本原因。他发现，原设计的燃料量是在常温条件下需要的数值，高温是导致燃料不能增加到原设计量的根本原因。第二，王永志自发运用普遍联系的分析方法。他通过分析燃料数量与外界条件变化、发动机内部节流特性、氧化剂比例之间的关系，以及外界条件与内部机制之间的关系发现，高温致使燃料在同等容积中密度变小，发动机的节流特性会随之变化；推进剂由燃料和氧化剂按一定比例组成；在高温条件下燃料和氧化剂两种成分的新配比量可以被准确计算出来。据此，王永志提出在高温下，只要保持氧化剂质量不变，泄出 600 公斤的燃料就能达到最佳发射效果。获得这一结论的关键在于，王永志厘清了与燃料数量相关的"变量"与"不变量"，并有效把握了事物相互联系中"变"与"不变"之间的"度"。这是王永志在被专家组否定后仍然坚持力争之"理"。王永志当时或许并没有意识到自己恰恰正确地抓住了事物内部的本质和事物之间的相互关系，自发地运用了辩证分析方法。第三，王永志变被动"被选择"为主动"被选择"。从工程共同体的角色分配上看，王永志当时是年轻的设计人员，按照工程常规，他处于被选择的地位。当他提出的减少燃料数量方案被专家组否决后，他本来可以像其他人那样安于现状，被动接受"被选择"。但是，他的创新突破在于他不情愿被动"被选择"，而是选择主动"被选择"——直接向钱学森陈述自己设计方案的依据，最终使钱学森接受该方案，并试验成功。

创新空间是人们变可能性为现实性的领地。如何在创新空间中实现创新，取决于人们对"选择"和"被选择"的态度和行为。每个人都有"选择"的机会，同时都受到"被选择"的限制。在具体的工程项目中，工程共同体不同角色之间有着严格而明确的分工。一般情况下，根据工程规则，处于"被选择"地位的角色除了拥有对"被选择"采取主动或被动的选择之外，没有其他选择权。但是，创新者与普通人的区别在于：创新者能够发现可"选择"的机会并进行选择。发现可"选择"的机会意味着面临多种可能性，进行选择意味着创新者需要积极调动自身的所有因素，利用所有可以利用的条件，通过理性判断找到实现可能性的最佳路径。另外，当创新者处于"被选择"地位时，需要运用智慧和勇气才能实现从被动"被选择"向主动"被选择"的转化。

在这个案例中，拥有逆向性思维方式以及以普遍联系的观点细致分析问题的方法固然是王永志成功创新的基础和出发点，但是，突破年龄、地位和心理障碍的局限性，据理力争，变被动"被选择"为主动"被选择"，才是王永志在态度和行动上实现创新的关键性飞跃。可以说，中近程火箭设计工作无形中成为王永志的第一个创新空间。

（二）从主动"被选择"到主动"选择"——研制"长征二号捆绑式"火箭的案例

1986 年 12 月，国务院正式任命王永志为中国运载火箭技术研究院第六任院长。在研制"长征二号捆绑式"火箭（简称"长二捆"）的过程中，王永志从主动"被选择"转化为主动"选择"，不断拓展自己的创新空间。

在 1986 年前后，国际和国内形势对中国研制新型火箭形成巨大压力，同时也提供了千载难逢的机遇：在国内，市场萎缩，研制经费缩减；在国际上，欧美航天发射接连失事，造成卫星发射运力短缺，市场需求积滞。显然，打入国际卫星发射市场是摆脱中国火箭研制发展困境的必由之路。但是，国际市场需求的火箭至少要有 8 吨的运力，当时中国火箭的最大推力只有 2.5 吨。因此，提升火箭推力成为中国新型火箭研制的关键。

在此之前，中国的火箭都是级级串联的。增加级数是提高运载能力的唯一途径。但是，火箭级数不能无限增加。火箭长度与直径之比（即细长比）不能超过 15∶1。而且火箭级数增加到一定程度后对运载能力的增加并不显著，火箭级数每增加一级运载能力最多增加几百公斤，还要花费七八年的研制时间。可见，依靠增加火箭级数提升火箭运载能力的技术道路行不通，必须彻底更新设计思路。当时的设计新思路是，对"长征二号"火箭放弃串联方式，采取横向并联捆绑式，即"长二捆"。其优点在于，通过横向并联捆绑，增加四个助推器，可以使运载能力从 2.5 吨提高到 9.2 吨，既满足了国际市场的需求，又为中国载人航天工程立项打下了坚实的基础。

从理论上看，"长二捆"的设计是全新的思路。1987 年 9 月，王永志派副手带着"长征二号 E"捆绑式火箭设计图，到国际卫星发射市场上主动参与"被选择"，结果竞标成功。1988 年 11 月 1 日，中国长城工业公司[①]与美国休斯公司正式签署"澳星"发射服务合同。这是中国第一份与外国签订的商业发射合同。合同内容复杂而苛刻：休斯公司要求中方必须在 1990 年 6 月 30 日前有一次成功发射试验；在任何时候，只要他们认为中方不能发射或

[①] 航天部主管对外经营的公司。

没有充分论据证明自己能按时发射，他们有权终止合同并对中方罚款 100 万美元。中国运载火箭技术研究院为此在银行争取了 4.5 亿元的贷款。"长二捆"项目似乎万事俱备，可以顺利上马了。但是，王永志当时还面临着另一次"被选择"，他为此承受了巨大压力，致使他首次把风险意识引入项目研发之中。王永志回忆道："当时对这个项目争论特别大，可以说权威专家都反对，（他们）认为根本干不成，有的甚至说'要是花了钱没搞成，降你三级，你还干不干？'……中国第一次走向国际市场，这在经济上有意义，政治上影响也很大。但是风险巨大，贷款 4.5 亿元，得还的！要'打'成了，这个合同生效；要是'打'不成，没按时'打'，这个合同就无效了，还得赔款，经济上有风险。原来计划三年多的时间，现在要求一年半就搞出来，时间缩短加大了研制的技术风险。另外就是政治风险，每次航天活动都是在国际舞台上表演，失败的影响是很大的。"

在巨大风险面前，王永志坚持选择上马"长二捆"。他说，因为"我有基本的判断。一个是对我们第一研究院①来讲，27 000 人我是能够调得动的，他们会跟着我干，他们是支持我的"，另外，"我也有所识，知道它②的发展方向。你早晚得搞，你现在不搞，将来也得搞，何苦现在把这个时机丧失了。……你得有胆有识。这么多人反对，你干不成怎么办？我豁出来了，就想办法把它搞成"。结果是：1988 年 12 月 14 日，国务院批准研制"长二捆"的任务，王永志被任命为总指挥。此时王永志只剩下 18 个月的设计、研制、生产和试验时间。于是，"全体动员。全院灯火辉煌，加班加点，都动起来了。两大班倒，24 小时不停。要不然怎么能把五六年要办的事儿，在一年半内搞成。技术上可行，又得到大家的支持，才可能搞成。第一次试验就完成了，打成了"。1990 年 7 月 16 日，中国自行研制的"长二捆"成功将模拟"澳星"和巴基斯坦科学试验卫星送入预定轨道，满足了对外发射的合同要求。

"长二捆"研制成功的因素有许多，王永志始终强调这归功于中国运载火箭技术研究院全体成员的努力、部领导和国务院的批准支持。但笔者认为，在多种成功因素中，作为项目主管，王永志的谨慎判断、果断决策、理性坚持、敢为人先的胆略以及对设计方案和战略方向的主动选择起到了关键性作用。王永志之所以主动选择搞"长二捆"项目，不是出于一时冲动，而是基于对已有条件的正确分析、审慎思考以及超出常人的胆识。

---

① "第一研究院"指中国运载火箭技术研究院。
② "它"指加大火箭推力技术。

在担任中国运载火箭技术研究院院长期间，王永志多次通过主动"选择"，建构新观念、新产品、新模式，拓展创新空间。例如：他选择摒弃"一箭一星"的设计理念，提出运载火箭系列化、积木化的设计理念；选择走自筹资金、开发出口航天产品的战略路线；选择启动"军品抓住管好、民品放开搞活"的研究院发展大政方针，实现了观念创新、体制创新，促进了我国的航天产品跻身国际市场，建构了中国航天事业的新发展模式。

可见，当王永志只是一般设计人员时，仅从事局部、具体的工程设计工作，他的创新主要体现在解决具体技术问题时的逆向性思维和针对具体设计方案的主动"被选择"上；但当他成长为"型号两总"[①]人员后，随着其在工程共同体中的地位发生变化，他拥有更多的选择权，他的创新实践主要集中在影响工程全局的工程理念、工程精神、工程战略、工程制度、工程协调方法等方面，他的创新空间不仅限于新型火箭研制，而是拓展到管理、生产、销售、运营等各个领域。对于这位创新者而言，只要他主动去选择、去建构，这个创新空间便是无限开放的。

（三）"选择"的胆识源于理性分析——载人航天工程案例

中国载人航天工程的设想始于 20 世纪 60 年代，但因当时的政治环境、经济条件、工业基础不成熟而半途而废。从 1987 年 4 月起，中国载人航天工程"经过了概念研究、工程方案设计、可行性研究、技术及经济可行性论证"[3]316 等持续 5 年的准备阶段。1992 年 9 月 21 日，中共中央批准载人航天工程正式立项。王永志参与了前期各项工作，从 1992 年 11 月起担任载人航天工程总设计师。

王永志在谈到载人航天工程时说："第一，中国载人航天工程是一个庞大的系统工程，它完全是依靠我国自己的力量独立自主完成的。第二，我们搞载人航天工程是一个很大的队伍，大家都付出了艰辛的劳动，整个团队都做出了很大贡献。"[4]实际上，在担任载人航天工程总设计师的 14 年生涯中，王永志带领顶层设计专家，在工程基本设计思想和总体设计思路的指导下，根据工程需求和工程条件，选择制定了总体设计任务、总体技术方案，明确设计指标，合理分配任务，协调各分系统设计工作，同时为高层决策做好参谋，为整个载人航天工程做出了贡献。

---

① "型号两总"是中国航天工程领域特有的职务，指每种型号航天器的研发工程都同时安排两位指挥人员——总指挥（行政主管）和总设计师（技术主管）。

1. 确定选择原则

王永志出任载人航天工程总设计师之后，首先统一了该项目的指导思想。这一指导思想充分体现了王永志的工程选择原则：从国情出发，在安全可靠的前提下，保持各项工作的协调、有序、统一，保持各阶段工作间的延续性，保持总体优化，不使用个别先进技术。这些选择原则具有普遍性，对其他工程具有借鉴意义。

根据上述选择原则，王永志先后作出多项选择决定。在总体设计上选择三舱方案、海上救生方案和后续任务衔接方案。在具体设计上选择不上大动物试验而代之以拟人代谢载荷试验、主着陆场由河南黄泛区改址为内蒙古草原、发射场"三垂一远"新模式①等。顶层设计、轨道飞行设计要为保障航天员安全提前变轨、强化飞船手控返回地面增加功能。另外，他还采取了外聘专家、按专业建立复核专家组、建立专家设计复核制度、制定统一设计标准和设计守则以加强工程质量管理；创办《载人航天》杂志并担任编委会主任委员以加强学术交流等措施。这些选择已被实践证明促进了中国航天工程的发展。

2. 坚持选择三舱方案

飞船是载人航天工程的核心组成部分，选择使用什么飞船是王永志一直思考的问题："怎样才能有所跨越，有所创新？怎样才能在人家的飞船上天40年之后，我们搞出一个飞船来，让中国人民感到自豪，壮国威，振民心？这对我是一个挺大的压力。"苏联在第三代飞船上才采用了增加轨道舱的三舱方案，而且这个轨道舱在执行完任务后便被废弃了。王永志主张采用一套设想独到的三舱方案：以俄罗斯当时最先进的第五代"联盟-TM"飞船作为超越目标，在飞船上设计推进舱、返回舱、轨道舱三舱，并在轨道舱前面装有一个俄罗斯飞船没有的附加段，从而体现中国飞船的高起点设计。中国飞船的轨道舱在执行完任务后将继续留轨飞行，一方面进行对地观测、科学试验和空间应用等研究，另一方面作为第二阶段进行空间交会对接试验的目标飞行器。这样既可以缩短研制周期，又减少了对新建发射工位的投入，大大提高了飞船的使用效率。王永志回忆说："我坚持一上来就搞三舱方案，主要是考虑到同第二步发展目标相衔接，这是追赶和超越的关键所在。要追赶，

① 发射场"三垂一远"新模式即火箭设备运到发射场后完成垂直总装、垂直测试、垂直运输和远距离测试发射。

要跨越，就必须在实施第一步时考虑到第二步、第三步。我当时考虑的问题是，我们的载人飞船一旦达成之后，能够留下一个初步的天地往返系统。只要对它稍加完善，它就是一个天地往返运输工具，可以直接向空间站过渡，到时候就不必为解决空间对接技术再单独立项搞一个独立工程了。如果先搞两舱，那就得在两舱搞成之后再干一次，再立项，搞三舱对接试验，解决天地往返运输问题。我们搞三舱方案，一次就完成了，一步到位。"三舱方案能够使中国飞船的构型和功能体现中国特色和技术进步的要求，实现跨越发展，但的确存在着风险。因此，审批方案的五人专家组意见难以统一。在王永志的坚持下，三舱方案最终以三比二的投票结果通过。可见，对大型工程项目的决策有多种可能性选择。王永志认为："搞工程嘛，不能说谁的思路一定比谁的思路好，多种途径都可以达到目的，并不是只有一条路子可走。问题是侧重什么，选择什么。"

3. 选择海上救生方案

确定海上救生方案是一个难点。如果火箭在上升阶段出现故障，逃逸后的航天员落在海上，必须在短时间内迅速完成航天员的搜救任务。以往美国和苏联的海上救生方案需要动用庞大的海空力量，例如，美国首次载人航天飞行时曾在 16 个海上落区布设了 3 艘航空母舰、21 艘舰船和 126 架飞机，动用了 2.6 万人。中国没有这么强大的海空力量，如何确保航天员的生命安全？根据中国海空装备不足的限制条件，王永志选择了既符合中国国情又能保证安全的办法："海上与天上互相配合。海上，我们在 5200 公里海域选出了三段较小的区域，在这些区域中配置搜救力量。天上，充分利用飞船上的资源。推进舱内带有约 1 吨燃料，是准备返回用的。一旦出事，我们就把飞船上的发动机启动起来，利用发动机提供的动力，按事先设定的程序，进行实时计算，靠近哪个区域就往哪个区域落。布置在各个区域的搜救船只再一配合，很快就能找到。"[4] "按照飞船返回舱选点落入预定海上应急救生区的概率为 0.96 计算，则海上搜救力量的配置只需要 6 艘打捞船和少量直升机即可有效地保障航天员的搜救任务。"[5]45 这个海上救生方案通过增加飞船的功能，达到了缩小搜索范围、提高搜救效率、减小地面搜救系统的复杂性等多项目的，"这是一个创新，这是中国特色，世界上绝无仅有"[4]。

4. 选择轨道舱留轨方案

在如何提高载人航天工程效益方面，王永志也提出许多创新设计，选择轨道舱留轨方案就是其中之一。

轨道舱留轨方案即把轨道舱做成多功能舱，在飞船返回后，轨道舱留轨飞行半年。一方面把轨道舱当做实验舱，相当于发射了一颗科学试验卫星，用它做科学试验，可以获得大量的科学实验数据。另一方面，利用它进行太空交会对接试验，为下一步搞空间站做准备。

苏联的"联盟"号轨道舱只有5天的寿命，在飞船返回时予以报废。苏美两国为建立空间站先后成功地做了5次交会对接试验。他们的办法是，"先发射一艘飞船到轨道上，紧接着再发射另一艘，与前者同轨，然后前面一艘掉头，后头一艘同它对接上。然后再撤下来，再一个一个返回。发射第二艘的动作非得快不可，最迟（第一艘发射后的）第二天就得发射，因为他们当时的飞船只能在空间飞行5天，必须在5天以内使飞船对接上。否则前面那一艘过了5天就会往下掉，后面一艘就追不上了，对接不成了"。"我们（中国）是先发射一艘飞船，把轨道舱留在轨道上，它可以继续飞行半年。我们要做对接试验时，只要再发射一艘飞船，去和轨道舱对接。这里面可以有两个做法。一个做法是，如果我们搞一个可以留轨飞行两年的轨道舱，那么两年内发射的飞船都可以和这个轨道舱对接。另一个办法是，如果轨道舱只能留轨飞行半年，我们可以发射第二艘飞船去和第一艘飞船的轨道舱对接，然后把第二艘飞船的轨道舱留轨，把第一艘的轨道舱分离掉，因为它半年寿命已经到了。后面再发射第三艘去和第二艘对接，第四艘再去和第三艘对接……这样一艘一艘更替，轨道上始终有一个轨道舱可供对接。这样，我们每搞一次对接试验，只要发射一艘飞船就行了，不必每次都发射两艘。现在发射一次（的费用）就是好几个亿啊，这样不就省钱了嘛！""还不止是省了发射飞船的钱，要是接二连三地发射，还得建设第二个发射工位。因为同一个发射台今天发射了，明天不能接着又发射，必须在另一个工位上发射。那我们还得再建一个工位，建一个工位又得花多少钱啊。我们把这个钱也省了。这也是一个创新吧。"[4]

显然，与苏美两国的方案相比，王永志提出的轨道舱留轨方案既大大提高了中国飞船轨道舱的利用效应，也为载人航天工程的后续工作奠定了延续性基础。这个方案突出表现了王永志"步步衔接"式的顶层总体设计理念——每前进一步，都为后续工程留出衔接点。王永志说："我迈出左脚，不仅仅是为了向前跨进半米，同时也是为了向前迈出右脚找到一个支点。"[4]

王永志曾说："从1957年学火箭，我只做了三件事，运弹头，打卫星，送中国人遨游太空。"①[6]18 这看似"简单"的三件事勾画出王永志在"被选择"和"选择"的过程中完成建构航天工程创新实践的轨迹。

二、王永志的创新思想

工程创新空间"是一个工程活动于其中的多维可能性空间和从可能性走向现实性的动态空间,它包括了技术维度、经济维度、组织维度、政治维度、伦理维度、环境维度等多重维度"[2]52,这一观点源于李伯聪教授的哲学分析。

王永志对创新也有独特的见解。笔者发现,王永志集 50 年创新实践经验得出的工程创新思想,在许多方面与李伯聪教授的工程创新空间理论不谋而合、殊途同归。

(一)创新的本质

王永志认为,创新并不神秘。首先,创新源于人的天性,是"自在状态"。在整个人类历史上,尽管以往既没有谁号召大家创新,也没有谁去组织创新,更没有明确地提出"创新"概念,但是人类从未停止利用已知探索未知,利用新知去改变现状,改善现状的步伐。所以,喜欢探索未知是人类的天性,是人类和其他动物的区别,是创新的本质所在。其次,我们目前所讲的"创新"含义在于突破原有思维、知识、制度乃至方法的桎梏,创造出新产品、新工艺、新方法、新市场乃至新的管理组合,从而带来效益。这种含义上的"创新""是有主观能动性的,是有意识的一个状态"。最后,由于创新的本质在于探索未知,有意识地创造价值为社会服务,为人类自身发展奠定基础,所以,创新分不同层次,有大有小,因此每一个人都能够在自己的工作岗位上进行创新。

可见,王永志把创新与人的思维状态和思维方式相关联。他认为,每个人都具有创新的可能性,实现创新的关键在于是否拥有把可能性变为现实性的条件。

李伯聪教授指出,创新空间包括"创新活动的可能性空间、从可能性向现实性转化的空间和创新实现的空间"[2]52。

---

① "运弹头"指研制中近程火箭、洲际火箭和第二代新型火箭工程,"打卫星"指研制运载火箭工程,"送中国人遨游太空"指载人航天工程。

比较上述二人的观点可以发现，二者的共性在于：第一，都把创新的本质看作是从可能性向现实性的转化；第二，都认为这种转化没有界限；第三，都认为这种转化依赖于创新者的主动意识和行为。

（二）实现创新的条件

王永志认为创新成功应该具备以下条件。

（1）培养创新意识。创新意识就是"不满足现状，不墨守成规，不人云亦云。多想想怎么样会搞得更好，思维不能成定式。能跳出思维定式，才能有所突破"。这不仅是人的一种天性，还应该是人在受教育过程中逐渐养成的思维习惯，即不断思考"要怎么样才能进一步完善，发现当前的不足，并把它完善改进"。

（2）形成创新动力。创新的动力就是把创新意识变成实现创新的冲动。王永志认为创新动力的形成需要有思想基础。他本人形成创新动力的思想基础来自年少时深受日本、美国等强权国家欺压的经历。他曾目睹中国人民食不果腹、衣不蔽体的生活，深感"有国无防是不行的，落后是要挨打的"，所以立志走上国防建设的工作岗位，并在工作和学习中时刻保持着追赶国外先进水平的危机感。这种危机感成为他的创新动力。

（3）积累创新能力。王永志将创新能力归结为八个字——"有知有识，有胆有谋"。"有知"是指"你要知道你所涉足的这个领域有些什么瓶颈，是什么束缚你前进和发展"。"有识"是指知道突破这些瓶颈和束缚的"最可能的突破口在哪里"。"有知有识"即"知其不足，识其发展方向"。光"有知有识"还不足以实现创新，还得"有胆有谋"。"有胆"是指"下定创新的决心，这个决心就来自创新的冲动，宁可个人受损，甚至身败名裂，也要把事情办成，要敢于冒这个风险"。但是"有胆"并不是鲁莽行事、盲目瞎撞，还得"有谋"，即对创新成败的判断和实现创新的方略。

（4）识别创新目标，即根据客观需求选择最需要突破的地方，作为奋斗目标和方向。对于中国来说，目前的创新要求集中在能源、航空航天等矛盾突出、亟待发展的重点领域。对于企业、个人来说，创新要求就是突破阻碍当前发展的瓶颈。创新领域的选择要以熟悉的领域为主，这样才能知道当前的不足和未来的发展方向。同时，也应该重视尚未"精耕细作"的跨学科领域，在这里往往能做出很大突破。

（5）满足创新条件。第一，客观上国家、社会、企业等需要具有从事创新的领域，实现的创新成果能够促进其本身的发展；第二，要正确把握创新的时机，抓住机遇；第三，要在人力、物力、财力允许的范围内实现创新，过度超前的创新往往会因为得不到有效支持而半途而废；第四，只有得到领导的支持才能获得更广泛的资助，而领导的支持则来源于创新实施者对创新能否成功地判断和实现创新的方略。

工程创新要求工程实践者既要遵循规律又要有不循规蹈矩的超越性。对于王永志而言，工程创新就是在国家的整体目标中，时刻保持着对祖国命运的忧患意识；在自己的工作岗位上不断思考如何将所从事的工作向前推进一步，不墨守成规，不因循守旧；在需要创造并承担风险的时候，不怕牺牲，用知识和胆识做出有创见性的工作，把自己的事业向前跨越式推进，从而为建构整个国家的科技体系贡献一己之力。因此，形成创新环境、创新意识、创新动力和有利于创新的民主氛围至关重要。

三、结论

从王永志的创新经历，可以得出以下几点结论。

（1）王永志从农家孩子成长为中国载人航天工程的总设计师，走过一条从被动"被选择"到主动"被选择"，再到主动"选择"的道路。在这个过程中，不论处于"被选择"地位，还是居于拥有更多选择权的岗位，王永志都未曾放弃为实现创新而主动选择的机会。王永志的创新空间在选择与建构中交织，不断得到拓展。

（2）选择创新，意味着将冒巨大的风险。在工程创新的道路上通常都暗藏"壁垒"和"陷阱"，在航天工程中更是到处潜伏着"失之毫厘，谬以千里"的危机。但是王永志根据"国家利益至上"的选择原则，尽量采用"更快、更好、更省、更安全"的技术途径，与其他战友一起通过艰难选择，严谨建构，翻越壁垒，跨越陷阱，在没有造成重大工程事故的前提下，最终实现航天工程目标。他的选择原则和选择经验对研究工程创新理论具有重要借鉴意义。

（3）王永志基于创新实践经验总结出的创新思想，对于丰富创新理论研究具有重要价值。

王永志的工程实践活动为研究工程创新提供了典型案例。我们"有理由说不同的人确实生活在不同的'第二创新空间'之中"[2]53。本文的目的不仅在于总结王永志的成功事迹，也不仅在于证实李伯聪教授的工程创新理论，更在于对如下问题引发更深入的思考并使之投入教育实践。如何激发创新空间意识？如何培养能够建构并拓展创新空间的创新者？

致谢

王永志院士及其助理李少宁先生对本文给予了指导和帮助，在此表示衷心感谢！

（本文原载于《工程研究——跨学科视野中的工程》，2012 年第 4 期，第 372-381 页。）

参 考 文 献

[1] 殷瑞钰, 汪应洛, 李伯聪, 等. 工程哲学[M]. 北京: 高等教育出版社, 2007.
[2] 李伯聪. 工程创新: 创新空间中的选择与建构[J]. 工程研究: 跨科学视野中的工程, 2009, (1): 51-57.
[3] 王礼恒, 王春河. 载人飞船工程的哲学分析[A]//殷瑞钰, 汪应洛, 李伯聪, 等. 工程哲学. 北京: 高等教育出版社, 2007: 315-333.
[4] 朱增泉. 中国飞船: 中国载人航天工程总设计师王永志访谈录[EB/OL]. http://www.people.com.cn/GB/keji/1059/2138482.html[2012-06-10].
[5] 王永志. 中国载人航天工程总体设计体系的建立与实践[C]//中国高科技产业化研究会. 高科技产业的系统工程管理论文集. 北京[出版者不详], 2003: 41-52.
[6] 刘恕. "我只做了三件事"——记国家最高科学技术奖获得者王永志院士[J].发明与创新, 2004(04): 18-19.

（注：文中未加标注的引文源自笔者对王永志院士的访谈记录。内容已经本人确认。）

产权制度创新

——科学是如何职业化的

| 李正风 |

一、问题的提出

科学的职业化已经成为显见的事实，但从专业化的科学走向职业化的科学却远非易事。实际上，17 世纪西欧科学革命之后的相当长的时间里，科学只是一种专业化的业余活动。正如英国科学知识社会学家巴里·巴恩斯所描述的："在 17 世纪和 18 世纪的大部分时间里，与那时的科学成就相对应的可以领取薪金的科学职位可谓是凤毛麟角。在英格兰可以指望找到很少一些这样领取薪金的科学职位；在法国，这类职位稍微多一些，但数量也不是很大。科学是一种业余活动，是那些有必要的财富和闲暇的人的一种消遣。" [1]11-12

科学的职业化主要发端于 19 世纪的德国。正是这个从专业化向职业化的转变，造就了德国科学的辉煌，导致了 19 世纪德国科学从相对落后到全面崛起，直至成为世界科学新的中心的关键因素。更为重要的是，科学的职业化使科学知识生产真正成为一种独立的社会劳动，是科学社会建制化最重要的环节之一。

科学从专业化向职业化的转变究竟是如何发生的？尽管学术界对德国科学建制化的描述颇多，但就这一转变的机制的分析远不深入。巴里·巴恩斯的《局外人看科学》曾对德国科学职业化的过程做过有影响的探讨，但他也认为："在对这些问题进行相当详细的考察时，可以证明，要对这些联系的情况作出令人满意的一般性说明是极为困难的。"[1]17 本·戴维在研究科学建制化的名著《科学家在社会中的角色》中，也通过比较研究对德国科学职业化的过程有所探讨，但却对科学职业化的机制语焉不详。究其原因，我们可以发现，对科学职业化问题的探讨，远不是科学哲学、科学史或科学社会学的视域下所能够解决的。

对比分析科学的专业化与职业化的差异，可以看出，科学的专业化重点解决的是科学知识生产的可靠性问题，因此，科学研究的方法与技术、建立专业交流和同行评议的制度成为关键。但科学的职业化要解决的问题是如何把生产出来的知识产品"卖"给消费者，并因此形成一种投入—回报的机制，应该说这个问题不解决，科学的建制化依然是没有最终完成的。

科学的职业化涉及两个关键性的问题。第一，如何形成科学知识生产与社会其他活动之间的交换关系，既使科学知识生产这样一种需要成本和投入的社会活动得以维系，同时使科学知识生产的社会功能真正地得以实现，由此使科学知识生产真正成为一种独立的社会劳动；第二，如何使科学共同体的"业内承认"转换为"社会承认"，并建立物质回报和精神回报相互支撑的完备的利益机制，形成一种适应科学知识生产特点的比较完备的"产权制度"。概括地说，科学知识生产的职业化，本质上是要形成科学知识生产与社会物质生产之间的交换关系，使科学知识生产纳入到整个社会的价值分配体系之中，因此，也是要形成更加完备的科学知识生产的产权制度。

在《科学知识生产方式及其演变》中，笔者从科学知识生产方式的视角探讨了科学职业化问题，但关于产权制度创新的探讨并不深入[2]。鉴于该问题的重要性，本文从产权制度的角度进行了梳理，进一步探讨科学究竟是如何走向职业化的，以及在这个过程中伴随着何种重要的产权制度创新。

二、为什么难以通过市场机制实现科学职业化？

所谓产权制度，是指制度化的产权关系，或对产权关系进行界定和保护，并有效地行使和调节产权关系的制度安排。产权以所有权为核心，包括占有权、支配权、让渡权、使用权和收益权。产权制度的主要功能在于降低交易费用，提高资源配置效率。

科学职业化的一个关键问题是如何使科学活动所生产出来的知识产品纳入到社会交换系统之中。这意味着要明确科学知识产品的所有权、让渡权、使用权和收益权。但科学知识产品的特殊性，以及知识产品价值实现的不确定，使得通过市场机制来实现科学知识生产与社会物质生产之间的交换行为往往是比较困难的。

通过市场机制实现科学职业化的困难，表现在以下两个方面。

第一，从科学知识生产的投入看，由于收益权的不确定性，往往难以通过市场机制解决科学知识生产的投入问题。

随着科学知识生产规模不断扩大，难度和深度不断提升，就不能单纯地依靠科学家个人的投资和社会捐赠来维系科学知识生产的活动。但依靠市场机制来解决科学知识生产的投入问题同样是困难的。其一，科学知识的生产具有较大的不确定性，其结果往往难以预期。市场主体在对从事科学知识生产的个体或集团的知识生产能力难以形成充分信任的情况下，通常对投资于科学知识的生产持有疑虑。其二，科学知识具有可共享性，知识共享而形成的社会收益远远大于投资者的个人收益，在缺乏充分的组织和制度安排、难以保证对科学知识生产投资的收益的情况下，市场机制缺乏对市场主体（不论是企业还是个人）投资科学知识生产的激励。其三，科学知识市场价值的实现具有不确定性。科学知识往往不能单独地满足市场的特定需要，生产出满足社会需要的特定产品往往需要多种科学知识的结合，也需要多种科学知识与相关技术的结合，而且科学知识的价值往往不是即时地体现的，从科学知识到形成有市场价值的产品往往要经历复杂的过程，并需要相当长的时间。在这种情况下，市场投入主体往往对科学知识生产的投入缺乏足够的动力。

因此，在科学职业化的早期，通过市场机制解决科学知识生产投入的问题往往是比较困难的，市场主体通常只会在能够有效地利用科学知识并在较大程度上保证投入的收益的情况下，才在相当有限的范围内投资于科学知识的生产。在更多的情况下，市场主体期待的是在不投资于科学知识生产的前提下，"无成本地"利用科学知识的成果。

对这种情况，马克思和恩格斯从经济学的角度曾做过多方面的描述。比如，在《机器。自然力和科学的应用》中，马克思指出资本家不愿意投资科学，但却期待利用和占有科学："资本不创造科学，但是它为了生产过程的需要，利用科学，占有科学。"[3]206 在《资本论》中，马克思分析资本、资本家与科学之间关系时这样写道："科学不费资本家'分文'，但这丝毫不妨碍他们去利用科学。资本象（像）吞并别人的劳动一样，吞并'别人的'科学。"[4]423-424

恩格斯在《政治经济学批判大纲》中也分析了资本家对待科学的这种态

度：在资本家看来，"财富的条件就是土地、资本和劳动，除此而外，他什么也不需要。科学是与他无关的。尽管科学通过贝尔托莱、戴维、李比希、瓦特、卡特赖特等人送了许多礼物给他，把他本人和他的生产都提高到空前未有的高度，可是这和他又有什么相干呢？他不懂得重视这些东西，科学的成就越出了他的计算范围"。恩格斯认为应该有一个合理的制度使这种状况得以改变："在一个超越于利益的分裂（正如同在经济学家那里利益是分裂的一样）的合理制度下，精神要素当然就会列入生产要素中，并且会在政治经济学的生产费用项目中找到自己的地位。到那时我们自然就会满意地看到科学领域中的工作也在物质上得到了报偿，看到仅仅詹姆斯·瓦特的蒸汽机这样一个科学成就，在它存在的头五十年中给世界带来的东西就比世界从一开始为发展科学所付出的代价还要多。"[5]606-607

第二，从科学知识产品的交易看，科学知识产品高昂的"定价成本"和"维权费用"，使得在科学职业化的初期，通过市场机制实现科学知识产品的交易存在着特殊的困难。

其一，科学知识产品的市场交易存在很高的"定价成本"。从经济学角度看，一般来说，"通过价格机制'组织'生产的最明显的成本就是所有发现相关价格的工作"[6]106。这种发现和确定价格的交易费用不但包括搜索和信息成本、讨价还价的成本，而且包括决策成本、制定政策和实施成本。[7]

由于科学知识产品的特点，通过价格机制来对科学知识进行定价，不仅存在一般交易行为的"交易费用"，而且还具有特殊的定价困难。一方面，从科学知识到能够具体地满足社会需要的具有市场价值的特定产品，往往是一个复杂的过程，对特定的科学知识进行定价具有较大的不确定性；另一方面，科学知识往往是在与其他相关经验技能和技术的结合中，最终生产出满足社会需要的特定产品的，对来自科学知识的贡献进行分解和界定往往非常困难。这也导致难以为这样的科学知识准确定价。

其二，科学知识产品的市场交易存在很高的"维权费用"。在市场交易过程中，科学知识的效用只有通过公开才能恰当地确定，而科学知识具有外部性和可共享性，通过知识公开来进行价值的确认不可避免地会损害其稀缺性。因此，科学知识使用价值的确认过程，也往往是其稀缺性丧失的过程，是科学知识市场交换价值降低或丧失的过程。这个过程往往改变了交易的初始条件，使科学知识生产者难以维护其对科学知识拥有的专属权益，并进行有效、合理的交易。

著名科学家胡克的经历可以说明在进行科学知识的市场交易时面临的

维权问题。胡克这样写道："这份与我有关的意味着数千镑金钱的协定终于签署了，协定中没有写进那项有损于它的条款，即：在我展示了用船上的钟来确定经度的发明以后（而这对他们已经足够了），他们或任何其他人就会找到一种改进我的原理的方法；因此，他或他们（而不是我）将因此在专利有效期内获得利益。对这项条款，我是无法同意的，我知道用一百种方式来改进我的原理都是容易的……在这一点上，我们的谈判破裂了，我也停止进一步展示我所发明的时计调整装置上的任何重要部件；因为我指望着可能找到更好的机会来发表这些发明和我的确定某地经度的方法；我希望由于为完善它们而付出的全部劳动、研究和费用而获得某些利益。"[8]216

　　不论是科学知识产品市场交易过程中高昂的"定价成本"，还是高昂的"维权费用"，都使得科学知识产品的市场交易难以发生。这不但意味着通过市场的价格机制来"组织"科学知识的生产往往是比较困难的，而且也意味着难以通过市场的价格机制使科学知识生产纳入整个社会分配体系，与社会其他体系形成合理的"交换"，并由此实现科学知识生产的职业化。

　　以上分析表明，无法有效地形成科学知识产品的所有权和收益权，就难以通过市场机制实现科学知识生产与社会体系之间的交换关系，并实现科学知识生产的职业化。但这绝不意味着科学知识生产不需要职业化。事实上，近代以来，工业革命以及由此引发的社会经济进步正在对科学知识生产提出越来越强烈的社会要求，通过科学知识生产的职业化大幅度提高科学知识生产和供给能力，正在成为日益强烈的社会需求。

　　正是在这种情况下，产生了不同于市场机制的新机制，这些替代市场的新机制使得科学知识生产的组织方式发生着变化，使职业化的科学组织和职业化的科学家的出现成为可能。新的"市场替代机制"主要有三种，这三种机制衍生出科学职业化的不同路径，并伴随着不同的产权制度创新。

三、让社会拥有科学知识的"公共产权"：集体购买与"社会契约"

　　第一种实现机制，是使科学知识生产成为公共事业，使科学知识成为"公共产品"。这种机制简化了科学知识社会交换的定价过程，降低了科学知识产品的"定价成本"，消除了科学知识市场交易高昂的"维权费用"。

　　尽管在 17 世纪科学革命之后，科学知识的公有性似乎就成为科学共同体的一种理念，但这种公有更多地取决于科学家个人的意愿，而且并没有形成科学知识公有后保障科学家个人权益的制度。科学家可能获得了业内的承认，但并没有可靠的机制使专业共同体的内部承认转变为整个社会的制度性回报。因此，在科学职业化的过程中，让科学知识成为公共产品在本质上意味着一种新的制度创新，即通过整个社会集体购买，让社会拥有科学知识的以公共产权为特征的产权制度。

哈罗德·德姆塞茨在分析人们消费"国防"这种公共产品时这样写道："从分享这种收益的人中排除那些非缔约者的费用是如此之高，以至于通常认为应让其他人也承担国防的成本的观点是可以想象的。"[9]60 让科学知识成为公共产品与此颇为相似，即从分享科学知识收益的人中排除那些不为科学知识生产付费的人的"维权费用"如此高昂，有必要设计一种替代的制度安排，使那些潜在的受益者都承担科学知识生产的成本。这种制度安排就是对科学知识进行集体购买。

通过知识公有化，这种机制消除了科学知识市场交易中高昂的"维权费用"，而且可以充分发挥科学知识的可共享性，使更多的社会公众从一部分科学家的科学知识生产中获益，从而在整体上节约科学知识生产的平均成本，提高科学知识的利用绩效。

但使科学知识成为"公共产品"，并不意味着这种公共产品"定价为零"，制度经济学的研究表明，"充足丰富则是公共物品定价为零的真实的惟一条件""只有不存在稀缺的地方，才有惟一理由采用零价格"[9]62。但科学知识并不像空气一样充足丰富，即便成为"公共产品"，科学知识也不可能采用零价格。使科学知识成为"公共产品"的前提，是让所有可能从公开化的科学知识中获益的公众为科学知识生产集体付费。这种集体付费的方法简化了科学知识社会交换的定价过程，规避了可能出现的诸多不确定性，降低了科学知识产品的定价成本。

让可能从科学知识中获益的潜在公众为科学知识生产集体付费，是通过政府这个社会公众的代理者代表所有可能受益的公众与科学共同体"签订"一种"社会契约"来完成的。只有政府具有为社会提供"公共物品"的职能和动力，也只有政府具有调动公共资源为科学共同体所提供的"公共知识"进行集体付费的愿望和能力。但政府并不是与某个科学家"签订"这样的契约，而是与科学共同体这样一个开放的专业集团"签订"一种"社会契约"。形成这种"社会契约"，意味着政府代表公众表达了国家应该支持科学的态度。

在这里并不存在一个严格意义上的契约"签订"仪式，政府与科学共同体之间的"社会契约"也不是由双方署名的"合同文书"。所谓"社会契约"，体现为政府、社会公众和科学共同体之间在实践过程中经过反复不断的博弈逐渐形成的一种"集体共识"，"签订"的过程也就是形成这种"集体共识"的过程。

形成这种"集体共识"并不是可以轻而易举地完成的。德国和法国形成这种"社会契约"比英国花费的时间要少得多。在英国，从18世纪开始，就不断有学者提出国家应当支持科学，但长期以来这个问题一直处在争议之中，一直到19世纪后期和20世纪初，政府应该资助科学才成为社会的共识。在美国，这个过程甚至延续到20世纪40年代。不同国家形成"集体共识"的差异，直接反映了各国科学职业化的时间和进路的差异。科学职业化的过程首先在德国完成，也与这种差异密切相关。

尽管存在着政府与科学共同体之间关系的国家差异，但在科学职业化的初期，政府与科学共同体之间的"社会契约"具有一定的共性。一方面，政府根据国家与公众的利益和需要，成立公共科学研究机构，为科学知识生产者提供相应的科学知识生产所需要的经费和生产资料，以及科学家从事科学知识生产活动所应获得的薪金。科学家作为具有特定能力的科学知识生产者受雇于这样的国家科研机构。

另一方面，受雇于政府科研机构的科学家，通过公开发表论文和出版学术著作等方式为社会提供公共知识。科学共同体通过集体让渡"科学知识的专有使用权"，获得科研所需要的社会资源，形成与社会资源分配体系之间的联系和交换关系，实现了科学知识生产的职业化，而公众则获得了使用科学知识的"公共产权"。

在这种"社会契约"中，科学家公开发表科学论文，成为职业化地进行科学知识生产活动的前提条件。但与职业化之前的科学知识生产不同，通过签订"社会契约"，在公开发表科学知识并让渡其专有所有权和使用权之后，科学家收获的不单纯是声望或科学共同体的承认，而且获得了在职业体系中的特定职位，以及与此职位相联系的薪金和相关的"职业收益"。

我们认为，从产权制度的角度看，较之于默顿等人强调的科学奖励和荣誉奖励，这种职业化的承认方式更具有根本性和广泛性。科学家在有声望的学术机构获得职位，不仅体现的是科学共同体内部的承认，更表明了科学家获得了社会的承认。

四、科学与教育捆绑销售：准市场机制与研究型大学的出现

通过市场机制实现科学职业化存在困难，并不意味着不存在"准市场"的替代机制。这种替代机制，就是把有效地学习科学知识和学习科学知识生产的技能作为产品，与教育捆绑起来，向社会销售，这种"准市场"的方式直接导致了一个意义重大的制度创新，即科学研究与教育的结合，这带来了研究型大学。

在这种实现机制中，向教育者公开科学知识产品，是科学家传授"有价值的科学知识"和销售"有效地学习以及生产科学知识的技能"的前提。因此，科学家和受教育者都不需要付出维护科学知识的专有使用权的"维权费用"。同时，科学家与教育者之间在传授科学知识和科研技能上的交易关系，借用了历史上已经形成的大学教育体制下的定价机制，简化了交易过程中的"定价"程序，降低了"定价成本"。

大学是培养高层次人才的机构，在知识、技能方面获得提高，具有了必要的资质并获得了"毕业证书"的受教育者，是大学的产品。大学具有界定合格的受教育者并向他们颁发相应的资格证书的独特权力，在这种意义上，大学在培养合格的受教育者方面与社会、个人形成了相对清晰的产权关系。

通过借用大学教育体制在历史上业已形成的产权关系，并把科学知识产品、科学知识生产技能与其他知识产品、其他社会技能一起捆绑向社会销售，向拥有科学知识与科研技能的合格毕业生颁发"毕业证书"，科学家以"准市场"的方式实现了职业化。这实际上也意味着科学家与其他的大学从业者一起，与大学、受教育者签订了一份"职业合同"。就职于大学中的科学家不但要认同这个"合同"，而且要履行这个"合同"。在这个"职业合同"中，受教育者向大学交纳学费（尽管"公立大学"和"私立大学"在性质和交费标准上存在一定差异），科学家则通过公开自己的科研成果，并以合适的方式向受教育者传授科学知识生产的经验、技能和方法，让合格的毕业生因此获得"毕业证书"，来履行自己的职责，并在大学的职业化体系中获得应有的"职业"地位。

从上述分析可以看出，这种"准市场"机制的关键，是借用大学在历史上业已形成的相对明晰的产权关系，把科学教育和科学知识生产纳入到高等教育的体系之中，使科研成为大学的重要职能，并实现教学与科研的结合。

这种结合显然不是可以自然而然地完成的。正如本-戴维所指出的："科研和教学远不是自然的匹配，只有在特殊的条件下，它们才能够被组织在一个统一的框架之内。"[10]94 在这个过程中，有两方面的因素发挥了重要的作用。

其一，学习科学知识和科研技能的"消费者需求"不断增加。"拥有科学知识和科研技能"逐渐从文化意义上的"修养"转变为经济意义上的"能力"，这既给扩展高等教育的内容体系提供了需要，也为把科学知识和科学知识生产能力纳入到高等教育系统提供了空间。伯顿·克拉克对德国19世纪至20世纪初大学入学人数变化的分析，为此提供了有说服力的证明。[11]32可以说，学习科学知识和科研技能的"消费者需求"为科学家在大学中职业化提供了广泛的"市场"。

其二，需要改变"合格的大学"和"合格的毕业生"的观念。对大学与科学关系的新认识在这个方面发挥了重要的作用。这突出体现于以洪堡为代表的思想家所确立的新理念："高等教育的一个特征是，它们把科学和学问设想为要永不终止地处理无穷无尽的任务。这意味着它们步入了一个永不停息的探究过程。低层次教育提供的是封闭的和既定的知识。在高层次，教师和学生之间的关系，不同于在低层次教师和学生之间的关系；在高层次，教师不是为学生而存在；教师和学生都有正当理由共同探求知识。"[11]19这个新理念为大学的改革提供了基础，首先成为德国大学的主导思想，而后又成为美国大学的主导思想，并对19世纪后期和20世纪最先进国家的高等教育产生了深远影响。

这种新理念的核心是"把新知识的创造和旧思想的改造作为高等教育的首要任务"，高等教育传播的不是亘古不易的教条，或僵化不变的传统，而是科学前沿的知识发展，高等教育应该成为"一个不停地探究的过程"。换言之，这种理念体现的是"通过科学研究进行教育"的新教育观，是用建立在科学探究基础上的教育，取代对沉淀在历史传统中的思想教条的传承。在这种新型的教育理念下，教授的作用在于把科研与教学结合起来，进行科研的活动成为一种教学的模式；学生的作用是把科研和学习结合起来，参与科研的活动成为一种学习的途径。

通过把科学知识生产与教育结合起来，以"准市场"的方式为科学职业化提供了一种新的途径，也导致了"研究型大学"的出现。这种结合，无论是对大学，还是对科学家都具有极其重要的意义。人们把这种结合称为一次伟大的"学术革命"。[12]

对于大学而言，把科学教育和科学研究纳入到大学的职能，大学成为集聚科学家等高水平人才的重要场所，成为向社会源源不断提供科学知识和输送高水平的科研人才的重要机构。对于科学家而言，一方面，"研究型大学"为科学职业化提供了广阔的空间，大学成为吸纳职业科学家的主要场所；另一方面，通过更好地满足学习科学知识和科研技能的"消费者需求"，社会更加认同科学研究这种社会劳动的独立价值，并更加自觉地支持科学事业。这种结合也为科学知识生产提供了大量高水平的后备力量。更为重要的是，以科研与教学的结合为目标，一系列与科学教育、科学研究相关的组织变革和制度创新由此展开，比如基于"教学-研讨（seminar）"的组织方式、研究生院制度等。

五、科学知识组织专有化：收益内部化与工业实验室的建立

长期以来，人们侧重于强调科学知识是无国界的公有财富，但事实上，在大量的科学知识社会公有的同时，始终存在着另一种与之相对却并行的情况，即科学知识组织专有。这实际上也构成了科学职业化的第三种机制。

在《企业的性质》这篇著名的论文中，科斯探讨了为什么在存在市场机制的情况下，还需要企业这种组织形式。其结论是：当在组织内资源配置的成本低于履行市场价格机制运作的成本时，企业就产生了。

科学职业化的第三种实现机制，以及与之相关的工业实验室的建立便与此类似：在特定的组织约束下，使科学知识成为"专有知识"，形成"组织产权"，由此降低投资者享用科学知识的"维权费用"，提高投资者对科学知识的收益率，使科学知识生产的收益内部化。对科学家所生产的科学知识的"定价"，则主要看其推进实现组织目标的程度。依据其知识生产对组织目标的贡献，科学家被纳入到组织内的利益分配体系。

在这种实现机制中，科学家分别与特定国家实验室和企业实验室签订"个人契约"，通过成为特定国家实验室和企业实验室的雇员实现科学家的职业化。较之于前面两种科学职业化的实现机制，这种契约有两方面的特点。

首先，区别于科学家自由选题的学术研究，在这种契约关系中，科学家被要求专注于与国家特定利益直接相关的特定科学问题，或与企业发展有直接利益的特殊领域。科学知识生产往往与特定的组织化目标相结合，科学家

所生产的知识被局限在有限的范围，并有比较明确的应用和商业目标。

比如世界著名的企业实验室贝尔实验室的研发方针，就既突出基础研究的重要性，又充分考虑商业或市场的导向作用。该实验室第一任总裁尤厄特指出："通信领域中基础研究的行为和这种工作成果的利用，是通过基础科学和科学训练所能提供的最佳结合，以及与对应这种结合的商业导向融合，予以控制的。"[13]45 第三任总裁凯利 1950 年在英国《皇家学会议事录》上发表的《贝尔电话实验室——创造性技术研究所的范例》一文中也强调："将新知识最有效地应用于使电话服务者获得良好利益的方面，是有计划研究的指导原则。"[13]49

其次，对科学知识生产的激励和利益分配方式与公共知识生产不同。在一般从事基础性研究的政府公共科研机构和在大学中进行科学知识生产的科学家，往往通过公开自己的研究成果，获得科学共同体的职业承认和尊重，进而获得社会的回报。在企业中，科学家所生产出来的科学知识产品往往会被限制公开发表，企业或研究机构获得了科学知识的专有权，这种知识往往成为仅在企业内部共享的"组织专有知识"。企业内的科学家被纳入到企业整体分配的机制，根据其对推进实现企业商业成功和经济效益等组织目标的程度（而不是根据学术贡献），通过薪酬和股权收入等方式予以奖励。

这种以生产"专有知识"为特征的科学家构成了一个特殊的科学家群体。在科学职业化的初期乃至较长的一段时间，他们通常游离在科学共同体的边缘。但他们存在的意义值得我们充分重视。一方面，尽管在科学职业化的初期，这种职业化的实现机制不居于主流，但却开辟了科学知识生产与社会物质生产直接关联的渠道，提供了科学知识生产者更加直接地被纳入到市场化的利益分配体系的途径；另一方面，这种科学职业化的实现机制更直接地推进了科学知识生产与应用的结合，使得这类科研组织在最终解决应用问题并实现组织目标的同时，也推动了由应用和需求引导的基础研究，促进了明显区别于学院科学的跨学科研究，并因此成为在特定领域推进科学进步的重要力量。如贝尔实验室在半导体物理学、射电天文学和信息论等领域的贡献就是一个很好的例证。

六、结语：产权制度创新释放科学生产力

科学职业化是科学建制化最重要的环节之一，是使科学家这种社会角色在

社会中被稳固地确立起来的关键。建立适宜的产权制度是科学职业化的核心。

长期以来，对科学建制化的研究，关注的是以科学共同体内部的"承认"为主要特征的产权制度，这固然是重要的。但同样重要，甚至在某种意义上更为重要的，是如何建立使科学知识生产纳入到整个社会的价值分配体系之中的产权制度，由此为科学研究提供更稳定的支持和更持久的动力。

科研活动和科学知识产品的特殊性，以及知识产品价值实现的不确定，决定了难以通过市场价格机制实现科学的职业化，需要寻求新的替代机制。这个过程是产权制度创新的过程。本文试图揭示的正是在19~20世纪相继出现的三种主要的替代机制，以及隐含在这些机制背后的产权制度创新。

比较这三种主要的替代机制，我们可以发现，它们都形成了相对明晰的产权关系，并因此降低了科学知识纳入社会价值分配体系中的交易成本，提高了资源配置的效率。在第一种机制下，整个社会通过集体购买科学家生产出来的科学知识，让公众拥有科学知识的"公共产权"，使一部分科学家成为公共事业部门的雇员；在第二种机制下，借用大学在历史上业已形成的相对明晰的产权关系，把科学教育和科学知识生产纳入到高等教育的体系之中，使科研成为大学的重要职能，实现教学与科研的结合，并在大学中实现科学的职业化；第三种机制是使科学知识成为特定组织的"专有知识"，形成科学知识的"组织产权"，由此降低投资者的"维权费用"，并保障投资者的收益权，也使科学家被纳入组织内的利益分配体系。

通过这些机制，科学的职业化能够以多种不同的方式得以实现。这个职业化的过程伴随着科学研究组织形式的重大变革，导致了研究型大学、企业实验室的出现。但重要的是在每一种机制的背后，都包含着与之相关联的产权制度创新，认识到这些产权制度上的重大创新，才能够深刻理解科学职业化的过程，才能够深刻认识科学职业化路径的多样性及其各自的特点，也才能够更好地理解科学家不同形式的职业行为及其应该遵守的规范。

科学的职业化带来了科学建制的重大变化，也带来了科学更大的进步。这在德国、美国19世纪、20世纪科学的发展历程中得到了极好的证明。但究其本质，我们有理由认为，是产权制度的创新奠定了科学职业化的基础，极大地释放了科学生产力。这也给我们提供了一个重要的历史启示，在科学已然高度职业化的今天，科学体制的改革仍然需要把探索更为适宜的产权制度作为核心工作。

（本文原载于《科学与社会》，2015年第2期，第55-69页。）

参 考 文 献

[1] 巴里·巴恩斯. 局外人看科学[M]. 鲁旭东译. 北京: 东方出版社, 2001.

[2] 李正风. 科学知识生产方式及其演变[M]. 北京: 清华大学出版社, 2006: 209-242.

[3] 马克思, 恩格斯. 马克思恩格斯全集(第 21 卷)[M]. 中共中央马克思恩格斯列宁斯大林著作编译局译. 北京: 人民出版社, 1978.

[4] 马克思, 恩格斯. 马克思恩格斯全集(第 23 卷)[M]. 中共中央马克思恩格斯列宁斯大林著作编译局译. 北京: 人民出版社, 1972.

[5] 马克思, 恩格斯. 马克思恩格斯全集(第 1 卷)[M]. 中共中央马克思恩格斯列宁斯大林著作编译局译. 北京: 人民出版社, 1956.

[6] 罗纳德·科斯. 企业的性质[A]//盛洪. 现代制度经济学(上卷). 北京: 北京大学出版社, 2003: 103-117.

[7] Matthews R. The economics of institutions and the sources of growth[J]. The Economic Journal, 1986, 96: 903-918.

[8] 罗伯特·金·默顿. 十七世纪英格兰的科学、技术与社会[M]. 范岱年, 等译. 北京: 商务印书馆, 2000.

[9] 哈罗德·德姆塞茨. 产权的交换和行使[A]//盛洪. 现代制度经济学(上卷). 北京: 北京大学出版社, 2003.

[10] Ben-David J. Centers of Learning: Britain, France, Germany, United States[M]. New York: McGraw-Hill, 1977.

[11] Clark B R. Places of Inquiry: Research and Advanced Education in Modern Universities[M]. Berkeley: University of California Press, 1995.

[12] Jencks C, Riesman D. The Academic Revolution[M]. New York: Doubleday, 1968.

[13] 阎康年. 美国贝尔实验室成功之道[M]. 广州: 广东教育出版社, 2004.

中国科学社会学的演进：路径、特征与挑战

| 李正风，鲁晓 |

一、引言

对中国科学社会学的发展，已有文献进行过分析。范岱年的《科学社会学在中国大陆的兴起》一文回顾了科学社会学在中国（不包括台湾地区）的学科渊源和发展脉络，认为科学社会学在中国（不包括台湾地区）的兴起，呈现出多元融合的发展特征。[1]唐军的《对八十年代中国大陆科学社会学研究的回顾与反思》通过分析《社会学研究》（1981 年创刊为《社会学通讯》，1985 年改刊为《社会调查与研究》，1986 年定刊为《社会学研究》）、《社会学与现代化》（1983 年南开大学社会学系创办的内部发行刊物，1986 年停刊）和《自然辩证法通讯》刊载的科学社会学方面的文献，描绘了 20 世纪 80 年代中国科学社会学发展的过程，并指出科学社会学在中国的发展，前后受到了不同学科的推动、渗透以及挑战。[2]曾国屏《论走向科学技术学》一文旨在论证发展科学技术学（science and technology studies，STS）是历史的启示、学理的引导、现实的需要，在文中专门论述了中国自然辩证法与科学社会学研究的关系。[3]李正风的《在通向科学技术学的道路上》分析了科学学、科学技术与社会、科学社会学与科学技术学的关系，也探讨了中国自然辩证法、科学社会学和科学学之间的交合与冲突。[4]这些研究都提示了一个值得认真思考的现象：中国科学社会学的发展采取了与西方明显不同的发展路径。本文将在这些研究的基础上，进一步探讨这种路径的特征，及其可能存在的优势与挑战。

二、一种马克思主义学科重构方案及其影响

中国当代的社会科学研究历来强调坚持马克思主义的指导地位。科学社会学的发展也不例外。但马克思主义的学术传统如何指导并影响了中国科学社会学的发展，是一个需要进一步研究的问题。要回答这个问题，需要回溯到 1956 年 3 月我国召开的首次自然辩证法规划会议。这次会议提出了一个把马克思主义同自然科学关联起来的学科图景，这个学科图景不仅催生了"自然辩证法"这样一个学科，也对中国科学社会学的发展产生了深远的影响。

这次规划会议通过了《自然辩证法（数学和自然科学中的哲学问题）十二年（1956～1967）研究规划草案》（以下简称《规划草案》）。《规划草案》的制订在中国自然辩证法发展史上具有里程碑式的意义，它首次明确了自然辩证法的学科性质和理论定位。《规划草案》指出，在"哲学和自然科学之间存在着这样一门科学，正像在哲学和社会科学之间存在着一门历史唯物主义一样。这门科学，我们暂定名为'自然辩证法'，因为它是直接继承着恩格斯在'自然辩证法'一书中曾经进行过的研究"。从这段话我们可以发现如图 1 所示的学科脉络。

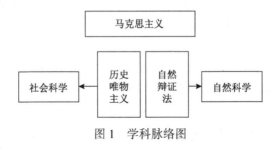

图 1　学科脉络图

按照这种学科脉络，与自然科学（此后延伸到技术、工程等领域）相关的哲学社会研究往往被归于"自然辩证法"的学科范畴，马克思主义经典作家关于科学技术问题的论述，也在"自然辩证法"的知识体系下被归类和重构。这种知识体系大体上被分为"自然观""科学技术方法论""科学技术与社会"三个方面。可以说，这是一种既具有马克思主义特征，同时又有显著中国特色的学科重构方案，这种方案导致了一系列值得关注的结果。

其一，"自然辩证法"无疑是在马克思主义旗帜下的原创学科，这使得该学科在极左思潮泛滥的时期，能够比较有效地保护对自然科学哲学问题、科学技术方法论和科学技术与社会关系等问题的研究。比较而言，在这一时

期，有深厚西方学术背景的学科，如社会学、政治学等则多被视为资产阶级反动学科或伪科学。

其二，这种学科重构方案也使得中国社会学、政治学、经济学等社会科学往往游离在对科学、技术这种社会现象的研究之外。事实上，中国社会学家、政治学家等往往较少关注科学、技术的社会研究，固然有中国科学技术发展水平较低、缺乏科学社会学的学术传承等因素，但与这种学科划分模式有重要关联。在某种意义上，要建立社会学、政治学等与科学的社会研究之间的关联，不得不面对这种学科划分方案带来的挑战。

其三，"自然辩证法"总体上被视为马克思主义哲学的重要方面，但其内容却远超出了哲学的范围。关于自然辩证法的学科性质，不仅1956年《规划草案》将之规定为"哲学"，而且在《一九七八～一九八五年自然辩证法发展规划纲要（草案）》中，进一步明确将自然辩证法定位为"马克思主义哲学科学的一个重要门类"。于光远在1996年出版的《一个哲学学派正在中国兴起》中，认为他所说的正在兴起的哲学学派"属于马克思主义哲学中'自然辩证法'的部分，又有自己的特点"。但与此同时，他也注意到"其中包括许多不属于哲学的科学部门"[5]。《一九七八～一九八五年自然辩证法发展规划纲要（草案）》也将"科学技术史的研究""各门自然科学中的哲学问题的研究""总结运用自然辩证法解决实际问题的经验"等作为自然辩证法的研究内容列入其中。"自然辩证法"学科属性和研究内容的不尽一致，一方面使得该学科具有很大的包容性，另一方面也导致了在学科进一步细化过程中自然辩证法学科定位上的困境，同时也给自然辩证法学科的分化埋下了种子。

三、自然辩证法的包容、分化与科学社会学的发展

自然辩证法学科的包容性，主要表现在以下两个方面。其一，自然辩证法作为一个大口袋，囊括了关于"自然-科学-技术"为对象的所有研究，其研究对象进一步扩展到工程、产业等。为关于科学、技术和社会的研究留下了广阔空间。其二，自然辩证法不仅作为研究哲学与自然科学之间联系的学科，同时承担着我国高等教育中思想政治必修课的教学任务，形成了游离在社会学体制之外的特殊"教学-科研"体系，这种特殊的"教学-科研"体系需要大量的教研人员，这为从事科学技术的社会研究的学者在自然辩证法的

大门里找到了自己的生存位置。这种包容性使得该学科成为孕育和发展包括科学社会学在内的相关学科的重要基础。事实上，在我国，科学学、科学社会学等学科，都是在自然辩证法的旗帜下催生、衍生和成长起来的。以《自然辩证法通讯》杂志为例，该刊副标题为"关于自然科学的哲学、历史和社会学的综合性、理论性杂志"，"科学社会学与科技政策"作为其重要栏目之一。《自然辩证法通讯》也以培育和促进科学哲学、科学技术史、科学社会学等学科在中国的生根和发展为使命。

但在培育和促进科学技术史、科学社会学等学科发展的同时，这种特殊的学科建制和"教学-科研"体系也在一定意义上影响了科学社会学等学科的建制化，影响了学术传承路径和队伍发展的轨迹。比如在中国社会学学会中，长期没有成立科学社会学专委会。甚至在参与者众多的中国社会学学术年会中，也一直没有科学社会学的学术论坛。直到 2013 年，在中国科学院科技政策与管理科学研究所、中国科学技术大学、中国科协发展研究中心和中国科学院大学等单位的参与和支持下，科学社会学分论坛才开始设立，并经过三年的筹备，在中国社会学学会正式成立科学社会学专委会。何以长期以来在社会学会中没有设立科学社会学分论坛？没有成立科学社会学专委会？究其原因，我们认为与中国大多数从事科学技术的社会研究的学者，长期游离于社会学的学科建制之外有关。

自然辩证法学科在具有很大的包容性的同时，也始终存在着分化的趋向。这与该学科的定位与研究内容的差异或错位有关。特别是在学科发展过程中，中国的自然辩证法和科学社会学也受到西方非马克思主义的外部学术传统的影响，西方非马克思主义传统的引入，带来新的研究视角、新的理论与方法，解释力的扩展受到学术界的高度重视，也带来知识版图的重构。对自然辩证法学科性质和研究内容的反思导致了该学科的重新定位和分化。从自然辩证法学科分化的方向看，存在三种取向：思想教育和规训的政治取向；知识生产和人才培养的学科取向；知识应用的问题取向。在这三种取向中，第一种取向仍然沿用着"自然辩证法"的课程名称和教学内容体系；第二种取向目前大多采用了"科学技术哲学"的学科名称，作为哲学一级学科之下的二级学科；第三种取向则向"科学技术与社会"转变，一些以往从事自然辩证法研究的机构往往采用这种称谓。

但在这个分化的过程中，单一的学科定位和广泛的研究内容之间的矛盾依然存在。1987 年国务院学位委员会对自然辩证法学科重新定名时，采用了"科学技术哲学（自然辩证法）"一名。这种改变是为了便于与西方科学哲学和技术哲学接轨，但却进一步加剧了学科定位的困境，使自然辩证法的"广义的哲学"意义上的广泛研究内容被归化到科学技术哲学的"狭义的哲学"范围之内。这进一步促进了本应是多学科视角探索之下的学科单一化。这种现象也影响了对国外科学社会学、科学技术的社会研究的成果的吸收、学习，这些成果被引入中国之后，由于研究问题或研究内容的一致性，往往迅速被中国科学技术哲学（自然辩证法）的研究群体吸收，在社会学领域内的扩散和影响较小，并没有扩展成为中国社会学研究的新领域和分支。但由于学科性质和研究方法的差异，科学技术哲学（自然辩证法）界对这些成果的"知识获取"强于"方法改造"，对其思想和结论的吸收大于对研究方法的养成和思考。换言之，国外科学社会学学派在中国的影响更多地局限在"思想引入"和"观念借鉴"，更多地体现出哲学思维的特征。尽管这些年中国学者做了多方面的努力，以改变这种状况，但总体上看，中国学术界依然缺乏规范的科学社会学研究，尚未形成专业化的学术共同体，学术研究水平有限，专业化程度较低，缺乏本土化问题研究。科学社会学长期归属于自然辩证法学科，使得学科训练的知识和方法难以对接。这些实际挑战使得我们需要进一步思考中国科学社会学研究的自主性和本土化问题的同时，也要思考科学社会学研究的专业化问题。

四、科学社会学学科发展的展望

对科学和技术这种日益重要的社会现象，需要从多个视角展开研究，这已经是国际学术界的共识。这也是STS成为越来越受到关注的新兴交叉学科领域的重要原因。无论国际或国内学界，都认识到STS的复杂性、理论和方法的多元化，以及多学科、跨学科发展的希望和挑战。我国的STS研究较之西方学术界时间更短，在方法上更趋向于广义的哲学方法，学科支撑也相对单一。尤其缺乏社会学、政治学等视角的有力支撑。

在中国发展科学社会学，无疑需要正视这种学科发展的历史路径和国家特征。从以上的分析可以看出，在新的历史条件下进一步思考马克思主义学科体系的结构，以充分挖掘马克思的科学社会学思想，是我们需要面对的一个重大挑战。

加强中国科学社会学研究，需要更清醒地认识社会学视角对深化STS研究的重要意义。引入社会学视角，对科技与社会研究的视域和研究意识具有开阔作用，社会学的田野调查、问卷调查、数据分析、话语分析、案例研究等诸多方法为进行科学技术发展的实证研究提供了重要工具。反过来，科学技术的发展也给科学社会学的发展提供了大量新的研究问题，特别是中国情境下的科技发展实践，可以为我国科学社会学提供独特的发展空间。

加强中国科学社会学研究，需要进一步促进中国科学社会学的建制化，加强科学社会学的学术传承和人才培养，这对弥补我国 STS 研究队伍的不足具有长远意义。

（本文原载于《科学与社会》，2016 年第 2 期，第 37-43 页。）

参 考 文 献

[1] 范岱年. 科学社会学在中国大陆的兴起[J]. 科学与社会, 2015, 5(2): 46-54.
[2] 唐军. 对八十年代中国大陆科学社会学研究的回顾与反思[J]. 社会学研究, 2000, (1): 12-23.
[3] 曾国屏. 论走向科学技术学[J]. 科学学研究, 2003, (1): 1-7.
[4] 李正风. 在通向科学技术学的道路上[A]//李正风主编. 走向科学技术学. 北京: 人民出版社, 2006: 1-22.
[5] 于光远. 一个哲学学派正在中国兴起[M]. 南昌: 江西科学技术出版社, 1996: 555-557.

"马太效应"与科研网络中的择优依附

郝治翰，陈阳，王蒲生

一、引言

自默顿提出"马太效应"后，其就引起了学界高度关注。[1]相关学者相互攻错、莫衷一是。理论方面，默顿科学规范论诠释的弹性过大，研究者出于不同的价值立场，可以轻易地将"马太效应"解释为促进或阻碍科学进步。实证方面，"马太效应"现象看似简单，实则内涵丰富，现有实证检验手段与之难相匹配。以优势积累为主题的经验研究大都将"马太效应"予以解构，孤立地检验其中各项假设。[2]学者之间，甚至同一学者的不同研究结论相互抵牾；再者，即便这些零散孤立的假设得到了经验支持，依然无法确证或否证"马太效应"假说，更遑论"马太效应"对于科学奖励系统和交流系统的意义问题。

有关"马太效应"研究的革命性转变肇始于 20 世纪 90 年代末，其标志是网络分析方法的使用，以及物理学家的介入，研讨的阵地也从社会学期刊转移至自然科学期刊。[3]作为现实世界的简化表示，网络模型长于刻画广泛存在于自然界和人类社会的复杂系统，通过探究模型中节点间潜在的联结模式，便可窥知现实复杂系统的运行逻辑。为揭示复杂网络中度的幂律分布演化历程，物理学家鲍劳巴希（Barabási）和奥尔贝特（Albert）于 1999 年提出"择优依附"机制：在网络扩张的过程中，已建立较多联结的节点对新入网节点的吸引力，注定强于那些联结较少者。[4]联结相对充分的节点以更高的速率吸引新的联结，进而凝聚群落，既得优势像滚雪球般一再强化。随着时间的推移，节点间微小的初始差异最终扩张为巨大鸿沟。择优依附与"马太效应"异曲同工，其允许具备先发优势者掠夺后进者的发展机会。

择优依附机制的提出，开启了动态网络科学研究的新纪元，揭示了现实网络度分布不均衡的起源与形成机制，为深入阐释"马太效应"提供了新的视角和更为全面、可靠的经验基础。[5]20年来，这类研究在国外已经深度开展并且主要由物理学家主导，然而在国内鲜有提及。本文将对择优依附机制的背景、内涵、测度加以解析，全面综述国外学术界关于科研合作网络、引证网络择优依附经验研究所取得的进展及存在问题，以期引起国内学者对这一研究进路的重视。

二、择优依附的测度

网络科学通过精准测量择优依附刻画"马太效应"，与早期相关研究大异其趣。网络科学的旨趣在于，通过探求网络模型的结构，揭示现实世界潜在的复杂系统行为，以简洁的方式凸显纷繁复杂现实系统的拓扑属性，并为情境化的深入研究提供普遍、有效、可靠的方法支撑。[5]

根据择优依附模型的设定，在网络扩张的过程中，节点已有的联结数量与其收获新联结的概率成正比。具体而言，若定义 α 为依附系数，k 为节点的度值，则择优依附机制的经典表达式为

$$A_k = k\alpha \tag{1}$$

对于某特定节点 n_i，定义其度为 $k_i(t)$，则该节点 n_i 在时间 t 增加一条联结（即新入网节点在时间 t 时与节点 n_i 相连）的概率 $P_i(t)$ 与择优依附方程 $A_{k_i}(t)$ 呈比例。由于 A_k 为递增函数，节点的 k 值越高，联结越充分，吸附新节点与之联结的概率 $P_i(t)$ 便越大。[4]

依附系数 α 是择优依附的核心，直接反映了优势积累在网络演化中的程度。网络中的"马太效应"随 α 增大而愈凸显。本文根据式（1），作出不同 α 值下的网络演化简图（图1）。图中 t 代表时间，t 值每增加1，网络模型便增加一个节点和一条联结。α 的细微差别将导致同一起点的网络模型发展为截然不同的样态。当 $\alpha=1$ 时，$P_i(t)$ 与 k 成正比，网络模型的度遵循标准幂律分布，并在其后的发展中稳健地保持无标度特征。由图1可见，网络成型后，总有四个节点发展成为局部群落的中心，其余节点错落有致。作为择优依附的基准状态，网络科学家将 $\alpha=1$ 称为线性择优依附。[3, 4]

在现实复杂网络中，$\alpha \neq 1$ 的情况更为普遍。$\alpha < 1$ 被称为次线性择优依

附。[3, 4]如图 1（α=0.75），次线性择优依附下的网络模型在初期呈现一定的"马太效应"迹象，但随着网络的扩张，建立既得优势的节点对新联结的吸附力逐渐衰弱，优势积累再难维系，全网的无标度特征走向隐没。α > 1 被称为超线性择优依附。[3, 4]如图 1 所示（α=1.25），超线性择优依附下的网络模型在网络成型后的任何时刻都有十分明显的凝结核，既得优势一旦建立便坚如磐石，并在日后发展中如棘轮般不断壮大。超线性择优依附网络发展至后期，往往酿就所谓"赢家通吃"的局面：单个节点几乎垄断了全网的联结，围绕其周的则是以与其建立联结的时间早晚为依据的分层结构。

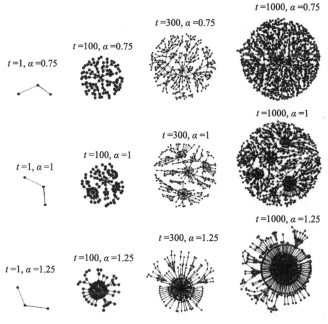

图 1　不同依附系数（α）下的网络演化

横看成岭侧成峰，远近高低各不同。由于模型现实适用情境以及网络的发展阶段的差异，实证研究者通过有限观察得到的网络特征千差万别，自然远不如理论模型那般简约齐整。现实网络的动态演化很少遵从固定的依附系数，更多是在三种依附状态下游离不定。

一般而言，一个领域最令人费解的概念也常常最迷人，恰如网络科学领域的择优依附。纵使择优依附的模型很好地解释了网络的拓扑性结构特征，但并不能阐述择优依附的内在机理。关于择优依附机制，或者说网络科学中"马太效应"产生的内在机理，学术界经历了漫长而有趣的争论。其争论的焦点集中在："马太效应"是盲目联结还是理性权衡的结果。[6]这两个矛盾概念的背后，是节点依附过程中所考量的人气因素和相似因素的博弈。

在择优依附背后存在着一个原则：那些联结充分的节点拥有更高人气，因此对于新的节点而言更具有吸引力。盲目联结学说认为，新入网节点选择与某既存节点相连的概率大小，不假思索地取决于该节点已有联结的数目。[6]盲目联结学说下的择优依附以及随后形成的"马太效应"，运气占据很大成分。在早期侥幸比别的节点多拥有一两个联结的节点，就注定会随着时间的延续在网络中变成聚集的中心。这也许就是"出名要趁早"背后所反映出的"马太效应"机制。

理性权衡学说认为，人气只是择优依附的产生机理的一个维度，同质性或者相似性是另一个不可忽略的维度。"物以类聚"，理性权衡学说认为新节点会同时衡量人气和同质性两种因素，选择依附最优的节点。[7]同样以互联网为例，当一个人建立个人网页时，倾向于加入流行且同时与自身兴趣相关的网页链接。理性权衡学说常被用来解释社交网络。在同质性相差无几的情况下，那些人气更高的节点逐渐成为聚集的中心，因此最终网络仍将呈现"马太效应"。

两种学说各有长短。经济学家西蒙（Simon）与数学家曼德尔布罗特（Mandelbrot）针对文章中词汇分布呈现幂律分布的产生原因进行了激烈的争论。两位学者各执一端，西蒙认为其是盲目随意选择措辞的结果，曼德尔布罗特认为其是具有同质性词汇偏好的注定。[6]由于大数据的兴起为网络科学研究提供了广泛的实证条件，近年来大量的实证结果倾向于支持盲目联结学说，从而西蒙的观点逐渐占据上风。显然，盲目联结学说不考虑人的主观性，背后的概率模型直观明了地刻画了盲目选择的过程和并不杂乱无章的幂律分布。然而，将理性权衡的主观性加入科学家的行为更贴近现实，尽管它的衡量、证实和应用都更加困难。值得一提的是，2012 年帕帕佐普洛斯（Papadopoulos）等人提出的最优模型为理性权衡学说增加了有利的砝码，引领了新一轮的讨论风潮。[7]此后，在科学网络阵地中应用此最优模型研究网络中相似性和人气的研究层出不穷。

本文认为，关于择优依附是源于盲目联结还是理性权衡的讨论仍将持续。第一，正如鲍劳巴希的评论，两种学说都引人入胜，而择优依附普遍而复杂地存在于各类现实网络中，暗示着两种产生原因可能共同存在于择优依附机制中。[6]无论最终哪种观点占据主流，这些争论都有助于进一步揭开这一谜团。第二，帕帕佐普洛斯等人为理性权衡学说提供了更好的研究框架，平衡了本已倾向于盲目联结学说的天平，令两种学说再次平分秋色。第三，理性权衡学说虽然在刻画科学家网络中比盲目联结学说更灵活，但由于同质性的定义在现实世界中没有统一标准，而成为其短板。譬如在合作网络中，同质性或以学科，或以机构分类，而且同质性程度如何对应复杂结构中的层次如一级学科、二级学科等刻度都不尽相同。相比而言，盲目联结学说则免去了此争议而在现实应用中一目了然。

三、科研合作网络中的择优依附

科研合作网络模型被誉为"社会网络的优美范例"。[8]该模型以科学家为节点，节点之间通过合著论文建立直接联结，又通过合作关系的延伸与其合作者的合作者建立间接联结，将科学界集合成一个复杂而庞大的合作网络。

物理学家纽曼（Newman）对科研合作网络演化的经验研究，是支持择优依附机制存在于现实复杂网络的首项证据。[9]这项研究构建了物理学和生物医学领域的科研合作网络，并分别回顾了两个网络模型在连续六年中的演化，以期在现实网络情境中检验择优依附假说。该研究得出四项重要的发现。第一，科研合作网络中度的分布遵从幂律分布，即大部分科学家只有为数不多的几个合作者，而少数科学家却与成百上千的同行合著论文。第二，两名科学家之间建立合作关系的概率，与其此前共同拥有的合作者人数呈现显著的正相关性。纽曼本人对此的解释与波多利内（Podolny）等社会学家较为一致，科学共同体内的合作关系与外部社会的友谊网络具有些许相似之处，就像"人们很可能与朋友的朋友成为朋友"那样，"圈内情谊"在科学界的交流合作中也发挥着重要作用。[10]第三，择优依附机制存在于科研合作网络的演化中，科学家获得新合作者的概率随其已有合作者人数的增加而增大。具体而言，对应前文式（1），在该研究构建的物理学科研合作网络中，依附系数 α 值为 0.89，网络演化呈现次线性择优依附特征；在生物医学网络中，α 值为 1.04，呈现轻微的超线性偏好依附特征，随着时间的推移，生物医学科研合作的"马太效应"会更加凸显。第四，科研合作网络的择优依附有其限度，当科学家的合作者人数增至峰值后，其新增合作者的概率便会衰减。择优依附的峰值大小因学科知识生产方式不同而存在差异，物理学网络的峰值约为 150，生物医学网络的峰值约为 600。网络科学家对此未予深入解释，相比之下，默顿学派关于"抵消过程"[11]的探讨可能更具启发性，他们认为这一包括心理、能力、体制等因素的复合过程抑制了优势积累的无限扩张。

在纽曼开创性的发现后，有关科研合作网络动态演化的研究蔚然成风，相似研究接踵而至。这些研究改善了网络测算方法，丰富了学术界关于不同领域科研合作网络中择优依附的认识。鲍劳巴希及其同事尝试改进已有研究，认为模型构建应将完整刻画某领域科研合作置于首位，因而选取规模较小的数学和神经系统科学作为研究对象，根据 8 年间两个领域的所有论文信息分别构建网络模型。[12]该研究表明，两个领域的科研合作网络均呈现次线性择优依附特征，数学网络的依附系数 α 值为 0.80，神经系统科学网络的 α 值为0.75。其后，此类研究所构建的网络模型时间跨度不断延长，对依附系数的测量也愈加精准。托马西尼（Tomassini）和吕蒂（Luthi）于 2007 年构建了基因编辑领域长达 20 年的科研合作网络，几乎完整地刻画了该领域诞生以来的科研合作情况。[13]该研究显示，基因编辑领域合作网络呈现次线性择优依附特征，其依附系数值为 0.76。拉腊-卡布雷拉（Lara-Cabrera）等学者发表于 2014 年的相似研究，考察了计算智能的游戏应用领域科研合作网络在 15年间的演化，得出次线性择优依附的相同结论，依附系数值为 0.64，也是迄今为止已发表研究中的最小 α 值。该研究对最小 α 值的解释是：计算智能的游戏应用领域正处于早期发展阶段，科研合作网络因其领域尚未形成明确的研究核心而较为离散。[14]

本文将相关研究概况进行了汇总（表 1）。

表 1　科研合作网络择优依附研究概况一览

作者	发表年份	学科领域/地域	时间跨度(年)	依附系数(α)
Newman M E J[9]	2001	物理学	6	0.89
		生物医学	6	1.04
Barabási A L，Jeong H，Néda Z，et al.[11]	2002	数学	8	0.80
		神经科学	8	0.75
Jeong H，Néda Z，Barabási A L [15]	2003	神经科学	8	0.79±0.1
Tomassini M，Luthi L[13]	2007	基因编辑领域	20	0.76
Lara-Cabrera R，Cotta C，Fernández-Leiva A J [14]	2014	计算智能的游戏应用	15	0.64

从表中可以看出，"马太效应"普遍存在于科研合作网络中，并且呈现次线性择优依附的总体特征。正如鲍劳巴希等知名学者[12]认为，实证研究测

量出的轻微次线性倾向准确地刻画了科研合作的现实情况。本文认为，轻微的次线性择优依附与线性择优依附早期和中期差异并不显著（图 1）。作为科学界的一种社会资本，无论线性还是次线性择优依附，合作都能带来更多合作，助益成功者取得更大成就，新入行的学者总是热衷于同那些已建立良好学术声望的大科学家建立合作关系。此外，次线性择优依附还具有不稳定性特征，科研合作中的优势积累不会无限持续，一旦达到某种程度，便将遭遇抵消过程。

四、引证网络中的择优依附

"承认是科学王国中的基本通货"[16]45。引证则是科学界最基本、最普遍的承认形式，彰显了知识之间的传承关系，直观地反映了科研成果被同行借鉴使用的程度，激励着科学家不断地扩展人类知识边界。因而引证的制度化实践成为科学奖励系统的基石，支撑着科学体制的有效运转。

早在网络科学兴起之前，引证网络的静态结构便已是科学学的重点研究领域。科学计量学家往往赋予引证诸多意义，一项研究的被引量被认为是其内在质量或学术影响力的表征。普赖斯在 1965 年就发现，学术论文被引量差异巨大，极少数论文赢得了大量引证，而大多数论文无人问津。普赖斯将这种不均衡归结为"马太效应"的体现，并断言科学的大部分重要成果由少数精英贡献[17]。科尔兄弟也有类似的判断，既然 20%的高引论文占据了总引文量的 80%，余下 80%的低引论文即便从未写就，也不会妨碍科学进步，因此，科学界的资源分配应向知名科学家偏斜。[16]269 以普赖斯和科尔兄弟为代表的观点基于引证数据如实体现论文内在价值的假定，倘若不接受如此假定，则会得出全然不同的结论。正如特纳（Turner）和丘宾（Chubin）的观点，被引量的幂律分布可能意味着科学界的承认体系既不公平又欠缺效率，人们总是倾向于引证著名科学家的成果，忽视不知名科学家的成果，即使后者可能价值很高。[18]两派学者相互攻错、各擅胜场，但就如何评价引证中的"马太效应"，始终未有令人信服的观点出现。

引证网络动态演化研究规避了有关引证本质和行为动机的探讨，从宏观视角揭示了引证量幂律分布的起源与形成机制，为深入阐释该现象开辟了新的进路。郑（Jeong）等学者率先研究了引证网络的动态演化。[15]该研究以 1988 年见刊的学术论文为原始节点，以获得引证为联结依据构建模型，回顾了引证网络 11 年间的演化，并将其与同在该研究中搭建的不同类型现实网络模型比较。研究发现以下几点。第一,引证网络的演化遵循 α 值为 0.95±0.1 近线性择优依附。这表明,一篇论文未来得到引证的概率与其已有被引量成正比。引证能够带来更多引证,相比低引论文,一开始就收获较多引证者对新引证拥有更强的吸引力,学术成果的影响力差异随时间演进持续扩大。第二,科研合作网络、电影演员合作网络和网页链接模型的 α 值则分别为 0.79±0.1、0.81±0.1 和 1.05,科学引证中的"马太效应"甚于科研合作和电影演员合作领域,而略逊于网页链接。

即便如此,后续的研究显示,郑及其同事可能还是低估了科学引证中"马太效应"的程度。雷德纳(Redner)对引证网络的演化做了更为细致的分析,回溯了物理学杂志《物理评论》(*Physical Review*)自 1893 年创刊至 2003 年所有刊载论文的引证史。[19]样本库中将近 70% 的论文被引 10 次以下,仅有 11 篇超级论文收获了 1000 次以上的引证。这一极不均衡的引证网络在演化过程中,间或呈现超线性择优依附特征。具体而言,第一,依附系数随时间推移而增大,引证网络整体呈现近线性择优依附,20 世纪初呈现轻微的次线性择优依附,1990 年后则呈现超线性择优依附。依附系数的年代差异可能由两方面原因导致:一方面,20 世纪后科学共同体的规模飞速扩张,引证中的"马太效应"或因科学家人数和学术发表物数量的激增而愈加显著;另一方面,学术论文的内容具有时效性,终会因科学知识进化失却借鉴价值而不再被同行引证。学术论文引证生命周期的存在很可能削弱了择优依附在引证网络长程演化中的影响。第二,当论文被引量 k 达到 150 以后,引证积累将呈现超线性择优依附特征。这意味着,某论文一旦成为高引论文,对新引证的吸附力便显著增强,累积优势便锐不可当,本文将此称为高引相变。

雷德纳的研究颇具启发性,它提醒学者注意引证寿命和高引相变等因素在引证网络演化中的作用。[19]乍看之下,引证寿命与"马太效应"之间似乎存在矛盾。引证网络中的择优依附规定,随着论文被引量的持续提升,其收获新引证的概率亦不断增益。论文的引证寿命则意味着,在 6～10 年后,论文终因内容过时而淡出科学共同体的视野。王(Wang)等学者专门研究了"老化效应"对论文引证积累的影响,他们构建了三个学科领域期刊论文的引证长跨度演化网络,并比较了发表于相同期刊、获得相同被引量的新老论文对新引证的吸引力。结果显示,老化效应的确存在于引证演化之中,但只是削弱了择优依附机制的表现。虽然发表在先的老论文获得新引证的概率低于具有相同被引量的新论文,但择优依附在引证网络整体演化中的表现仍然强劲。[20]戈洛索夫斯基(Golosovsky)和所罗门(Solomon)尝试改善此前的研究，他们认为，应将式（1）中论文被引量 k 值根据被引时间加以区分，由于老化效应的存在，论文被引总量对引证演化研究的价值有限，而近期被引数据则能兼顾时效性与既得引证优势。研究结果验证了其假设，设 k 为论文在最近 1 年内获得的引证数后，网络演化遵循 α 为 1.25 以上的超线性择优依附。该研究的贡献在于，把引证演化从一个连贯的优势积累过程拆分为若干个前后相继的短期择优依附，既在宏观上控制了老化效应的影响，又为微观探寻个体论文的引证积累模式创造条件。[21]此外，两位学者也探讨了高引相变现象，虽然绝大部分论文在发表后 10 年便归于沉寂，但仍有少数高引论文能强劲地在多个引证周期中保持超线性择优依附的态势。对于这些克服了老化效应而成为经典的高引论文来说，其引证积累不但"富者愈富"，而且"富者愈寿"，并最终达致"赢家通吃"的局面。

本文将相关研究概况进行了汇总（表 2）。

表 2　引证网络择优依附研究概况一览

作者	发表年份	学科领域	时间跨度（年）	依附系数（α）
Jeong H，Néda Z，Barabási A -L[15]	2003	物理学	6	0.95±0.1
Redner S[19]	2005	物理学	110	0.9～1.05
Wang M，Yu G，Yu D[20]	2009	物理学、实验药学、自动化	105	1
Eom Y，Fortunato S[22]	2011	物理学	58	1
Golosovsky M，Solomon S[21]	2013	物理学、数学、经济学	25	1.25～1.30
Higham K W，Governale M，Jaffe A B，et al.[23]	2017	物理学	15	1.13～1.26

引证网络动态演化研究揭示了引证分布不均衡的起源与形成机制，有助于深化对引证本质和科学承认体系中"马太效应"的认识。如表 2 中所示，引证网络的演化总体遵从超线性择优依附。已获诸多引证的论文对新引证的吸引力远甚于被引较少者，以至于不阅读论文内容仅凭其近期收获的引证次数，便能大致推知其未来的影响力。[22, 23]回到本节开端的探讨，普赖斯和科尔兄弟似乎过于信任学术界的规范体系与引证的象征意义，同时又太过于低估低引作者对科学界的贡献。学者引证一篇论文或许仅因其已被引证多次。与其说引证是学术成果内在质量的体现，引证更像是学者增强论证的工具。科学界现有的精英结构则是以庞大非精英学者群体为基础的。

五、结语

"马太效应"涉及科学奖酬分配的公平和效率问题，其之所以常盛不衰，在于同时吸引了持普遍主义和特殊主义两种矛盾观点的研究者。普遍主义者坚信科研成果的内在质量是评价科学家的唯一标准，科学界是人类社会"能人治理"的典范，而科学奖酬分配的不均衡则是科学家能力和贡献差异的自然体现。特殊主义者的观点与之针锋相对，认为科学界与外部社会相差无几，科学精英很大程度上由社会建构而成，科研网络中的优越地位增益成功机会，并使其收获高于能力表现的信誉。

择优依附打开了现实复杂系统中幂律分布演化过程的"黑箱"。诸多经验研究证明科研合作和引证承认中存在显著的优势积累。与其他现实网络类似，科研合作中的"抱大腿"现象十分普遍，已有诸多合作者的大科学家对科研新人的吸附力明显强于寂寂无名者；引证承认中的"马太效应"则更为强劲，学者总是热衷引证已获许多引证的论文，而一旦论文被引量达到一定程度，便会突破老化效应的束缚，稳健地保持超线性择优依附，直到成为新入行者不得不引证的经典文献。普遍主义者似乎过于乐观，科学界不像是信誉与贡献相应相称的理想国。科学界中的"马太效应"如此普遍，而科学体制的诸多实践又不断强化着优势积累。比如，被引量仍在大部分文献数据库的排序算法中占据很高权重，科研情报平台总是忙不迭地发布高引学者和高引文献名录。正所谓"天之道，损有余而补不足；人之道，则不然，损不足以奉有余"。

择优依附虽然揭示了科学界不均衡的演化历程，令人着迷又高深莫测，却未能诠释演化背后的社会学动因：关于择优依附内在机理的探讨仍无定论；关于科研网络的择优依附在多大程度上偏离了普遍主义原则，尚有待进一步研究。

（本文原载于《自然辩证法研究》，2019 年第 11 期，第 39-45 页。）

参 考 文 献

[1] Merton R K. The Matthew effect in science[J]. Science, 1968, 159(3810): 56-63.
[2] Allison P D, Long J S, Krauze T K. Cumulative advantage and inequality in science[J]. American Sociological Review, 1982, 47(5): 615-625.

[3] Perc M. The Matthew effect in empirical data[J]. Journal of the Royal Society Interface, 2014, 11(98): 1-15.

[4] Barabási A -L, Albert R. Emergence of scaling in random networks[J]. Science, 1999, 286(5439): 509-512.

[5] Vespignani A. Twenty years of network science[J]. Nature, 2018, 558(7711): 528-529.

[6] Barabási A -L. Luck or reason[J]. Nature, 2012, 489: 507-508.

[7] Papadopoulos F, Kitsak M, Serrano M, et al. Popularity versus similarity in growing networks[J]. Nature, 2012, 489(7417): 537-540.

[8] Newman M E J. Scientific collaboration networks. I. Network construction and fundamental results[J]. Physical Review E, 2001, (1): 16131.

[9] Newman M E J. Clustering and preferential attachment in growing networks[J]. Physical Review E, 2001, 64(2): 25102.

[10] Podolny J M, Baron J N. Resources and relationships: social networks and mobility in the workplace[J]. American Sociological Review, 1997, 62(5): 673-693.

[11] Barabási A -L, Jeong H, Néda Z, et al. Evolution of the social network of scientific collaborations[J]. Physica A: Statistical Mechanics and Its Applications, 2002, 311: 590-614.

[12] Merton R K. The Matthew effect in science, II: cumulative advantage and the symbolism of intellectual property[J]. ISIS, 1988, 79(4): 606-623.

[13] Tomassini M, Luthi L. Empirical analysis of the evolution of a scientific collaboration network[J]. Physica A: Statistical Mechanics and Its Applications, 2007, 385(2): 750-764.

[14] Lara-Cabrera R, Cotta C, Fernández-Leiva A J. An analysis of the structure and evolution of the scientific collaboration network of computer intelligence in games[J]. Physica A: Statistical Mechanics and Its Applications, 2014, 395: 523-536.

[15] Jeong H, Néda Z, Barabási A -L. Measuring preferential attachment in evolving networks[J]. Europhysics Letters, 2003, 61(4): 567-572.

[16] 乔纳森·科尔, 斯蒂芬·科尔. 科学界的社会分层[M]. 赵佳苓, 顾昕, 黄绍林译. 北京: 华夏出版社, 1989.

[17] Price D J D S. The scientific foundations of science policy[J]. Nature, 1965, 206(4981): 233-238.

[18] Turner S P, Chubin D E. Another appraisal of Ortega, the Coles, and science policy: the Ecclesiastes hypothesis[J]. Social Science Information, 1976, 15(4-5): 657-662.

[19] Redner S. Citation statistics from 110 years of physical review[J]. Physics Today, 2005, 58(6): 49-54.

[20] Wang M, Yu G, Yu D. Effect of the age of papers on the preferential attachment in citation networks[J]. Physica A: Statistical Mechanics and Its Applications, 2009, 388(19): 4273-4276.

[21] Golosovsky M, Solomon S. The transition towards immortality: non-linear autocatalytic growth of citations to scientific papers[J]. Journal of Statistical Physics, 2013, 151(1):

340-354.

[22] Eom Y, Fortunato S. Characterizing and modeling citation dynamics[J]. PLoS ONE, 2011, 6 (9) : 1-7.

[23] Higham K W, Governale M, Jaffe A B, et al. Unraveling the dynamics of growth, aging and inflation for citations to scientific articles from specific research fields[J]. Journal of Informetrics, 2017, 11 (4) : 1190-1200.

社会形塑与国际比较中的科技政策

同行评议中的"非共识"问题研究

刘求实，丁厚德，王玉堂

同行评议是科学界对科研项目进行评审和对科研成果进行评估的一种基本方法。它被许多国家广泛用于科研管理领域。在同行评议用于科学基金资助的评审方面，国外曾出现过一些曲折和问题，由此导致了对同行评议方法的深入研究。我国国家自然科学基金委员会在对基金申请项目的筛选过程中，在吸取国外经验的基础上，逐渐摸索出了一套适合我国特点的、有效的同行评议方法，对基金申请项目的评审起到了很好的作用。同时，国家自然科学基金的同行评议制度也需要在实践过程中进一步完善。如何处理由于同行专家意见分歧而产生的"非共识"问题，就是其中之一。

所谓"非共识"，是指在自然科学基金项目的同行评议过程中，同行专家对同一评审项目的科学意义、创新性、可行性等持有不同的认识，对是否给予资助作出不同的判断。产生"非共识"判断是基金项目评审过程中不可避免的问题。自然科学基金资助项目属基础研究和应用基础研究范畴，具有很强的探索性；项目的研究方法和技术路线等方面也难免具有试验性；尤其是项目的创新层次越高，产生"非共识"判断的可能越大。由于"非共识"项目大量存在，深入研究"非共识"问题，无疑对完善和改进自然科学基金项目的评审和管理工作具有现实意义。

一、对我国国家自然科学基金同行评议中"非共识"认识的统计分析

为了对同行评议中的"非共识"问题有深入的认识，我们对国家自然科

学基金委员会一些学部和学科申请项目的评议资料进行了调查和统计，以便从中认识"非共识"问题的某些规律。

（一）案例随机抽样调查

我们从国家自然科学基金委员会五个学部的七个学科（即信息学部光学和光电子学科Ⅰ；半导体学科；材料科学部工程热物理学科；地球科学部地球物理与空间物理学科；数理学部物理学科Ⅰ、物理学科Ⅱ；化学学部高分子学科）1988～1992年收到的申请项目中随机抽取了646项（其中获得资助的项目328项，未获资助的项目318项）作为抽样样本。我们把同行专家的通信评议结果中有一位、二位、三位或四位专家不同意资助（分别简称为1D、2D、3D、4D），作为一种"非共识"认识的界定。646项申请项目的"共识"和"非共识"情况如表1所示。

表1 抽样案例（共646项）的"共识"与"非共识"情况

类别	总项数	A	非共识项目数					5D
			1D	2D	3D	4D	小计	
获得资助	328（100%）	223（67.99%）	76（23.17%）	24（7.32%）	3（0.92%）	2（0.61%）	105（32.01%）	0（0.00%）
未获资助	318（100%）	50（15.72%）	122（38.37%）	86（27.04%）	37（11.64%）	11（3.46%）	256（80.50%）	12（3.77%）

注："A"表示五位同行专家全部同意资助；"nD"表示有n位同行专家不同意资助（凡专家未明确表明资助的，均以不同意资助统计）。

从统计结果看出，在获得资助的项目中，"非共识"项目约占1/3（32.01%），在未获资助项目中"非共识"项目约占4/5（80.50%）。也就是说，每年获得资助的项目中，只有约2/3是同行专家一致同意资助的，而其余的约1/3要从"非共识"项目中筛选。这是一个不容忽视的比例，它说明在"非共识"项目中可以挖掘出不少值得资助的项目。

（二）对随机抽样统计结果的分析

通过对统计结果的分析我们发现以下两点。

（1）同行评议中的"非共识"是一种普遍现象，并不是个别学科或个别课题申请所特有的（当然，不同学部和学科在数量上有一定差异），从我们统计的各个学部、学科各个年度的情况来看，它的存在具有普遍性。

（2）对申请项目的资助与否，不全取决于同行评议专家中"同意资助者"的人数。许多评议结果为 A、1D 或 2D 的项目未得到资助，而某些 3D 或 4D 的项目却得到了资助。这种情况说明，对"非共识"项目不能进行简单化处理，而必须考虑同行专家评议意见的具体内容，特别要深入分析产生"非共识"的内在原因。

二、同行评议制度与"非共识"认识的普遍联系

对自然科学基金项目实行同行评议，就是选择相关领域的研究专家群体，按共同的目标和统一的评价准则，对评审项目进行科学意义评价、可行性评估和资助选择。有效的同行评议为项目的立项和确定资助资金强度提供了依据。前面我们从统计的角度分析了基金项目同行评议与"非共识"的相互联系，下面再从科学认识史和认识论的角度研究同行评议制度与"非共识"现象的共存性。

（一）科学认识发展史中的"非共识"现象

科学研究是一种具有很强探索性和创造性的认识活动，其研究方案或成果在接受同行科学家评判时，结果常常是"非共识"的。如果考查一下科学认识发展的历史，我们就不会对同行评议的"非共识"现象感到奇怪。

19 世纪 50 年代末，当俄国化学家门捷列夫开始其元素周期律的探索时，遭到了一些批评。当时门捷列夫所尊敬的权威曾一再劝告他抛开对这个问题的研究，指示他去走别人已走熟了的道路——寻找新的化合物和元素，认为搞这种理论研究是"不务正业"。甚至到 1869 年，当门捷列夫发表了他所发现的元素周期律的时候，齐宁还训诫他说："到了干正事，在化学方面做些工作的时候了。"如果不是门捷列夫对自己所选研究方向的意义有坚定的信心而坚持研究下去，元素周期律的发现就会拖延一段时间。

在科学史上，同行专家对业已做出的创新科学发现持不同看法的事例也很多。19 世纪 30 年代初，当法国年轻的数学家伽罗瓦将有关群论的论文交给法国科学院时，这篇论文被判定为"无法理解"。直到伽罗瓦决斗身亡后的 14 年，他的论文才被法国数学家刘维尔发现并整理发表。

有时某些具有革命性的创新成果由于与传统理论的观念相去太远，不光

一些同行科学家拒不接受，甚至连新理论的创立者本人对其意义和价值也会产生怀疑。提出能量子假说（1900年）的普朗克便是一个例子。他总试图将能量子假说纳入经典物理学的范畴，当1905年爱因斯坦发展了普朗克的能量子假说、进一步提出光量子假说时，普朗克认为爱因斯坦走得太远了，一直对光量子假说持批判态度，并对他本人提出的能量子假说惴惴不安。

1989年以来引起科学界广泛关注和激烈争论的"冷核聚变"研究也是一个典型的"非共识"案例。1989年3月23日，英国南安普顿大学马丁·弗莱施曼（Martin Fleischmann）教授和美国犹他大学斯坦利·庞斯（Stanley Pons）教授宣布他们在试管中实现了低温氘-氘核聚变。这一消息在国际科学界引起了很大震动，许多科学家和研究机构纷纷复验他们的实验或进行类似的实验探索。尽管一些实验室宣布完全或部分复验了弗莱施曼-庞斯（Fleischmann-Pons）实验结果，但没有足够的证据表明实验上测到的热量来自原子核过程。因此至今许多科学家对"室温核聚变"实验的结论仍持怀疑或否定态度。

从以上案例可以看出，人类的科学认识史，也是与"非共识"及其转化相联系的。有效的同行评议制度应有助于捕获超前的、有创造性的科学研究项目，而恰当地处理"非共识"认识是其重要的环节。

（二）产生"非共识"的认识论基础

自然科学基金项目评审系统由项目申报、初审、同行专家的通信评议、综合同行评议意见、学科评审组评审、立项等若干环节构成。把自然科学基金项目评审作为一个认识的整体，其中四个认识要素——认识模式、认识主体、认识对象、认识过程，都与"非共识"认识相关，其中必然会存在认识的共同性与个别性的矛盾。自然科学基金项目评审把同行评议作为基础性的评审制度，建有两万名通信评议同行专家库。每个项目都要经过五名同行专家通信评议，这已经成为规范化的评审制度。因此，这种基本的认识模式形成了"非共识"产生的基础。

评审项目的认识主体是同行专家。对具体的科研项目进行评价，最有发言权的是同行专家。然而，"同行专家"从来只具有相对的意义。被评项目内容的不断变化（这种变化在科学研究中是永无休止的）会使"同行"群体亦不断发生变化和重新组合；在科学研究的某些最前沿领域中，甚至可能一时还找不到严格意义上的"同行"，或者说此时只存在"大同行"。从一般意义上讲，采用同行评议的目的，就是使同行专家群体对被评对象的科学价值作出判断。然而，同行专家个体之间在研究范围、学术水平、思维方式、学术观点等方面的差异，都会成为产生"非共识"的个人因素。

自然科学基金项目的评审过程，是在项目的研究尚未完全展开的情况下进行的，此时同行专家只能根据自己的经验和直觉对被评项目的科学价值作出判断。这种特殊的认识过程，即对事实不甚明了的对象作价值判断，往往容易产生多样性的结论，即"非共识"判断。因此，"非共识"不仅存在于同行专家的通信评议环节，也存在于综合同行评议及学科评审组评审等环节。

三、"非共识"问题的处理

以上分析说明，同行评议中出现的"非共识"是一种必然产生的现象。世界各国的经验亦表明，任何完善的同行评议制度都不可能完全避免"非共识"问题。我们在调研中发现，有一些同行评议结果为"非共识"的项目，在得到资助后做出了很好的成果，有的进一步得到了国家自然科学基金重点项目资助，有的成果在国际学术界产生了较大的影响。因此，对同行评议中产生的"非共识"问题，不应无视或回避，而应认真对待和恰当处理。我们认为，在处理"非共识"问题时应遵循如下四个原则。

（一）分类处理原则

"非共识"问题按其分歧点的不同可以被划分为各种不同的类型，对不同类型的"非共识"项目须采用不同的处理方法。例如，有些"非共识"问题是因选择专家不妥或同行评议专家对有关信息的掌握程度不同引起的。这可通过复评、综合分析、与项目申请人或有关同行专家进行信息反馈等方法加以处理。有些"非共识"问题则是因申请项目提出了创新性或超前性的科学思想，而科学界一时还难以对这种新的思想作出明确判断，从而产生了"非共识"。这类问题用常规的处理方法一般难以奏效，而必须采用某些特殊的政策和方法加以处理。

（二）复评原则

当第一轮同行评议因同行专家专业特长与被评项目不尽符合而造成评

议结果不甚明确时，为慎重起见，有必要再请专家重新评议。此外，对同行专家的通信评议的结果，学科评审组还要进行复审。

（三）反馈原则

有时某些"非共识"问题是由于项目申请人对其研究方案阐述不清造成的，此时应把专家的有关评议意见反馈给申请人，由其进一步补充材料进行说明。这种反馈过程有利于化解疑点、消除分歧。

（四）保障原则

自然科学基金项目评审实际上是在项目的研究尚未完全展开的情况下进行的。故此时同行专家对项目可行与否、科学价值大小的判断带有一定的"预测"性质。为了避免误判优秀课题或盲目资助造成资金浪费，我们认为对那些有创新性而同行评议中的意见分歧又难以消除的"非共识"项目，应采取特殊的保障措施。比如，可先投入少量启动经费，然后对该课题的研究情况进行阶段性追踪考核，使原来难于判断的某些因素在课题进行"预研"的过程中逐渐明朗化，再决定对其立项资助或否定。

（本文原载于《科技导报》，1995 年第 1 期，第 40-42 页。）

转型期俄罗斯科技政策分析

| 鲍鸥 |

俄罗斯联邦的科技体制改革始于 20 世纪 90 年代中期。从 1996 年以来，俄罗斯联邦政府相继出台《俄罗斯科学发展学说》《"关于科学和国家科学技术政策"联邦法》《1998～2000 年俄罗斯科学发展构想》《1998～2000 年俄罗斯科学改革构想》《1998～2000 年俄罗斯联邦创新、政策构想》《2002～2005 年俄罗斯联邦国际科技合作国家政策构想》《俄罗斯联邦至 2010 年及更长期科技发展政策原则》等一系列科技政策条文。通过分析这些文件，可以深入了解俄罗斯联邦科技体制改革的内容，进一步理解在世界全球化以及社会转型背景下俄罗斯改革的基本理念和实施进程。由于篇幅所限，本文仅展示了笔者对俄罗斯科技政策研究的部分内容。

一、俄罗斯科技政策系统的"拉赫京模式"

俄罗斯科技政策的制定与学者们对科技政策的长期理论研究密切相关。

俄罗斯科学院瓦维洛夫科学技术史研究所高级研究员拉赫京（Г. А. Лахтин）博士长期从事科技政策理论研究，并参与了俄罗斯科技政策条文的制定过程。他在 2000 年的《科技政策总论》一书中陈述了科技政策理论，从系统论观点出发，把科学技术当做一个与社会相关的开放系统。他认为，科技政策是解决上述系统内部以及系统之间问题的思想理念和行动方案，因此也应该形成相应的系统。科技政策系统应该分为两个层次。第一层次是国家总体科技政策，解决科学技术与社会的关系问题，以全面实现科学技术与国家经济相关联的总体规模调整。第二层次是各项具体政策，解决科学技术系统内部系统各要素之间的问题。笔者根据拉赫京的相关理论[1]，提出俄罗斯科技政策系统的"拉赫京模式"（图1）。

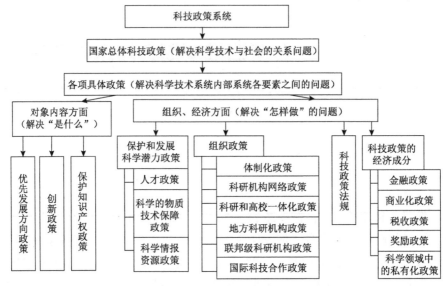

图 1 科技政策的"拉赫京模式"

"拉赫京模式"是结合俄罗斯现实问题的理论研究产物，其意义在于：展示了科技政策对于解决"科学技术与社会关系"问题的指导性功能；囊括了科技政策系统应有的内容；揭示了科技政策系统的内在逻辑关系；对于制定科技政策具有前瞻性、普遍性理论指导意义。

"拉赫京模式"既体现了对苏联时期的科技政策的沿袭，又体现了转型期的特点。

"优先发展方向政策"和"保护和发展科学潜力政策"在政策框架上承袭了苏联传统，在内容上增加了为适应新时期、解决新问题的调整。例如，转型期俄罗斯从三方面改革了科技人才政策：第一，由从粗放型发展，即只注重人才数量增长，向减少数量、重视质量转化；第二，从对人才的完全行政管理方式向引进市场机制调整；第三，从全部由国家指令强制，向合作伙伴型转化。在国家层面上，需要加强财政和工作岗位的竞争。就私营企业而言，需要调整机制以便吸引青年科技人才与企业兴趣保持一致，更快地将科学技术成果投入市场。

创新政策、保护知识产权政策、科研和高校一体化政策、商业化政策、科学领域中的私有化政策等是转型期以来出现的新科技政策，正处于探索之中。

"拉赫京模式"的理念在俄罗斯联邦近年来颁布的科技政策中得到具体体现。

二、俄罗斯国家总体科技政策

俄罗斯国家总体科技政策用于协调科学技术与国家经济、社会的关系。国家的主导作用不仅体现在落实财政方面，而且体现在改变落后观念、实现总体规模上的调整。

1996 年颁布的《"关于科学和国家科学技术政策"联邦法》（下称《科技政策法》）是苏联解体后俄罗斯的第一部有关科技政策的联邦法律，是其科技政策的总纲领。"用于协调科学和（或）科学技术活动主体、国家权力机关以及科学和（或）科学技术产品（工作与服务）需求者之间的相互关系。"[2]

《科技政策法》明确规定了俄罗斯国家科技政策的概念、基本目标和实施原则。

"国家科学技术政策是社会经济政策的组成部分，它表明国家对科学和科学技术活动的态度，明确俄罗斯联邦国家权力机构在科学技术以及实现科技成果转化领域的目标、方向和活动方式。"[2]

俄罗斯国家科技政策的基本目标是："发展、合理安排并有效利用科技潜力，扩大科学和技术对发展国家经济的影响，完成最重要的社会任务，保障对物质生产领域进行结构性进步改造，提高物质产品的效益和竞争力，改善生态状况并且保护国家信息资源，巩固国防，维护个人、社会和国家安全，加强科学和教育的相互关系。"[2]

实施国家科技政策根据如下原则："认清科学实际上是决定国家生产力发展水平的重要动力；利用各种社会讨论形式选择科学和技术的优先发展方向并且公开化，对通过竞标形式实施的科学和科学技术规划、项目给予鉴定；保障基础科学的优先发展；在科学研究和试验开发过程中，以高等专业教育机构、国家级科学院乃至各部属机关和其他联邦权力执行机构的科研组织为基础，建立教学-科研联合体，通过由高等专业教育领域的工作人员、研究生和大学生参与等各种形式，实现科学、科学技术和教育活动的一体化；支持在科学和技术领域里的竞争和企业活动；把资源集中到科学和技术优先发展的方向上；通过经济系统和其他优惠方式对科学、科学技术和创新活动给予奖励；通过建立国家科学中心系统和其他结构，发展科学、科学技术和创新活动；促进俄罗斯联邦主体的科学、科学技术和创新活动及其科学技术潜力的一体化；发展俄罗斯联邦的科学和科学技术的国际合作。"[2]

《科技政策法》对科技活动的主体、内容、成果鉴定、财政、国际合作等方面作了明确界定，第一次以法律形式规定了"在联邦预算中民用科学研究与试验开发资金应占联邦预算支出的 4%以上"[2]。应该说，俄罗斯《科技政策法》在基本概念的界定及其陈述、对科技活动主体权利的规定等方面表现出学者们的理性思考和战略远见。

《科技政策法》的缺陷在于未把科技体制改革问题与俄罗斯国家现状相结合，未把科技发展道路与国家发展道路的选择问题联系起来，未明确涉及科技人员的切身利益，没有具体的实施方案。因此，叶利钦政府尽管颁布了此法，却因陷于经济困境而无暇顾及科技界使之未能发挥应有的作用。

2002 年 3 月 30 日由普京总统批准的《俄罗斯联邦 2010 年以前及更长期科技发展政策原则》（下称《政策原则》）[3]内容更现实、深入，措施也更具体，代表了俄罗斯科技政策的新理念。

《政策原则》明确规定："科技发展要与国家社会经济发展任务相符合，并且与提高俄罗斯联邦的优先地位相关。""俄罗斯联邦科技发展政策的目的是实现向国家发展的创新途径转化，保障本国研发产品的竞争力，加速使用这些产品对发展经济的效益，支持国防达到必备的水平，保卫个人、社会和国家的安全。"《政策原则》规定了俄罗斯科技界的近期任务是"促使科技联合体向市场经济转化"；"将隶属于国家的科学技术与私人资本建立相互联系"；"使国家调节与市场机制达到合理配置，对科研、技术和创新活动采取直接和间接的奖励措施"，从而摆脱科技界的危机状况，激发企业家对科技投入的兴趣，使科学再生；远期目标要摆脱或尽量缩短俄罗斯科学与西方发达国家的差距，通过转向高科技产品的研发与生产，改变俄罗斯目前大量的科研成果和工艺缺乏竞争力的状况。

《政策原则》在以下几方面表现了与《科技政策法》的显著区别。

（1）《政策原则》第一次把提高居民生活质量当作实现国家科学技术政策的首要任务，把发展国家实力与提高人民生活质量放在同等地位上。这是俄罗斯在转型期中实现观念彻底转变的最重要表现。其重要意义在于从根本上调整了科学技术与社会的关系，把科学技术置于为社会服务的地位，充分体现"以人为本"的发展方针，把国家利益与民众利益真正地结合在一起。

（2）《政策原则》首次把实现国家发展向创新途径转化当作政策目标。从以往单方面强调科学技术对国家发展具有重要作用、国家必须支持科技发展，转变成强调科研人员的自主创新、强调完善科学技术的自我生长发展机制。通过对知识产权——特别是非物质形式的知识产权的管理实现把科技成果引入国民经济领域，从而实现向创新经济转化。这也是俄罗斯在经济转型背景下所更新的观念。

（3）《政策原则》首次总结了俄罗斯国家所拥有的科技发展优势：①拥有各种法律形式；拥有各具特色的，与从事科研、技术活动以及培养科学工作者的组织相关联的孵化器和科技综合体；这些组织拥有人才、信息、物质技术基础和设计基地。②拥有雄厚的基础科学，具有特色的科学学派和达到世界水平的科学成就，拥有发展着的高等教育。③拥有可以开展独立生产和发展新型工艺、技术的工业潜力。④拥有能够处理国家机构中复杂科技问题的丰富咨询经验。⑤拥有丰富的自然资源、发展着的交通和建筑业。

基于对国情的客观分析，俄罗斯利用政策扬长避短，充分树立振兴国家的自信。

（4）《政策原则》首次明确提出建立国家创新系统的任务和具体措施，把发展俄罗斯国家科学技术提高到与世界知识经济时代同步发展的水平上。

（5）《政策原则》强调了扩大并充分发挥对科学技术发展的私人投资的作用，体现了转型期俄罗斯促进科学技术发展的新途径。

（6）《政策原则》提出了比原有目标更加集中的新时期的科技优先发展方向。

（7）《政策原则》首次把科技发展与国际反恐怖主义运动相结合，从政策角度为国家科技发展赋予新的重要使命。

显然，与《科技政策法》相比，《政策原则》更加切中俄罗斯原有科技体制缺少创新途径的要害，反映了俄罗斯顺应世界潮流发展的决心和策略。

三、科技优先发展方向政策

科技优先发展方向政策是俄罗斯科技政策的重要组成部分，用以保证在有限资源条件下使国家科技实力得到稳定增长，决定把有限的资源集中到筛选出的科技优先发展项目上。该政策的核心内容是确定"科技优先发展方向"

的对象。

俄罗斯学者在确定"科技优先发展方向"的对象上经历了三个阶段:第一阶段(1992年)选择科技优先发展项目;第二阶段(1996年)确认科技优先发展方向和关键技术两个等级;第三阶段(1998年)出现科技优先发展方向、联邦级关键技术和涵盖所有领域的详细项目的三级分类法。可以说,完成对所选对象的分类并寻找各类的特征构成了科技优先发展政策的任务之一。

1998年由俄罗斯科学部科学研究与统计中心组织了对联邦级关键技术和具体项目的评估和前瞻性研究工作。大约1500名学者、科研管理者、国家科学中心和工业企业的专家共同参与对70项关键技术进行评估。

这次评估使用了三级分类法:总分类确定7个科技优先发展方向;中级分类确定70项关键技术;详细项目分类确定258项针对直接实验对象的技术。其中详细项目分类技术包括:34项信息技术和电子学技术;33项生产工艺;42项新材料和化工产品;57项生命系统技术;15项交通技术;55项燃料和能源技术;22项涉及生态和自然资源的合理利用。

评估结果认为:在7个优先发展方向中俄罗斯仅有4个方向占有优势。俄罗斯在70项关键技术中有18项是"强项",52项是"弱项"。在"强项"中有3项超过世界水平,15项相当于世界水平。在70项关键技术中仅有6项具有向世界市场销售的前景。在258项详细项目分类技术中俄罗斯有63项技术持平或超过世界水平。

俄罗斯政府主管部门每隔2~3年必须调整科技优先发展方向和关键技术。2002年的《政策原则》规定了筛选俄罗斯联邦国家战略优先发展方向项目所依据的原则:提高居民生活质量;依靠创新发展取得经济增长成就;加强基础科学;改革教育体制;保障国防和国家安全。由此确认了9个科技优先发展方向(信息通信和电子技术;航天技术;新材料和化学工艺;新式武器、军事和特殊技术;生产工艺;生物技术;燃料和能源;交通;生态和资源的合理利用)和54项关键技术。在此基础上,俄罗斯联邦政府批准了《科技优先发展方向2002~2006年研发规划》[4],进一步明确认定了实施科技优先发展方向政策的目标。

可以看到,俄罗斯高度重视确定优先发展方向。这说明俄罗斯为保证国家整体科技实力继承了计划经济体制的优势,同时根据转型期的时代要求有选择、有重点地进行政策调整。这些调整建立在严谨的科学分析基础上,从而保证了发展方向的正确性、决策的有效性。

四、创新政策

创新政策是俄罗斯为适应转型期提出的具有市场经济特色的新政策。主要包括从信息、组织、财政等方面采取有效措施促进科技活动主体探索提高创新绩效的途径，鼓励其主动追求获得利润。

创新（инновация）概念直至 20 世纪末期才出现在俄罗斯媒体中。俄罗斯科学研究与统计中心参照相应国际标准将创新活动定义为：把研发成果或者科技成就转化为新型或改良的产品或服务投入市场，在实践应用中利用新的或改善的工艺流程或者服务、加工的生产方式。[5]

俄罗斯政府的创新政策有：《"关于创造吸引创新投资条件"的政府规定》[6]、《"关于 1998～2000 年俄罗斯联邦创新政策构想"的政府规定》[7]及《"关于科学创新政策"的俄罗斯联邦政府规定》[8]、《2002～2005 年俄罗斯联邦创新政策构想》等。

在《"关于 1998～2000 年俄罗斯联邦创新政策构想"的政府规定》中阐述了政府对创新活动的立法规范以及对创新活动的奖励机制。

《2002～2005 年俄罗斯联邦创新政策构想》规定了创新发展目标：提高产业的技术水平和竞争能力；确保创新产品打入并占领国内外市场；逐渐实现以国内产品替代进口产品，促进工业生产稳定增长。

上述文件从宏观和微观两个层面为俄罗斯创新活动发展搭建了政策平台。创新政策的宏观方面解决创新活动的法规、奖励机制、制度转换系统、知识产权保护和把科技产品引入市场的问题。从国家调控角度看，创新政策对调动全社会力量投入创新，把研发机构推向市场，在信息保障系统、鉴定系统、金融系统的联合方面起到了促进作用。突出表现在，通过税收调节扩大资金来源，鼓励私人为创新项目投资。创新政策的微观方面通过与优先发展方向政策相结合，解决创新项目的选择问题。通过政策作用，加速开发具有世界先进水平的创新项目和自然资源再生产项目。引导创新企业在仪器制造、电子、信息技术、通信、轻工业和食品工业、农业、医疗技术、医药等重点领域上发展。

俄罗斯政策专家把一般创新模式分为"原创型"（直接研发成果，如美国）和"追赶型"（间接迅速产生成果，如日本）两种类型，并对应两种创新政策。第一种是从零开始的"全方位"创新政策，即一手牵住科研产品生产的总链条。第二种是"拼装式"政策，即把生产中各单元的各种变化加以统一。在不同领域采用不同的创新政策：对原有的科学院系统推广第一种创新政策较为合适；在新兴小企业中则倡导第二种创新政策。

在创新政策推动下，俄罗斯产生了新的多级网状式创新组织：小型创新企业-孵化器-技术园-科学城（俄罗斯联邦国家科学中心、技术创新中心）-科学院大学-创新开发区-国家创新系统。其中，科学城是俄罗斯特有的创新结构，科学院大学是正在计划建立的新型科学创新组织。

俄罗斯政府充分认识到：从国情出发建立国家创新系统是迅速振兴俄罗斯的有效措施。《政策原则》规定："建立国家创新系统是最重要的国家任务，是国家经济政策不可分割的部分。"俄罗斯国家创新系统"必须具备：良好的经济和法制基础；创新结构；完善的国家科技研发与商业成果相结合的机制"，"应该保障国家管理机关与所有科研机构和经济企业紧密结合，把科技成果加速用于提高居民生活质量和巩固国家经济发展的利益上"。"建立国家创新系统需要完成以下任务：①完善相关机制，密切创新过程参与者（包括科研组织、高等院校和生产企业）之间的关系，在新技术投产、提高全体成员水平等方面达成共识；②对创新过程参与者实行经济政策，通过预算外财政进行奖励，对高科技项目建立法制服务，发展风险投资；③建立并发展创新机构主体（创新技术中心、技术园、技术"商务孵化器"、高等院校部门实验室）和创新活动集中服务网络，巩固建立与发展小型科技创新企业、个别产品的专业生产商和科技服务。"[3]

在联邦预算、地区预算和预算外资金的支持下，目前，在俄罗斯 24 个地区建立了大约 50 个技术创新中心、70 多个技术园区。2003 年 1 月，俄罗斯政府计划在国家科学中心基础上，在俄罗斯远东、西伯利亚、西北和中央地带建立 4 个科技创新开发区。这些开发区统一纳入国家创新系统，用于带动科学城自身的改组，促进俄罗斯的科研机构走上创新、自我发展的道路。

五、结论

俄罗斯转型期科技政策的总方针是集中力量和资金，力主自我创新。主要特点表现在以下几个方面。

（1）在处理科学技术与社会和国家发展的关系上，从片面强调科学技术需要国家资金的支持作用、强调国家从外部对科技资源的保护作用，转变为强调科技主体变被动为主动，从内部走自我创新发展的道路。通过创建国家创新系统，实现科学技术为国家经济发展做贡献的最终目的。

（2）在处理科学技术的服务对象上，从将抽象的国家利益作为对象，转变为将具体的公民利益作为对象；从片面发展军工领域的研发和生产，转变为加强以提高居民生活质量为目的的科技产品的研发和生产，从而体现了"以人为本"的人文主义思想。

（3）在处理基础科学和应用科学的关系上，通过优先发展方向政策，把二者结合起来。既保证国家对基础科学发展的支持，又集中有限资源突出阶段重点，以优先发展方向项目带动相关领域基础科学的发展。

（4）在研发财政来源上，从计划体制中的国家单一来源转变为市场经济条件下的多种来源，逐渐降低国家科技财政在总体科技财政中的份额，鼓励企业和私人对研发的投资。

（5）强调科学教育一体化的作用，打破多年来科教分离的结构，有效整合国家的科技资源。

（6）在全球化背景下，从对外封锁、自我封闭，转化为开放国门，加强国际科技合作。通过国际科技合作，充分开发本国的科技资源，在促进世界科技发展的同时，保护国家利益，提高国家地位。

这些反映了俄罗斯科技政策研究者和制定者观念的转变。但其科技政策仍然存在许多问题：①人才政策力度不够，一方面没有真正解决人才外流问题的有力措施，另一方面没有吸引人才流入的政策，特别是没有科技移民政策；②由于税收政策不到位，一方面，创新企业缺少研发资金，另一方面又得不到税收优惠，严重影响了企业对创新产品研发和生产的积极性；③缺乏风险资金政策以及与中介服务、产品销售的配套政策和法规，没有真正解决创新环节缺失问题。

这些问题构成影响俄罗斯科技发展的政策性障碍。应该看到，俄罗斯的科技政策仍处于不断修改、完善的过程中。

我国对俄罗斯科技体制改革的理论与实践尚缺乏全面而深入的研究，而在全球范围内中俄两国的改革经验恰恰是最具有可比性和可借鉴性的。我们将进一步就相关问题做系统研究。

（本文原载于《科学学研究》，2005 年第 5 期，第 629-634 页。）

参 考 文 献

[1] Лахтин Г А, Мидель Л Э. Контуры научно-технической политики（科技政策总论）[M]. М: ЦИСН, 2000.

[2] Федеральный закон о науке и государственной научно-технической политике（"关于科学和国家科学技术政策"联邦法）[EB/OL]. http://www.humanities.edu.ru/db/msg/47172 [2005-01-02].

[3] Основы политики Российской Федерации в области развития науки и технологий на период до 2010 года и дальнейшую перспективу（俄罗斯联邦 2010 年以前及更长期科技发展政策原则）[EB/OL]. http://www.inr.troitsk.ru/rus/docnir/kritec.doc[2005-01-10].

[4] Постановление Правительства РФ（俄联邦政府决议）[EB/OL]. http://nalog.consultant.ru/doc45135. ht-ml[2002-11-14].

[5] Наука России в цифрах 2002（俄罗斯科学数据 2002）[R]. М: ЦИСН, 2003, c.138.

[6] Постановление Правительства РФ（俄联邦政府决议）[EB/OL]. http://prof.consultant.ru/list13/31.html[1998-03-31].

[7] Постановление Правительства РФ（俄联邦政府决议）[EB/OL]. http://law.rambler.ru/library/34283/[1998-07-24].

[8] Постановление Правительства РФ（俄联邦政府决议）[EB/OL]. http://www.korona-group.ru/zakon.html[2002-08-02].

俄罗斯科技创新体系改革进展

张寅生，鲍鸥

一、俄罗斯创新体系面临的问题

对于俄罗斯创新体系面临的问题，经济合作与发展组织（OECD）2001年《搭建俄罗斯创新缺口的桥梁》报告所附俄罗斯工业科学技术部背景文件：《俄罗斯在创造有利的创新环境中国家的作用》通过提出以下现象表示俄罗斯创新体系面临的问题。

1998年，俄罗斯每10 000个劳动人口中有65个研究者。在美国，据1997年统计，这个比例为74人。1998年，俄罗斯研究和发展的经费投入占国内生产总值（GDP）的比例少于1%（0.93%），美国相应比例为2.8%。就给每个研究者的投入而言俄罗斯比美国低15~20倍。但是，俄罗斯每人产生的专利却是美国的3/4，考虑到俄罗斯研究与发展资金的缺乏，这个数字是令人惊异的。怎样解释这种现象？为什么俄罗斯的研究者在低收入的条件下能够持续地产生专利想法？虽然它的专利水平如此之高，但是，俄罗斯高技术产品在世界市场的份额却少于0.3%，比美国的市场份额低130倍。为什么能够产生专利的研究和发展结果不能转变为高技术产品？[①]

这些问题明显地总结了俄罗斯创新体系的主要问题，即俄罗斯的创新体

---

① 经济合作与发展组织2001年研究报告《搭建俄罗斯创新缺口的桥梁》附俄罗斯工业科学技术部背景文件：《俄罗斯在创造有利的创新环境中国家的作用》（英文）。http://www.ecsocman.edu.ru/images/pubs/2003/01/23/0000041716/innovation_gap.pdf.

系还不能高效率地将科技成果转化为经济效益。2001 年，OECD 的《搭建俄罗斯创新缺口的桥梁》将问题归结如下。

俄罗斯拥有一个先进的科学和技术基础条件（研究能力、技术素质好的劳动力，以及技术研究大学），这一基础条件即使在今天也是许多领域世界的领导。俄罗斯具有这一世界级的基础研究能力，但是其出口产品却是原材料。当财富依赖知识水平的增长时，俄罗斯却没有有效的系统将它的科学能力转变为财富[①]。

二、俄罗斯创新体系改革的目标

俄罗斯经济研究所所长阿尔巴金列出的科学改革的目标分为从 1999～2015 年三个阶段，按阶段实现三个目标：发展知识产权市场；使科学经费达到国民生产总值的 2%；使俄罗斯高科技产品在世界市场占有充分比例（阿巴尔金，2001）。

俄罗斯工业科技部认为各国创新一般分为三个阶段：资源阶段、投资阶段和基于创新的阶段。俄罗斯目前处于资源阶段，即产品结构以自然资源的直接产品为主，缺少科技含量。通过增加积累，加大扩大再生产规模，将促进科技进步，导向产业升级。这个方案在本质上也是产业政策，但是有制度创新的措施。这些措施的目标是建立市场经济的基础体系，包括资本市场、知识产权市场等，科技体制改革方面的措施包括：发展科学技术在优势方向的国家支持系统；基于选定的优势科技项目重新组织联邦目标计划，为计划的实现提供科技条件；协调由国家参与的科学研究（协调是建议性的而非指令）。

上述改革措施大致体现在两个方面，一方面是体制，俄罗斯显然力图从根本上改革苏联遗留的体制，为实现这个目标，俄罗斯设想借鉴市场化国家特别是欧美国家的经验，以充分发挥大学、科研机构和企业的科研作用，形成各种科技组织的创新能力，促进各种科技组织间的合作，建立科技成果转化的创新体系，发挥市场对研究和发展的导向作用。这些特点在比较成熟的市场化国家特别是欧美的 OECD 成员国是比较明显的，并有成熟的做法和比

---

① 经济合作与发展组织 2001 年研究报告《搭建俄罗斯创新缺口的桥梁》附俄罗斯工业科学技术部背景文件：《俄罗斯在创造有利的创新环境中国家的作用》（英文）。http://www.ecsocman.edu.ru/images/pubs/2003/01/23/0000041716/innovation_gap.pdf.

较理想的效果。但是，对于俄罗斯来说，这些创新体制上的差距是比较大的。对于在多大程度上或在哪些方面保留苏联的特点，借鉴他国的做法，或创造更新的体制，应该说，俄罗斯的学术界的研讨似乎不够广泛和充分。另一方面是政策，显然，俄罗斯的主要目标是：保持俄罗斯科研在世界上的优势地位；逐步减少政府对研究和发展的直接投入的比例；提高技术创新的鼓励；等等。

三、俄罗斯科研组织和结构在创新体系中的作用

俄罗斯科研组织是从苏联时代继承而来的。苏联科研组织的特点仍然在俄罗斯起到不同程度地作用。苏联科研组织基本上是以政府指令为运行动力的、实行行政层次（等级权力）管理并且分属于 5 个部门（科学院、政府部门、高等学校、企业、国防和军事机构）的科研组织。这种组织不利于创新，其弊病是不同层次之间的通信和交互作用极小化。因为中心计划部门拥有指令和控制功能，即排他性的特权。不仅如此，这种组织将研究与发展的供应组织和需求组织分离。其实，在苏联时期已经有人指出苏联科研组织不适应科技创新，并诊断了其原因，即集中的政府计划部门不能有效地完成研究与发展及其应用（生产）的计划（扎列斯基等，1981）。当然，组织行为的动力是依靠行政指令还是利润或收入显然也严重影响科技创新。在市场化背景下俄罗斯对苏联的所有制进行了改革。在组织方面，俄罗斯的创新体系改革具有以下几个方面的特点。

（一）俄罗斯的具有生产能力的企业在研究与发展中仍然占有低的比例

表 1 表明，从部门结构上看，科学院和政府部门的数量在增长，占各类科研机构总数的比例由 1990 年的 1762/4648=37.9%上升到 1999 年的2603/4089=63.7%，而企业的科研机构数量比例由 1990 年的 2009/4648=43.2%下降到 1999 年的 776/4089=19.0%，下降幅度非常大。其中，工业企业的科研机构数量比例由 1990 年的 449/4648=9.7%下降到 1999 年的 289/4089=7.1%，绝对数量由 1990 年的 449 个下降到 1999 年的 289 个，减少了 35.6%。

表 1 俄罗斯科研组织数量部门结构　　（单位：个）

部门	1990	1991	1992	1993	1994	1995	1996	1997	1998	1999
总计	4 648	4 564	4 555	4 269	3 934	4 059	4 122	4 137	4 019	4 089
科学院和政府部门	1 762	1 831	2 077	2 150	2 166	2 284	2 360	2 528	2 549	2 603
高等教育	453	450	446	456	400	395	405	405	393	387
企业	2 009	1 904	1 729	1 420	1 103	1 103	1 044	902	756	776
其中，工业企业	449	400	340	299	276	325	342	299	240	289
其他	424	379	303	243	265	277	313	302	321	323

资料来源：根据科学研究与统计中心，2000，《俄罗斯科学与技术至 2010 年的预测》（俄文），莫斯科，第 98 页。科学研究与统计中心，2000，《科学统计》（俄文），莫斯科，第 124-125 页数据绘制。

在研发支出中，企业所占的比例最大，但已从 1989 年的 77.9%，下降到 1990 年的 70.8%。俄罗斯研究者对此的解释如下：

企业研究与发展经费支出比例的下降表明企业财务状况相对于国家科研机构而言恶化了。应该承认，虽然这一比例与美国（75.3%）、日本（71.0%）和德国（70.8%）相近，甚至高于欧盟国家平均水平（2000 年为 64.5%），但是这种类似的对比是由俄罗斯以前遗留的结构特征造成的。与传统的市场经济体结构不同，俄罗斯企业的研究与发展机构基本上是行业研究院所和设计局，工业企业 2000 年在研究与发展经费支出中的比例仅占 6.2%或者占企业研究与发展经费支出的 8.7%。

针对俄罗斯的上述研究，有必要将俄罗斯工业企业（进而对第一和第二产业，即农业和制造业）的研究与发展经费占全部研究与发展经费的比例做国际横向比较。由于俄罗斯的属于企业的非工业研究和发展机构大多属于行业研究院所和设计局，对于不从事生产的研究性企业，应该大多数属于服务业（俄罗斯统计部门规定的经济活动类别将研究与发展活动列为一种，号码为 73）。俄罗斯所统计的工业企业，相当于市场化国家的制造业生产组织。这样，需要与其他国家比较服务业和制造业企业的研究与发展经费所占比例。1993 年，芬兰的企业研究与发展经费为 62 亿芬兰马克，其中，工业企业占全部研究与发展经费的 49.2%。考虑到芬兰的农业比较发达，因此，农业在企业研究与发展经费中也应占一定比例，这样，服务业企业在所有企业的研究与发展经费中应占很少比例[1]。1993～1994 年度，澳大利亚在制造业部门

---

[1] 瑟卡·纽米门（Sirkka Nummimen）技术研究小组，1996，《国家创新系统：芬兰知识扩散能力的初步实证研究——经济合作与发展组织和芬兰贸易和产业部的第一阶段的报告》（英文），http://www.oecd.org/dataoecd/50/33/2373934.pdf.

的企业支出为 181 030 万澳元，占企业研究与发展经费 298 500 万澳元的比例为 60.6%（曾国屏和李正风，1999）。工业企业从事创新活动的数量也可以印证工业企业在研究与发展中的作用是不大的。1989 年有 60.0%的工业企业从事创新活动，但是到 1999 年下降到 6.2%。比较而言，美国 1996 年的创新企业数量达到 1/3[①]。2000 年，这一比例下降到 3.52%[②]。1990 年，俄罗斯工业企业从事研究与研制的组织为 449 个，1994 年下降至 276 个，到 1998 年又降至 240 个，1999 年回升至 289 个。1999 年，俄罗斯工业企业的研究与研制的组织为研究与研制组织总数的 7.1%，比 1990 年减少了一半。

在创新体系高效率的国家，企业特别是生产型企业（第一、二产业的企业），是直接将知识转化为产品的组织，是创新活动中的主体。显然，俄罗斯的工业企业支出的研究与发展经费占总研究与发展经费比例非常少，工业企业研究与发展的机构数量也非常少，并都呈下降趋势。这说明，生产型企业在研究与发展中的作用小。苏联创新体系结构仍然在起作用。科研主体（主要是科研院所）和应用组织（主要是工厂、企业）作为各自独立的组织在建立之初就产生了二者结合不紧密，即科研题目不能满足企业的技术革新需求并且科研成果不容易转化的问题。

在科研生产联合体建立之前，苏联的企业几乎没有大的科研机构。这种弊病在苏联时期也一直在进行改革。主要趋向是在组织上使科研机构和生产单位融合。但是在没有生产要素和企业产权市场存在的计划体制下，科研机构和企业组织间融合的效果并不明显。问题在于，俄罗斯在私有化和市场化十多年后，原来企业并没有成为创新主体，并且，俄罗斯已经将行业科研院和设计局企业化（数字不详），这些企业化的行业科研院和设计局对于加入工业产业创新的步伐仍然是不明显的。在理论上，生产要素市场（含知识产权市场）的建立，似乎应该使科研机构产生生产能力或联合生产单位（企业）的能力，或者使企业具有并购或联合科研机构的能力，但是，现实并非如此。原因何在？

从目前研究结果上看，主要原因被归结为三个方面，一是着眼于经济环境的非制度性要素，如企业对科技成果有效需求不足；资金市场（信贷资金）几乎不存在；等等。这些因素导致企业没有能力进行创新活动。二是文化因

---

① 科学研究与统计中心，2000，《俄罗斯科学与技术至 2010 年的预测》（俄文），莫斯科，第 96 页。经济合作与发展组织 2001 年研究报告《搭建俄罗斯创新缺口的桥梁》附俄罗斯工业科学技术部背景文件：《俄罗斯在创造有利的创新环境中国家的作用》（英文）。http://www.ecsocman.edu.ru/images/pubs/2003/01/23/0000041716/innovation_gap.pdf.

② 《经济学家》（俄文），2004，1，莫斯科，第 20 页。

素（行为方式），认为俄罗斯目前缺少企业家精神（文化）。三是制度方面的问题，认为在制度上没有建立完备或基本的市场机制，所谓的市场及其理论上认为市场体制下的企业和企业外的调节功能不具备或很少具备。

本文认为，原因的确是上述各个因素共同作用的综合结果。对于非制度的和文化因素本文不进行讨论。本文认为，主要的制度原因在于以下两个方面。

第一，在要素市场和资本市场不具备或作用微弱的情况下，所有制的变革可能不是促进了企业的创新能力，而是阻遏了创新能力。以私有化为核心的所有制改革使俄罗斯的企业和科技组织有了明晰的产权关系，也正因为有了不同的产权关系，在要素和资本难以流动的情况下成为短期的障碍。由于俄罗斯工业企业大部分没有强大的研发能力，而具有强大研发能力的科研组织原来又不是企业，这样，没有要素和资本的流动，使得原来的两个系统的组织仍然没有进行组织间的紧密联合。因而，工业企业仍然没有成为创新中的应有重要力量。

第二，企业制度（经营体制）改革没有完成或不彻底，使工业企业仍然缺乏创新的活力。目前，俄罗斯所有制改革占主导地位的所有制形式是股份制，其次为单一制企业。至 1998 年，俄罗斯进行私有化的企业中有 33%是股份制，属联邦主体的企业在私有化后有 65%是股份制。目前的经营体制普遍推行了公司化经营体制（阿尔巴金，2001）。基本目标模式借鉴了欧洲的相应做法。此后，私有化的进展一直在进行。但是，产权与管理分开问题至今仍然没有彻底解决。

俄罗斯经济研究所所长阿尔巴金列出的问题和目标之一是：在 2000 年后的第一个五年期间，应解决由形式上的股份制向名副其实的股份公司过渡这一根本性课题……这一时期必须解决一些原则性问题，产权与政权分开，产权与管理分开（阿尔巴金，2001）。

上述分析表明，企业微观制度不成熟，是缺乏创新活力和能力的制度原因。这一原因导致企业在现有的体制下创新组织结构的实质转换，即使企业成为转化科技成果创新主体尚难以达到。当然宏观的经济形势和政策对创新体制改革的影响也是巨大的，本文在此不做分析。

（二）俄罗斯高等学校的科研组织在创新体系中的作用在增强，但是仍然微弱

关于俄罗斯高等学校的科研组织在创新体系中的作用，经济合作与发展

组织的报告认为在科研组织分类中，俄罗斯高等学校在 5 个创新主体中对整体的研究和发展贡献最小，这是符合实际的①。俄罗斯高等学校科研组织在研究与发展的经费支出所占的比例，1989 年为 7%，1990 为 4.5%。比较而言，1995 年美国高等学校研究与发展的经费支出比例为 15.7%。

（三）在组织结构上俄罗斯与某些创新体系发达的国家还有一个重要的差异是科学院

俄罗斯的科学院还不同于美国科学院，美国科学院没有研究实体，只是荣誉和咨询性的机构。俄罗斯在组织结构转型中保留了科学院，并且禁止将科学院组织私有化。将科学院定位于从事基础研究和对国民经济有重大影响的技术研究组织。俄罗斯科学院的经费呈增长趋势，在联邦预算的比例也是增长的。表 2 是俄罗斯的科学院从联邦预算获得的科技投入情况。

表 2 俄罗斯的科学院从联邦预算获得的科技投入

年份	联邦预算资金投入到全俄科学经费/百万卢布	占联邦预算的比例/%	联邦预算资金投入到俄罗斯科学院的经费/百万卢布	占联邦预算的比例/%	俄罗斯科学院基础研究经费/百万卢布	俄罗斯科学院基础研究经费占联邦预算经费的比例/%
2001	22 094	1.72	7 992	0.62	7 134	89.2
2002	32 896	1.70	11 859	0.61	10 140	85.5
2003	35 500	1.72	15 219	0.73	13 071	85.5

资料来源（俄文）：谢列聂夫（А.З.Селенев），2003，俄罗斯科学的投入：宣称的与实际的. 俄罗斯科学院公报，第 73 卷，第 3 期，第 220 页；俄罗斯科学院 2001 投入计划. 俄罗斯科学院公报，第 71 卷，第 5 期，2001，第 464 页；俄罗斯科学院 2002 投入预算计划. 俄罗斯科学院公报，第 72 卷，第 5 期，2002，第 457 页；俄罗斯科学院 2003 投入预算计划. 俄罗斯科学院公报，第 73 卷，第 5 期，2002，第 466 页。

政府对俄罗斯科学院增加的投入显然希望强化俄罗斯科学院的一支国家科研实体力量。但是，俄罗斯科学院的基础研究占有更大的比例，这仍然导致应用研究相对短缺。苏联科学院遗留的科学院成果不容易转化的问题仍然存在。

由于各个政府部门的研究与发展经费以应用研究为主并且下降剧烈，在科学院不增加应用研究的情况下，俄罗斯应用研究总体上呈下降趋势。工业

---

① 经济合作与发展组织 2001 年研究报告《搭建俄罗斯创新缺口的桥梁》附俄罗斯工业科学技术部背景文件：《俄罗斯在创造有利的创新环境中国家的作用》，第 11 页。http://www.ecsocman.edu.ru/images/pubs/2003/01/23/0000041716/innovation_gap.pdf.

企业应用研究在企业总研究与发展中的比例也在下降（1989～2000 年从
31.1%下降到 13.9%）[1]，这样近几年应用研究在研究与发展中的比例是下降
的，对科研成果的转化有一定的制约作用。

表 3 是俄罗斯科技经费在研究与发展不同阶段的比例。

表 3　俄罗斯科技经费在研究与发展不同阶段的比例　（单位：%）

研究与发展类型	1991	1995	1996	1997	1998
基础研究	9.3	15.8	15.8	17.7	16.1
应用研究	33.3	18.1	16.2	16.8	16.9
发展	57.3	66.6	68.0	65.5	67.0

资料来源：经济合作与发展组织 2001 年研究报告《搭建俄罗斯创新缺口的桥梁》（英文），第 52 页。
http：//www.ecsocman.edu.ru/images/pubs/2003/01/23/0000041716/innovation_gap.pdf.

俄罗斯科学院在体制上也进行了一些改革，包括成立了"俄罗斯科学院
创新署"，任务是将其科研院所的有商业价值的结果商业化，促进其科研院
所与企业、高等学校合作[2]。这些改革，似乎还没有在根本上扭转俄罗斯科
学院科技成果商业化的难题。从俄罗斯科学院的收入比例可以证实这一点。
2000 年在俄罗斯科学院的收入比例中，经济合同收入占 19.98%，占联邦预
算的 59.5%，可以看出，通过合同带来的收入与苏联时期相比没有增长，这
说明科技成果的商业化进展不大。根据研究，苏联科学院在苏联解体前实行
与工业或军工机构签订科研合同获得相应科技收入，这种合同资金投入一般
不超过该科研院所总科研经费的 25%（格雷厄姆，2000）。

四、俄罗斯创新促进组织在创新体系中的作用[3]

与原有的科研组织及其作用转型并不明显相对照，俄罗斯创新促进组织
几乎从无到有，已经成为创新体系中的重要力量，但是对本国产业的创新促
进作用还很有限。至 2001 年 3 月，在俄罗斯注册的有 20 个风险基金，共管
理着 20 亿美元。其中 25%已经投入，其余即将投入。这些风险基金都有国

---

① 科学研究与统计中心，2000，《科学统计》（俄文），莫斯科，第 423 页。
②《俄罗斯科学院主席团在 2000 年的活动》，《俄罗斯科学院公报》，第 71 卷，第 8 期，2001。
③ 本节的数字来自经济合作与发展组织 2001 年研究报告《搭建俄罗斯创新缺口的桥梁》第 39，4-50
页。http://www.ecsocman.edu.ru/images/pubs/2003/01/23/0000041716/innovation_gap.pdf.

外资本。被投资的对象包括出口商、进口替代生产商，不倾向于技术创新。只有 1%的风险资本被引入高技术领域。投资到技术公司的资本不超过 500 万美元。相关的直接从事创新支持的大公司包括国家创新公司、俄罗斯金融公司、联邦和区域小企业支持基金，正在发起的风险创新基金（科学部）。这些公司的促进结果（被扶持者和自身投资人的效益）尚没有资料。比较大的创新促进项目是建设国家创新系统基础体系（national innovation system infrastructure）。在这个体系中，至 2001 年，国家科学中心已经建立，并且正在建立一系列联邦科学和高技术中心。相关的组织还有在 60 个高等学校建立了技术联营组织；18 个由国家财政支持的和 16 个由地方财政支持的创新技术中心，1998 年共管理着 266 个小企业，1999 年共管理着 500～600 个小企业，其中 18 个由国家财政支持的创新技术中心 1998 年产值为 3.9 亿卢布。1999 年，科学部会同其他部建立了创新生产综合体，综合体成员包括科研机构、创新技术中心和工业企业。

五、对俄罗斯创新体系改革的总体评价

上述分析表明，俄罗斯已经在法律和制度上奠定了市场体制，这个体制趋向于建立生产要素市场进行包括科技成果在内的资源的市场化配置。已经进行的科技体制改革使政府的职能发生转变，由直接研究与发展变成向各个研究与发展组织进行订货的角色，政府对于研究与发展的投入已经由 20 世纪 90 年代初的 90%降至约 50%，并且正在转变为有偿投入，这些将促进科研机构发挥自主性和自我创新能力；知识产权在法律上得到承认；创新促进组织已经成为新生力量在发挥作用；研究与发展的组织之间的联系和合作渠道正在密切和拓宽；产权制度和企业经营制度使企业获得了创新发展的基本法律地位。

就创新体系而言，经济合作与发展组织 2001 年《搭建俄罗斯创新缺口的桥梁》的报告对俄罗斯的创新体系改革进展概括如下[①]。

俄罗斯的创新体系正在以零散的方式发展。俄罗斯新兴的私营部门对公共研究与发展主要的履行者保持着不充分的联系，国家持续遭受着制度的刚性以及不充分的和扭曲的研究与发展投资。传统的基于自然资源的生产型的

---

① 经济合作与发展组织 2001 年研究报告《搭建俄罗斯创新缺口的桥梁》，《俄罗斯在创造有利的创新环境中国家的作用》。http://www.ecsocman.edu.ru/images/pubs/2003/01/23/0000041716/innovation_gap.pdf.

产业很少有积极性去投资于创新和创造，对俄罗斯新兴技术创新公司的很少的国内需求促使他们基本上依赖出口市场。创造国内的创新的市场将要求在技术政策制定和传达的内外领域都进行综合的制度改革。

但是，上述各项改革目标和措施，包括俄罗斯国外对科技体制改革的分析和建议，没有完全或决定性地给出方案和框架以解决苏联时期遗留的问题，即对于国家的以基础研究为主的研究力量——俄罗斯科学院，它与企业或产业界的有效的合作方式是什么，无论在组织或政策上或其他方面；对于部门的科研机构，保持其活力的措施是什么，使它与企业或产业界的有效的合作方式是什么，如果它企业化，它如何具备企业的功能和能力，特别是生产和再生产、融资的能力；大学成为研究与发展的重要力量的主导措施是什么；国防和军事的科研机构是否或如何与民用企业合作、融合。对于俄罗斯，面对一个有效的科技体制蓝本，这个蓝本如美国和欧洲的经济合作与发展组织国家，这些国家政府有限度地直接参与研究与发展，大学和企业在创新中起相当大的作用，而俄罗斯与之不同，它的政府直接研发力量强（虽然俄罗斯科学院不是政府，但由政府预算支持并由政府直接管理），但是大学的研究力量非常弱，企业还基本没有力量进行研究和发展，如何转型或借鉴，需要有明晰的战略性的思路，这个思路应既能保证俄罗斯原有的优势（强大的国家研发力量集中在基础研究），又能够包括将科技成果高效率转化的机制，这仍然是需要解决的重大课题。因此，从效果上看，实行这些措施以来，科技对经济的促进作用以及科技本身的发展没有明显的改进。俄罗斯科技体制的核心问题是原有的创新体系效率低，新的创新体系还刚刚开始建立，作用仍然有限。

（本文原载于《经济社会体制比较》，2005 年第 3 期，第 56-62 页。）

参 考 文 献

Л. И. 阿巴尔金, 周绍珩. 2001. 俄罗斯发展前景预测——2015 年最佳方案[M]. 周绍珩, 陈云卿, 孟秀云, 等译. 北京: 社会科学文献出版社.

E. 扎列斯基, 等. 1981. 苏联的科学政策[M]. 王恩光, 等译. 北京: 科学出版社.

曾国屏, 李正风. 1999. 世界各国创新系统[M]. 济南: 山东教育出版社.

洛伦·R. 格雷厄姆. 2000. 俄罗斯和苏联科学简史[M]. 叶式辉, 黄一勤译. 上海: 复旦大学出版社.

美国科研机构的利益冲突政策的缘起、现况与争论

| 王蒲生，周颖 |

利益冲突（conflict of interest）是近年来国外科技政策或法规中出现越来越频繁的一个术语。所谓利益冲突，是指当事人的私人利益与其职责或者其职责所代表的利益发生冲突。换句话说，利益冲突是当事人在所处的境况或者行为中，身负的委托利益有可能不恰当地受到当事人自身利益的影响。科学家在研究过程中受到利益影响而得出或可能得出倾向性的结论，或者科学家在咨询过程中受到一些利益主体的影响，而做出或可能会做出倾向性的判断，使委托方的利益因为倾向性的结论或判断而受损，均属利益冲突范畴。本文将就美国科研机构中相关的利益冲突政策和法规进行分析研究，以期为我国的科研机构制定相关的利益冲突政策提供借鉴。

一、美国利益冲突政策出现的背景

在当代，随着科学职业化的形成，科学研究也从过去的由个人兴趣爱好驱动的以探求真理为主旨的行业，成为一种有大量人群参与的、得到社会广泛资助的社会活动，成为一种可以使科学家获得荣耀、权位和种种福利的职业。反过来，科学研究已经成为可以产生巨大利润的源泉,致使许多商业性机构资助或直接介入科学研究和开发,科学家们也成了各种利益争夺的对象。在这种背景下，科学活动中的利益冲突日益彰显。

美国是世界上科研机构最多，科学研究和管理活动最活跃也最复杂的国家，自然地，科学活动中的利益冲突问题也更尖锐。利益冲突较多出现在同行评议中。1975 年在美国国会科学研究与技术委员会举行的听证会上，一位国会议员曾对当时的同行评议制度给予了批评，认为同行评议是一个熟人关系网，项目评审官员依靠他们在学术界信得过的朋友来评议他们受理的申请项目。这些朋友又会推荐自己的朋友做评议人。1986 年美国西格马克西学会做过一次调查，在接受调查的近 4100 名科学家中，有 63% 的人认为，要获得政府资助的研究项目，取决于"你是什么人"。许多申请项目获得资助，主要是因为这些申请者已经为资助机构所熟知，或者以前得到过该基金的资助。[1]

利益冲突也出现在具体的科学研究过程中。尤其是在生物医学领域，由于制药公司、烟草公司、食品公司与相关领域的研究者关系最为暧昧，因利益冲突而导致的问题也最多。典型案例如哈特金斯（L. F. Hutchins）等人对美国癌症患者临床化学治疗的调查研究。在美国，65 岁以上的癌症患者约占 63%，然而参与临床试验的 65 岁以上患者的比例则不到 25%。由于高龄患者的耐受能力较差，化学疗法对年龄较大患者的效用较小，因而有意排除高龄患者的做法，可以使得实验新药的疗效显得更好[2]。实际上，利益冲突可以表现在实验对象的选择、试验的设计、病例的选择、数据的分析处理方法、选择性发表论文的内容等各个环节。科学家受到利益影响而得出倾向性的结论，使得科学研究的客观性受到严重威胁。

"摩尔细胞案"也是一个典型案例。摩尔（J. Moore）是一名白血病患者，1976 年在加利福尼亚大学洛杉矶医学院摘除脾脏。他的医生古德尔（D. Golde）事先未征得他的同意，即将他血液中的某些化学物质申请专利，并与一波士顿公司签订合同分享 300 万美元利润。瑞士桑多士（Sandoz）制药公司向其支付了 1500 万美元开发 Mo 细胞系。该医学院连续 7 年取他的血、骨髓、皮肤和精子样本。摩尔 1984 年发现自己已成为专利号 4438032。他感到身体被剥削、人格受到侮辱，于是将古德尔医生告上法庭[3]。此即为轰动一时的"摩尔细胞案"。

由于利益冲突影响到科学研究的客观性与科学活动的公正性，制定适当的政策法规，正确地辨别、恰当地处理科学活动中的利益冲突，便成为一个引起广泛关注与重视的问题。因此，在美国 20 世纪下半叶开展的整饬学术伦理和学术道德的运动中，很多学术机构也将利益冲突作为学术规范的重要内容，纳入到相应的政策法规之中。

二、利益冲突的政策在美国科研机构的普遍性与差异性

美国部分科研机构制定利益冲突的规范或政策，并非因为强制性的法律根据。因此，仍有部分科研机构尚未制定相关的政策。那么，在美国有多少机构制定了利益冲突政策？各机构之间的政策内容是否一致？

2000年初，迈克雷（S. Van McCrary）等人对美国科研机构有关利益冲突政策的制定情况，做过一次问卷调查。调查对象是每年从美国国立卫生研究院（National Institute of Health，NIH）和美国国家科学基金会（NSF）获得500万美元以上资助的研究机构，其中包括127所美国医学院和170所科研机构，48个基础科学及临床医学期刊，17个联邦政府部门。在2000年3月之前，297所医学院和研究机构中，有250所（占84%）给予了回复。这250所机构中只有15所（5所医学院、10所科研机构）报告说尚无利益冲突方面的政策，其他的都制定了利益冲突政策。在有利益冲突政策的机构中，91%采用了联邦规定的利益冲突起点，即每年1万美元以上的收入或等价物，或5%以上的所有权，还有9%的机构执行了比联邦政府规定更严格的政策。在接受调查的48个期刊中，有47个给出了回复，其中20个期刊（占43%）要求披露利益冲突。17个被调查的联邦政府部门中，有16个给出了回复，有4个对利益冲突有所规范[4]。

调查结果显示，美国科研机构（包括医学院）大多数（94%）对利益冲突有政策规定。相比而言，制定了利益冲突政策的期刊比例较低一些，而只有少数联邦政府部门制定有相关政策。调查结果还显示，各机构中对利益冲突的实际规定差别很大，有些机构并不要求做出利益冲突披露。

就在同一年（2000年），乔（Mildred K. Cho）等人还对美国国立卫生研究院资助额度最高的前100所研究机构（包括大学、独立研究所等）的利益冲突政策，进行了调查分析[5]。其中有3所机构因不复存在或沿用其上级机构的利益冲突政策而在研究时予以排除，余下的97所机构，除8所机构未给出回复之外，共获取了89份书面的利益冲突政策。

在获得的利益冲突规范中，有49份（55%）要求全体教职员披露其利益冲突，40份（45%）只要求其主要研究者披露利益冲突。另外，62份（70%）要求披露机构成员在教学、研究和同行评议等学术活动中的利益冲突关系，24份（27%）只要求披露在科学研究和工业赞助的研究中的利益冲突，仅有2份要求成员披露全部经济利益。

在管理方面，47 份政策（53%）特意规定了教职员对利益冲突判决进行申诉的程序，62 份（70%）规定了对于不遵守利益冲突政策的惩罚机制。有33 所机构（38%）成立了专门的评估委员会，职责是评估利益冲突的严重程度以及所适用的政策。

在这些文件中，处理利益冲突最常用的方法依次是：向研究机构披露利益冲突，向公众公开利益冲突，对涉及利益冲突的研究或学术活动予以监视或勘察；剥夺经济利益或禁止相关的经济活动。其他的方法还有：委任其他研究者替换有利益冲突的原项目领导人，以及要求有严重利益冲突的教职员离开大学或机构等。

这些政策的绝大部分都规定了教职员的哪些活动和利益应当向研究机构当局披露或公开，有 17 份政策（19%）规定了教职员的哪些活动或利益应当被禁止或限制。另外，有 32 份政策（36%）还指出了那些不属于利益冲突范围的外部经济利益，包括：在非学术组织担任领导职务或其他类似职务；接受版税、酬金和因学术活动所得的奖励；从私人组织和非营利组织所获取的咨询服务费，但需经研究机构界定；担任专业同行评议组的职务；为司法、立法机关提供专业证词。

从乔等人的统计情况来分析，美国绝大部分研究机构（占调查样本中的92%给出了利益冲突政策）都已经具有了成文的利益冲突规范，但是这些利益冲突的政策之间差异很大，对利益冲突要求的严格程度不同。有些机构建立了相对健全的披露、审查、处理和申诉机制，而且成立了专门的审查委员会来管理利益冲突，而有些机构虽然制定了利益冲突政策，却只停留在一般的规范层面上，没有制度详尽的管理层面上的操作程序，没有建立处理利益冲突的专门委员会。而且，对于利益冲突的界定，即哪些行为或利益属于利益冲突范围，哪些行为或利益不属于利益冲突范围，各个研究机构之间亦有较大的分歧。但是，对于一些基本的利益冲突，比如一定数额以上的经济利益冲突、裙带关系冲突等，所有的研究机构的规定还是基本一致的。

三、不同层次机构制定的有关利益冲突的范例

美国对利益冲突的规范大体上分为三个层次：联邦级别（federal level）、州级别（state level）和各个研究机构级别（institutional level）。其中，联邦级别通过联邦法案和公共卫生署（Public Health Service，PHS）的政策的形

式进行规范，州级别通过非营利组织立法的形式进行规范，而各个研究机构级别有适应本机构情况的利益冲突准则[6]。

美国公共卫生署是联邦政府下属的行政部门，该署制定了一个行政法规，规范研究基金和合作研发（主要是针对健康、医药和人类研究而言）中的同行评议过程。它要求所有科研机构必须制定利益冲突规范，这是接受联邦科研资助的必要条件。该利益冲突规范要求，所有接受联邦科研资助的研究机构实施全面的防范措施，防止其雇员、顾问以及管理层利用其职务之便谋求私人利益。研究机构制定的这些措施必须指出哪些外部的活动、关系和经济利益是合适的，哪些是不合适的，它还责成专门行政机构来进行管理，并对违反利益冲突的行为做出相应的处理。

该法规还对同行评议中的利益冲突做了详细的规定。该法规明确指出，如果评议专家组成员自身或其配偶、子女、父母、合伙人等，在所评议项目中有经济利益、担任职务和有经济往来，那么评议专家组成员须要回避，法规还给出了当回避造成专家缺额时的应对情况。

对于基层的科研机构而言，因各个机构性质和职能不同，有关利益冲突政策的内容及详略程度也可以迥然有别。下例是美国心脏学会（American Heart Association，AHA）有关同行评议中利益冲突规定的主要内容。

美国心脏学会将同行评议中的利益冲突的关系界定为 4 种：①购买与出售、出租与租借等，任何财产或不动产的关系；②对私或对公的雇佣与服务关系；③授予任何许可、合同以及转包合同关系；④投资或者储蓄关系。

对于每种类型的利益冲突，均有非常详细的指导（conduct）。具体的规定如下。

（1）若出现如下利益冲突境况，申请必须被转交给另外一个被认可的同行评议小组：①主要研究者或合作研究者是同行评议委员会成员；②评议委员会成员与申请者为赞助关系；③评议委员会成员现在是或曾经是初步入选申请者的导师；④评议委员会成员是申请者的配偶，或之间有重要关系，或之间有直接的家庭成员关系。

（2）若出现如下利益冲突境况，在评议过程中，评议委员会成员必须离开房间：①评议委员会成员为申请者写过推荐信；②评议委员会成员在申请中被列为顾问之一；③最近 3 年内，评议委员会成员和申请者合作发表过文章；④评议委员会成员是申请者的系主任；⑤申请来自评议委员会所在机构；⑥评议委员会成员与申请者曾经有过某种可能会影响到得分的关系，比如博士后学生、竞争者、募集申请者等；⑦在过去 12 个月中，评议委员会成员曾经工作于项目赞助机构[7]。

四、利益冲突政策引起的争议

利益冲突政策概念的推广以及相关政策的制定与普及，并非一帆风顺。实际上，自利益冲突概念进入科学管理政策的那一天起，批评和抵制就没有停止过。

1989 年 9 月，美国国立卫生研究院通过了一份有关利益冲突的指导方针，要求所有接受美国国立卫生研究院资助的研究机构必须将披露利益冲突的资料保存 3 年以上，以便于更快捷地向联邦政府建立的基金组织通报有关利益冲突，并在基金发放前解决有违原则的问题。这一指导方针要求，所有对研究计划有决策权的人，都应披露一切经济利益和外部职业行为。需要披露的东西包括：对实验室的资助行为、服务及顾问工作、谢礼，以及其他利益。这一方针特别限定，倘若一项研究结果会对某个公司产生影响，那么这个项目的研究者就不能拥有该公司的普通股票或期权。这个方针一经公开，即遭到科学界的广泛批评和指责。批评者们认为该指南限制了科学家获得正当的报酬，且限制过于严苛，不利于公司与大学研究者之间的合作性经营。而且它对基础研究与后期的临床试验不加区分，混为一谈，因而难以接受。在批评的声浪中，该方针仅实行了 3 个月即行废止[8]。

直至 2001 年，耶鲁大学的研究者仍然发现，由于受到作者的强烈反对，医学期刊要求作者在论文之后声明受资助来源以及可能利益冲突的政策，很难执行[9]。

反利益冲突政策人士中，罗斯曼（Kenneth J. Rothman）是具有代表性的一位，他在著名医学杂志《美国医学会会刊》（*JAMA*）中撰文指出，采用利益冲突披露政策，势必导致 20 世纪 50 年代流行的臭名昭著的审查制度，是科学研究中的新麦卡锡主义。他认为，判断一个科学发表物应根据其自身价值而不是其他信息，就如临床试验中常常采用隐蔽方式一样，公开过多的其他信息并不导致正确判断和结果。存在利益冲突只表示有可能对某人的行为产生影响，但却不一定必然导致错误；利益冲突的确是一种诱惑，但诱惑不等于罪孽。也就是说，指明某人存在利益冲突无助于揭示其作品是否存在问题，披露了利益冲突的作者也可能是"假阳性"（false positive，即因测试方法或步骤的缺陷，被误诊为有病的人），这种做法只能使成果中既无欺骗又无偏见的作者，徒然产生一种罪恶感。他提出应该中止这种科学中的麦卡锡主义，把注意力集中到科学家的成果上而不是他们的个人生活上。[10]

由于存在形形色色的反对意见，而引发了针对利益冲突政策的广泛讨论。为验证利益冲突是否真的对科学客观性产生影响，一些学者对科学中的利益冲突进行了定量分析。1998 年，斯特福克斯（H. T. Stelfox）等人对 1995 年 3 月到 1996 年 9 月用英文发表的 70 篇关于钙离子通道阻断剂（一种治疗心血管疾病的新型药剂）的论文，进行了统计分析，以检查作者对这种药剂的态度是否受制药公司经济资助的影响。结果发现，对钙离子通道阻断剂的安全性持肯定态度的作者中有 96%曾接受钙离子通道阻断剂生产商的赞助；而持中立态度者只有 60%，持否定态度的作者只有 37%有这种赞助关系。而且，持肯定态度的作者，也比持中立和否定态度的作者，更有可能与其他任何的制药公司发生经济上的联系，无论该公司生产什么产品[11]。

同年，巴恩斯（D. E. Barnes）等人分析研究了 1980~1995 年发表的 106 篇有关被动吸烟是否有害的评论文章，结果有 37%的文章认为被动吸烟无损健康，而这其中，有 75%的文章作者与烟草公司之间有从属关系，比如作者是烟草公司附属机构或分公司的成员。与烟草公司有从属关系的作者发表的评论中，认为被动吸烟无害的占 94%，而没有从属关系的作者的评论中，认为被动吸烟无害的仅占 13%。研究还表明，评论文章的倾向性，与文章的主题、发表时间、是否经过同等评议等因素关系不大，而是否与烟草公司有从属关系，是产生倾向性的唯一因素。因此，为了保证客观性，评论作者必须披露自己潜在的利益冲突，读者在对文章的结论作出判断时也须考虑作者的从属关系[12]。

大量的事实证明，认为利益冲突不会对科学研究产生实质性影响的观点是站不住脚的。相反，利益冲突正在侵蚀着科学赖以成为科学的基石——客观性，并进而影响到科学和人类社会的方方面面。有关利益冲突的政策只存在是否妥当是否完善的问题，而不存在是否应该制定的问题。

（本文原载于《科学学研究》，2005 年第 3 期，第 372-376 页。）

参 考 文 献

[1] 吴述尧. 同行评议方法论[M]. 北京: 科学出版社, 1996: 21-22.

[2] Hutchins L F, Unger J M, Crowley J J, et al. Underrepresentation of patients 65 years of age or older in cancer-treatment trials[J]. New England Journal of Medicine, 1999, 341: 2061-2067.

[3] 邱仁宗. 利益冲突[J]. 医学与哲学, 2001, (12): 21-24.

[4] van McCrary S, Anderson C B, Jakovljevic J, et al. A national survey of policies on disclosure of conflicts of interest in biomedical research[J]. New England Journal of Medicine, 2000, 343: 1621-1626.

[5] Cho M K, Shohara R, Schissel A, et al. Policies on faculty conflicts of interest at US universities[J]. Journal of American Medical Association, 2000, 284 (17): 2203-2208.

[6] Witt M D, Gostin L O. Conflict of interest dilemmas in biomedical research[J]. Journal of American Medicine Association, 1994, 271 (7): 547-551.

[7] American Heart Association. Conflict of Interest Situations and Policies Related to Peer Review[S]. http://www.americanheart.org/presenter.jhtml?identifier=440[2004-09-17].

[8] Witt Michael D, Gostin Lawrence O. Conflict of interest dilemmas in biomedical research[J]. Journal of American Medical Association, 1994, 271 (7): 547-551.

[9] Smith R. Journals Fail to adhere to guidelines on Conflict of Interest[J]. The British Medical Journal, 2001, 323: 651.

[10] Rothman K J. Conflict of interest: The new McCarthyism in science[J]. Journal of American Medical Association, 1993, 269 (21): 2782-2784.

[11] Stelfox H T, Chua G, O'Rourke K, et al. Conflict of interest in the debate over calcium-channel antagonists[J]. New England Journal of Medicine, 1998, 338: 101-106.

[12] Barnes D E, Bero L A. Why review articles on the health effects of passive smoking reach different conclusions[J]. Journal of American Medical Association, 1998, 279 (19): 1566-1570.

政策范式的社会形塑

——以《美国竞争法》为例

| 王程韡，曾国屏 |

2007 年 8 月 2 日，美国国会众议院以 367 票对 57 票的绝对优势，通过了《美国竞争法》（America Competes Act），又称《为有意义地促进技术、教育与科学创造机会法案》（America Creating Opportunities to Meaningfully Promote Excellence in Technology，Education，and Science Act）；几小时后，该议案又在参议院以无记名投票方式通过[1]。该法案涉及美国联邦政府的 6 个机构，对联邦科技相关机构提出了明确要求，旨在从夯实基础研究和培育基础人才着眼，进一步提高美国科技和教育的竞争力，被誉为美国未来几年科学事业发展的路线图。该法案一经推出，便引起了包括中国在内的许多国家的共同关注。我国国内的相关部门和研究机构也纷纷从不同的角度探究法案颁布的原因，以及其对中国创新型国家建设和科技与教育发展的意义、借鉴和启示。

和此前类似的法案不同，《美国竞争法》第一次从法律的层面将科技和教育的问题"整合"在一起。那么，作为一种相对稳定的社会建制的法律的出台，是否意味着美国未来的科技政策和教育政策将融合成新的政策体系？或者说，《美国竞争法》所代表的政策范式是原有科技和教育政策范式的延续，还是新政策范式的萌生呢？

一、政策变迁过程的理论回顾

政策范式（policy paradigm）通常指政策行动主体（最终由政策决策者

代言）对政策制定与执行过程的分析、研究及其思维框架，也进一步体现在对问题状态的价值判断、理解问题的方式方法，及工具选择的原则偏好等方面。一般情况下，政策行动主体为规避政策形成过程中的不确定性，会自觉或者不自觉地将这种思维框架积淀为一种惯性模式或者说路径依赖。

从政策范式的视角来看，政策变迁（policy change）的核心便是"新"理念的萌生、扩散和稳定化的过程。如霍尔认为[2]：一个政策范式是与政策活动者紧密相关的智识构造，其本质是相关政策活动者所持有的塑造政策制定者所追求的广泛目标的一系列观念、感知问题的方式以及解决办法的种类等。他借鉴了库恩科学范式的概念[3]，对政策范式的几个状态进行了"稳定—反常积累—实验—权威的破灭—争议—新范式的制度化"等几个阶段的划分；并进一步指出，政策范式转换的核心是以达到更好治理为目的的社会学习（social learning）。

然而，将政策变迁描述成"正常—反常—正常"的辩证过程并不仅仅局限于政策范式的视角。早在马克斯·韦伯的时代，社会规则的产生和发展就被赋予了这样的含义。在韦伯看来[4]，社会规则的变化来自内部和外部两方面动力。其中，外部的动力只是一种"参与的因素"，而真正起决定性作用的乃是内部因素的"反常"：首先是某些个体敏锐地把握到调整行为方式的可能性和必要性，然后通过其有悖于当时社会常规但渐显"有效性"的行动影响他人，最终导致了一种能被社会大多数人所接受的"集体行动"成为新的社会常规——借鉴这种思想，也有学者依照政策变迁的自觉推动力是来自政府内部还是社会其他行动者，将政策范式变化的社会学习划分为内生学习（endogenous learning）和外生学习（exogenous learning）两种模式[5]——一旦在此过程中，社会产生了专门的人员来以强制力保障这种新的规则，规则本身便上升为法律。

由此看来，无论是政策范式的变化还是法律的形成（图 1），都要经历两个必要的步骤：第一，是从个体觉醒到集体行动的扩散-社会学习过程；第二，则是从共识结果到制度化的强制力保障过程（相应地，如果共识并非通过制度化，而是通过社会化的方式稳定下来，新范式则会沉淀为较低形态的社会习惯或社会规则）。法律出台本身能否构成如此"强"意义上的新政策范式的社会形成，抑或只是常规状态下的修正和扩展，则取决于"新"理念本身是否意味着关系到政策认知和行动模式的"世界观的转变"[3]。由于范式之间的不可通约性，甚至很难用一种政策思维方式去理解另外的政策范式，区分范式的"革命"和"常规"状态对于理解政策的延续性和政策体系之间的关系就非常重要。

图 1　法律的社会形成过程示意图

二、《美国竞争法》的政策范式分析

（一）两种范式：战后美国教育和科技政策回顾

第二次世界大战前，与市场经济下政府"守夜人"的预设相适应，美国政府在科技和教育方面除了 1862 年为了西部开发的特殊情况下所颁布的《赠地法案》之外，就基本没有什么积极的作为。从某种意义上讲，早期美国的财富和繁荣依靠的是其投资技巧，而并非科学教育和研究[6]。然而，战争改变的却不仅仅是整个世界的格局——公众目睹了科技在战争中所发挥的决定性作用，更受到凯恩斯主义特别是曼哈顿计划成功实施的鼓舞而愿意去相信：在科技发展等领域中，更多的政府介入将有利于国家的发展。政府虽然不愿意去设想如果没有德国犹太人爱因斯坦的贡献，美国的原子弹会在何时炸响；但他们却也深深明白，美国"实用主义"导向下对科学特别是基础研究的忽视是美国的一大短见。

科学界也自然将此看作体现其重要性的重要契机。1945 年 7 月，曾主管战时科学研究与发展办公室的万尼瓦尔·布什向总统罗斯福提交了著名的报告——《科学：没有止境的前沿》，倡议政府对科学研究进行持续的支持，并建议将科学技术知识的创造和人才培养结合起来。这一举措被看作是美国政府支撑型基础研究发展的开端，也是美国大学从教育型向研究型转变的重要契机，更是科技政策和教育政策协调发展的首次大胆设想。然而，虽然 1950 年 10 月旨在资助大学基础研究的美国国家科学基金会（NSF）得以成立，科学家共同体"自治"的理想却未能完全实现。甚至从某种意义上讲，美国的科技政策发展走上了一种政府主导的"国家主义"（nationalism）的道路，而此时的教育政策也是如此，如 1944 年在国家意志下推行的《退伍军人法》对此前有着一定自主性的教育系统造成了极大的挑战。

科学国家主义的倾向也同样出现在同为战胜国的苏联之中，又进而被计划经济模式夸大到极致。1949 年 8 月，苏联原子弹的成功爆炸震动了美国。冷战以及同苏联的军备竞赛也成为美国这一时期科技发展的主要动力。教育方面也围绕着国防的需要，颁布了《国防教育法》等一系列法令。1959 年，总统艾森豪威尔派教育人员赴苏联考察，并得出向苏联学习的结论。然而，一方面由于基础相对薄弱的美国学生无法适应揠苗助长的"国际化"模式（甚至教师的讲授都感觉到非常吃力），另一方面由于国际人才引进从法律上得到了保证①，美国高端人才的"外引型"模式也逐渐显现出强劲的态势。总体说来，此时的教育政策还是处于国家任务导向的框架之下，但"生计教育"（career education，1971 年；强调普通教育和职业教育结合）等的普及也客观上促进了教育体系，特别是中等及以下的教育部分向"平民"的转化[7]。

在两个超级大国忙于军备竞赛之时，第二次世界大战战败国日本却加强了对国家主义科技发展道路的反思，大力发展民生而非军事科技，并迅速崛起。20 世纪 70 年代开始，以日本为首的东亚国家对美国国内外技术产品的市场份额造成了极大的冲击，加之此前经济危机、1973 年的石油危机和越南战争的影响，美国不得再次对挑战做出回应，出台了积极从军事向社会关注转向的政策，而医学、环境、能源等被国家作为优先领域的学科却也能在总体投入下降的情况下得到长足的发展。教育上的跃进也同样得到了反思：新的科学教材使用的范围并不广泛，科学教学的质量不但没有像预期的那样提高反而降低，甚至出现了大批新增的功能性文盲或科盲。于是，"返回基础"也成为这一时期教育的主题。

20 世纪 80 年代是美国科技和教育政策的一个重要转折时期。其中一个重要的标志，是作为研究与开发（R&D）投入主体的联邦政府和产业主次关系的变化，即产业越来越在创新的前端发挥重要的作用。然而为了更好地应对新兴工业化国家的挑战，联邦政府在相对缩减 R&D 投入的同时，却通过立法的方式将企业推向了台前。如《史蒂文森-威德勒技术创新法》（1980 年）、《联邦技术转移法》（1986 年）对"公私研发联盟"给予了纲领性的指导（然而真正将这种模式发挥得淋漓尽致的是韩国的追赶过程）；《贝-

① 如《共同教育与文化交流法》（1961 年）和《国际教育法》（1966 年）等扩大了美国与外国交换留学生的活动，各个大学也据此相继推出各自的留学教育政策，这些措施都使得国外留学生大量流进美国。

多法案》则解决了政府持有专利的公共品倾向对个体研发活动以及现有专利商业化动机不足的问题，也客观上促进了美国创业型大学的发展[8]；《小企业发展创新法》则通过竞争性资助的方式对中小企业的技术创新提供了支持，更为大企业和企业联盟的发展进行了有效的"低成本尝试"。至此，美国的科技政策也才真正地覆盖国家创新系统的各个行动主体。教育政策方面，虽然也是从"国家需求"的角度入手的（可能与当时教育部以及教育界的相对弱势地位相关①），但其行动重心却落在"民主主义"所强调的"机会均等"方面。在通过拓展基础教育提高美国应对世界变化能力的呼声下，旨在改善美国青少年基础素质的"2061计划"（1985年）终于出台——和此前的"拔高"不同，该计划的重点集中于有效地教好现有的科学基础知识，即"普及科学"（science for all）上——其实，这从深层次意义上标志着更多针对初等和中等教育的教育政策正式在理念或者说范式上和科技政策的分道扬镳。

在强大对手相继消失的20世纪90年代，科技政策和教育政策的推行更多是此前理念的延续。克林顿政府发表了举世闻名的《科学与国家利益》（1994年）和《技术与国家利益》（1996年）报告，其中的一些经典语句，如"科学——既是无尽的前沿也是无尽的资源——是国家利益中的一种关键性投资"[9]13，"技术上的领先地位对于美国的国家利益比历史上任何时候都显得更为至关重要"[10]15等也被世界各国所传颂。虽然提高全体美国人的科学素养被写入政府科技工作的五大目标，然而，"增进基础研究与国家目标之间的联系"仍是此时美国科技政策真正的焦点。经济上的"黄金时代"，也将这种科技"国家主义"推向了顶峰。相比之下，虽然推动了国际基础科学教育改革浪潮到来的《科学素养的基准》（1993年）和《国家科学教育标准》（1996年）分别由美国科学促进会和国家研究理事会等国家机构推出，但却是有着浓重民主主义倾向的"2061计划"的进一步延续。

（二）美国竞争法：第几种范式？

从第二次世界大战后到20世纪末美国科技和教育政策的发展历程来看，大部分政策都具有"利用危机，应对挑战"的共性。以科技政策的发展为例，诸如第二次世界大战结束、和苏联以及社会主义阵营的冷战、日本等新型工

---

① 教育部前身为1867年成立的美国联邦教育局，1980年5月4日升格为内阁级的教育部。1981年，里根总统认为在美国联邦政府中没有必要设教育部，向国会提议取消该机构。于是，教育部由当时的7700人减少至1000人，一批教育项目也被终止并部分转交给其他部承办。

业化国家的兴起、以苏联为代表的所有强大对手的消失等标志性事件使政策具有了"天然"的阶段性。然而，科技政策方面"国家主义"的坚持，以及教育政策方面向"民主主义"的转向也体现了两者之间的不同。这种转变更多是传统性的，即美国人对教育是公民平等权利的长久认同。随着战争本身和退伍军人学生的逐渐远去，教育政策在民主主义和平时期所倡导的"民权"上的回归也似乎成为一个必然。这里，则可以根据"国家主义-民主主义"倾向，以及"战争-和平"思维两个维度对美国的科技、教育政策范式进行一个理想型的划分（图2）。

国家主义	改革动员	危机动员
民主主义	民权推动	民生推动
	和平思维	战争思维

图 2　教育政策范式的一种理想型划分

其中，"危机动员型"是国家主义在战争思维下的产物，其政策表述通常从国家的角度预设了"外部"环境的变动给现有政策体系所造成的危机，美国历来的科技政策大体如此；而"民权推动型"则是民主主义在和平时期的表现，即认为政策制定应保障全体国民尤其是"弱者"的平等权利，美国战后大部分时期的教育政策更偏向于这一类型。到目前为止尚未涉及的两种理想型"改革动员型"和"民生推动型"，其政策范式理念的核心也分别集中于政府对自身发展的自觉性，以及公民个体的生存和发展所受到的外部威胁等。

下面则可以按照这样的理论框架，对《美国竞争法》进行分析。

刚刚进入新世纪，美国 20 世纪 90 年代末的稳定和繁荣就被突如其来的"9·11"事件所打破。依照"危机-挑战"的理念，美国政府的科技政策目标也发生了相应的变化：反恐与国家安全是其第一要务；其次是持续的经济增长；然后才是保持并改进人民的生活质量。为此，食品安全、卫生安全和信息安全等领域也被提升到了前所未有的高度——而这种重视不单表现在经费投入上的倾斜，更有在诸多方面所设置的限制，如白宫已要求全球最大的细菌研究团体"美国微生物学会"采取措施，过滤掉投往该会出版的 11 份期刊上的可能会造成危险的稿件，这些期刊包括《感染与免疫》《细菌学报》《病毒学报》等。2004 年，白宫科技政策办公室在其发布的一份题为《为了 21 世纪的科学》的报告中指出[11]：在保障国家未来的安全、繁荣，提高人民的健康水平和生活质量上，科学是一项关键因素，而且一直是美国国家工作的重点。总统布什也认为，"科学技术对于国防和经济从未像今天这样不可缺少"。因此从某种意义上讲，即便在没有明确对手的 21 世纪，美国在科技政策方面"国家至上"的理念也丝毫没有消退；反而由于多极化格局的逐渐形成而赋予其更多的意义。

"9·11"事件所带来的危机却不仅仅是恐怖主义这么简单。一方面，早在《共同教育与文化交流法》和《国际教育法》颁布之前，美国的高端人才的"外引型"结构已经存在，只不过尚未表现出相应的弊端，而恐怖主义的威胁和国土安全重新作为政府工作的中心，使得美国收紧了此前赖以招徕世界各地优秀人才，也对美国 20 世纪 90 年代生产力发展起到重要作用的移民政策①。其中的一个重要表现就是通过增收非法移民学生学费、加强对留学生的监督以及控制留学签证发放的方式，加强对留学生的控制和排斥[12]。另一方面，很多优秀的海外人才出于自身安全的考虑也更倾向于在本土的美国公司就业，从源头上降低了美国科技人力资源的供给力度。对此，美联储董事本·伯南克曾表示，"如果我们不允许或者不安排这些优秀人才，包括研究生和专业人士进入美国，这将给我们的社会造成损失，给我们潜在的生产力水平造成损失"。的确，生硬的紧缩移民政策导致的美国大学外国研究生人数下降的事实，也使得越来越多的美国人担心美国在许多高科技领域将出现"失血"现象[13]。面对绝大多数美国人不愿意从事诸如电脑工程和生物工程等工程技术专业的事实，还在强调"基础"和"普及"的教育政策显然爱莫能助。然而毫无疑问的是，正是在人才供给这个问题上的矛盾，才使得科技政策和教育政策走到了一起。对于科技政策而言，解除移民方面的有关限制，甚至伺机鼓动对国家安全相关的领域增加投入都显得顺理成章。但对于教育政策而言，"危机"就摆在眼前，无论在"国家主义-民主主义"之间是否要做出妥协，在"战争-和平"思维方面都不得不做出抉择。

其实，《为了 21 世纪的科学》报告中就已经涉及了教育政策方面的内容，不过仍是采用了温和的"和平思维"表述——报告的第五部分"实现科学和技术教育及劳动力发展的卓越"中指出：在今天，《财富》500 强公司的首席执行官（CEO）中，有 55%具有科学和技术方面的教育背景……教育

---

① 发动"9·11"恐怖袭击事件的 19 名嫌犯中，有 11 名身份不合法。更在恐怖事件半周年祭（2002 年 3 月 11 日）当天，美国移民局核发了事件攻击头目阿塔的学生签证，引起美国总统布什和诸多国会议员的不满。

正变得日益重要。同期，美国竞争力委员会所发布的著名报告《创新美国》中，尝试提供诸如美国科学家和工程师队伍老龄化，以及美国学生对工程学缺乏兴趣等更加具有冲击性的证据[14]。事实证明，这种"反面启发法"虽然篇幅短小，但作用明显。2005 年 12 月 15 日，美国参议院两党议员以《创新美国》为基础共同提出了《2005 年美国创新法》。2006 年 6 月 8 日，旨在通过改进教育计划来增强国家的竞争力的《国家创新教育法》又被提出。

需要指出的是，虽然美国竞争力委员会号称是一个民间的智囊团，旨在集思广益，共同研究如何增强美国经济竞争力，并向政府和其他各有关部门献计献策。但从其组成来看，大部分为国际商业机器公司（IBM）、通用汽车及美国航空等大公司总裁以及斯坦福大学、哥伦比亚大学及麻省理工学院等大学校长，还有部分工会领导人；"公共部门的创新是创新活动的重要组成部分"的判断作为整个报告实质上的核心，也使得人们自然产生出其社会"精英阶层"地位和国家主义传统之间关系的联想。危机动员模式的采用，也在某种程度上限制了政策工具的可选择性——报告中行动纲领所涉及的人才、投资和基础设施等部分更多是关于资金、奖励和制度等"敏感"的词汇——因此也进一步降低了从新理念的提出到稳定的社会建制的可能性。事实上，两个法案都只是停留在立法过程的第一步。牵涉了过多的利益内容，也预示着其在国会一般辩论中惨淡的未来[15]。

相比之下，美国科学院 2005 年 10 月发表的报告《迎击风暴：为了更辉煌的经济未来而激活并调动美国》（"Rising Above the Gathering Storm: Energizing and Employing America for a Brighter Economic Future"，以下简称《迎击风暴》）却是另外的结果。同样用"战争"的口吻但却辅以更翔实的证据（涵盖了美国相对于其他国家较低的科学和工程专业毕业生比例、初等和中等教育学生素质低下，以及基础教育教师危机等一系列情况），《迎击风暴》点明了美国潜藏了近四十年的慢性"人才危机"[16]。

对此，布什总统于 2006 年 1 月 31 日在给国会的国情咨文中宣布了旨在使美国保持竞争优势的《美国竞争力计划》[17]。然而，《迎击风暴》中关于教育的详细预算不仅在条目上，而且在总额上都受到了大幅削减：在《美国竞争力计划》高达 1370 亿美元的庞大预算中，用于加强国家教育体系建设的经费只有 3.8 亿美元，而培养高素质教师、编写高水平教材和扩大劳动培训等措施，在解决本土化人才供给不足的问题上并无实际的进展——从某种程度上来讲，这种精英倾向正和以民主主义教育为核心的《迎击风暴》背道而驰。相比之下，科技投入方面的方针却更加抢眼：如将美国国家科学基金会、能源部（DOE）办公室、商务部国家标准与技术研究院（NIST）等"主要"联邦科学和工程机构的资助力度在 10 年内增加一倍，以及研发税收减免制度永久化等等。其同样是因为牵涉了太多的利益矛盾，如布什承诺对物质科学加大投入在一定程度上损害了生物医药科学的利益等，而于 2007 年 1 月因国会会议的"持续决议"在 2007 财年的预算上就遭到了搁浅。

相对而言，《美国竞争法》就要聪明得多：一方面将重心重新返回教育，从而迎合了国民的心理；另一方面也通过"授权"而不是直接"拨款"的形式弱化了利益的纷争，以保证在国会众参两院顺利通过。从表面看来，教育的确被提高到前所未有的高度。不但教育在整个五个大部分中占据其一，其他诸如能源部和美国国家科学基金会的部分也包含了大量教育相关的内容。如美国国家科学基金会设立了与教育部同名的"数学和科学教育伙伴计划"（Mathematics and Science Partnership Programs），而法案也特别强调其与大学和地方校区的合作是对教育部项目的补充而不是重复；法案大大拓展了能源部在小学和中学教育中的作用，授权它创建与所属国家实验室联合的新科学和数学学院；甚至也将政府在《迎击风暴》当中所提出的旨在资助有志成为教师的数学、科学和工程专业的大学生和研究生的教育奖学金项目的额度从原来的 100 万美元/年增至原来的 20 倍①。在教育"高调"的旗帜下，科技投入方面的冲突却也被掩盖下去，甚至在《美国竞争法》中将美国国家科学基金会和国家标准与技术研究院等部门的经费翻番的时间从《美国竞争力计划》的 10 年减少到 7 年。

由此可见，《美国竞争法》的形成是科技政策和教育政策在"战争思维"方面的"统一"。然而，在"国家主义-民主主义"的倾向上，我们依然可以看到两种政策不同的逻辑。以对创新人才方面的认识为例，美国教育政策的范式认为：美国 K-12 学生的基础素质偏低，导致了其在意愿上和行动上选择科学和工程专业的情况下降，而科学和工程本科、硕士研究生以及博士研究生的供给不足，也造成了相关工作的高收入。一方面，国外科学和工程背景学生的比例相对较高，通过在美国获得更高学位之后（也包括在海外获得

---

① 在《美国竞争法》中更名为"罗伯特·诺伊斯教师奖学金计划"（Robert Noyce Teacher Scholarship Program，原名为罗伯特·诺伊斯奖学金计划，参见 National Science Foundation Authorization Act of 2002）的条款明确规定，在总额达原计划 6～10 倍的新计划中，用于支持数学、科学和工程专业的学生毕业后从事教师工作方面的经费在 2008 财年的授权拨款为 1800 万美元，并按每年 300 万美元的速度递增至 2011 年的 2700 万美元；其资助强度也由原来的 7500 美元/（人·年）提高到 1 万美元/（人·年）。也就是说从 2008 财年到 2011 财年，新计划该部分资助的学生可达 9000 人次。

硕士研究生或博士研究生学位再移民到美国的外国人），较容易拿到收入较高的科学和工程工作，部分美国人则被排挤到相对较低收入的工作当中；另一方面，由于教师职位薪水的吸引力远不及科学和工程企业，因此担当 K-12 学校教师的大都为非专业背景，从而造成了 K-12 学生基础素质低下的恶性循环。因此从教育政策的范式看来，海外的优秀人才正在抢夺美国人的饭碗，因此要通过提高本土教育水平的方式，大力培养本土人才。科技政策的范式则认为：正是海外优秀的留学生和移民为美国创造了巨大的经济财富和持久的竞争力。为此需要进行留学生资助和移民政策的改革，以进一步吸引世界各国的优秀人才。本土资本外流、本土企业研发投入不足等情况现实存在，因此美国政府必须在美国国家科学基金会、能源部、国家标准与技术研究院等部门加大投入力度。

综上，《美国竞争法》所体现出来的政策范式，是教育政策从"民权推动型"到"民生推动型"的转变和科技政策在"危机动员型"上的始终如一。从这个角度来讲，整个法案所体现的政策范式并没有走出不同于上述分类的综合性道路，反而这种范式理念的"和而不同"预示着人才"本土化"和"全球化"的分歧在一定时间内会继续存在，而为了避免利益纷争而留下的修辞缺口也使得法案在执行过程中的重重困难不可避免。

三、传统还是理性：变与不变过程的再解读

由前面的分析可知，政策变迁的实质是"反常"行动者通过社会学习塑造社会建制的过程，而这种"反常"的理念无论是根源于政府的自觉，还是外部的推动，都无外乎其为自身利益考虑而理性选择的结果——甚至在有限理性的观点看来，也可能蕴含着更深层次的传统或情感意义。总之，社会结构通过传统或与境（context）的方式限制了行动者行动和交往的可能性，而由个别"反常"行动者到新社群的形成又建构着新的社会结构和社会功能。自然，"传统"和"理性"也是科技和教育政策变与不变的最好解释。

美国有着实用主义的传统，甚至有人认为实用主义就是美国式资本主义的最显著特征。在实用主义看来，一切的知识和思想都无外乎是改造环境的工具，也同其他一切工具一样，其价值不在于它们本身，而在于它们所能造就的结果中显现出来的功效[18]。从这个角度来讲，实用性原则成为美国人能否接受一个政策范式的重要判据。在"战争-和平"思维的选择上，没有任何

东西能比危机更让他们"感同身受"。因此，美国包括科技和教育在内的所有社会政策范式在战争思维上的统一，是一个不可逆转的"大趋势"，而此前科技和教育政策范式在此维度上的分野，也更多是由于科技方面更容易"感受"外部的危机。

同理，两种政策范式在"国家主义-民主主义"倾向上的差别，也更多是由于其所得益于的不同传统：美国科技力量的兴起本身就联系着战争需要这种国家主义的极端形式，政府对美国国家科学基金会建立过程中的干涉也奠定了科技界作为社会精英分子的生存基调。因此，走在世界"后学院科学"时代前端的美国科学界，也逐渐学会用这种危机动员的思维通过政策议程获得更多的利益和资源；一方面强调"为科学而科学"的自由探索，另一方面又要去计算基础研究给经济乃至社会带来的巨大收益。这样看来，也就不难理解美国科学院中诸多成员，有着产业界乃至政府部门的多重背景的事实。

相对而言，美国的教育传统是引进于近代科学起源的欧洲，结合了美国发展的现实需要而形成的融合性产物。早在 18 世纪末，美国强调民主价值、注重实用知识和科学知识教学的改革派就提出了对传统学院教育及其课程内容进行改革的设想。然而，教育的实用主义改造在高等教育层面发生了分歧："一种是民主派敦促尽可能使最多人受高等教育之益，并使学校成为促进社会地位变动性的手段；二是保守派希望在主要为统治阶级服务的学校里保持学术及文化的纯真标准。"[19]117 理念的分歧也进一步导致了美国大学在教育以及研究和创业职能上的分离。一方面，崇尚"精英路线"的研究、创业部分积极向国家主义靠拢，实际上走到了科技政策范式的阵营当中；而另一方面，在"纯"教育当中，还是随着美国的政治民主化特别是民权运动的展开而越发倾向于民主主义的路线。甚至《国防教育法》以及艾森豪威尔政府教育改革等带着明显国家主义气息的政策，都被他们看成是职业技能教育普及的支撑，以及对苏联式教育失败的"反证"。教育政策范式的和平思维和这种民主倾向也是分不开的，杜威实用主义哲学的一个核心理念就是自由和平等以及反对通过革命的方式改变社会，这些理念在教育中的良好贯彻，就形成了教育政策范式的"民权推动"模式。

由此可见，一种政策范式传统的形成是需要很长时间积淀的，要想改变它也是非常困难的。既然排除了传统自然演化的可能，《美国竞争法》所体现出的教育政策范式的转向，则只可能来源于对现实分析的"理性"转变。

从科技和教育政策发展的历史或者仅从教育部的发展过程不难看出，美国的教育界相对于科技界处于"弱势地位"。但由于教育问题直接关系到社会民众的自由和平等（即美国所宣扬的国民精神），两党在"给孩子一个美好的未来"方面都不会有太多微词。从《迎击风暴》到《美国竞争力计划》再到《美国竞争法》，教育资源分派上的戏剧性变化恰恰说明了这一点。因此，教育政策和科技政策的联合，哪怕只是在形式上都无疑会给双方带来巨大的益处：对于教育界而言，可以借助科技界强大的力量获得更多的资源以实现其教育民主化的理想；而对于科技界来说，则可以让教育界的光环掩盖住自己真实的利益诉求。

从《美国竞争法》的形成过程来看，2005 年 5 月美国参议院能源与自然资源委员会委员亚历山大和宾加曼参议员所提出的"为了使美国能够在 21世纪的全球经济中成功地进行竞争，保持繁荣和确保安全，联邦决策者能够采取的改善科学和技术事业的 10 大行动（10 top actions）是什么？能够采用什么样的有具体步骤的策略来实施这些行动？"[15]2-3 就是这个良好的契机。

这个艰巨的任务落在了在美国有着良好传统和声望的美国国家科学院身上，也使它顺理成章地成了这场变革中的关键行动者。

美国国家科学院的产生从一开始就和国家的命运绑定在一起。1863 年 3月 3 日，正处于南北战争时期的美国政府通过了《国家科学院成立法案》，国家科学院在法律上宣告成立。法案第三条规定，国家科学院最重要的功能就是在政府部门需要的时候为政府提供服务（当时的任务是审核战争中武器发明的科学性和可行性；法律条文仅三条，关于院士人数限制的前两条也由于内外部的压力而最终改变）。后来，虽然美国国家科学院逐渐发展成为科学家的荣誉团体，甚至对于多数美国的科学家而言当选其院士是除诺贝尔奖之外的最高荣誉，其服务政府政策咨询的社会职能却一直没有改变[20]。

此次要求提出后，国家科学院随即成立了包括诺贝尔奖获得者、公司总裁、大学校长、专家教授等 20 人组成的繁荣 21 世纪全球经济委员会（Committee on Prospering in the Global Economy of the 21st Century，以下简称繁荣经济委员会），来领导这项对美国竞争力以及如何维持和提高这种竞争力的评估研究。然而，本来科学院的组成和定位似乎已经昭示了其政策范式的国家主义倾向，至于说《迎击风暴》所显示的不同风格，至少两个人可能发挥了至关重要的作用。

第一个是时任美国国家科学院院长布鲁斯·阿尔伯特。身为生物学专家的布鲁斯对教育方面一直情有独钟,甚至认为科学教育是他在任 11 年的主要贡献。1995 年，布鲁斯曾帮瑞典科学院在孩子的科学教育问题上做了一个项目并取得显著效果，该项目所取得的经验又反过来帮助他在国际上推行自己的主张。布鲁斯指出，基础教育的重心应该放在激发孩子对科学的兴趣方面，而以科学研究为基础是科学教育的一个很好的方法。因此，不仅是政府，科学家也应该一起来执行教育的实践，并将科学的本质和科学的精神连同知识一起交给孩子。虽然布鲁斯不是繁荣经济委员会的成员，科学院成员之间正式沟通的机会也只有每年一次的会议，但从《迎击风暴》的报告的内容来看，报告仍受到其教育理念的深刻影响。

第二个则是担任繁荣经济委员会科学教育小组的负责人，美国医学院院士、默克制药公司的退休董事会主席兼首席执行官罗伊·威格罗斯博士。威格罗斯是一位著名科学家和医药界领袖，他的成就不仅体现在学术而更体现在对社会的民主主义的关怀上——20 世纪 90 年代，威格罗斯将重组乙肝疫苗技术低价转让给中国，又免费将抗寄生虫药发送给非洲亚撒哈拉地区的人民。威格罗斯领导下的全球 500 强企业默克公司，也因此连续 7 年被评为全美国最受人称颂的公司。他一方面鼓动政府大力支持有兴趣的人进行无具体目标的研究，又在美国严格的专利制度下依靠其卓越的领导能力和权威宣扬人道——这些理念也都融合到《迎击风暴》的最终报告当中。

不管布鲁斯和威格罗斯是因为早已功成名就而淡薄了关于利益方面的争夺，还是他们真正存在着伟大的民主化的理想，教育政策范式的良好传统始终被保留了下来。然而从整体上讲，《迎击风暴》所体现的与其说是一种和平思维到战争思维的转变，倒更不如说是一种为了达到说服目的而进行的妥协。在国家科学院的《迎击风暴》报告正式递交之前，美国国会参议院和众议院都曾就该报告举办过相应的听证会。繁荣经济委员会主席奥古斯丁于 2005 年 10 月 18 日在参议院能源和自然资源委员会上的听证陈述中明确指出：突然，美国人发现他们自己不仅和自己的邻居在工作上竞争，还和世界各地的人在竞争。这一影响最初反映在制造业上，但很快扩展到软件的开发和设计活动中，接着受到影响的是管理服务和支持性服务行业。今天，诸如专业化服务、研究和管理此类的"高端"工作也受到了影响。简而言之，现在很少有工作看起来是"安全的"。报告之所以能够在国会取得巨大影响，奥古斯丁认为是"我们不再抽象地谈论科学是多么的重要，我们开始讨论科学将对人们的工作产生怎样的影响，因为每个人都明白工作的意义"[1]。

在这种危机理念的扩散中，一本名为《世界是平的》的畅销书也起到了至关重要的作用。《纽约时报》的专栏作家，曾三次赢得普利策奖的作者托马斯·弗里德曼用平实但充满震撼的话语描述着这场"静悄悄的危机"（原书第八章标题）："几十年前，我的父母教育我们，快吃饭，因为中国印度孩子在挨饿（starve）；现在，我对自己的女儿说，要学习，因为中国印度人在抢夺（starve for）你的饭碗。"[21]217 虽然弗里德曼援引了《迎击风暴》中很多的证据，更因为贴近生活经验而在社会中产生了极大的震动：连续 64 周销量位居亚马逊书店十大畅销书之列，全球销售近 1000 万册，诺贝尔经济学奖得主斯蒂格利茨推荐，甚至号称"美国国会议员人手一本"。因此，像《美国竞争法》这样的政策出台，也是"顺应民意"的必然。

四、结论和启示

我们知道，范式的转变往往是"革命性"的，这也在另一方面预示着范式的革命不可能经常发生。因此，一个政策的推行是否意味着政策范式的改变，往往主要取决于是否在一个新的理念高度去思考问题。从这个角度来讲，授权法《美国竞争法》所代表的政策范式，不过是科技政策方面对国家主义战争思维的延续，而教育政策方面从"民权推动型"转向"民生推动型"也更多是策略性的妥协。相对而言，国家主义和民主主义维度的分歧是美国政策范式的最显著特点。当然，这也是外来科技和教育传统在美国进行的实用主义改造所走出的两条道路。仅从这个法案来看，科技政策和教育政策在形式上的融合是为了获得更多的利益（主要是纳税人的支持），但权力系统和利益集团之间的冲突并没有随着这种融合而消失反而愈演愈烈。《科学》杂志 2007 年 8 月的一篇社论也指出[22]，布什总统本月声称只会支持法案中反映他《美国竞争力计划》中的部分，而此前颁布的 2002《不让任何一个孩子掉队》法案还有巨额的拨款未能实现，《美国竞争法》在教育投入方面的"扩张"，其成效也依然有待时间的考验。

需要指出的是，《美国竞争法》的出台也引起了我国政策界的重视，各个部门和机构分别按照有利于自己的方式对法案以及《迎击风暴》的报告进行解读。然而，至少国家主义的和平思维模式以及政府部门中教育和科技力量的对比是我国和美国在政策范式和政策与境上两点最大的不同。这也就决定《迎击风暴》中多次提及的我们在制定和执行相应的政策时，更多地要依赖于国家的自觉和动员以及与之相配套的自上而下的改革。但另一方面由于教育和科技力量的博弈，也在一定程度上给科技政策和教育政策的融合——哪怕只是在形式上——造成了一定的困难。

无论如何，被美众议院议长佩洛西将其与 20 世纪 60 年代美国成功登月相提并论的《美国竞争法》[23]，仍有诸多我们值得且可以学习的地方。

首先，法案对人才在创新中重要作用的认识方面值得我们反思。虽然美国吸引了全世界最优秀的头脑帮助他们工作，但即使排除教育界呼吁的因素，崇尚国家主义的科学界依然明白：只有美国人自己才能从事关系到国家安全以及经济、社会稳定的关键工作。相比之下，中国和他们"抢饭碗"的现象正从另一个侧面说明了我们人才流失（brain drain）的严重性。例如在广东东莞和江苏昆山等经济发达地区，由于外资的绝对主导而本土化技术、管理人才缺失的"松脚型"倾向也严重危及了地方经济和社会的安全。从这个角度来讲，人才的本土化和内生化才是自主创新的关键。同时，为给建设创新型国家提供稳定的高水平人才供给，教育政策方面从精英策略向以人为本的回归，即将教育看作是惠及人民福祉的公共品和基本权利，逐渐淡化关于"拔尖"的教育理念也不可或缺。

其次，全面整合创新资源的做法值得我们借鉴。除了美国国家科学基金会等机构向中等及以下教育延伸的实践从而将人力资源培养日益打造成相对完整的体系外，联邦政府在推动知识扩散方面也有了更加积极的作为。如《美国竞争法》规定国会同时授权在国家标准与技术研究院设立一个新的工业研究项目，将高级技术项目（ATP）改变为技术创新项目（TIP），并给予 1亿美元的启动经费，为涉及"高风险、高回报、超前竞争技术开发"的中小企业以及大学提供资助。对此，美国白宫科学和技术委员会主席、共和党议员巴特·戈登说，将 ATP 改为 TIP 的目的正是在"弥合研究实验室和市场之间的差距"。相比之下，我国国家创新系统中由传统计划经济所造成的"条块分割"，即各行动主体之间的联系相对薄弱的情况依然存在，并已经成为制约发展的重要瓶颈。高校和研究机构生产出大量的学术论文，但无法在市场上获得应用也已经成为不争的现实。为此，以科技创新平台为载体，有效地发展适度技术和前瞻性技术而并非一味求"高"求"新"，加强创新系统各行动主体之间的反馈和联系都显得至关重要。

（本文原载于《科学学研究》，2008 年第 3 期，第 3-12 页。）

参 考 文 献

[1] 王丹红.《美国竞争法》出台——描绘美国科学事业路线图，全力支持研究与教育[N].
科学时报，2007-08-14（02）.

[2] Hall P A. Policy paradigms, social learning and state: the case of economic policy-making in Britain[J]. Comparative Politics, 1993, 25 (3): 275-296.

[3] 托马斯·库恩. 科学革命的结构[M]. 金吾伦, 胡新和译. 北京: 北京大学出版社, 2003.

[4] 马克斯·韦伯. 经济与社会[M]. 林荣远译. 北京: 商务印书馆, 2004.

[5] 豪利特, 拉米什. 公共政策研究: 政策循环与政策子系统[M]. 庞诗, 等译. 北京: 生活·读书·新知三联书店, 2006.

[6] Buderi R. Engines of Tomorrow: How the Worlds Best Companies are Using Their Research Labs to Win the Future[M]. Simon & Schuster Pub., 2000.

[7] 刘义兵. 美国的生计教育运动[J]. 外国教育动态, 1983, (4): 22-26.

[8] 亨利·埃茨科威兹. 三螺旋: 大学、产业、政府三元一体的创新战略[M]. 周春彦译. 上海: 东方出版社, 2005.

[9] 威廉·J. 克林顿, 小阿伯特·戈尔. 科学与国家利益[M]. 曾国屏, 王蒲生译. 北京: 科学技术文献出版社, 1999.

[10] 美国国家科学技术委员会. 技术与国家利益[M]. 李正风译. 北京: 科学技术文献出版社, 1999.

[11] National Science and Technology Council. Science for the 21st century[R]. Washington: Executive Office of the President, National Science and Technology Council, 2004.

[12] 沈燕清. "9·11" 事件后美国移民政策的变化及影响[J]. 八桂侨刊, 2002, (3): 7-10.

[13] 路虎. 美收紧移民政策导致人才短缺: 专家估计 9·11 紧张期过后移民政策将逐渐走向正常[N]. 中国工商时报, 2005-01-21 (4).

[14] National Innovation Initiative Summit. Innovate America: thriving in a world of challenge and change[R]. Washington: Council on Competitiveness, 2005.

[15] 赵中建. 创新引领世界——美国创新和竞争力战略[M]. 上海: 华东师范大学出版社, 2007.

[16] Committee on Prospering in the Global Economy of the 21st Century. Rising above the gathering storm: energizing and employing america for a brighter economic future[R]. Washington: The National Academies Press, 2007.

[17] Domestic Policy Council Office of Science and Technology Policy. American Competitiveness Initiative: Leading the World in Innovation[R]. Washington: United States Domestic Policy Council, Office of Science and Technology Policy, 2006.

[18] 杜威. 哲学的改造[M]. 2 版. 胡适, 唐擘黄译. 合肥: 安徽教育出版社, 2006.

[19] 弗雷德·赫钦格, 格雷丝·赫钦格. 美国教育的演进[M]. 汤新楣译. 北京: 美国驻华大使馆文化处, 1984.

[20] 亦明. 美国国家科学院成立始末[EB/OL]. http://www.sznews.com/n/ca426854.htm [2007-11-10].

[21] 托马斯·弗里德曼. 世界是平的[M]. 何帆, 肖莹莹, 郝正非译. 长沙: 湖南科学技术出版社, 2006.

[22] Kennedy D. STEM—but No Stem[J]. Science, 2007, 317: 1009.

[23] 张忠霞. 美国打造科技发展新 "路线图" [J]. 瞭望, 2007, (38): 57.

科研立项中的利益冲突

——对美国超导超级对撞机的案例研究

| 董丽丽，刘兵 |

一、引言

Superconducting super collider，中文名称为超导超级对撞机，简称 SSC。它是 1987～1993 年在美国兴建的大科学项目，是当时全世界粒子对撞能级最高的质子-质子对撞机，也是迄今为止预算最高的科研工具项目，在该项目被终止时，逐步增加的预算已接近 110 亿美元。SSC 于 1987 年 1 月经里根总统批准，正式成为联邦政府财政拨款项目，1993 年 10 月在花费近 20 亿美元之后，被美国国会投票终止，此时，在得克萨斯州已经完成了 20% 的建设工作。项目终止的同时国会又拨款 6.4 亿美元处理善后工作。这个耗资如此巨大的工程是怎样顺利立项的，为什么又在花去近 20 亿美元后被国会中途否决？本文将首先对这段历史进行简要梳理，并在此基础上，从美国国会就 SSC 问题召开的若干次听证会记录入手，着重分析听证会中参与讨论各方的利益之争。

二、SSC 概述

20 世纪初，人们就认识到依靠自然界现有的放射性资源已经不能满足探索自然基本结构和作用力的需要，要取得新的进展，就需要更高能量的粒子束。[1]因此带电粒子加速器成为高能物理研究的重要实验工具。自 20 世纪中叶开始,粒子物理学中的重大发现及进展大多来自加速器提供的高能粒子束,与此同时,加速器的粒子对撞能量级和光束发光度等重要技术指标也有了非常大的提高。表 1 是 SSC 与同一时期的重要加速器各项技术指标比较,从中不难看出,无论是光束对撞能级还是发光度 SSC 都有着明显的优势。这也是高能物理学家对 SSC 为科学研究带来重大突破的可能性寄予厚望的原因。

表 1　20 世纪世界上主要的加速器列表

对撞机名称	机构	粒子	能量/TeV	发光度/($cm^{-2}s^{-1}$)	建造年份	备注
SppS	CERN	$\bar{p}p$	0.300+0.300	3×10^{30}	1981	—
Tevatron	FNAL	$\bar{p}p$	0.900+0.900	2×10^{30}	1987	—
UNK	INP	$\bar{p}p$	3.000+3.000	$4\times10^{32*}$	1995?	建造阶段
LHC	CERN	$\bar{p}p$	8.000+8.000	$4\times10^{34*}$	—	论证阶段
SSC	SSCL	$\bar{p}p$	20.000+20.000	$1\times10^{33*}$	1996	设计阶段
HERA	DESY	ep	0.030+0.800	$2\times10^{31*}$	1990	建造阶段
SPEAR	SLAC	e^+e^-	0.004+0.004	1×10^{31}	1972	—
DORIS	DESY	e^+e^-	0.006+0.006	3×10^{30}	1973	—
CESR	Cornell	e^+e^-	0.006+0.006	1×10^{32}	1979	1990 年升级
PEP	SLAC	e^+e^-	0.015+0.015	6×10^{31}	1980	—
TRISTAN	KEK	e^+e^-	0.030+0.030	1×10^{31}	1987	—
SLC	SLAC	e^+e^-	0.050+0.050	2×10^{28}	1989	线性加速器
BEPC	IHEP	e^+e^-	0.003+0.003	1×10^{31}	1989	—
VEPP-4M	INP	e^+e^-	0.006+0.006	$5\times10^{31*}$	1990	建设阶段
LEP	CERN	e^+e^-	0.050+0.050	3×10^{31}	1989	—
LEP II	CERN	e^+e^-	0.100+0.100	$2\times10^{31*}$	1994?	LEP 升级而来
VLEPP	INP	e^+e^-	1.000+1.000	1×10^{32}	—	论证阶段

资料来源:针对 SSC 建造地点的特别设计报告 zz。[1]

　　SSC 的部分技术直接采用了 VBA①的设计方案。SSC 是每束流能量20TeV、

---

　　① VBA:very big accelerator,中文名称为巨型加速器。是第二次世界大战期间,一个国际物理学家小组提出的一项世界范围内的合作性加速器计划。

总对撞能量 40TeV 的质子-质子对撞机，束流亮度为 $10^{33}\mathrm{cm}^{-2}\mathrm{s}^{-1}$，主对撞环的周长约 87km，占地面积 69km²。[2]

根据功能和设备的不同来划分，SSC 主要由加速器系统（accelerator system）、实验系统（experimental system）、SSC 建筑（SSC buildings）和 SSC 基础设施（SSC infrastructure）四部分组成（图 1）。其中加速器系统主要负责提供高能量的质子束并让它们发生相互作用，实验系统则负责发现质子束之间的相互作用并对其进行记录和分析。SSC 运行所需的常规通信设备、电、水、天然气、垃圾处理以及公路等属于基础设施部分。厂房、办公室、实验室等则属于 SSC 的外部建筑。[3]

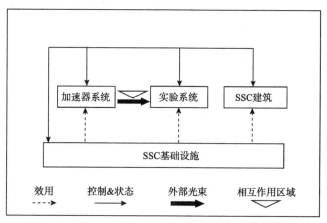

图 1　SSC 结构图
资料来源：SSC 系统说明书[3]

出于预算方面的考虑，物理学家提出国际合作的设想，但里根政府希望借 SSC 重拾美国在世界粒子物理学领域的领先地位，因此，政府更倾向于单独进行 SSC 的建造工作。在隶属美国大学研究协会①的物理学教授莫里·泰格纳（Maury Tigner）的领导下，1984 年夏，劳伦斯-伯克利实验室成立了 SSC 中心设计组，主要负责为 SSC 制定详细的概念设计。[4]

在 1986 年 3 月，中心设计组公布了 SSC 的概念设计报告，在这份报告中共有 250 多位科学家和工程师参与设计工作。报告初步确定建造加速器的费用是 36 亿美元。[4]1987 年 7 月，校订之后的预算达 44 亿美元。其中包括

———————————

① 美国大学研究协会：Universities Research Association，简称 URA。它由美国 60 所大学组成的联合组织，同时肩负着主管费米实验室的工作，成员总数于 1993 年已达 80 所大学，并在 1987～1993 年担任 SSC 建造工作的主要领导者。

探测器的费用、实验室系统各部分费用、研发和试运转费用等。[5]

在取得了里根政府的支持后，1987 年春天，美国能源部通过竞标的形式正式开始 SSC 的选址工作。[1]因为 SSC 的建造将带来几十亿美元的投资、几千个就业机会以及由此吸引而来的高科技工业投资和优秀科技人才，必将带动地区经济的发展。所以，在美国能源部宣布支持 SSC 之后，得克萨斯、伊利诺伊、科罗拉多等州都表现出极大的兴趣。各州共向美国能源部提交了 43 份申请，其中有 35 份申请符合基本条件，国家科学和工程院组成的专门委员会向美国能源部提交了"最符合资格"的 7 份报告。1988 年 11 月，能源部宣布 SSC 将被建在得克萨斯州的埃利斯县（Ellis County）。[4]

在 1989 年初，美国能源部对 SSC 计划的总预算为 59 亿美元，至 1989 年 4 月，物理学家为适应埃利斯县当地的地理环境重新修订了中心设计组的设计方案，1989 年 12 月，设计完成，SSC 的最终设计报告被提交到能源部。[4]1991 年 2 月，能源部对 SSC 再次做了预算，由于设计方案变更导致的预算超支及其他实际花费的超支，总预算金额增加到 82.5 亿美元。[5]

随着预算的一再增加，美国国内反对 SSC 的呼声日益高涨。在 1990～1991 年众议院和参议院关于 SSC 的讨论中，SSC 的反对者多次在议案中提出终止 SSC，比如 309-109 号议案以及 251-165 号议案等[5]。但这些议案并没有对 SSC 造成实质的威胁，参议院始终十分支持 SSC 项目，先后几次投票否决了终止 SSC 的议案。

随着 1991 年夏苏联的解体，美苏之间的冷战也宣告结束，至此，身处单极世界格局中的美国在政治指导方针上也发生了巨大转变，开始将重点从冷战时期的军备和科技之争转移至国内的经济建设，这无疑使耗费巨额资金又只针对基础物理学研究、缺乏经济价值的 SSC 项目失去了政策上的有力支持。同时，美国自 1982 年财政赤字暴涨之后，十几年中一直居高不下[4]，政府开始致力于实施新的战略方针以减少财政赤字。此后，国会将建设的重心转移到一些投资少、见效快的项目上。1992 年 6 月在国会的投票中，美国的众议院以 212-181 的票数否决了 SSC 项目。[5]但由于布什政府的支持，接下来参议院以 62-32 的优势票数继续支持 SSC，SSC 转危为安。1992 年美国政府改选，克林顿政府取代布什政府。新一届政府对 SSC 并不怎么关心致使其失去白宫极其重要的支持者，而此时其预算已接近 100 亿美元。[5]

众议院的议员换届选举，新当选的议员中大多对 SSC 怀有敌意。尽管在新一轮的投票中参议院以 57-42 的票数赞同继续为 SSC 拨款，但在 1993 年众议院提出的 283-143 号决议中，其否决了 SSC 的会议委员会议案，并明确提出终止

SSC。[5]同时，还包括在 1994 年的预算中拨款 6.4 亿美元用于结束 SSC。[4]其中，换届选举中新加入的 114 名议员中有 81 人投了反对票。同年 10 月，参议院也通过了终止 SSC 的议案。

此时，SSC 所有主要机器构件都已开始细节设计和初期建造工作。注射枪复合结构的第一部分——安置了离子源和一个直线加速器的 250m 隧道已经完成。加速器系统第一个圆形低能加速器——周长为 600m 的装满抗磁体的圆环，90%的隧道已经完成。4km 的中能加速器（仍然使用抗磁体）环形隧道挖掘已经开始，只有被安放在大对撞环之前的高能加速器——布满超导磁体周长 10.8km 的圆周隧道还在设计中。在 1993 年 1 月开始的隧道挖掘工作进展迅速，直至 1993 年秋已完成约 23km。[4]

SSC 自 1987 年 1 月经里根总统批准正式立项到 1993 年 10 月被两院投票否决，耗时 7 年，投入近 20 亿美元，职员总数超过 2000 人，其中包括来自 38 个国家的 250 多位外国科学家和工程师。[4]被终止时，在得克萨斯州的工程建设工作已经完成近 20%。

三、美国国会听证会在 SSC 决策中的作用及 1986～1993 年美国国会听证会中关于 SSC 的争论

前面，我们对 SSC 的历史进行了简要整理。接下来，在开始分析美国国会听证会中围绕着 SSC 的争论中各方利益冲突之前，首先需要说明一点，那就是在众多与 SSC 有关的资料中，笔者为什么单单选择美国国会的听证会记录作为分析 SSC 的出发点。从对 SSC 的简单介绍中可以看到，在 SSC 终止过程中起到决定性作用的是国会的投票。下面，就从国会构成及立法程序两方面对 SSC 的听证会记录在国会决策过程中所起作用进行简要讨论。

（一）美国议会的决策机制以及听证会的作用

从前面所介绍的 SSC 简史中可以看到，在决定 SSC 立项和终止过程中至关重要的是美国国会的投票。比如在终止 SSC 的过程中，众议院就曾几次投票终止 SSC 项目，但是一直没有得到参议院的认可，直到在 1993 年 10 月的投票中，众议院和参议院分别投票通过了终止 SSC 的议案，才最终结束 SSC 项目。那么，为什么要在得到两院的一致同意之后才能终止 SSC 呢？众议院和参议院的关系是怎样的？听证会在其中又起到什么样的作用？

下面，笔者将就这几个问题从美国国会的构成和立法程序方面入手，做简要讨论。

1. 美国国会的构成、权限及委员会的作用

美国国会是联邦政府三部门中最重要的部门，其政治影响接近于总统，在某些问题上则有所超出。美国宪法赋予国会广泛的权力，主要有立法权、财政权、任命批准权、条约批准权、对外宣战权、弹劾权和调查权。其中，财政权又称"钱袋权"，其最重要的体现是政府所实施的项目及其活动都必须经过国会的双重授权，即授权法案和拨款法案。前者规定项目的一般目标和手段，并估算项目所需的资金数额，后者为项目的资金拨付提供法律依据。像 SSC 这样的大科学项目，就一定要获得国会的批准之后才能得以实施。

国会实行两院制，由参议院和众议院组成，参议院由各州选出的两名代表组成，共 100 人，众议院共 435 人，在各州按比例代表选出，由于各州人数不等，选出的议员人数也不等。

从两院之间的权力关系来看，美国参众两院的地位和权力基本相等。立法权由两院共同行使，任何一院通过的法案必须送交另一院通过，任何一院对另一院通过的法案拥有绝对的否决权。这也就是为什么一定要众议院和参议院都通过否决 SSC 的议案之后 SSC 才被终止。

在美国国会两院设立了各种委员会，是其议会制度的一大特色，这些委员会是国会立法工作的主要场所。委员会有以下三种类型。

（1）常设委员会。这是国会中数目最多也是主要的委员会，在所有重要领域，两院都有一个相应的常设委员会。[6]本文中主要讨论的 SSC 国会听证会记录正是由众议院和参议院中的若干常设委员会召开的会议记录。由于委员会规模较小，审议各种议案的工作主要在委员会进行，有利于集中具有某一专门领域知识的议员研究审议有关议案，也有助于议员及其助手积累某个领域的专门知识，有利于国会减轻立法工作压力，提高工作效率。由于审议议案的工作在委员会完成，参众两院的全院大会只是通过和批准委员会的审议结论，因此，立法及相关事务的多数权力实际上集中在各个专门的委员会。目前，每届国会提出的议案约有 1 万多个，而成为法律的约有 600 个，其中绝大多数（95%以上）在小组委员会的审议中就夭折了。这些常设委员会享有独立的立法权，并完全有权力批准、否决，并在重大方面修改政府、国会议员或委员会委员提出的立法建议。[6]由此可见，委员会的听证会在 SSC 的决策过程中有着举足轻重的作用。对其记录进行分析和讨论将是十分有必要的。

（2）特别委员会。这类委员会主要是为调查某一特定的问题而成立的，一般为临时性的机构。在完成调查工作并提交结果报告后即告解散。

（3）联合委员会。主要是为研究和管理具体问题而由两院联合设立的，一般也是常设的，也有一种是临时性的，这就是为协调两院立法议案分歧的协商委员会。

除了以上提及的国会各组成部分，其他组织和机构还有：政党组织、议员助手和辅助机构、议员的非正式组织。

2. 美国国会的立法程序以及听证会在立法中的作用

以上主要介绍了国会的组成和职能，下面，就来看一看国会的立法程序，以便我们更好地理解听证会在 SSC 的立项和终止中所起到的作用。

一项议案要成为法律，往往须经过以下 6 道程序：提出议案、委员会审议、议院全院辩论和表决、另一院辩论和表决、两院协商、总统签署。

首先，联邦政府的所有议案，都必须由议员在他所在的议院提出。政府官员没有提案权，行政部门草拟的议案，只能通过议员提出。[6] 议案一经提出便由众议院议长或参议院主持人按照议事规则提交有关常设委员会审议。议案目前通常由相关的小组委员会审议，也可由全体委员会直接审议。在审议过程中要举行若干公开或秘密的听证会，邀请行政部门的官员、有关专家、利益集团代表和公民提供情况、陈述意见、回答问题。听证会后，小组委员会对议案进行删补，完成后，向常设委员会提交审议报告，提出立法建议和对议案的修正案。委员会全体会议对经小组委员会审议修订的议案进行表决，在这一过程中，大量的议案都在表决中夭折。获得通过的少数议案则提交全院讨论。因此，委员会审议阶段是决定一个议案成败的关键阶段。本文中的听证会记录所涉及的正是这一环节。也正是由于听证会在决定 SSC 命运中的特殊作用，分析听证会中关于 SSC 展开的争论以及争论中表现出的利益冲突才更具实际意义。

议案由委员会送交议院后，还要经过议院全院辩论和表决，另一院辩论和表决，两院协商三个步骤，最后的定稿交由总统签署。总统签署之后，议案才正式生效。[6]

（二）1986～1993 年听证会中关于 SSC 的争论

由上面的讨论可以看出，听证会在国会对 SSC 的决策过程中有着十分重要的作用，下面，笔者将着重探讨从 SSC 立项到终止期间，国会听证会记录中所表现出来的参与讨论各方的利益之争。在此之前，作为相关背景，笔者将对争论的内容做简要介绍，详细的介绍请参看笔者发表在《科技导报》2007年第6期中的《1986～1993年美国国会听证会中关于SSC的争论》一文。

支持尽早建造 SSC 的一方主要包括高能物理学家、能源部的官员以及来自得克萨斯州和其他州的议员。高能物理学家以诺贝尔物理学奖得主温伯格（Steven Weinberg）[1]和莱德曼（Leon M. Lederman）[2]为代表，其中一些物理学家还在 SSC 的设计和建造过程中担任重要职务，比如 SSC 实验室的执行总裁施维特斯（Schwitters）。能源部的官员则以时任能源部部长哈泽尔（Hazel）和副部长摩尔（W. H. Moore）为代表，包括各个部门的负责人。州议员中以来自得克萨斯州的代表居多，其他还有来自印第安纳州、弗吉尼亚州和路易斯安那州的议员也支持建造 SSC。

支持方主要是出于以下几点认为建造 SSC 是非常必要的。①建造 SSC 是科学发现的需要；②建造 SSC 是出于学习的需要；③建造 SSC 是竞争的需要；④建造 SSC 是出于协作的需要；⑤建造 SSC 是出于对未来发展的考虑。[7]

国会听证会中反对建造 SSC 的一方主要是应用物理学家和来自其他研究领域的科学家，以及来自各州的议员代表。其中，应用物理学家的代表人物是诺贝尔奖获得者安德森（Philip W. Anderson）[3]，除此之外，还有从事宇宙背景微波辐射研究的诺贝尔奖得主彭齐亚斯（Arno A. Penzias）[4]，物理学家戴森（Freeman J. Dyson）等。州议员代表主要来自宾夕法尼亚、加利福尼亚、马里兰、俄亥俄、阿肯色和肯塔基等州。其中以来自肯塔基州的议员福特（Wendell H. Ford）反对呼声最高。

反对方认为 SSC 不应该建造的理由有以下几点：①SSC 解决的只是物理学中的基本问题，而非科学的基本问题；②SSC 只是解决物理学中基本问题的途径之一，而非唯一途径；③SSC 的花费不是最主要问题，更为重要的是建造SSC 需要大量的科技人才，这些人才资源的耗费将给其他同样需要科技人才的行业带来巨大的损失；④建造 SSC 将会影响到政府对其他科研项目的投资，

① 史蒂文·温伯格，美国物理学家。他因建立了电磁作用与原子核的弱相互作用是同一现象的不同方面的理论而获 1979 年诺贝尔奖。

② 利昂·M. 莱德曼，美国物理学家。因其在高能粒子研究领域发展了微中子射线的应用而在 1988 年获诺贝尔物理学奖。

③ 菲利普·W. 安德森，美国物理学家。1977 年与他人分享了诺贝尔物理学奖，他的主要贡献是研究出了改良玻璃和磁性物质的电子结构的方法。

④ 阿尔诺·A. 彭齐亚斯，德裔美籍物理学家。1978 年因对宇宙微波辐射的研究，而获 1978 年诺贝尔奖。

比如对小科学项目的投资。[8]

四、对争论的利益分析

从这一部分开始，笔者将着重讨论争论中所体现的利益之争。从上面的讨论可以看到 SSC 支持方和反对方争论的焦点是 SSC 的优先性问题，主要表现在资金上，即值不值得投入几十亿美元建造 SSC，或是 SSC 究竟能够带来多大的回报。无论是 SSC 的支持方还是反对方，在其发表对 SSC 观点的背后，都有一些相关利益的考虑。这其中涉及在科研项目与其他项目之间的资金分配、科研项目自身各个不同分支之间的资金分配等问题。

下面，就先来探讨一下科学内部的利益之争。

（一）关于 SSC 引起的科学内部利益之争

SSC 属于国家拨款项目，在它的预算中，资金主要来自几个方面，一是联邦政府的研究与发展基金，二是各州政府拨款，三是外国投资。其中联邦政府投资所占比重最大，根据 1991 年的预算报告来看，联邦政府拨款约占总投资的 2/3 左右[9]，这一部分由于财政政策的变化，由开始时的专项拨款划归到联邦政府常规科学研究与发展拨款中来，每年国家对研究与发展方面拨款相对稳定，数目极其有限。比如 1989 年联邦对研究与发展的总拨款数是 614.06 亿美元[10]，其中 SSC 拨款为 0.98 亿美元[5]，约占总拨款的 0.16%，如此大的投资必定会占用其他项目资金，因此，在 SSC 国会听证会记录中，围绕 SSC 展开的争论异常激烈。

在争论中，首先涉及科研项目与其他国家拨款项目的利益之争，同时，SSC 属于科研项目中的基础物理学范畴，所以，围绕着 SSC 的利益冲突还有基础物理学项目与应用物理学项目的利益之争，此外，SSC 还属于大科学项目，这就必然存在大科学与小科学项目的利益冲突。在这些矛盾当中，涉及较多的就是科研项目内部之争。下面，将首先从基础物理学和应用物理学之争展开讨论。

1. 基础物理学与应用物理学的利益冲突

从国会第一次召开听证会讨论 SSC 问题开始，基础物理学和应用物理学之间关于 SSC 的争论就成为众人关注的焦点。参与讨论的多为相关领域的科学家，其中，基础物理学家代表了基础物理学的阵营，多对 SSC 持有支持态度，应用物理学则以应用物理学家占多数，大多反对建造 SSC。

基础物理学家中包括 1979 年诺贝尔物理学奖获得者温伯格和 1988 年诺贝尔物理学奖得主莱德曼，以及本文中前面提到的 SSC 的项目负责人高能物理学家泰格纳、施维特斯，粒子物理学家奎格（Chris Quigg）等。他们绝大多数都全力支持建造 SSC。应用物理学家以诺贝尔物理学奖获得者安德森、理查森（Robert C. Richardson），以及超导物理学家格巴尔（T. H. Geballe）和贝尔实验室的弗莱瑞（Paul A. Fleury）为代表。

从上一节对美国听证会中关于 SSC 展开争论的描述中可以看到，基础物理学家全力支持建造 SSC 的最主要原因是 SSC 对科学研究的意义。基础物理学研究的是关于自然和世界的本源问题，加速器又是基础物理学进行研究的主要工具，SSC 作为一个每束流对撞能级为 20TeV 的质子加速器对基础物理学的发展有着重要意义。在这个更高能量级的对撞中，粒子将有可能分裂成为新的基本粒子，或是发生低能量状态下无法发生的新现象，无论哪种可能成立，都会给基础物理学的研究带来前所未有的突破。基础物理学家希望能通过 SSC 找到更基本的粒子，以便能够解决物质本源这个物理学乃至科学的基本问题之一。因此，基础物理学家对 SSC 的建造投入了极大的热情。

那么像 SSC 这样的物理学研究工具对应用物理学也有间接的益处，为什么应用物理学家要反对建造呢，反对的理由真的如其所说，是出于国家利益和公众收益方面的原因吗？其实，这里还涉及研究资金的分配问题。虽然 SSC 对应用物理学是有一些间接的益处，但是，因为每年联邦政府拨给物理学研究的经费有限，它给应用物理学造成的直接影响是夺走了联邦政府对应用物理学和其他学科的研究经费，因此，经费问题很可能是应用物理学家反对建造 SSC 的重要原因之一。

下面来看一则标题为《里根正式批准建造超导超级对撞机》[11]的新闻，从中可以对美国当时的科研经费状况有一个了解。文章中写道："根据 1987 年 1 月 15 日《世界日报》《中报》报道，并经了解证实，由于经费短缺，位于伊利诺伊州芝加哥的费米国家实验室裁员 52 人，冻结 150 个工作机会，加速器也短期关闭，预计在最近两年内不会有什么实验活动。位于西岸的斯坦福直线加速器中心也由于同样原因，将价值 530 万美元的 SPEAR 和价值 7800 万美元的 PEP 两座电子对撞机关闭。将预计 1 月启用的花费 1.13 亿美元的直线对撞机也推迟到 3 月开机，而且功率只能开启一半。"由此可见，美国当时的科研经费并不充足，而科研经费的多少直接影响着从事科研活动的科学家的切身利益，科学家随时都将面临失业的危险，因此，经济因素在科学家决定对 SSC

抱有支持或是否定的立场中有着非常重要的影响作用。

　　然而，在实际的讨论过程中，由于很大一部分听证会是向公众公开的，在听证会的现场有做笔录、录像的人员和器材，这些相关记录都将被存档或放在国会的相关网站上。在国会官方网站上，不仅是国会议员和政府官员，普通公众也可以即时查阅到在前一天举行的听证会相关信息，比如听证会记录、各议员的发言证词等。同样，在国外一些重要图书馆都藏有美国政府出版物办公室整理出版的国会听证会记录等。因此，这种公开、透明的听证会制度必然会使参加听证会讨论的人员特别是科学家产生一定顾虑，在谈到资金等敏感的话题时，常常用比较隐讳的方式隐藏在一些看似客观、出于科学自身考虑、从全局出发的理由中间。

　　在国内也经常遇到这样的情况。关于一个科研项目或是其他重要项目的报道中，见到的都是对国家、人民、科学发展等方面的意义的强调，这已经成为公开的科学讨论中的一种默契，而正是这种普遍的心照不宣的默契使得公众对科学家在科学讨论和决策中所起到的作用存在误解，认为在科学讨论和决策的过程中，科学家代表了科学和客观本身，他们的主要职责就是向决策者提供最有利于国家、公众以及科学发展的建议。

　　比如，在有关 SSC 的争论中，科学家支持 SSC 的理由包括：SSC 对美国重拾其在世界物理学中的领军地位具有作用；SSC 在探索自然的本源方面将带来的革命性的突破以及 SSC 对国内各个领域（医疗、技术、超导磁体等）的重大推进作用等。实际上，在这些理由背后，科学家另有考虑。下面，笔者将着重对这一过程进行分析。

　　首先来看高能物理学家支持 SSC 的最主要理由：SSC 有望解决物质构成问题，这个问题被高能物理学家看作是科学的基本问题之一，因此，SSC 在科学研究中具有十分重要的价值。其实，这句话中包含着另外一个重要因素，那就是几十亿美元的投资意味着几百个基础物理学家的工作岗位和基础物理学方面的设备更新和资金补充，意味着在当时国内科研经费紧张、一些加速器实验室面临裁员和部分设备关闭的情况下，更多地占有资源，这一点对基础物理学无疑有着十分重要的意义。

　　对此，应用物理学家自然表达了不同的观点。在 1987 年 4 月 7 日美国参议院举行的听证会中，安德森提出反对 SSC 的四条理由，首要的一条就是，SSC 解决的只是基础物理学的基本问题，而非科学的基本问题。基础物理学研究的问题已经过于基础，以至于离科学其他领域已经越来越远了，对科学本身意义不大，并且，也并非解决这些问题的唯一途径，完全能够找到其他更为经济的方法。[12]

最后一句话是问题的关键。"更为经济的方法"绝不是说说而已,首先来看一组数据,1987 年联邦政府的研究与发展拨款总数为 552.55 亿美元[13],其中用于基础研究(其实 SSC 即属此类)的设备总投资为 47.33 亿美元[14],而在 1987 年 1 月 30 日里根总统批准 SSC 正式成为国家项目之后所作的预算中 SSC 总耗资是 43.75 亿美元[15],基本上相当于基础研究使用设备全年投资总额,这样一个庞大的数字必然会受到质疑。

除此之外,安德森提出的另外一个反对理由是,SSC 的耗资问题并不是最主要的,最主要的是我们该怎样利用和教育珍贵的科技人才。他说,粒子物理学极大地影响了物理学的教育。SSC 的合约为粒子物理学提供了大量的工作岗位,吸引了许多有能力的年轻人从其他领域投身到这个领域中来,同时,它使得一些小型领域的科研人员因为高校缺乏科研资金和没有办法提供优厚的待遇而转向了工程领域。[12]

这里面包含了两层意思,一是说 SSC 耗资过大,争夺了其他领域的科研资金的问题,因为一些项目的资金匮乏,导致了高校的部分科研人员的流失。其二是用来反驳 SSC 支持方的观点。上文提到支持 SSC 建造的理由之一就是 SSC 可以促进美国的物理学教育,而在这里看来,SSC 并不能促进物理学的教育,相反,还会因为吸引人才流向实际需求并不多的粒子物理学领域而造成人才的浪费。因此,SSC 并不一定像支持方说的那样,会对美国的教育起到很好的促进作用。

安德森的发言提出了除去资金之外的另一个利益冲突点——科研人才的争夺。科研工作者是推动一个学科发展的直接生产力,如果一个领域缺乏优秀的科研工作者,这个领域必然处于劣势。SSC 在当时的美国有着广泛的影响,单单选址时期就有几十个州参加竞标,可见它的影响力之广,在得克萨斯州建造时期 SSC 提供近 2000 个工作岗位,其中吸引了来自 38 个国家的 250 多位科学家和工程师。对此,温伯格在接下来的发言中做出回应,他说,SSC 可以使美国的基础物理学处于世界领先地位,同时还可以防止美国的高能物理学人才流向国外的实验室,这对科技人才资源的合理利用无疑是有着重要意义的。[16]

这一点确是事实,当时美国建造 SSC 时招聘一些苏联物理学家的目的之一就是"吸引他们到美国来,以免其为其他第三世界国家研制核武器"[17],同样,建造 SSC 也起到了防止本国相关领域的科学家外流的作用。这一点对科研的发展无疑也有着十分重要的意义。如此看来,安德森和温伯格所说的都有道理，只是，他们之间的分歧在于所站立场不同，安德森是站在应用物理学的角度来考虑，自然 SSC 造成了科研人才从应用物理学向基础物流学领域的外流，而温伯格站在基础物理学方面，自然是防止了国内优秀科研人员到国外的流失。由此也可以看出，基础物理学家和应用物理学家虽然表面上讨论的是 SSC 对国家的利益和公众的收益方面的利弊，但考虑问题的出发点都是从自身所在的领域出发，并不是从全局来考虑问题。或者，更进一步讲，抛开各自领域的利益考虑不谈，由于职业和领域的限制，各方面的专家也很难做到纵观全局。

温伯格除了用防止国内高能物理学人员流失来回应安德森之外，还提出了另外一条建造 SSC 的重要理由——通过建造 SSC 可以使美国重拾其在世界物理学中的领先地位，这个理由对当时正处于冷战时期的美国具有非同一般的意义。此时，里根政府致力于经济的发展，美国力求在各个方面超过苏联，特别是将重点从国防和军备竞赛转向了科技和经济的竞争，SSC 刚好迎合了这种趋势。这也是为什么虽然 SSC 提出之初就为当时美国历史上规模最大的基础物理学项目，而在美国经济还未完全走出低潮、国内科研经费不足的情况下，还是得到了里根政府顺利批准的重要原因。政治因素往往是科学研究和技术革新的重要推动力甚至是起决定性作用的因素之一。[18]

不过，对于温伯格提出的说法，安德森认为：如果是为了恢复美国在基础物理学界的世界领先地位，完全可以在物理学的其他项目中花更少的钱来达到相同目的。[12]这里讨论的表面上是国家利益，实际上还是资金的问题，安德森并不否认 SSC 在基础物理学中可能发挥的重要作用，但关键的问题是 SSC 占用的资金过多，这就使其他物理学项目失去了资金。安德森是应用物理学家，他所想到的首先是非基础物理学项目，同样，不同背景的人关注点都是与其相关的方面的问题，不会特别关注其他领域，在 SSC 引起的各方争论中，多数人都是在拿 SSC 与自己领域的相关项目等做比较，而不是以全局的利益作为考虑的主要方面。

对于安德森的质疑，费米实验室的管理者、高能物理学家莱德曼强调，SSC 如果成功，带来的将不仅仅是高能物理的突破，它会对生活的方方面面产生深远的影响，有人会质疑它是不是现在所迫切需要的，或是它和目前的科技水平相差还太远（这句话的意思是指当时美国国内的技术还达不到建造 SSC 的水平），可是 150 年前人们还对电子毫无概念，现在却生活在一个电子信息的时代。[19]因此，为了 SSC 可能带来的对整个社会的变革而承担一定的风险是值得的。

1991 年 2 月，能源部对 SSC 再次做了预算，由于设计上的变动导致的预算超支以及其他实际花费的超支，能源部的最终预算金额增加到 82.5 亿美元。同时，SSC 在磁体部分的制造上出现技术问题，这也使得各界对 SSC 的技术可行性提出了质疑。科学家之间的争论也从最初的以科学价值、国家利益等方面为主转为以经济和技术可行性作为决定 SSC 是否继续的主要因素。面对来自应用物理学家以及其他政府官员对 SSC 资金方面的指责，基础物理学家不得不在听证会中一次又一次重申 SSC 对科学的意义，同时，在 SSC 项目中担任重要职务的莱德曼和施维特斯等则把精力集中在解释 SSC 预算超支的问题上。

除此之外，在 1990 年 4 月 24 日参议院举行的听证会上，能源部能源研究办公室的主任德克尔（James F. Decker）发表声明："高能物理需要能量更高的工具来获得理论上的突破。"[3]同时，持有相同观点的还有哥伦比亚大学的德雷尔（Sidney D. Drell）[20]和美国物理学会的主席梅尔兹巴赫（Eugen Merzbacher）[21]以及劳伦斯-伯克利实验室的负责人尚克（Charles V. Shank）[22]等。他们都在听证会中发表声明继续支持 SSC。他们对 SSC 的支持实际上不仅代表其个人观点，而是代表他们各自所在的能源部、哥伦比亚大学和劳伦斯-伯克利实验室对 SSC 的态度。其中，能源部支持 SSC 的主要原因是 SSC 属于能源部主持的科研项目，它每年为能源部多获得几千万美元到几亿美元的国家拨款。哥伦比亚大学和劳伦斯-伯克利实验室则是 SSC 的合作者，负责相关的 SSC 技术和工程建设方面的工作。

随着 SSC 局势的进一步恶化，一些原来 SSC 的拥护者也开始转而反对 SSC 继续建造，其中，以政府官员以及各州的议员为主，比如来自伊利诺伊州的法韦尔（Harris Fawell），以及来自纽约州的贝勒特（Boehlert）。他们曾是 SSC 的坚定拥护者，转而反对 SSC 的理由是 SSC 的超支问题和工期延误以及管理混乱，面对众多指责，温伯格在 1993 年 8 月的听证会上为 SSC 再次进行辩护，他说"SSC 并没有超支，预算的增加只是因为 SSC 计划历时近 10 年，这里面需要考虑通货膨胀和技术革新等问题"[23]。在温伯格之后，作为 SSC 实验室的领导者，施维特斯对造成预算超支的主要部分——磁体和土木建筑做相关说明，同时，介绍了工程的进展情况，最终得出的结论是"SSC 用去 20%的预算做了 20%的事情，工期并没有延误"[24]。

当然，这只是基础物理学家出于其自身考虑的解释，实际的情况是 SSC 的预算从 1984 年的 30 亿美元一直增加到 1993 年的近 110 亿美元，不考虑通货膨胀等因素的影响增加了 2 倍多，并且，在技术方面仍然困难重重。1993

年10月，众议院和参议院先后投票通过了终止SSC的议案。自此，国会听证会中基础物理学和应用物理学关于 SSC 的争论宣告结束。但基础物理学家和应用物理学家对 SSC 的争论本身却并没有停止，双方依然在各种学术期刊和关于SSC的书籍中继续着他们的论战。

2. 大科学项目与小科学项目的利益冲突

如果说国会听证会中基础物理学和应用物理学之间的利益之争还因为存在一些顾忌而在争论的背后若隐若现，需要补充一些背景和数据才能确切明白争论背后的利益出发点，那么大科学和小科学的利益之争则无须过多的诠释，只需要将正反双方的争论逐一陈述出来，就能清楚地展现出在 SSC 项目中大科学与小科学之间激烈的利益冲突。

首先，需要对大科学和小科学的概念做简要的介绍。大科学（包括大科学项目和大科学体制）是在近代科技发展的基础上形成的。它主要是指由国家立项、投资兴建的大型科研项目，其预算大多是 10 亿美元以上，其中多为工程项目，并确保能够达到预定的结果。巨型粒子加速器、宇航飞船，还有生物学方面解读人体的脱氧核糖核酸（DNA）和水稻的 DNA，都属于大科学项目，它们在项目开始之前就已知了制造所需的核心技术，是为实现特定目标建造的，因此，其主要部分并非科学，而是工程。但是大科学项目建造的目的是为探测性科学奠定基础。[25]例如 SSC 实验室的主要部分是工程建设，但是建成之后却是为了基础物理学家做实验、发现新现象、更深层次的探索物质的本源问题。

小科学的规模和资金相对于大科学项目而言都要小得多，多为一个或是几个科学家的小范围研究项目，形式灵活、多样，研究的内容也涉及各个方面，虽然小科学占用的资金较少，但是有时候却能够做出一些原创性的重大突破，例如科罗拉多州立大学物理学实验室做的玻色-爱因斯坦凝聚态实验，所用装置的总价值不过 5 万美金，只有一两个人在做，却获得了 2001 年的诺贝尔物理学奖。由此可以看出大科学项目和小科学项目各有长短，它们之间的竞争也一直存在。

因为 SSC 属于大科学项目，它划入联邦财政预算之后必将和联邦政府的其他小科学项目之间产生利益冲突，这种冲突是多方面的，与此同时 SSC 也会给一些小科学项目带来益处，因此情况过于复杂，在有限的篇幅中笔者不能一一讨论，这里，只讨论国会听证会记录中二者所表现出的利益冲突的几个主要方面，其中，仍是以大科学与小科学的资金争夺为主。

在 1988 年 4 月 12 日召开的关于 1989 年基础物理学拨款及 SSC 问题的听证会上，康奈尔大学的费希尔（Michael E. Fisher）首先以大科学和小科学的收益对比为出发点反对建造 SSC。他的观点是：相对于像 SSC 这样的大科学项目来说，小科学花费要少 30%，但是却有 70%的博士学位获得者来自小科学领域，显然，从培养人才的角度考虑，小科学项目要比 SSC 的收益更高。从迫切性的角度来说，许多其他领域的研究都是紧迫的，为什么单单支持 SSC？而从收益的角度分析，SSC 将要持续 10 年左右，每年的花费约有 5 亿美元，这超过了美国国家科学基金会 1988 年对数学、天文、物理、化学和材料研究的总额。因此，SSC 不该建，就算要建，现在的时机也不恰当。[26]

实际上，费希尔提到的 SSC 项目每年约 5 亿美元的花费指的是平均每年的花费，而不是每年的实际花费，在 SSC 立项之后的 1987～1988 年，联邦政府的拨款分别为 0.2 亿美元和 0.25 亿美元，在这之后的几年中，实际拨款数额也没有超过 5 亿美元，虽然 SSC 的预算增加很快，要求的预算也随之增加，但在实际拨款中，国会砍掉了其中的很大一部分。美国政府虽然将 SSC 作为一个美国政府自己的项目，但同时也在积极争取国际合作和资金支持，并希望国外投资能够占 SSC 总资金的 1/3 左右。不过，美国政府所期望的国际支持却迟迟未能达成协议，各国都有自己的打算，很难达成共识。虽然美国能源部的官员积极出访了欧洲六国以及亚洲的日本、韩国等国家，但直至 SSC 被国会终止，也只有印度确定参与合作并出资 0.5 亿美元。计划中由国际合作提供的1/3 的资金没有着落，这也成为 SSC 被否决的重要外部因素。

同时，SSC 中心设计组的负责人沃伊泰茨基对费希尔的观点提出以下几点反驳：SSC 的确昂贵，但是我们将分 10 年来拨款，而且和其他的一些领域相比SSC 花费也并不算最大。随着技术的进步 SSC 的花费呈现出减少的趋势，并且，SSC 肩负着特殊的历史使命——巩固美国在基础物理学中的领军地位。[27]

这里面主要从两个方面回应了代表小科学项目的 Fisher 对 SSC 的指责，第一，资金问题。SSC 虽然是大科学项目，但是，在当时美国国家资助的大科学项目中，SSC 并非花费最多的，也就是说如果大科学项目占用了小科学的资金，也并非全部是因为 SSC 的原因，其他的大科学项目负有更大的责任。比如，空间站和基因组计划等。第二，作用问题。虽然小科学在一些方面有着优于 SSC 的收益，但是 SSC 肩负着巩固和提高美国在世界基础物理学界的领先地位的历史使命，这是小科学无法做到的。

在 1989 年初美国能源部对 SSC 计划的总预算为 59 亿美元，至 1989 年 4 月，特里维尔皮斯（Trivelpiece）领导下的物理学家为了适应 SSC 在得克萨斯州的建造地当地的地理环境重新修订了 CDG 关于 SSC 的设计方案，致使在 1989 年 12 月专用场所设计方案完成之后，SSC 的预算增加到 82.5 亿美元。对此，1990 年 4 月 24 日美国国会再次召开听证会专门讨论 SSC 的预算超支问题。路易斯安那州的参议员约翰斯顿（J. Bennett Johnston）在的听证会中提出，SSC 在探索物质的本源方面是好的，但是，有几点担忧：首先是技术问题，SSC 的设计是否合理，我们从中获得的知识增加是否值得付出这样的代价。其次是预算，SSC 的预算到底会有多少，在一个时期应该只致力于一项大科学项目。[27]

同样对 SSC 持怀疑态度的还有物理研究实验室主任、工程学教授弗莱瑞，他认为，目前在大科学中的投入是小科学项目的 10～12 倍，而现在大部分有用的技术来自小科学的研究成果，那么对大科学的投资是否值得？过去几十年的经验证明对大科学的投资是值得的，在知识、经济上都带来了很大的收益，我们应该支持重要的仪器，但是，应该在保证对现在的经济和技术都有很大收益的小科学项目优先权的基础上。[28]

1990 年的秋天，美国两党联合预算协议做出一些变动，导致非国防的项目必须和原本不足的联邦预算争夺资源，新出台的拨款规则决定了联邦内部的科学和技术之间的资金竞争加剧，一些人担心具有应用前景的小科学项目会被几个为数不多的大科学项目所遏制，建议开始对 SSC 的现状及工程进展情况进行连续的监督。[29]

这种来自政府的干预和监督使得 SSC 在管理问题上举步维艰。政府官员和负责建造 SSC 的高能物理学家之间产生严重分歧，其直接后果是 SSC 管理层的矛盾不断，以及对于 SSC 内部的管理不善、技术问题的频频曝光，这无疑对 SSC 有着十分不利的影响。一些小科学的支持者也借此机会向 SSC 发难，比如康奈尔大学的实验低温物理学教授理查森认为，SSC 无疑会对小科学项目产生不良的影响。它确实将带来科学上的发现，但是 SSC 只是高能物理学中的一个工具，科学的分支有很多，并且现阶段应该支持那些大学和国际实验室中的小型的科研小组，大科学项目应该在确保了科学基础的健康发展之后再做，目前的预算显然没有做到对广泛的科研基础的保护。[30]

1991 年夏苏联解体，随着冷战的结束美国政治的指导方针也有了巨大转变，开始将重点从冷战时期的军备和科技之争转移到国内的经济建设上来，这使耗资巨大，只针对基础物理学的研究而缺乏经济价值的 SSC 项目失去了政策上的有力支持。1992 年 6 月，美国的众议院以 212-181 的票数否决了 SSC 项目。[5]但是，众议院的决议并没有得到参议院的支持，在接下来的投票中，参议院以 62-32 的优势票数继续支持 SSC。同年美国政府改选，克林顿政府取代了布什政府。SSC 失去了白宫极其重要的支持者，克林顿决定将 SSC 的建造时间"延长"三年，此时的预算接近 100 亿美元，国会再一次否决了 SSC，这次的票数是 280-150。[5]

面对这样的局势，国会再次召开听证会讨论科学拨款中的优先性问题。当时有三个大科学项目：美国国家航空航天局（NASA）的空间站、地球观测系统和 SSC。它们的预算一再增加，这将导致一些更具经济价值的小科学得不到相应的投资，因此，这次的听证会着重讨论资金如何分配。科学、空间和技术委员会主席布朗（George E. Brown）首先发表声明支持 SSC。他说，SSC 并没有剥夺其他小科学的资金，因为 SSC 本身就是由成千上万的不同领域的小科学项目组成，对 SSC 的反对并非来自 SSC 本身的科学价值，而是其花费。我们应该将注意力放在其科学价值上而非规模和花费。就花费而言，美国对国防科研的投入也远远高于像 SSC、基因组等所谓的大科学项目。[31]

布朗在这里认为 SSC 是由许多的小科学项目组成，所以，并不存在资金争夺的问题，第二点是说反对 SSC 的理由并非是科学价值而是资金问题，如果出于资金方面的考虑，那么美国用于国防科研的投入要远远高于 SSC 等大科学项目，小科学真正应该反对的是国防项目。如果按照布朗的思路考虑，SSC 和小科学的矛盾能够得到一定程度的消解。

但是，实际情况却远不是这么简单。

在接下来的听证会发言中，安德森针对布朗的论点进行反驳。他说，第一，SSC 的社会效益并不比小科学项目高。第二，SSC 并非小科学项目的集合。小科学有其自己的自由性，是为了特定的目的而进行研究的，而 SSC 项目中的小科学项目却只是为了同一个目标，这更像是制造而非研究。[32]

这里面提到了 SSC 的三个问题：一是 SSC 的科学价值不一定像 George 等形容的那样是认识物质本源的唯一途径，它只是认识自然的众多方法之一，甚至对于物理学来说也并非唯一方法；二是 SSC 的社会效益比起小科学来说也不存在明显的优势；三是 SSC 中虽然包含有很多小科学项目，但是 SSC 中的小科学项目带有明显的目标倾向，这有违小科学本身固有的自由性，因此，SSC 中包含的小型项目并非真正意义上的小科学。

实际上，在这些原因背后，还有一个更为重要的原因，那就是虽然 SSC 中含有小科学项目，但是，小科学项目只占其中很小的一部分，其他大部分还是工程技术和工业制造，所以，SSC 并不能真正得到小科学项目的认可。

（二）科学项目与其他政府预算项目之间的利益冲突

以上，我们着重讨论了 SSC 在科学内部的相关利益之争，除此之外，SSC
还涉及到科学与其他政府预算项目的利益冲突。比如，SSC 和空间站、SSC 和
基因工程等大科学项目之间的冲突。其中，主要是关于项目建设优先性的问题。

SSC 虽然是当时美国造价最高的基础物理学研究工具，但是，和空间站、
基因工程比起来，并不算昂贵，但是因为美国的经济危机和财政赤字，使得政
府不得不考虑结束或延迟建造一些像 SSC 这样的巨型项目。决定 SSC 能否继
续的关键问题就是和其他项目相比，SSC 是否具有更大的迫切性和能否带来更
大的收益。

有关迫切性的争论主要集中在美国经济危机之后。这时 SSC 已经在得克
萨斯州兴建，首先发言的是来自劳伦斯-伯克利实验室的加速器物理学家泽斯
勒（Andrew M. Sessler），他提到一种物理学家中普遍存在的看法，即认为
不同的语境当中应该对建造 SSC 持不同的态度。如果建造 SSC 意味着夺走其
他项目建造的权利则不赞成，而如果不建造 SSC 也不能建造其他的项目那所
有的物理学家都应该支持 SSC。泽斯勒并不赞同这种观点，他认为国会应该
做的是支持 SSC 并且同时支持基础物理学的其他项目，增加对基础物理学的
投资。[33]

泽斯勒在这里面提到了物理学家中普遍存在的一种耐人寻味的立场，即并
不是以对探索自然的客观标准作为判断 SSC 是否该建的标准，而是以 SSC 是
不是占用了物理学的研究经费作为是否支持 SSC 的理由。泽斯勒在他的声明
里这样说："一直存在着这样一种争论，那就是如果 SSC 不建造，其他的科
学项目也无法得到资金，那么，所有的科学家都应该来支持 SSC，这样至少可
以得到资金。"[33]从这句话中，可以清楚看出在 SSC 的决策过程中，决定 SSC
是否兴建的理由绝不仅仅像通常声称的那样是完全出于科学意义的考虑，以及
经济力量是否能够达到的问题，这其中也掺杂了各个领域之间的资金、资源争
夺方面的考虑。

这一点在 1991 年 4 月的听证会中有着更为具体的体现。来自肯塔基州的
议员 Ford 陈述召开这次听证会的理由时说：SSC 的预算从开始的 30 亿美元增
长到 80 多亿美元，以后或许会增长到 110 亿美元，每年约占 10 亿美元的联邦
预算，这些资金的来源并非像开始所说的那样是联邦政府的新预算，而是侵占
了其他科研项目的资金。与此同时，SSC 却因为技术和其他的原因一再推迟，
预算也相应增加，我们很难预料还会因为什么原因再次延迟 SSC 的建造，但

是，资金将会进一步增加，而我们现在却还没找到资金的来源。[10]

这里所说的资金来源主要是指国际资助，在 SSC 的规划当中，资金的来源主要分为 3 个部分，最为主要的来源是联邦的专项拨款，其次是来自得克萨斯州约 10 亿美元的投资，还有另外一部分就是寻求国际援助，联邦政府希望通过国与国之间的合作来解决占预算总额的 1/3 的资金，而由于主管国际事务的能源部官员特里维尔皮斯辞职，SSC 不仅在能源部失去一位重要的支持者，寻求国际合作的工作也陷入僵局。在 1991 年 4 月召开的听证会之前，能源部曾在 1988 年出访加拿大、日本、英国、法国、意大利和联邦德国六个经济强国来寻求投资[33]，摩尔还在 1990 年亲自出访日本和朝鲜，但最终只有印度一家愿意为 SSC 提供技术和资金支持[34]，这使得 SSC 在面临国内外的双重困境。

因为 SSC 的预算一再增加，所以，在听证会上美国物理协会主席布隆伯根（Bloembergen）提出"如果国会决定继续 SSC 的话，那么建议除了现有的预算约束以外，减少、重新计算甚至砍掉载人空间站的预算来满足 SSC 必要的预算增加"[35]，提出这一建议，完全是出于现实情况的考虑。据斯坦福大学的赛贝尔（T. H. Ceballe）声称，SSC 除了当时预算的近 100 亿美元建造费用之外，还将在建成之后，每年还要在运行和维护等方面花去约 10 亿美元。美国对高能物理实验的年拨款为 6.3 亿美元，其中大学占 1 亿美元，布鲁克海文国家实验室占 0.9 亿美元，费米实验室占 2.25 亿美元，斯坦福直线加速器中心占 1.4 亿美元，就算联邦对高能物理实验的拨款在近十年中能够增加 50%，SSC 每年的运行费用仍然差不多是联邦对高能物理实验拨款的全部。[36]从中，我们可以对 SSC 的花费有一个更为直观的了解，同时，也可以理解为什么布隆伯根建议砍掉空间站的预算。

当然，也有人支持空间站的建设，但同时也并不反对 SSC 的建设，比如科学、空间和技术委员会的霍尔（Ralph M. Hall）[12]，国家宇航局的副署长汤普森（James R. Thompson）[13]，以及空间政策规划、美国科学家联合会的领导者派克（John E. Pike）。[14]同时，也有一些人一如既往地支持 SSC 的建设，反对空间站。其中，有来自印第安纳州的罗默（Rep. Tim Roemer）[15]等。

五、结语

本文前几节分别介绍和分析了 SSC 的历史，美国国会听证会中就 SSC 展开的争论以及争论中体现出的利益之争。本节将简要总结笔者由国会听证会中关于 SSC 问题展开的争论所做的思考，同时对本文需要注意的问题做几点说明。

（一）对国会听证会中围绕 SSC 展开争论的思考

从本文第二节和第三节的论述中，可以看到以下几点。

（1）"国家利益""科研价值""公众利益"只是各方用来表达自己立场的一种修辞，并非实质原因。在"国家利益""科研价值""公众利益"这些大的框架后面，是各个利益集团，比如"科学共同体""政治集团""工程公司"之间的利益分配和争夺，从国会听证会中关于 SSC 展开的利益之争中可以清楚地看到这一点。在基础物理学家和应用物理学家、大科学项目与小科学项目、科学家与其他领域相关人员的争论中，每一方都将"国家利益""科研价值""公众利益"作为支持或反对 SSC 的重要理由。但在实际讨论过程中，各方大都从自身的利益得失出发作为支持或反对 SSC 建造的标准。正如泽斯勒在他的听证会发言中所说的那样："一直存在着这样一种争论，那就是如果 SSC 不建造，其他的科学项目也无法得到资金，那么，所有的科学家都应该来支持 SSC，这样至少可以得到资金。"[33]大多数科学家在 SSC 问题中所持立场都是以资金分配为主要标准，而非表面上声称的那样出于"科研价值"的考虑。

（2）政治因素在 SSC 的争论过程中虽然未有明显的体现，但是，将争论与发生争论的历史背景一同考虑的时候，政治与 SSC 争论的焦点问题之间的密切关联便会有所显现。在 1987 年，SSC 刚刚立项之时，支持方用以支持 SSC 的最有力的理由是 SSC 可以帮助美国提高在世界基础物理学界的地位，而反对方不支持 SSC 的理由则集中在 SSC 的技术可行性以及美国现阶段可以采用更为经济的方法来发展科技。当时的美国正处于美苏冷战时期，SSC 显然在战略上迎合了美国的需要，支持方很清楚这一点。因此，SSC 对美国的政治意义成为支持方在争论中的重要筹码。但随着苏联的解体和美国总统的改选，美国政府在科技战略上也从发展尖端科技转向以应用为主的民用科技，SSC 的支持者开始着重强调 SSC 的应用价值。美国当时正面临财政赤字的困扰，SSC 的反对者便从 SSC 的高额花费入手反对 SSC 的建造。甚至，有一些议员还将反对 SSC 作为表明解决财政赤字问题政治立场的筹码，从支持 SSC 的一方转而反对 SSC。

（二）关于本文的几点说明

首先需要说明的是，在国会听证会记录有关 SSC 的争论中，很难说有谁对谁错之分，各方产生分歧的主要原因是所站的立场不同，这是由各方不同利益出发点所决定的，作为一个局外的观察者而言，重要的不是判断争论中的对与错，甚至也不是了解争论的内容，或者说，仅仅做到对争论本身内容的了解是远远不够的，笔者更希望通过本文的论述提供一个关于科学活动的图景，在这个图景中，除了有被公众看到的影响科学决策和科学活动的表面因素之外，还包含不为公众了解的或被科学活动的参与者刻意隐藏起来的更为重要的决定因素。这些因素往往并非表面上人们所看到的那样客观、公正、毫无私利。这样的研究，实际上也为像 SSK 等研究提供了实例。

其中，各方所持的立场由很多因素决定，比如个人所处的利益集团、学术背景、社会背景等。在这里笔者讨论的是有关利益的部分，它通过 SSC 的争论中各方所持立场表现出来。这种利益支撑不一定完全是出于金钱和人力资源等物质方面的考虑，还包括对 SSC 发表看法的人所处的社会环境、学术背景，以及职业偏见等隐性因素。这些因素很可能导致个人在看待 SSC 问题中的角度不同而持有不同观点，也可以称作隐性偏见。由于篇幅所限，这里着重讨论资金和人力资源方面的利益争夺，至于有关像不同地区的经济利益的因素，国会投票者所代表的不同政治利益集团的因素，不同立场的支持与反对者在社会背景、学术背景，以及职业背景等方面的因素等，则有待日后继续再做进一步的探讨和分析。

其次需要说明的是，本文虽然讨论了发生在国会决策过程中的重要环节——国会听证会中的争论，但是，这里所要讨论的仅仅是 SSC 的国会听证会记录中有关 SSC 表面争论与争论背后之利益关系的一种可能性，至于这种利益之争到底在 SSC 的决策过程中起到了什么样的作用、多大的作用，暂不在本文所讨论的范畴。因为科学活动是一个涉及方方面面的复杂过程，其决策过程往往受到当时的政治、经济和社会多方面的制约和影响，利益争夺在其中起到的作用只能作为一种可能性，很难下确定性的结论，而且想要做出可靠性比较强的判断，也绝非一篇论文能够表述清楚的。因此，本文主要目的是抛砖引玉，其他更为深入的探讨将有待于进一步的研究。

（本文原载于江晓原、刘兵《阳光下的民科》，华东师范大学出版社，2008年版，第 25-58 页。）

参 考 文 献

[1] SSC. Site Specific Design Documents（SCDR）[EB/OL]. http://www.hep.net/ssc/ext/documents/scdr/SCDR_chapter_2[2007-12-30].

[2] 黄涛. 超导超级对撞机（SSC）物理[J]. 现代物理知识, 1993,（1）: 14-15, 27.

[3] Happer W, Poage B, Rees J, et al. System Specification（Level 1）for the Superconducting Super Collider[EB/OL]. http://www.hep.net/ssc/ext/documents/level/ssc_level_1_spec [2007-12-30].

[4] The Superconducting Super Collider Project[EB/OL]. http://www.hep.net/ssc/new/history/appendixa.html[2007-12-30].

[5] Riordan M. A tale of two cultures: building the superconducting super collider, 1988—1993[J]. Historical Studies in the Physical & Biological Sciences, 2001, 32（1）: 125-145.

[6] 倪峰. 国会与冷战后的美国安全政策[M]. 北京: 中国社会科学出版社, 2004.

[7] Air Products and Chemicals, INC., Armco INC, et al. Testimony before the Committee on Energy and National Resources Subcommittee on Energy Research and Development United States Senate on the FY'89 Request for the Superconducting Super Collider, April 12,1988[A]//United States, Congress, Senate, Committee on Energy and Natural Resources, Subcommittee on Energy Research and Development. Basic science budget and SSC: hearing before the Subcommittee on Energy Research and Development of the Committee on Energy and Natural Resources, United States Senate, One Hundredth Congress, second session on the Department of Energy's fiscal year 1989 request for the superconducting super collider and the basic science budget. Washington: U. S. G. P. O, 1988.

[8] Philip W, Anderson P S A I, Philip W. Anderson, Prepared Statement[A]//United States, Congress, Senate, Committee on Energy and Natural Resources, Committee on Appropriations, Subcommittee on Energy and Water Development. Superconducting Super Collider: Joint Hearing before the Committee on Energy and Natural Resources and the Subcommittee on Energy and Water Development of the Committee on Appropriations, United States Senate, One Hundred Third Congress, first session, on the Department of Energy's Superconducting Super Collider Project. Washington: U. S. G. P. O., 1993: 57-61.

[9] U. S. Department of energy, Superconducting Super Collider Status Report, October 1990[A]//United States, Congress, House, Committee on Science, Space, and Technology, Subcommittee on Investigations and Oversight. Status of the superconducting super collider program: hearing before the Subcommittee on Investigations and Oversight of the Committee on Science, Space, and Technology, U. S. House of Representatives, One Hundred Second Congress, first session. Washington: U. S. G. P. O., 1991: 118-130.

[10] National Science Foundation. Science & engineering indicators-1993[A]. National Science Board. Washington: G. P. O, 1993: 347.

[11] 李明德, 肖琳. 里根正式批准建造超导超级对撞机[J]. 全球科技经济瞭望, 1987,（7）:

18-19.

[12] Anderson P W. Testimony on the superconducting super collider[A]//United States, Congress, Senate, Committee on Energy and Natural Resources, Subcommittee on Energy Research and Development. Superconducting super collider: Hearing before the Subcommittee on Energy Research and Development of the Committee on Energy and Natural Resources, United States Senate, One Hundredth Congress, first session on the Department of Energy's funding request for the superconducting super collider. Washington: U. S. G. P. O., 1988: 63-70.

[13] 全国科学理事会. 美国科学及工程指标——1989[M]. 张桂珍, 宋化民, 肖佑恩, 等译. 武汉: 中国地质大学出版社, 1991.

[14] Decker J F. Statement before the Subcommittee on Energy Research and Development of the Senate Committee on Energy and Natural Resources, April 12, 1988[A]//United States, Congress, Senate, Committee on Energy and Natural Resources, Subcommittee on Energy Research and Development. Basic science budget and SSC: Hearing before the Subcommittee on Energy Research and Development of the Committee on Energy and Natural Resources, United States Senate, One Hundredth Congress, second session on the Department of Energy's fiscal year 1989 request for the superconducting super collider and the basic science budget. Washington: U. S. G. P. O., 1988: 12-102.

[15] Boesman W C. Science Policy Research Division, Congressional Research Service, Superconducting Super Collider Updated March 18, 1987[A]//United States, Congress, Senate, Committee on Energy and Natural Resources, Subcommittee on Energy Research and Development. Superconducting super collider: Hearing before the Subcommittee on Energy Research and Development of the Committee on Energy and Natural Resources, United States Senate, One Hundredth Congress, first session on the Department of Energy's funding request for the superconducting super collider. Washington: U. S. G. P. O., 1988: 266-281.

[16] Weinberg S, Theory Group, Physics Department, The University of Tomas ant Austin. Testimony before the Subcommittee on Energy Research and Development of the U. S. Senate Committee on the Energy and Natural Resources, April 7, 1987[A]//United States, Congress, Senate, Committee on Energy and Natural Resources, Subcommittee on Energy Research and Development. Superconducting Super Collider: Hearing before the Subcommittee on Energy Research and Development of the Committee on Energy and Natural Resources, United States Senate, One Hundredth Congress, first session on the Department of Energy's funding request for the superconducting super collider. Washington: U. S. G. P. O., 1988: 169-176.

[17] 左环召. 美超导超级对撞机工程下马后的影响[J]. 全球科技经济瞭望, 1994, (5): 22-23.

[18] 曾国屏, 高亮华, 刘立, 等. 当代自然辩证法教程[M]. 北京: 清华大学出版社, 2005.

[19] Lederman L M. Testimony before the Subcommittee on Energy Research and Development of the U. S. Senate Committee on the Energy and Natural Resources, April

12, 1988[A]//United States, Congress, Senate, Committee on Energy and Natural Resources, Subcommittee on Energy Research and Development. Basic science budget and SSC: Hearing before the Subcommittee on Energy Research and Development of the Committee on Energy and Natural Resources, United States Senate, One Hundredth Congress, second session on the Department of Energy's fiscal year 1989 request for the superconducting super collider and the basic science budget. Washington: U. S. G. P. O., 1988: 113-116.

[20] Drell S D. Testimony on the Superconducting Super Collider before the Subcommittee on Energy Research and Development of the Senate Committee on Energy and Natural Resources, April 24, 1990[A]// United States, Congress, Senate, Committee on Energy and Natural Resources, Subcommittee on Energy Research and Development. Superconducting Super Collider program and the Department of Energy's budget for fundamental science: Hearing before the Subcommittee on Energy Research and Development of the Committee on Energy and Natural Resources, United States Senate, One Hundred First Congress, second session. Washington: U. S. G. P. O., 1990: 147-157.

[21] Merzbacher E. Testimony of Senate Committee on Energy and Natural Resources, Subcommittee on Energy Research and Development, April 24, 1990[A]//United States, Congress, Senate, Committee on Energy and Natural Resources, Subcommittee on Energy Research and Development. Superconducting Super Collider program and the Department of Energy's budget for fundamental science: Hearing before the Subcommittee on Energy Research and Development of the Committee on Energy and Natural Resources, United States Senate, One Hundred First Congress, second session. Washington: U. S. G. P. O., 1990: 162-171.

[22] Shank C V. Statement[A]//United States, Congress, House, Committee on the Budget, Task Force on Defense, Foreign Policy, and Space. Establishing priorities in science funding: hearing before the Task Force on Defense, Foreign Policy, and Space of the Committee on the Budget, House of Representatives, One Hundred Second Congress, first session. Washington: G. P. O., 1991: 101-112.

[23] Weinberg S. Statement[A]//United States, Congress, Senate, Committee on Energy and Natural Resources, Committee on Appropriations, Subcommittee on Energy and Water Development. Superconducting Super Collider: Joint Hearing before the Committee on Energy and Natural Resources and the Subcommittee on Energy and Water Development of the Committee on Appropriations, United States Senate, One Hundred Third Congress, first session, on the Department of Energy's Superconducting Super Collider project. Washington: U. S. G. P. O., 1993: 48-57.

[24] Schwitters R F. Statement[A]// United States, Congress, Senate, Committee on Energy and Natural Resources, Committee on Appropriations, Subcommittee on Energy and Water Development. Superconducting Super Collider: Joint Hearing before the Committee on Energy and Natural Resources and the Subcommittee on Energy and Water Development of the Committee on Appropriations, United States Senate, One Hundred

Third Congress, first session, on the Department of Energy's Superconducting Super Collider project. Washington: U. S. G. P. O., 1993: 99-109.

[25] 沈致远. 关于科学的几个问题[J]. 教书育人, 2005, (8): 11-15.

[26] Michael E. Fisher, Testimony before the Subcommittee on Energy Research and Development United States Senate, 12 April 1988[A]//United States, Congress, Senate, Committee on Energy and Natural Resources, Subcommittee on Energy Research and Development. Basic science budget and SSC: Hearing before the Subcommittee on Energy Research and Development of the Committee on Energy and Natural Resources, United States Senate, One Hundredth Congress, second session on the Department of Energy's fiscal year 1989 request for the superconducting super collider and the basic science budget. Washington: U. S. G. P. O., 1988: 122-133.

[27] Wojcicki S. Statement before the Senate Subcommittee on Energy Research and Development, April 12, 1988[A]//United States, Congress, Senate, Committee on Energy and Natural Resources, Subcommittee on Energy Research and Development. Basic science budget and SSC: Hearing before the Subcommittee on Energy Research and Development of the Committee on Energy and Natural Resources, United States Senate, One Hundredth Congress, second session on the Department of Energy's fiscal year 1989 request for the superconducting super collider and the basic science budget. Washington: U. S. G. P. O., 1988: 168-179.

[28] Fleury P A. Statement[A]//United States, Congress, Senate, Committee on Energy and Natural Resources. Subcommittee on Energy Research and Development Department of Energy's Superconducting Super Collider project: Hearing before the Subcommittee on Energy Research and Development of the Committee on Energy and Natural Resources, United States Senate, One Hundred Second Congress, first session. Washington: U. S. G. P. O., 1991: 34-42.

[29] Rep. Howard Wolpe, Opening Statement, May 9, 1991[A]//United States, Congress, House, Committee on Science, Space, and Technology, Subcommittee on Investigations and Oversight. Status of the Superconducting Super Collider Program: Hearing before the Subcommittee on Investigations and Oversight of the Committee on Science, Space, and Technology, U. S. House of Representatives, One Hundred Second Congress, first session. Washington: U. S. G. P. O., 1991: 1-6.

[30] Richardson R C. Statement[A]//United States, Congress, House, Committee on the Budget, Task Force on Defense, Foreign Policy, and Space. Establishing priorities in science funding: hearing before the Task Force on Defense, Foreign Policy, and Space of the Committee on the Budget, House of Representatives, One Hundred Second Congress, first session. Washington: G. P. O., 1991: 59-63.

[31] Brown G E. Statement[A]//United States, Congress, House, Committee on the Budget, Task Force on Defense, Foreign Policy, and Space. Establishing priorities in science funding: hearing before the Task Force on Defense, Foreign Policy, and Space of the Committee on the Budget, House of Representatives, One Hundred Second Congress,

first session. Washington: G. P. O., 1991: 2-11.

[32] Anderson P W. Statement[A]//United States, Congress, House, Committee on the Budget, Task Force on Defense, Foreign Policy, and Space. Establishing priorities in science funding: hearing before the Task Force on Defense, Foreign Policy, and Space of the Committee on the Budget, House of Representatives, One Hundred Second Congress, first session. Washington: G. P. O., 1991: 63-67.

[33] Sessler A M. Testimony on the SSC before the U. S. Senate Committee on Energy and Natural Resources and Development, Subcommittee on Energy Research and Development, on April 12, 1988[A]//United States, Congress, Senate, Committee on Energy and Natural Resources, Subcommittee on Energy Research and Development. Basic science budget and SSC: Hearing before the Subcommittee on Energy Research and Development of the Committee on Energy and Natural Resources, United States Senate, One Hundredth Congress, second session on the Department of Energy's fiscal year 1989 request for the superconducting super collider and the basic science budget. Washington: U. S. G. P. O., 1988: 145-168.

[34] M. 克罗斯, 波碧. 美国希望日本在超导超级对撞机项目上发挥重大作用[J]. 世界研究与开发报导, 1990, (5): 54-55.

[35] Decker J F. Statement before the Subcommittee on Energy Research and Development of the Senate Committee on Energy and National Resources, April 24, 1990[A]//United States, Congress, Senate, Committee on Energy and Natural Resources, Subcommittee on Energy Research and Development. Superconducting Super Collider program and the Department of Energy's budget for fundamental science: Hearing before the Subcommittee on Energy Research and Development of the Committee on Energy and Natural Resources, United States Senate, One Hundred First Congress, second session. Washington: U. S. G. P. O., 1990: 49-118.

[36] Goodwin I. Race for the ring: DOE reacts to Congress's anxieties on SSC[J]. Physics Today, 1987, (8): 47-50.

从国家创新体系到创新生态系统

国家创新体系：技术创新、知识创新和制度创新的互动

| 曾国屏，李正风 |

一

什么是国家创新系统？目前有多种观点，有必要从纵横两方面加以考察。

历史上的传统创新概念多指科学家和工程师的研究发明活动，这种创新是一种个人行为。20 世纪 30 年代，熊彼特（J. A. Schumpeter）扩充了创新概念，认为技术创新是新技术、新发明在生产中的首次应用，是指建立一种新的生产函数或供应函数，是在生产体系中引进一种生产要素和生产条件的新组合。创新扩展成为以企业家为主要角色的企业行为。费里曼（C. Freeman）等学者，20 世纪 80 年代在研究日本、东南亚国家和地区工业经济迅速发展而欧美的增长相对减慢这一涉及国家竞争比较的基本事实时，提出了国家创新体系的概念，将创新看作一种国家行为。

20 世纪 90 年代中叶，经济合作与发展组织（OECD）在关于国家创新体系的大规模实证研究中，对种种定义进行了比较并力图使之得到统一。1996 年，OECD 在一份报告中列举了 3 种定义，并认为："国家创新系统可以定义为公共和私人部门中的组织结构网络，这些部门的活动和相互作用决定着一个国家扩散知识和技术的能力，并影响着国家的创新业绩。"[1]1997 年，OECD 在另一份报告中的列举扩大到 5 种定义，其中被英国贸易工业部在《英国创新体系》报告中所采用的定义是："国家创新体系是种种不同特色机构

的集合，这些机构联合地和分别地推进新技术的发展和扩散，提供了政府形成和实施关于创新过程的政策的框架。这是创造、储存和转移知识、技能及新技术产品的相互联系的机构所组成的系统。"[1-3]

总之，国家与创新行为之间的关系是国家创新体系的基本内涵。其中有两方面基本内容。

其一，国家范围的创新体系对于提高国家竞争力具有关键性作用，不断完善国家创新体系是使国家保持持久竞争力的不懈源泉。一个没有创新能力的民族，难以屹立于世界先进民族之林。反过来讲，国家创新体系要为国家目标服务。一个有效的国家创新体系的必备特征之一是，确保体系内的各种要素适当地具有一系列共同的追求，并使这些追求与国家当前以及未来的重要发展目标相一致。相应地，建设和完善中国的国家创新体系必须服从于科教兴国和可持续发展的总体战略，而不是服务于局域的、部门的发展和利益。

其二，创新能力可以通过国家行为来加以调控和建设。早期的实证研究所定义的国家创新体系主要指国家技术创新系统，"政府主导型"创新行为受到了格外的关注。1987年费里曼和纳尔逊（R. R. Nelson）最早提出国家创新体系概念的两部著作分别以《技术和经济运行：来自日本的经验》《作为演化过程的技术变革》为书名。进入20世纪90年代之后，对国家创新体系的理解逐渐与关于知识经济的研究交合。以技术立国的日本经济增长减慢，国际竞争力下降，而欧美发达国家，特别是美国相对完善的国家创新系统为其经济发展不断注入新的活力，使之掌握了知识经济时代的主动权。这为人们在更广泛的意义上理解国家创新体系提供了新的事实，它使人们形成了知识创新与技术创新并重的创新观念。然而，尽管对创新的理解存在这种差异，有一个思想在这个演变中却得到了贯彻：政府被作为国家创新体系的要素，以各种方式介入与其他要素（如企业、大学和公共科研机构等）的交互作用之中。

二

从系统的角度看，国家创新体系以国家为分析框架，在此框架内的任何个人或机构都是该体系中的要素，而不是该体系的背景；其背景只能存在于国家范围之外。也就是说，国家创新体系是一个以国际舞台为背景的自组织系统。

政府作为国家职能的主要体现者和执行者，是国家创新体系的核心要素之一。如果认为国家创新体系具有国家创新资源（包括人力、财力、信息资源等）的配置功能、国家创新制度与政策体系建设功能、国家创新基础设施建设功能和创新活动的执行功能[4]53，那么，政府在该体系中的作用无疑是巨大的。从不同国家建立国家创新体系的实践看，尽管政府发挥作用的方式不同，所取得的成效也存在很大差异，但政府的重要作用却受到人们的普遍重视。

以国家创新体系"相对成熟"的美国为例，虽然政府对具体创新活动的直接介入很少，但政府的重要作用却通过特定的方式得到体现。第二次世界大战以后，联邦政府对工业研究和学术研究的支持急剧增加，为建立其强大的科技研究能力奠定了基础。进入到 20 世纪 80 年代，美国的竞争优势受到其他国家技术能力提高以及技术国际流动性增加等因素的威胁，政府不但努力强化政府与私营部门的伙伴关系以及大学与工业研究的合作，而且在研究资助、贸易政策和知识产权等方面采取了一系列新的措施，因此保证了国内公共和私人部门的研究与开发（R&D）投资对国内经济增长的回报。90 年代之后，克林顿政府先后发表了几个重要报告，不仅明确了政府力主实现的国家创新目标，而且阐发了面向知识经济时代和全球竞争态势的科学政策和技术政策，这些政策强调发展各级政府之间、产业界和学术界之间、公共和私人部门之间的合作伙伴关系，以共同推进知识与技术的创新、传播和应用。在这个过程中，政府既是政策和发展规划的制定者，同时也是在政策约束下要素交互作用中的合作者。

综上所述，我们认为：在国家创新体系的诸多要素中，核心要素除了人们经常提到的产业界、大学和公共科研机构外，还要包括政府。而且政府的作用不仅是提供政策背景和加强基础设施建设，其职能部门还应当作为介入与其他核心要素交互作用的独立因子，并与这些要素一起构成国家创新体系的内核。在这个内核中，政府不是计划经济模式下的创新行为的直接干预者，而是要在相互作用中实现制度的创新，保证各要素行为与国家创新目标的统一。根据这种理解，国家创新体系的内核就包括了"产（产业界）-学（大学）-研（公共科研机构）-官（政府）"的合作网络，或者用 OECD国家的普遍提法是"产（产业界）-学（学术界即大学和公共科研机构）-官（政府）"的合作网络。

事实上，产-学-研合作不是自发形成的，也不能单纯依赖自由市场的长期磨合，必须借助于市场和政府的双重调控。静态的政策只是调控的手段，能动的政府才是调控的主体。作为动态的调控主体，政府不应也不会游离于国家创新体系内核之外，而把政府纳入内核，则决定了国家创新体系绝不仅仅只是知识创新和技术创新，同时还必须包括制度创新。

如果说产业界是技术创新的主体，学术界（大学与公共科研机构）是知识创新和传播的主体，那么，政府就是制度创新的主体。

我国正在进一步摆脱传统的计划经济模式，向社会主义市场经济过渡，在这个过程中，政府的功能需要转变，一系列制度变迁正在和将要进行，明晰政府的职能，寻找实现政府职能的方式及具体途径，已成为中国国家创新体系的建立和发展的一个关键。

除内核外，国家创新体系中还包括影响内核有效运行的诸多因素。如现有的创新政策、现实的宏观经济状况、市场运行系统、创新活动中介系统、既成的知识和技术以及人才积累、具有历史性的社会文化环境等。这些因素不同程度地约束着内核的动作，它们结合构成了国家创新体系的制衡层。国家创新体系正是由内核与这种制衡层共同构成的（图1）。

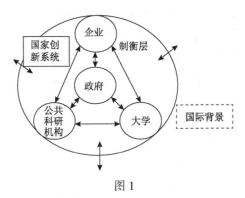

图1

三

关于国家创新体系的不同定义有一个共同特点，即从不同角度强调系统中各要素的相互作用，认为创新是具有强大实力且充满活力的企业、学术界（即大学和公共科研机构）和政府等有关机构发生广泛的建设性的相互作用的复合网络。

OECD认为，国家创新系统的结构是由产业界、政府、学术界在发展科学和技术中进行交流和相互作用组成的[5]7①。OECD随后再次强调："国家

---

① 中译本此处将"学术界"误作"科学界"。

创新系统探索方式强调：人力、企业和学术机构之间的技术和信息交流是创新过程的关键。创新和技术发展是在系统中的种种作用者——包括企业、大学和政府研究机构——之间的复杂关系的结果。对于政策制定者来说，对国家创新系统的理解有助于明确何处是增强创新业绩和总体竞争力的关键。"[2]7

总起来看，OECD 的一系列实证研究，强调了国家创新体系中要素之间的互动是与国家创新系统运行效率密切相关的重要因素。

对于这些要素之间的作用，传统的看法多采取线性的思想方法。但实际上国家创新体系中的要素之间的作用是交互的。正如 OECD 的一系列有关报告中所强调的：技术变革并不以一个完善的线性方式出现，而是系统内各要素之间的反馈、相互作用的结果。由图 1 可见，分析这种交互作用，一方面要分析内核与制衡层之间的相互作用，另一方面要分析内核中各要素之间的相互作用。

从内核与制衡层之间的相互作用看，制衡层决定着内核各种要素可能结合的方式，以及内核运作的效率。制衡层各种因素对内核的作用强度有大小之分，其中创新政策（包括法律法规）、宏观经济状况、市场系统完备程度、已有资源储备（知识、技术与人力）等起主导作用。然而尽管有这种差异，制衡层却从总体上给出了内核发挥作用的客观条件。这种客观条件是内核选择结合方式、展现创新功能的约束因子，而且这种约束具有强制性。由此我们可以理解，在相关经济政策和人事制度等尚未到位的情况下，科技体制改革也就难以取得突破性进展。

制衡层对内核的约束虽是强制性的，但却不是不可超越的。内核自身的创新活动提供了实现这种超越的力量。内核中以政府为主体的制度创新不断调整着支持和鼓励创新活动的创新政策，发挥宏观调控功能，促使市场运行机制渐趋成熟；以产业界为主体的技术创新不断提高国家的技术竞争力，改善国家的宏观经济状况；以学术界为主体的知识创新和传播不但改变着社会的知识储备状况，为技术创新等提供新的可能空间和高素质人才，而且向社会输送新的观念和思想。正是通过这样一系列的创新活动，国家创新体系的内核不断改变着约束自身创新行为的客观条件，在推动社会变革的同时，也为自我的发展争取更加广阔的空间，使自身能够具备更好的组合方式和更高的创新效率。

通过内核与制衡层之间的交互作用网络，并积极参与国际交流，创新成为国家进步的动力源，国家创新体系这一自组织系统不断实现着自我发展、自我完善和自我（整体）超越。

四

国家创新体系内核各要素的相互作用以国家创新资源的有效配置为基本目标。要实现这一目标，各要素之间的互动有两种基本方式：市场机制和政府的宏观调控。两种方式在图1的内核部分已有清楚的表示。市场机制是一种高效的资源配置方式，在社会主义市场经济条件下应当发挥基础性作用，但从中国的现实出发，在较长时期，政府的宏观调控仍是促进产业界、大学和公共科研机构互动的重要手段。

首先，在体制转型的过程中，中国的市场体系远不成熟，市场发生效用的范围过于狭窄，市场的资源配置行为经常为原有体制的巨大惯性等因素所扭曲。在这种情况下，一方面需要借助政府行为促进市场体系的发育，另一方面，需要更好地发挥政府的宏观调控职能，以推动产业界、大学和公共科研机构之间的合作，实现其功能上的互补。

其次，即便市场系统已经相对成熟，其资源配置行为也会因为理性有限性（人只具有有限程度的理性）、机会主义行为（市场交易双方由于信息等不对称而滋生的投机行为）和未来不确定性（技术市场开发前景不确定）等因素而面临极高的交易费用，要降低这种交易费用，依然要依赖制度创新，这时作为国家制度创新主体的政府的作用仍旧不容忽略。

最后，市场配置虽然高效，但却带有随机性和局域性，随机性会使配置行为的目标追求发散，因而需要从总体上向国家目标收敛；局域性则使在国家创新活动的全域中出现市场低效区和市场失效区，如基础知识的提供、产业共性知识的提供、创新基础设施的提供以及涉及国家安全和政治地位的创新行为等，往往由于较长的回报周期和较强的投资需求强度而为企业所不愿或无力介入，这些也必须依赖政府行为来加以组织。

目前，我国科技国际竞争力落后于经济竞争力，但如表1所示，其中我国R&D总支出额、企业R&D支出额、全国R&D总人数以及企业R&D总人数的排名均高于科技国际综合竞争力排名。这表明我国创新能力相对薄弱，有科技投入不足和市场体系发育不完善的原因，但更是现行创新体系的机制与结构尚不合理所致。其突出表现是企业技术创新能力明显落后，科技与经济依然严重脱节；公共科研机构和大学的科研分散重复多于分工合作，教育与科技、经济仍未实现有机结合；各种创新要素均不同程度地存在着短期行为和重复投资，既增加着管理成本，也降低着科技储备。显然，这不仅有市场失效问题，更是一个系统失效问题。要改变这种状况，不单纯是要在现行体制和结构状况下强化管理和协调，更重要的是要进行制度性、结构性调整，即必须进行科技组织的重构和科技体制的改革，这是关键，是治本而不是治表。内核要素之间的互动正是要在国家创新目标的引导下，积极而且能动地介入到这种制度性、结构性调整之中，实现制度创新、技术创新和知识创新的互动。

表1　1996 年我国科技国际竞争力排名情况[6]68

科技类项目	排名
科技国际综合竞争力	28
研究与开发资源状况	6
其中：R&D 总支出额	19
R&D 费用占 GDP 的比例	34
企业 R&D 支出额	17
全国 R&D 总人数	2
企业 R&D 总人数	4
企业技术开发财力	45
基础研究状况	32
专利状况	21
技术管理状况	44

　　尽管不存在完全相同的国家创新体系，但不同国家创新活动中带有共性的成功经验却是我们应当借鉴的。表 2 中的比较大体上提供了中国创新体系进行结构性调整的方向。在这个调整中，促进企业的科技进步和创新能力是当前要解决的主要问题。要在改造现有企业的同时，尽量发展起一批科技型企业，科研院所在此应发挥主要作用，包括一些条件成熟的科研院所转入企业之中，这应成为国家创新政策、科技政策的重中之重。这也正是《中国科学技术政策指南（1997）》中所指出的"'九五'科技体制改革的思路和原则"[8]117-119。

表2　世界上一些国家创新系统（R&D 经费与人员）的构成[7]103-104（单位：%）

国家	数据年份		企业		研究机构		高等院校		其他	
	经费	人员	经费	人员	经费	人员	经费	人员	经费	人员
美国	1995	1993	71.10	79.40	10.00	6.20	15.40	13.30	3.50	1.10

续表

国家	数据年份		企业		研究机构		高等院校		其他	
	经费	人员	经费	人员	经费	人员	经费	人员	经费	人员
日本	1994	1994	66.10	61.60	9.00	5.90	20.20	30.00	4.70	2.50
德国	1995	1993	66.10	61.80	15.00	15.00	18.90	23.20	—	—
法国	1994	1993	61.60	52.30	21.10	21.60	15.90	3.80	1.40	2.30
英国	1994	1993	65.20	58.80	11.80	11.80	17.50	3.70	3.50	6.40
意大利	1995	1993	57.00	43.60	23.30	23.30	20.90	33.10	—	—
加拿大	1995	1991	59.10	47.30	16.40	16.40	24.30	34.70	1.20	1.60
澳大利亚	1992	1992	44.70	29.10	4.40	24.40	26.60	45.00	1.30	1.50
丹麦	1993	1993	58.30	58.30	17.90	17.90	22.80	22.60	1.10	1.20
瑞典	1993	1993	70.50	62.50	5.90	5.90	24.50	31.70	0.84	—
韩国	1994	1994	72.80	50.40	19.50	13.20	7.70	36.40	—	—
新加坡	1994	1994	62.70	6.80	15.30	21.90	22.00	15.30	—	—
中国	1995	1995	31.90	39.09	44.00	30.96	13.70	20.91	10.40	9.04

（本文原载于《自然辩证法研究》，1998 年第 11 期，第 18-22 页。）

参 考 文 献

[1] OECD. DSTI/STP/T IP（96）4[Z]. 2, 4.

[2] OECD. National Innovation Systems[M]. Paris: OECD, 1997.

[3] Department of Trade and Industry. An Empirical Study of The UK Innovation Systems[Z]. 1996: Introduction.

[4] 路甬祥. 创新与未来: 面向知识经济时代的国家创新体系[M]. 北京: 科学出版社, 1998.

[5] OECD. The Knowledge—Based Economy[M]. Paris: OECD, 1996: 7; 参见中译本: 经济合作与发展组织. 以知识为基础的经济[M]. 杨宏进, 薛澜译. 北京: 机械工业出版社, 1997.

[6] 国家体改委经济体制改革研究院, 中国人民大学, 综合开发研究院. 中国国际竞争力发展报告（1996）[M]. 北京: 中国人民大学出版社, 1997.

[7] 冯之浚. 知识经济与中国发展[M]. 北京: 中共中央党校出版社, 1998.

[8] 国家科学技术委员会. 中国科学技术政策指南（1997）[M]. 北京: 科学技术文献出版社, 1998.

从产学合著论文看中国产学科技知识生产合作
——以中国制药工业为例

│ 赵正国，肖广岭 │

一、引言

产学合作一直受到社会各界高度关注，总体看来，国内研究多集中在产学合作促进大学科技成果转化和促进企业开展技术创新。这类研究深受科技知识生产与应用的线性关系模式影响，强调基础研究和应用开发研究的明确区分以及科技知识生产和应用的割裂分离。随着相关研究的深入，人们已认识到，基础研究和技术创新之间的界限难以泾渭分明，科学与技术之间存在"非线性交互作用模式"。"国家创新系统""三螺旋""模式 2"的提出，更指明了当代科技知识生产的多元化、跨学科、网络化特点，强调了产学合作生产知识的重要性。考虑到我国企业科研能力普遍低下的现状，促进产学合作创造科技成果和科技知识就显得更为重要。

高水平科技期刊上的论文被公认为是科技知识的重要载体之一，采用科学计量学、社会网络分析等方法对产学合著论文的数据进行实证分析已成为国外学者研究产学合作的惯常做法。卡尔弗特和帕特尔[1]对英国 1981～2000 年发表的 22 000 多篇文章的研究表明，产学合著论文所占比例从 1981 年的 20%左右上升至 2000 年的 47%左右。莫利和山姆帕特[2]的研究指出，许多国家产学合著关系正在增加。这些关于产学合著的文献计量研究成果提供了大量描述性的、解释性相对较弱的分析，并在一定程度上支持了"模式 2"和"三螺旋"的观点，即大学作为知识生产中心的作用逐渐增强，大学与产业的科技知识生产合作也普遍增强。

国内在产学合作发表科技论文方面，理论和实证分析成果均少见。据笔者检索，梁立明等人的《中国大学在校企研究合作中的作用》[3]是国内学者的唯一一篇论文。总体上看，我国学界尚未对产学合著论文问题给予充分关注。

制药工业常被认为是极具代表性的以科学为基础的产业，已成为产学合作的典型研究对象。本文以中国制药工业为研究对象，基于文献计量，对产学合作进行科技知识生产的基本表现和主要特征进行研究。

二、中国制药工业产学合著论文的计量分析

（一）数据选取与方法说明

本文择选《中文核心期刊目录总览（第六版）》（2011 年）中收录的15 种药学类核心期刊为样本，利用中国知网进行文献检索和统计整理，最终得到 2001～2010 年的全部学术论文 39 989 篇。对这 39 989 篇论文进行检索分析，创建了一篇论文作者中至少有一位来自企业的所有论文的子集。该子集包含 4388 篇论文，其中，产学合著论文 2254 篇、其他合作论文 801 篇、企业独著论文1333篇。产学合著论文的确定原则是至少有1位作者来自大学，同时至少 1 位作者来自企业①。15 种期刊的刊文见图 1。

（二）研究预判与实证分析

借鉴相关研究成果并结合对我国制药工业产学合著论文的初步分析，本文提出四个预判，并给予验证。

1. 我国制药工业产学合著论文不断增长

如前所述，工业化国家产学合著论文普遍增长。我国作为一个快速工业化的国家，近年又高度重视创新体系建设和产学研合作，因此，我国制药工

---

① 关于大学和企业的认定，有关问题说明如下：一是，医药类大学或设有医药类专业的大学的附属医院纳入大学范围，非医药类大学或没有医药类专业的大学的校医院不纳入大学范围；二是，凡名称中含有"中国协和医科大学""协和医学院""中国医学科学院""协和医院"字样的单位均按"中国协和医科大学"统计；三是，对医药类研究院所按改制与否进行分类处理，已经转制成企业的研究院所纳入企业范围，没有转制的研究院所则不纳入企业范围；四是，名称含有"大学"或"研究院所"字样的、独立运营核算的制药厂或制药公司均列入企业范围；五是，医药贸易企业、医药连锁公司、个别非医药类企业也纳入企业范围；六是，非医药企业的职工医院不纳入企业范围。

业产学合著论文也应不断增长。

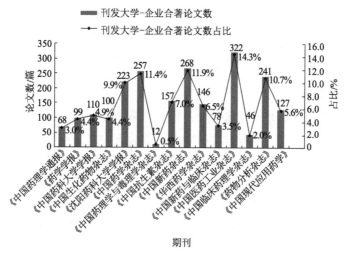

图 1 2001～2010 年 15 种药学类核心期刊刊发大学-企业合著论文的总体情况
（按期刊划分）

为验证这一预判，这里对 15 种期刊的论文逐年进行统计，结果见图 2。这期间 15 种期刊的论文呈上升趋势，从 2001 年的 3047 篇上升至 2010 年的 4470 篇，年均增长 4.4%；其中企业论文也呈上升趋势，从 2001 年的 323 篇上升至 2010 年的 489 篇，年均增长 4.7%；在企业论文中，产学合著论文亦呈上升趋势，从 2001 年的 124 篇上升至 2010 年的 268 篇，年均增长 8.9%。企业论文占全部论文的比例在 10%～12%，产学合著论文占企业论文的比例虽有波动，但总体呈上升趋势，从 2001 年的 38.4%上升至 2010 年的 54.8%。

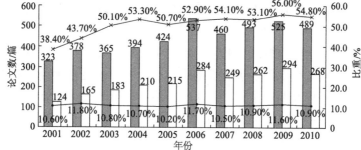

图 2 2001～2010 年 15 种药学类核心期刊刊发大学-企业合著论文的总体情况

数据表明，产学合著论文数和产学合著论文占企业全部论文比例都在增长，并且，近几年在54%左右。这表明大学是我国制药工业企业开展知识生产活动的主要合作对象，在企业科技知识生产过程中的作用至关重要。

2. 部分研究型大学和重点医药集团在产学合著论文中发挥主导作用

佩奇特和柿沼澄男[4]108-136曾论证一个观点：小公司合著较多，而大公司合著较少。考虑到我国的实际状况，绝大部分中小型制药企业很少开展研发活动，不可能成为产学合著论文的主力，部分大中型重点医药集团应是产学合著论文的主力。我国大多数重点医药集团普遍研发强度低，因此我国部分研究型大学应该在产学合著论文中发挥更大的主导作用。

为验证这一预判，这里对15种期刊上产学合著的2254篇论文进行统计分析，结果显示，这期间总计约有311所大学和企业合作发表过论文，其中，200所大学和企业的合著论文数在3篇以下，所占比例约为64%。这一定程度表明，绝大多数大学与企业在合著论文方面的强度较弱，没有建立长效合作机制。这些大学类型十分广泛，但主体是研究型大学，特别是高水平医科大学。其中与企业合著论文数排名前20的25所大学，是与企业合著论文的主力，与企业合著论文共计约1922篇，占产学合著全部论文的85%。作为我国仅有的两所综合性药科大学，沈阳药科大学和中国药科大学分别以616篇和350篇的合著论文名列前两位，远远领先于其他大学。两所大学和企业的合著论文共计966篇，占产学合著全部论文的43%。另外，在教育部学科评估中较好的大学与企业合著发表论文也较多。

经统计，共有约1003家企业与大学合著过论文，其中，893家企业和大学合著论文数在3篇以下，约占89%，还有699家企业合著论文数仅为1篇。这表明绝大多数企业与大学在科技知识生产方面的合作只是偶然行为。与大学合著论文排名前15的18家企业，其合著论文共计约622篇，占产学合著全部论文的28%。与研究型大学群体相比，我国重点医药企业群体的合著论文所占比例相对偏小。此外，从各集团下属企业合著论文还可粗略推断该集团研发特色和产学合作特点，并可将这些企业集团分为两类。第一类企业集团下设的一个或几个专门从事研发的中心或子公司就是企业研发和产学合作活动的主力，如华北制药集团、天津医药集团；第二类企业集团虽然也下设专门从事研发的中心或子公司，但其研发和产学合作主要是由各制药分公司承担，如石药集团、哈药集团，此类企业集团的数量较多。两类企业研发体系的运作机制和具体特点还需进一步考察。

由上所述，我国医药工业大学和企业合作生产科技知识的网络已具有一定规模，但是，绝大多数大学、企业的合著论文数只有1～3篇，参与论文合著的力度较弱，尚未形成长效合作机制。就大学而言，研究型大学，特别是高水平医科大学，是我国制药工业产学合著论文的主力，发挥着主导作用。就企业而言，一些重点制药集团是产学合著论文的主力，但和大学相比，这些企业合著论文所占比例较低。我国制药企业的科技知识生产能力尚待提高。

3. 合著论文受地域限制明显且国际化偏低

希克斯[5]等研究指出，美国专利发明者更倾向于引用和其同处一个州的学术机构的科技论文。比较而言，大学在我国科技知识生产体系中的主导作用更加突出，因此，我国制药工业产学合著论文应多发生在大学所处的省份，受地域限制应更加明显且国际化偏低。

为验证这一预判，这里对我国制药工业产学合著论文的地域特点进行考察。结果表明，产学合著论文多以知名的医药大学为核心，多发生在同城或同省的大学和企业之间。在2254篇产学合著论文中，有1340篇是同城或同省的合作，约为60%。考察个别企业的合著论文，地域限制则更加明显，如沈阳沃森药物研究所和沈阳药大药业有限责任公司，其合著论文的合作对象均是同处沈阳市的沈阳药科大学。又如江苏先声药业有限公司，其20篇合著论文的合作大学均位于南京市。此外，我国制药企业与港澳台大学及外国大学合著论文共计25篇，约占全部合著论文的1%。这表明国内制药企业与境外大学的科技知识合作网络尚未形成，国际化偏低。

4. 合著论文的网络规模逐年增大，网络密度偏低且呈下降趋势

马艳艳[6]等对中国产学专利申请合作网络的研究发现，1990年以来这种合作网络规模迅速增大，网络密度值明显下降。由我国产学专利申请合作网络的主要特点可粗略推及我国制药工业产学合著论文的主要特点，即合作网络规模迅速增大，网络密度明显下降。

为验证这一预判，这里在对各年份产学合著论文的数据统计基础上，利用相关数据建立生成了邻接矩阵，用以具体描述各年份产学合著网络，后又利用社会网络分析软件UCINET6获取产学合著网络图并进行分析。囿于篇幅，本文仅选取2001年、2005年、2010年三年产学合著网络进行研究。三年合著网络图和网络基本参数见图3。对产学合著网络图初步分析可知，我国制药工业产学合著论文网络规模增长迅速，从2001年的165个行动者，上升至2010年的334

个行动者。合著论文网络密度与网络中心势均数值较低[1]，且呈下降趋势。这表明合作网络中各行动者间联络较差，整体凝聚力和整合度较低。这种趋势主要受网络规模快速增大的影响[2]。在这些网络图中，绝对中心度位列前5的基本是一流医科大学，只有2010年上海医药工业研究院例外地位列第3。通过分析产学合著的2254篇论文，还发现绝大多数企业在产学论文合著中仅是参与者。经统计，第一作者是企业的论文有369篇，仅占合著论文的16%。以上分析再次验证了大学特别是两所药科大学在我国制药工业产学合著论文中的主导作用。

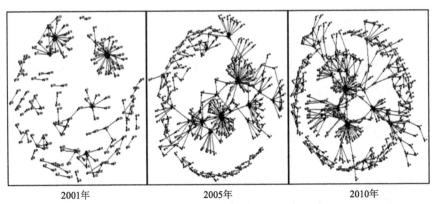

| 2001年 | 2005年 | 2010年 |

图3　2001年、2005年、2010年我国制药工业大学——企业论文合著网络图

三、结语

本文通过产学合著论文的分析，勾勒出我国制药工业产学合作开展科技知识创造的图景，并对其基本表现和主要特征形成以下认识。

第一，10年间我国制药工业产学合作生产科技知识不断增强。本文的实证分析结果支持了"国家创新系统""模式2""三螺旋"所强调的工业化

---

① 密度是社会网络分析常用的一个测度指标，意指一个图中各点之间联络的紧密程度，用以反映现实网络中各个行动者合作联系的紧密程度。理论上，密度的取值范围为[0,1]，然而，相关研究表明，在实际网络图中能够发现的最大密度值是0.5[详见刘军所著《社会网络分析导论》（社会科学文献出版社2004年版）一书第100-107页]。2001年、2005年、2010年我国产学论文合著合作网络的密度值分别为0.0105、0.0084和0.0064，均远低于0.5，极为偏低。

② 根据梅休（Mayhew）和莱温格（Levinger）的研究，合作网络中的行动者用于维持某些关系的时间是有限的，投入到维持某种关系的时间更是有限，并且随着合作者数量的增加，每个行动者投入的时间就会减少，所以行动者能够维持合作关系的数量将随着网络规模的增大而减少。（参见：Mayhew B H, Levinger R. Size and the density of interaction in human aggregates[J]. American Journal of Sociology, 1976, 82(1): 86-110. ）

国家创新系统内不同主体间交互作用不断增强，跨机构间的合作不断增加以及知识来源日趋多样化。虽然，产学合作生产科技知识一直没有受到我国各界的重视，但在现实中，产学科技知识生产合作已很可观。相关理论研究和政策调整需开展，以便跟上实践的步伐。

第二，部分研究型大学和重点医药集团在产学科技知识生产合作中的主导作用十分显著。大学方面，沈阳药科大学、中国药科大学等在与企业合著论文中作用突出；企业方面，上海医药工业研究院和天津药物研究院等转制而成的企业在与大学合著论文中作用突出。总体上看，我国制药企业的科技知识生产能力需要提高，与大学合作尚待增强。

第三，我国制药工业产学科技知识生产合作地域化明显，国际化偏低。我国产学合著论文多发生在同市或同省，跨地区、跨省之间的产学合作在规模、时长和稳定性方面较差。我国企业和港澳台及外国大学之间的合著论文更是屈指可数。制药业通常被认为是研发全球化程度最高的产业，我国制药企业急需扩大开放，拓展研发合作网络，以求能在更大范围发现合作伙伴，寻得技术突破。

第四，我国制药工业产学科技知识生产合作网络规模快速增大，网络密度严重偏低且呈明显下降趋势。我国这种合作网络属于关系非常稀疏的网络，没有形成长效合作机制。因此，我国的这种合作有待增强。

（本文原载于《自然辩证法研究》，2012年第4期，第68-72页。）

参 考 文 献

[1] Calvert J, Patel P, et al. University-industry research collaborations in the UK: biblimetric trends[J]. Science and Public Policy, 2003, 30(2): 85-96.

[2] 莫利, 山姆帕特. 国家创新系统中的大学[A]//法格博格, 莫利, 纳尔逊主编. 牛津创新手册. 柳卸林, 郑刚, 蔺雷, 等译. 北京: 知识产权出版社, 2009: 208-236.

[3] Liang L, Chen L X, Wu Y S, et al. The role of Chinese universities in enterprise-university research collaboration[J]. Scientometrics, 2012, (1): 253-269.

[4] 佩奇特, 柿沼澄男. 大学科研与日本工业之间在合著方面的纽带[A]//布兰斯科姆, 儿玉文雄, 佛罗里达主编.知识产业化——美日两国大学与产业界之间的纽带. 尹宏毅, 苏竣译. 北京: 新华出版社, 2003: 108-135.

[5] Hicks D, Breitzman T, Olivastro D, et al. The changing composition of innovative activity in the U.S.—a portrait based on patent analysis[J]. Research Policy, 2001, (4): 681-703.

[6] 马艳艳, 刘凤朝, 孙玉涛. 中国大学——企业专利申请合作网络研究[J]. 科学学研究, 2011, (3): 390-395, 332.

从"创新系统"到"创新生态系统"

| 曾国屏，苟尤钊，刘磊 |

一、"创新系统"的形成、共识和问题

自从 20 世纪初熊彼特（Joseph Schumpeter）提出"创新"概念以来，"创新"一词不断被赋予新的内涵，并不断地扩展着其研究论域。

朗德沃尔于 1985 年率先使用创新系统（system of innovation）[1]概念以后，弗里曼（C. Freeman）1987 年出版《技术政策与经济绩效：日本的经验》（*Technology，Policy，and Economic Performance：Lessons from Japan*）[2]，首次使用"国家创新系统"（national innovation system）的概念来概括日本的成功追赶。他写道，"国家创新系统"可以被描述为这样一种由公共部门和私营部门共同建构的网络，一切新技术的发起、引进、改良和传播都通过这个网络中各个组成部分的活动和互动得到实现。随后，朗德沃尔[3]、尼尔森（R. Nelson，亦译纳尔逊）[4]分别从交互学习和不同国家（地区）创新系统比较的角度，进行了国家创新系统的研究。

经济合作与发展组织（OECD）于 1994 年启动的"国家创新体系研究项目"（NIS project），以及两年后相继发表的《以知识为基础的经济》和《国家创新体系》[5]两个报告，标志着对知识经济时代和国家创新系统概念的共识，关于国家创新系统的研究从理论研究进入到各国决策层面。

这里特别关注的是，面对日本的成功追赶、20 世纪 60～80 年代日本经济的高速增长，弗里曼以"国家创新系统"来加以概括和总结。他的研究中特别关注了日本之所以成功的四个方面：日本通商产业省（现经济产业省）

的作用、企业研发战略所起的作用及其与技术进口及"反求工程"间的联系、教育培训的作用和相关的社会革新，以及工业的集聚结构。他写道："政府和企业层面的政策使得日本的国家创新系统在 20 世纪后半叶成为全球最具效率的系统。"[2]24

在创新系统的研究中，库克[6]率先强调了"区域创新系统"的重要性。随着经济全球化的深化，创新活动的跨国家、区域合作日趋凸显，一些学者提出创新活动不应有空间因素的限制[7]，并提出"产业创新系统"和"集群创新系统"[8]，如此等等。

OECD 的《国家创新体系》报告指出，国家创新系统的研究进路强调：在人们、企业和制度之中的知识流动对于创新过程是关键性的。该报告指出，对于国家创新系统则仍然有多种的定义：

（1）有公共和私人部门中的机构网络，其活动和相互作用激发、引入、改变和扩散着新技术。[2]

（2）在生产、扩散和利用具有经济效益的新知识上相互作用的要素和关系……它们处于一个国家之内，或根植于一个国家之中。[3]

（3）一组机构，其相互作用决定了国家公司的……创新绩效。[4]

（4）国家的种种机构，其作用结构和能力决定了一个国家技术学习的速率和方向（或数量和成分的变化所引发的活动）。

（5）种种不同特色机构的集合，这些机构联系地和分别地推进新技术的发展和扩散，提供了政府形成和实施关于创新过程的政策的框架。这是创新、储存和转移知识、技能及新技术产品的相互联系的机构所构成的系统。

一般认为，到目前为止，对国家创新系统的研究大致可以分为以弗里曼、尼尔森为代表的宏观学派，侧重于从影响创新绩效的宏观制度来比较各国在创新系统中的差别并改进制度安排，以及以朗德沃尔所提出的从"生产者-使用者"关系模型来认识行动者之间的交互作用而形成了国家创新系统研究的微观学派。王春法概括了国家创新体系理论的八个基本假定[9]，张元杰和陈明惠对知识流观点研究国家创新系统的各种学说进行了系统综述[10]。

路甬祥主编的《创新与未来：面向知识经济时代的国家创新体系》[11]，标志着我国国家创新系统研究进入一个新阶段。1999 年，《国家创新系统：现状与未来》[12]、《国家创新系统的理论与政策》[13]、《中国创新系统研究：技术、制度与知识》[14]、《世界各国创新系统：知识的生产、扩散与利用》[15]、《国家创新系统的理论与政策文献汇编》[16]等文献相继出版；2000年还出现了《国家创新系统研究纲要》[17]、《国家创新系统：理论分析与国际比较》[18]等文献。

关于国家创新系统的研究文献如今可谓汗牛充栋，有关研究已经大大地深化和拓展，同时也提出来了问题，例如，埃德奎斯特（C. Edquist，亦译艾德奎斯特）指出：首先，创新系统方法强调了制度的作用，然而，对于"制度"一词的含义，没有一致的观点；其次，创新系统方法的提出者们并没有明确创新系统中究竟应该包括哪些组织和要素。[19]186-187 又如，我国学者也指出，"虽然国家创新体系这个概念诞生于 80 年代中后期，但严格地讲，国家创新体系的研究并没有一个完整的理论体系，也没有一个共同的学术规范以及适用边界"[20]。还有学者指出："国内现有 NIS 构建及评估研究……缺乏系统性、理论基础薄弱。"[21]

二、"创新生态系统"的实践、思考和提出

对"创新系统"的追问，是实践中提出来的学理探讨，因此往往更大的冲击也来自实践。在提出国家创新系统概念时，日本的国家创新系统被总结为日本繁荣的原因，但是，20 世纪 90 年代以来，日本经济低迷乃至出现"失落的十年"，而美国重振制造业雄风，硅谷更是成为持续增长的代表，如此等等，这些都需要人们做出与时俱进的新探究。

硅谷的持续创新发展，导致了提出创新生态。《地区优势：硅谷和 128 公路地区的文化与竞争》（*Regional Advantage: Culture and Competition in Silicon Valley*，1996 年）[22]和《硅谷优势：创新与创业精神的栖息地》（*The Silicon Valley Edge: a habitat for innovation and entrepreneuship*，2000 年）[23]是两本关于硅谷研究的著名著作。《地区优势：硅谷和 128 公路地区的文化与竞争》一书认为，硅谷的优势在于其以地区网络为基础的工业体系，鼓励协作和竞争。《硅谷优势：创新与创业精神的栖息地》则指出，硅谷的最大特点是作为"高技术创业精神的'栖息地'"，"要从生态学的角度来思考"才能解释硅谷的难以复制性，"如果要建立一个强有力的知识经济，就必须学会如何建设（而并非单纯模仿）一个强有力的知识生态体系"。

克林顿政府 1994 年发布的第一份有关科学政策的正式总统报告《科学与国家利益》中，业已提出：今天的科学和技术事业更像一个生态系统，而不是一条生产线。[24]31

美国总统科技顾问委员会（President's Council of Advisors on Science and

Technology，PCAST）于 2003 年初开展了一项双管齐下的研究，以探索美国的创新领导力以及国家的创新生态面临的挑战。这项研究包括两个部分，先后发表了两个研究报告，正式将创新生态系统（innovation ecosystem）概念作为总括性核心概念。

第一个研究报告，《维护国家的创新生态体系、信息技术制造和竞争力》[25]于 2004 年 1 月发布。该报告认为，国家的技术和创新领导地位取决于有活力的、动态的"创新生态系统"，而非机械的终端对终端的过程。要支撑美国创新生态系统的健康状态，一是加强国家的研发能力，包括增强对美国大学中数学、科学和工程学领域的基础研究的资助，并与各州政府更好地协调研发之努力，以及要考虑新一代的"贝尔实验室"模式；二是改善劳动力/教育状况，培养足够的可资利用的科学家和工程师以及大量后备的技能雇员；三是提升美国创业氛围；四是保持基础设施改善的进取性日程。

第二个研究报告《维护国家的创新生态系统：保持美国科学和工程能力之实力》[26]于 2004 年 6 月发布。这个报告强调美国的经济繁荣和在全球经济中的领导地位得益于一个精心编制的创新生态系统，它来源于几个卓越的组成部分：发明家、技术人才和创业者；积极进取的劳动力；世界水平的研究型大学；富有成效的研发中心（包括产业资助的和联邦资助的）；充满活力的风险资本产业；政府资助的聚焦于高度潜力领域的基础研究。这个创新生态系统的一个核心驱动因素是国家在科学、技术、工程和数学的技能上的实力，而这个美国的创新生态系统由于当前全球技术人才库的变化、技术人才的全球市场份额的丢失而面临着威胁。

美国竞争力委员会在 2004 年 7 月的《创新美国：在挑战和变化世界中保持繁荣》[27]民间中期报告中，也开始使用"创新生态"概念，并提出一个"创新框架"。次年发布了正式报告《创新美国：全国创新高峰会议和报告》[28]，将中期报告中使用的"创新框架"改进成为"创新生态模型"。该两个报告指出，创新是决定美国在 21 世纪取得成功的唯一最重要因素。在过去的 25 年中，美国优化了组织的效率和质量，在未来的 25 年中，必须为创新而优化整个社会，在企业、政府、教育家和工人之间需要建立一种新的关系，形成一个 21 世纪的创新生态系统。作为"国家创新倡议"（NII），提出要实现"人才""投资""基础设施"三方面的目标和议程。在人才方面，要建立国家创新教育战略，培养多样的、创新的和接受技术训练的劳动力，成就下一代美国创新者，保证劳动者在全球经济中取得成功；在投资方面，要使前沿和多学科研究充满生机，激活创业经济，加强承受风险的和长期的投资；在基础设施方面，要达成关于创新增长战略的全国共识，创造一种 21 世纪的知识产权秩序，加强美国的制造能力，建设 21 世纪的创新基础设施。

从"创新系统"到"创新生态系统"的理论和实践，很大程度上与日本追赶和美国再度振兴相关联。几乎在美国提出"国家创新倡议"的同时，在 20 世纪 90 年代的一系列持续创新调整的基础上，日本产业结构审议会也提出要实施重大的政策转向，从技术政策转向基于生态概念的创新政策[29]，强调将创新生态作为日本维持今后持续的创新能力的根基所在。

同时，对日美两国的创新进行比较必然受到高度重视，成为创新生态研究中一个重要问题。由日本国家科学技术政策研究所（The National Institute of Science and Technology Policy，NISTEP）与美国科学、技术和经济政策委员会（Board on Science, Technology and Economic Policy，STEP）共同组织，2006 年 1 月在东京召开了"美国和日本的 21 世纪的创新系统：来自十年变化的经验"的重要学术研讨会。会后出版了论文集[30]，其中前言由日美两方各两人共同署名标志着会议所形成的共识，即"创新可以被定义为从思想到市场产品或服务、某个新的或改进的制造或分配过程，甚至是某种提供了社会服务的新方法的转变。这种转变涉及某个适应性的机构网络，其中包括了各种各样非正式和正式的规则和程序，即国家创新生态系统，由此形塑着个体和公司实体如何创造知识和为进入市场的新产品和服务而合作。如果竞争力可以被定义为在全球经济环境中通过附加值而获得比他人更多的市场份额，那么这些行动者在一定的创新生态系统中去进行成功合作的能力，就具有重要性。认识到这一点，世界各地的政策制定者都在支持多种多样的举措，以增强其国家创新生态系统，将其作为增进他们国家竞争力的一种方式"。

目前，创新生态概念受到发达国家的普遍重视和采纳，包括出现在 OECD 的种种文件和报告中，以及从创新生态系统来研究中国[31]和印度[32]等国家。

三、创新生态系统的概念、框架和模型

前述的两个关于"维护国家的创新生态体系"的报告已经指出，国家的创新生态系统是推进技术和经济发展所必需的机构和人员的相互作用的动态系统。

在《创新美国：全国创新高峰会议和报告》的报告中，将创新定义为发明和眼光的相互作用而导致社会和经济价值的创造，并指出最好不要将创新看作

是某种线性的或机械的过程,而是看作在我们的经济和社会的许多方面具有多面性并不断相互作用的生态系统,并提出图 1 所示的创新生态系统模型。

图 1　创新生态系统模型[27]47

美国总统科技顾问委员会发表的《创新生态中的大学与私人部门研究伙伴关系》[33]的报告中,则进一步阐述道:"这个生态系统包括从学术界、产业界、基金会、科学和经济组织到各级政府的一系列的行动者。在广泛承认其非线性和相互作用的同时,最简洁地说,创新过程可以看作是产生出新知识(教育和培训)和技术(开发和商业化)两者的过程,这是一个从基础发现的研究运动到市场的过程。在这个模型中,主要是由联邦政府和私人基金会所资助的基础科学的结果,被转译成为应用科学和基础技术,此时的研究相应地是由种种公共和私人实体所资助,而随着科学和(或)技术走向成熟,风险资本也往往提供了额外的资助。如果研究的结果是成功的、适合于市场的,它们就变成了驱动经济的商业的(或公共受益的)过程和产品。许多条件会影响这个生态系统,例如法律和监管考虑。创新生态系统并非按照明确定义种种行动者的作用而严格规划的。结果是,每个行动者的相对位置,以及鼓励或阻滞创新过程的条件,都会连续不断地变化。"

朱迪·埃斯特琳的《弥合创新鸿沟:在全球经济中再点燃创造星火》(*Closing the Innovation Gap: Reigniting the Spark of Creativity in a Global Economy*,2008 年)[34]指出,任何一家企业或组织的创新生态系统,都要依靠整个国家和世界的创新大环境,创新生态系统里的不同栖息者,主要可以分为三大群落，即研究、开发和应用；正是三个群落之间健康的平衡决定了国家创新生态系统的可持续性。她由此提出来一个创新生态模型（图 2），并特别强调，正如生物生态系统背景有着基本的规律一样，扶持创新也有一套包括五个要素的价值观，即询问、冒险、开放、耐心与信任；正是这些价值观，成为创新的基础，它们共同地决定个人、组织和国家的应变能力。

图 2　三大群落创新生态模型

美国国家科学基金会的杰克逊[35]在一篇文章中，通过将创新生态系统与生物学生态系统的类比，指出："一个创新生态系统模拟的是复杂关系的经济动力学而不是能量动力学，这种复杂关系形成于基本目标是使得技术发展和创新成为可能的行动者或实体之间。"

福田萱野和渡边千寻[36]对日美两国创新生态体系进行比较研究，提出了四条创新生态原理：通过替代而可持续地发展；通过共同进化而自我增殖；组织惯性和受激于向竞争者学习；异质协同。

T. 瓦尔纳和 M. 曼瑞德[37]则主张要"扩展创新生态系统的框架"，他们写道："大多数已有的创新系统模型都包括了将文化作为一个因素，但是它们都不将其视为变量因素或并不提供对其影响的手段。由系统理论提出来的开放系统进路，可作为一种去满足当前的竞争挑战的组织范式。它可以应用于个体水平、组织水平和社会系统水平。由于创新性是一种文化特征，因此文化是创新生态系统的一种关键组分。创新性和文化是社会系统的涌现品质。它们不可能被创造，但是它们可以由有目的的行动而改变。开放系统范式的原理恰恰与属于创新文化的价值相一致，可以作为一个指导性框架。"

马里兰大学的王平提出一个包含理论和方法两个方面的创新生态整合

模型，"这个理论模型假设，在多种多样的人的社群和组织中，对一个生态系统中的创新网络的生产和使用的两方面都发挥作用。方法论指南则有助于研究人员引入对处于多种来源的多种社群中的多种创新进行话语分析，探求在人和计算机分析之间的协同"[38]。

2009 年《美国创新战略：推动可持续增长和高质量就业》突出了从基础到引领的三个层次："投资于美国的创新基石，促进刺激有效创业的竞争市场，加强国家优先事项的突破。"[39]2011 年的《美国创新战略：确保我们的经济增长与繁荣》①认为，美国应当更新其"国家创新支柱"投资战略。2012年，《崛起的挑战：美国应对全球经济的创新政策》[40]指出，企业与大学之间密切的合作，公共和私人的风险性投资以及鼓励研究者创办公司的技术，构成了美国创新生态体系的主要特征。

当前人们对"创新生态体系"的理解中，对内涵和外延并没有统一的界定，研究的层次也涉及国家、产业、企业等多个方面，提出的模型则是多种多样的。然而，其中也有若干共性的方面，如孙福全在重申了朱迪·埃斯特琳以"研究、开发和应用"三大栖息者群落之后，指出创新生态系统强调创新系统的自组织性、多样性、平衡以及创新主体的共生共荣[41]。

事实上，这种状况表明，关于创新生态系统的研究还处于初期，仍然有巨大的想象空间，人们关于创新生态系统的理解和研究还有待深化和综合。

四、创新生态系统的动态性、栖息性与生长性

从字面上讲，创新生态系统也是一种创新系统，或者说也是创新系统的一种视角、一种研究趋法。那么，为什么还要使用"创新生态系统"概念呢？

首先，使用"创新生态系统"概念，突出了创新系统的动态演化性。如前所述，关于"维护国家的创新生态体系"的报告，是将国家的创新生态系统视为推进技术和经济发展所需的机构和人员的相互作用的动态系统。

美国国家科学院的技术、创新与创业项目主任威斯纳博士在《美国创新系统的总貌》[42]的报告中，注意到国家创新系统"作为其活动和相互作用是为了发动、开发、变更和商业化新技术的公共与私人部门之间的机构网络"，世界上各国政府都越来越将这样的系统发展和转变作为推动创新的重要方式，从而推动国内产业和服务的竞争力，进而提出对此可以更好地理解为生

---

① http://www.whitehouse.gov/innovation/strategy.

态系统；之所以采用国家创新"生态系统"的概念，是因为创新系统是生长的和演化的，不是如同工程术语中为达到某种不动点而建构起来的；特别是，新的政策和制度变化可以帮助生态系统以满足新需求的新方式而生长；而且，生态系统是以在多种子系统之中的动态联系为特征的。他指出，创新系统中不同行动者之间的交互作用处于动态演变的过程之中，公共政策可以通过加强生态系统之间各主体的联系来促进创新，改变了原来认为国家创新体系是历史和文化的产物而难以改变的传统观念[43]。

梅尔坎（Birol Mercan）和古克塔斯（Deniz Göktas）[44]撰文指出："最近，创新生态系统进路成了一个正在形成的研究趋法，因为创新系统的研究趋法未能将创新事件与创新结构区分开来。"他们指出，我们不仅要注意创新组织结构，同时也要注意创新过程事件。

这些探讨指出的是，我们需要注意系统的过程、事件，从"动态的""有活力的"创新生态系统来认识当代的创新发展。

其次，采用"创新生态系统"概念，从词义本身就强调了创新系统创新要素的有机聚集。生态学（ecology）一词源于希腊语 oikologie，词根 oikos 表示住所和栖息地，词尾 logos 表示研究和学科，原意是研究生物栖息环境的科学。坦斯利（A. G. Tansley）于 1935 年提出生态系统（ecosystem）概念，将其视作"地球表面上自然界的基本单位"。现在一般认为，生态系统就是在一定空间中共同栖居着的所有生物（即生物群落）与其环境之间由于不断地进行物质循环和能量流动过程而形成的统一整体[45]。多年来，生态学、生态系统的概念、方法已经浸润到众多学术领域。

从创新生态的观点来考察硅谷，给硅谷冠以创新创业栖息地的美誉，将之视为硅谷优势之所在，是一个产生了广泛影响的重要观点。创新创业的栖息地，是一种各种创新物种、创新群落在其中相互连接并奔涌着人员、信息、资金等流动的生态网络，如朋迪斯（Richard A. Bendis）在美国科学促进会（American Association for the Advancement of Science，AAAS）的 36 届年会的演讲中阐述创新生态系统模型时指出："创新生态系统的概念中，人们、企业和体制之间的技术和信息流对充满活力的创新过程是至关重要的。"[46]

与生态思想相联系的技术创新研究的热点领域，形成了两个相互区别的方向：生态技术创新和技术创新生态[47]。前者更多是环保和低碳意义上"创新生态化"，后者的探索则是从生态学、生态系统的概念、方法和视角来研究创新活动，把创新活动看成是某种生命体，从而探索其生成、进化、衰退及与周边环境的互动关系；后者强调创新系统的多样性和适应性，任何一个创新体系都是在一个特定的地理空间、政治经济环境、社会文化环境下生成的。

最后，"创新生态体系"概念强调了系统的自组织生长性。一个创新生态系统，必定是自组织的生态系统。系统中各个要素（物种、群落、生境等及其形成的食物链、生态链）的相互联系、相互制约，要求各个创新主体的共生共荣，导致了创新生态系统具有自维生、自发展的鲁棒性，并保持不断演化、不断促进优势新物种的成长、不断自我超越的能力。亨利·埃茨科威兹（Henry Etzkowitz）之前提出的官、产、学的"三重螺旋"模型也已经指出，三者的相互作用导致一个动态的进化过程，其间每一个主体在保持自身功能和范围的同时，又衍生出其他两个主体的功能和组织形态[48]。创新生态系统，既承认系统自组织演化中的序参量的作用，同时将视域投射到更多创新主体之间的共生共荣。

"创新生态系统"概念首先在美国受到高度重视有其必然性，且其内在地将创新与创业相结合。美国作为当今世界上唯一的超级大国，从第二次世界大战以后直到现在，虽然经济危机时有发生，但是总能想出办法克服之。与日本成功之后遭遇"十年失落"、创新能力大打折扣的情形不同，美国的创新系统具有强大的自调节、不断超越的功能。创新与创业的结合[49]、硅谷模式、中小企业成长速度和成长能力创造了一个又一个的奇迹：星巴克、英特尔、微软、谷歌、YouTube、苹果、脸书。它们本来都是名不见经传的中小企业，则由于某方面的创新而一跃成为世界上的巨型龙头企业，同时成为全球相关标准的定义者。倡导创新生态过程中提出"创业美国"（Startup America）①也就顺理成章了。2011 年，奥巴马政府发起了"创业美国"倡议，号召联邦政府和私人部门两方面大力在全国推进创业普遍性和成功，并在五个领域推出了一组聚焦于创业者的政策倡议：解开资本之锁而为创业增长加油；促进导师和教育与创业者的联系；减少障碍，使得政府为创业者工作；为突破性技术加快从"实验室到市场"的创新；释放医疗保健、清洁能源和教育等产业的市场机会。

五、建设和完善创新生态、落实创新驱动发展战略

与布什（Vannevar Bush）的"科学推动"的线性模型有一致性，在熊彼

---

① http://www.whitehouse.gov/economy/business/startup-america[2012-11-25].

特那里已经由技术发明、产品研发、市场化的"技术推动"线性模型所体现，施穆克勒（J. Schmookler）提出"需求拉动"模型，莫厄里（D. Mowery）和罗森伯格（N. Rosenberg）提出"推拉双动"模型，强调创新既要重视科学技术的发展，也要密切关注市场的需求变化，只有将两者有机结合，才能更好地开展创新活动。事实上，无论是从单因素还是双因素的视角来认识创新，都难以全面反映技术创新的动力机制，技术、市场、创新活动的相互作用日益密切，影响创新的因素也越来越多，克莱因（S. J. Kline）和罗森伯格进一步提出"链环回路"模型，指出创新的各个环节之间都存在着反馈[50]。进一步，形成了创新研究的"系统范式"，进而开始关注其非线性作用和复杂性。这与一般的系统科学的进展有些类似，自从 20 世纪下半叶以来，系统研究进入到关注"动态演化""自组织演化"等特性，正如系统思想家所言："自然界绝非简单构成的，作为系统科学研究对象的系统自身具有涌现性或生成论特征。" [51]

关于创新系统研究本身，经历了从"生产者-用户"交互学习的创新模型，到"三重螺旋"，再到"创新生态系统"。创新生态系统研究将从以往的更加关注要素构成和资源配置问题的静态的结构性分析，演变到强调各创新行为主体之间的作用机制的动态演化分析。创新系统自身的发展，越来越强调创新要素之间的协调整合形成创新生态，这样的创新生态导致了创新系统突出具有"动态性""栖息性""生长性"等新特征。

创新生态系统是创新要素集聚并聚合反应、创新价值链和网络形成并拓展的开放系统，必须关注营造有利于开放条件下创新要素集群栖息的途径、机制与体制；人是最重要的创新资源，加大创新人力资源的供给、面向全球引进和聚集创新人力资源，成为形成创新生态的首要一环。因此，我们也就不难理解，硅谷不断跨域边界的人才引进策略[52]；美国在倡导国家的创新生态中，《美国竞争法》（2007 年）体现了"对人才维度的回归"[53]。

创新生态系统是创新物种、群落、创新链的复杂系统，这就必须重视有利于科技成果的形成和转化、创新创业促进科技与经济结合的内在机理；重视创新生态系统建设，必然导致对政产学研资介的结合、科技研发机构改革和新兴科研机构的兴起以及创新和创业结合、中小企业繁荣成长的重视。

创新生态系统是系统中科技创新"序参量"主导的演化系统，必须重视科技创新资源的优化配置，企业技术创新主体的形成机制，创新主体的合作上升到一种共生共荣的境界；良好的创新生态系统必然是多个创新主体的有机结合，科技的引领作用和科技与社会方方面面的合力作用都不能偏废，只有合力作用，才能打通创新生态价值链，造就创新生态价值网。

创新生态系统是不断演化和自我超越的系统，必然关注科技创新创业促进产业群落转型升级、新兴产业成长、价值攀升的演化更替机制和途径。这也是技术和产业的生命周期所要求的。制造大国要走向制造强国，还需要制造业与服务业、技术创新与商业模式的协调发展，否则就可能长久地停留在价值链的低端，甚至落入中等收入陷阱乃至后中等收入陷阱[54]。

创新生态系统是创新全要素资源的协调系统，政产学研用结合、"科技+X（产业、金融、文化等）"的协同乃至融合不可或缺；只有序参量与其他参量的相互作用和贯通、科技创新与整个社会创新的结合，才可能有创新能力的持续提高；与社会发展结合不紧密的科技发展，难有可持续发展的活力。但是，科技有机融入社会发展方方面面之中依然需要下大气力。

创新生态系统要以良好的创新生态为支持，要求相应地促进创新生态形成的战略谋划和政策支撑体系。创新生态系统的研究也具有强烈的政策导向，创新生态理论的建设和完善，不是单靠市场或单靠政府就能实现的，在此强调的是在市场机制、市场精神基础上的政府的能动作用，市场与政府之间需要某种精妙的平衡。

"创新生态系统"概念的提出体现了创新研究的一次范式转变，由关注系统中要素的构成向关注要素之间、系统与环境间的动态过程转变。在知识、经济和创新全球化趋势加剧的条件下，从关注创新系统内部的相互作用转到关注系统与外部环境之间的相互作用，将创新系统作为创新生态系统来对待，将是创新研究今后面临的重要理论问题和实践问题。

据中国知网的查询，2000 年出现了袁智德和宣国良以"创新生态"为标题的文章[55]。以后，例如，陆玲提出企业群落也是自然生物群落[56]；刘友金以群落学为基础探讨技术创新群落[57]；黄鲁成从生态学视角研究区域技术创新系统[58]；隋映辉探讨城市创新生态系统与"城市创新圈"[59]；吴陆生等关注科技创新生态系统论[60]；任雪萍和黄志斌强调创新系统的生态化建设[61]；贺团涛和曾德明追问知识创新生态系统的理论和机制[62]；陈劲和李飞从生态物种进化阐述国家技术创新体系中三阶段发展机理[63]；如此等等，挂一漏万。

2011 年底科学技术部办公厅调研室和中国科学技术发展战略研究院共同举办的"创新圆桌会议"，邀请业界专家围绕专题研讨了"创新生态体系"的内涵、结构、特征、功能以及有关政策启示等内容[64]，此次会议是上升到我国建设创新型国家中作为决策咨询层面上的专题研讨。2012 年元月深圳市政府工作报告中，提出"构建充满活力的创新生态体系"，进入区域决策层面。同年 7 月，深圳市委市政府向全国科技创新大会提呈了"营造创新生态 加快建设国家创新型城市"的典型交流发言，将"创新生态"作为基础性总括概念，以此来总结深圳经过 30 年的努力，在科研基础"先天不足"的情况下，建成了充满活力的"创新绿洲"。随后，2012 年 11 月，浦江创新论坛以"产业变革与创新生态"为主题，来探讨技术发展与产业变革的互动过程与未来趋势，分析创新生态建设的挑战与路径。

　　总的来说，目前对"创新生态系统"的研究还处在初期，正在从多个领域展开，要结合我国的创新系统建设的实践，包括进一步从生态系统理论、系统自组织理论和复杂性理论、演化经济学等学科领域中吸收营养、借鉴方法，从而全方位地深入发掘。

　　实施"创新驱动发展战略"，呼唤着深化创新生态系统的理论和实践的探讨。

（本文原载于《科学学研究》，2013 年第 1 期，第 4-12 页。）

参 考 文 献

[1] Lundvall B A. Product Innovation and User-Producer Interaction[M]. Aalborg: Aalborg University Press, 1985.

[2] 弗里曼. 技术政策与经济绩效: 日本国家创新系统的经验[M]. 张宇轩译. 南京: 东南大学出版社, 2008.

[3] Lundvall B A. National Innovation Systems: Towards a Theory of Innovation and Interactive Learning[M]. London: Pinter, 1992.

[4] 理查德·R. 尼尔森. 国家(地区)创新体系比较分析[M]. 曾国屏, 刘小玲, 王程韡, 等译. 北京: 知识产权出版社, 2012.

[5] OECD. The knowledge based economy. The National Innovation System[R]. 1996.

[6] Cooke P. Regional innovation systems: competitive regulation in the new Europe[J]. Geoforum, 1992, 23 (3): 365-382.

[7] Carlsson B, Jacobsson S, Holmen M, et al. Innovation systems: analytical and methodological issues[J]. Research Policy, 2002, (31): 233-245.

[8] Malerba F. Sectoral systems of innovation and production[J]. Research Policy, 2002, (31): 247-264.

[9] 王春法. 国家创新体系理论的八个基本假定[J]. 科学学研究, 2003, 21(5): 533-538.

[10] Chang Y-C, Chen M-H. Comparing approaches to systems of innovation: the knowledge perspective technology[J]. Technology in Society, 2004, (26): 17-37.

[11] 路甬祥. 创新与未来: 面向知识经济时代的国家创新体系[M]. 北京: 科学出版社,

1998.

[12] 石定寰. 国家创新系统: 现状与未来[M]. 北京: 经济管理出版社, 1999.

[13] 冯之浚. 国家创新系统的理论与政策[M]. 北京: 经济科学出版社, 1999.

[14] 李正风, 曾国屏. 中国创新系统研究: 技术、制度与知识[M]. 济南: 山东教育出版社, 1999.

[15] 曾国屏, 李正风. 世界各国创新系统: 知识的生产、扩散与利用[M]. 济南: 山东教育出版社, 1999.

[16] 冯之浚, 罗伟. 国家创新系统的理论与政策文献汇编[M]. 北京: 群言出版社, 1999.

[17] 冯之浚. 国家创新系统研究纲要[M]. 济南: 山东教育出版社, 2000.

[18] 胡志坚. 国家创新系统: 理论分析与国际比较[M]. 北京: 社会科学文献出版社, 2000.

[19] 詹·法格博格, 戴维·莫利, 理查德·纳尔逊. 牛津创新手册[M]. 柳卸林, 郑刚, 蔺雷, 等译. 北京: 知识产权出版社, 2009.

[20] 王春法. 关于国家创新体系理论的思考[J]. 中国软科学, 2003, (5): 99-104.

[21] 王亚刚, 席酉民. 国家创新体系的构建与评估: 基于和谐管理理论的系统探讨[J]. 中国软科学, 2007, (3): 53-58, 75.

[22] 安纳利·萨克森宁. 地区优势: 硅谷和128公路地区的文化与竞争[M]. 曹蓬, 杨宇光, 等译. 上海: 上海远东出版社, 2000.

[23] 李钟文, 威廉·米勒, 玛格丽特·韩柯克, 等. 硅谷优势: 创新与创业精神的栖息地[M]. 北京: 人民出版社, 2002.

[24] 威廉·J. 克林顿, 小阿伯特·戈尔. 科学与国家利益[M]. 曾国屏, 王蒲生译. 北京: 科学技术文献出版社, 1999.

[25] PCAST. Sustaining the Nation's Innovation Ecosystems, Information Technology Manufacturing and Competitiveness[R]. Washington: Executive Office of the President, President's Council of Advisors on Science and Technology, 2004.

[26] PCAST. Sustaining the Nation's Innovation Ecosystem: Maintaining the Strength of Our Science & Engineering Capabilities[R]. Washington: Executive Office of the President, President's Council of Advisors on Science and Technology, 2004.

[27] Council on Competitiveness. Innovate America: thriving in a world of challenge and change[R]. National Innovation Initiative Interim Report, 2004.

[28] National Innovation Initiative Summit. Innovate America: thriving in a world of challenge and change [R]. Washington: Council on Competitiveness, 2005.

[29] Industrial Structure Council. Science and technology policy inducing technological innovation[R]. Tokyo: Industrial Structure Council METI, 2005.

[30] Committee on Comparative Innovation Policy, National Research Council. 21 Century Innovation System for Japan and the United States: Lessons from a Decade of Change: Report of a Symposium[R]. Wachington: National Academies Press, 2009.

[31] Walenza-Slabe E. Emerging Chinese Innovation Ecosystems: Implications of China's improving innovation competitiveness for companies and professionals[R]. Applied Value Group (Shanghai), 2012.

[32] Sinha R K. India's national innovation system: roadmap to 2020[J]. ASCI Journal of Management, 2011, 41 (1): 65-74.

[33] PCAST. University-Private Sector Research Partnerships in the Innovation Ecosystem[R]. 2008:15.

[34] 朱迪·埃斯特琳. 美国创新在衰退? [M]. 北京: 机械工业出版社, 2010.

[35] Jackson D J. What is an Innovation Ecosystem?[EB/OL]. http://www.erc-assoc.org/docs/innovation_ecosystem. pdf[2012-11-28].

[36] Fukuda K, Watanabe C. Japanese and US perspectives on the National Innovation Ecosystem[J]. Technology in Society, 2008, 30: 49-63.

[37] Wallner T, Menrad M. Extendingthe Innovation Ecosystem Framework[C]. Proceedings of XXII ISPIM Conference. Hamburg, Germania: ISPIM, 2011.

[38] Wang P. An Integrative Framework for Understanding the Innovation Ecosystem[C]. Proceedings of the Conference on Advancing the Study of Innovation and Globalization in Organizations, Nürnberg, Germany, 2009.

[39] Executive Office of the President National Economic Council Office of Science and Technology Policy. A Strategy for American Innovation Driving Towards Sustainable Growth and Quality Jobs[R]. Washington: Executive Office of the President, National Economic Council, Office of Science and Technology Policy, 2009: 1-26.

[40] Committee on Comparative National Innovation Policies. Rising to the Challenge: U. S. Innovation Policy for Global Economy[M]. Washington: The National Academic Press, 2012: 16-19.

[41] 孙福全. 创造有生命力的创新生态系统[N]. 经济日报, 2012-02-01 (15).

[42] Wessner C W. An Overview of the United States Innovation System[EB/OL]. The World Bank. Retrieved. http://siteresources.world-bank.org/EXTECAREGTOPKNOECO/Resources/CWessner.ppt[2012-11-25].

[43] Wessner C W. The global tour of innovation policy[J]. Issues in Science & Technology, 2007, 24 (1): 43-44.

[44] Mercan B, Göktas D. Components of innovation ecosystems: a cross-country study[J]. International Research Journal of Finance and Economics, 2011, (76): 102-112.

[45] 杨持. 生态学[M]. 2 版. 北京: 高等教育出版社, 2000: 191.

[46] Bendis R. Science & Innovation-Based Trends in the U.S.[EB/OL]. 36th Annual AAAS Forum on Science and Technology Policy. https://www.aaas.org/sites/default/files/Richard Bendis_AAASForum2011.pdf[2012-11-25].

[47] 吕玉辉, 丁长青. 技术创新生态与生态技术创新及其他[J]. 科技管理研究, 2007, 27 (3): 33-34.

[48] 亨利·埃茨科威兹. 三螺旋: 大学·产业·政府三元一体的创新战略[M]. 周春彦译. 北京: 东方出版社, 2005.

[49] 方新. 创业与创新: 高技术小企业的发展之路[M]. 北京: 中国人民大学出版社, 1998.

[50] 黄钢, 徐玖平. 农业科技价值链系统创新论[M]. 北京: 中国农业科学技术出版社,

2007: 88-127.

[51] Laszlo E, Laszlo A. The contribution of the systems sciences to the humanities[J]. Systems Research and Behavioral Science, 1997, 14(1): 5-19.

[52] 沙德春, 曾国屏. 超越边界: 硅谷园区开放式发展路径分析[J]. 科技进步与对策, 2012, 29(5): 1-5.

[53] 王程韡, 曾国屏. 知识创造和人才培养: 从《没有止境的前沿》到《美国竞争法》[J]. 清华大学教育研究, 2008, (3): 78-84, 94.

[54] 屠启宇. 国际城市发展报告(2012)[R]. 北京: 社会科学文献出版社, 2012: 379.

[55] 袁智德, 宣国良. 技术创新生态的组成要素及作用[J]. 经济问题探索, 2000, (12): 72-74.

[56] 陆玲. 企业群落与企业群落学[J]. 生态科学, 2001, 20(1): 162-164.

[57] 刘友金. 论集群式创新的组织模式[J]. 中国软科学, 2002, (2): 71-75.

[58] 黄鲁成. 区域技术创新系统研究: 生态学的思考[J]. 科学学研究, 2003, 21(2): 215-219.

[59] 隋映辉. 城市创新生态系统与"城市创新圈"[J]. 社会科学辑刊, 2004, (2): 65-70.

[60] 吴陆生, 张素娟, 王海兰, 等. 科技创新生态系统论视角研究[J]. 科技管理研究, 2007, 27(3): 30-32.

[61] 任雪萍, 黄志斌. 国家创新体系建设的生态化审视[J]. 自然辩证法研究, 2008, 24(11): 106-110.

[62] 贺团涛, 曾德明. 知识创新生态系统的理论框架与运行机制研究[J]. 情报杂志, 2008, (6): 23-25.

[63] 陈劲, 李飞. 基于生态系统理论的我国国家技术创新体系构建与评估分析[J]. 自然辩证法通讯, 2011, 33(1): 61-66, 123-124, 127.

[64] 王缉慈, 余江, 王涛, 等. 创新生态系统——创新圆桌会议 2011 年第四次会议发言摘要[N]. 科技日报, 2012-01-15 (02).

走向创业型科研机构

——深圳新型科研机构初探

| 曾国屏，林菲 |

一、一批新型科研机构在深圳兴起

深圳作为我国改革开放的前沿，特区创办之初，可谓是"科技沙漠"。经过 30 年的发展，深圳逐渐形成了以企业为主体、市场为导向、产学研相结合的技术创新体系，90%以上的研发机构、90%以上的研发人员、90%以上的研发资金、90%以上的发明专利来源于企业，2012 年全社会研发投入水平达到 3.81%，成为充满活力的"创新绿洲"。

其间，自从深圳清华大学研究院（1996 年）拉开新型科研机构发展的序幕以来，进入新世纪又出现了中国科学院深圳先进技术研究院（2006 年）、深圳华大基因研究院（2007 年）、深圳光启高等理工研究院（2010 年）等为典型代表的"新型科研机构"。这是在创新竞争激烈的当代，科研机构的传统定位不断被超越，发展出的新的组织形态和功能。

（一）深圳清华大学研究院

深圳清华大学研究院（以下简称深清院）是深圳市政府与清华大学共建、以企业化方式运作的正局级事业单位，实行理事会领导下的院长负责制。1996年 12 月，市校签署合建"深圳清华大学研究院"协议书，双方共同投资 8000万元，其中清华大学投资 2000 万元，双方各持 50%股份。深清院虽说是深圳的事业单位，但其实行企业化管理，只有 20 个编制和 3 年事业津贴，3 年后要完全走向市场。

深清院作为中国市校合建的第一家研究院，尝试对科技与经济结合方式进行新探索，成立时尚无国际先例可循[1]。深清院要充当清华大学推进区域科技经济发展的典范，提出了 4 个主要发展目标：第一，推出一大批拥有自主知识产权、面向市场的科技成果；第二，加速科技成果的转化；第三，孵化和培育高科技创业企业；第四，培养高层次人才。进而逐步形成了深清院的独特的"四不像"模式[2]：既是大学又不完全像大学，文化不同；既是研究机构又不完全像研究机构，内容不同；既是企业又不完全像企业，目标不同；既是事业单位又不完全像事业单位，机制不同。"四不像"模式，奠定了深清院发展的理论基础。

1997 年 12 月，深清院正式开班办学，培养在职研究生。1999 年 8 月，深清院一期落成使用，随之第一批孵化企业入驻；并从校本部引入实验室，初步搭建起技术平台；还成立了由深清院控股的创投公司，初步形成自身的投资功能。

2007 年，由深清院孵化的一家电子科技股份有限公司首次公开发行股票并成功上市。2010 年，由深清院孵化的三家公司接连成功上市。2010 年，在孵企业总销售额超过 260 亿元，其中自主创新产品占 213 亿元，比重达 82%。截至 2012 年 7 月，深清院孵化、创办和投资了 180 多家高科技企业，15 家上市企业，控股及参股企业 150 家，累计孵化高新技术企业 600 多家，在孵企业 360 家。科技成果孵化，从单个项目、单个企业的孵化，发展到产业链孵化，并将触须延伸到硅谷筹建"北美创新创业中心"（2009 年），形成了具有特色的孵化体系。

截至 2012 年 7 月，深清院已投资 4 亿余元建成电子信息技术、光机电与先进制造、新材料与生物医药、新能源与环保技术等四大研究所和公共研发平台，建有国家重点实验室（工程中心）深圳分室 4 个，省、市重点实验室 10 个，科学技术部中小企业技术服务中心、广东省产学研示范基地、高技术产业化示范工程、国家体育产业发展基地各 1 个，与企业联合研发中心 16 个；承担了国家高技术研究发展计划（"863"计划）、国家重点基础研究发展计划（"973"计划）、科技支撑计划、科技重大专项等多项国家级项目；获国家技术发明奖二等奖、国家科学技术进步奖二等奖共 3 项，省科技进步奖特等奖 1 项，申请专利 200 多项，获授权的 100 多项中 68%以上是发明专利；组织实施了 150 多项科技成果转化。

深清院的成立和创新发展，拉开了"科技+产业+资本"的"三位体"乃至"科技+产业+资本+教育（培训）"的"四位体"模式的深圳新型科技机构的发展序幕。

（二）中国科学院深圳先进技术研究院

中国科学院深圳先进技术研究院（以下简称先进院）成立于 2006 年，是由中国科学院主管，与深圳市以及香港中文大学共建的国家科研机构，实行理事会领导下的院长负责制，是我国（不包括台湾地区）首家以集成技术为学科方向的、主要从事现代制造业自主创新研发的科研机构。

先进院的成立，是中国科学院为推进知识创新体系与技术创新体系、区域创新体系的结合而实施布局调整的重要环节，也是深圳市提升源头创新能力、完善创新体系的重要举措，并成为加强深港科技领域交流合作的重要契机。中国科学院与深圳市有多年良好合作，深圳市抓住中国科学院准备与地方共建研究机构的契机，积极争取该项目落户深圳。2006 年 2 月，双方签署合作共建备忘录，明确深圳市将全力支持中国科学院在深筹建研究机构，并将给予相关支持。随之，筹建组第一批人员 3 月就到了深圳，边筹建边科研。当年 9 月，院市双方签订"共建中国科学院深圳先进技术研究院协议书"，中国科学院、深圳市、香港中文大学三方签订"共建中国科学院香港中文大学深圳先进集成技术研究所协议书"，先进院正式挂牌成立。2009 年 12 月，先进院正式完成三方验收，并获中央机构编制委员会办公室批准纳入国家研究院所序列，隶属于中国科学院。

先进院以台湾工业技术研究院为借鉴，致力于现代装备制造业及服务业的基础性、前瞻性、战略性的研究，涉及智能系统与装备制造、低成本健康、工业信息化等方向，形成了多学科交叉、集成创新的特色优势，以及集科研、产业、资本于一体的发展模式。

2009 年 3 月，院市双方又达成协议，启动先进院新工业育成中心建设。先进院与招商局集团蛇口工业区合计投入 1.1 亿元的建设资金，次年 8 月中国科学院深圳现代产业技术创新和育成中心在蛇口正式开园，并设立 10 亿元产业基金，从孵化企业、帮助完善治理结构和管理机制、提供管理及市场咨询、提供创业基础条件入手，破解初创型企业融资难题，提高高科技企业的生存能力与产业规模，在多个战略性新兴产业领域，孵化、凝聚、育成高新技术企业，逐步形成产业集群，引领并带动深圳市战略性新兴产业的建设和发展。

在产学研合作方面,先进院通过多种途径、多种方式服务广大企业。目前已与400多家企业建立了服务或合作关系,签订工业委托开发及成果转化合同近200个,总收入过亿元;孵化高新企业46家,利用社会资本数十亿元。获科学技术部授予国家首批"技术转移示范机构"(2008年)和"十一五"支撑计划优秀团队奖(2011年);两次获"中国科学院院地合作奖先进集体"和"2010年度中国产学研合作创新奖"。

先进院坚持"以人为本",建立起"领军人物+百人计划+青年骨干"的三层结构人才梯队。先进院还通过计划内招生、联合培养、设立"客座学生"等方式招收、培养研究生,截至2011年6月共培养研究生1384人,近半数毕业生进入高新技术企业,数百人留在了深圳。2012年8月30日,以先进院为依托的深圳先进技术学院建立,将通过港澳台的教育资源和国家研究所的科研优势协同创新,建设成为一所以研究生培养为主、多学科交叉、致力于集成创新、快速适应全球科技经济发展变化和区域需求为特色的新型学院。深圳先进技术学院是深圳新建的第二所特色学院,也显示了先进院进一步向"科技+产业+资本+教育(培训)"的"四位体"模式发展。

(三)深圳华大基因研究院

深圳华大基因研究院(以下简称华大基因)由北京基因组研究所南迁而来。1999年成立的华大基因研究中心,由于承担和完成了人类基因组计划和水稻基因组计划等重大项目而获得了国内外科技界的高度评价。中国科学院决定以华大基因为基础成立"北京基因组研究所",将其纳入中国科学院体系,并于2003年11月得到中央机构编制委员会批准。2007年,新一代测序仪问世,这对于基因组学来说是难得的发展机遇。北京基因组研究所的有关人员在研究所发展方向、基因组学发展重点等方面产生了严重争议。华大基因创始人之一汪建率领几十名科技人员离开国有体制,几经辗转最后南下深圳,开始新的创业历程。2007年4月,华大基因正式在深圳市民政局以民办非企业单位登记注册;2008年6月,被深圳市政府批准成为事业单位。

落户深圳以来,华大基因坚持以基因组为基础的"科学发现-技术发明-产业发展"的"三发联动";以与国际接轨的大科学项目任务"带学科、带人才、带产业"("三带"),实现了快速扩展,在基础研究方面与世界同步,产品又获得了可观的市场效益。华大基因发起、参与或承担了多项基因组计划,在《自然》《科学》《细胞》等国际一流期刊上发表了数十篇学术论文，形成高水平的研究能力和学术声望。2007 年 10 月 11 日，华大基因独立完成绘制了"第一个中国人基因组图谱"。2010 年 1 月，其购买了 Illumina 公司的 128 台 HiSeq2000 测序仪。同年，其与英、美共同发起并完成了千人基因组计划，在基因组研究方面实现了从跟踪、参与到共同主导的根本性转变。目前华大基因已成为世界基因组学领域研究人员最多、平台规模最大、测序能力最强、产生数据最多的研究机构。华大基因从 2007 年落户于深圳时的 100 多人，发展到 2012 年的近 4000 人，销售收入近 10 亿元，其中 50% 来自国外。

除了基因测序和分析，华大基因通过功能基因组和应用基因组研究，加速培育基因产业。2011 年 1 月，国家发展和改革委员会批复同意依托华大基因组建深圳国家基因库，建成后将成为世界上数据量最大的基因库。2011 年 6 月，华大基因与深圳市创新投资集团联合相关企业成立深圳基因产学研资联盟，以促进科研成果转化、推进产业化应用。华大基因利用基因组技术培育农作物品种，转基因谷子等品种已进行到田间试验阶段；无创胎儿染色体疾病检测技术已获得多个省市的临床检测许可，也在日、韩等国推广。到 2012 年底，华大基因在国际一流期刊上发表和被接受论文已将近 60 篇；累计申请发明专利 512 项，其中已授权 121 项；已在 9 个省市建立了实验室、临床中心、分公司或产业基地；在美国、日本、澳大利亚、欧洲等国家和地区建立了分支机构，有广泛的国际影响。华大基因被自然出版集团评为"2012 年度中国科研机构"第 6 名，执行院长王俊被《自然》杂志评选为 2012 年十大科学人物之一[3]；2013 年初被麻省理工《科技创业》杂志评为全球最具创新力技术企业 50 强之一[4]。

华大基因通过对外培训、联合培养、在线开放课堂等方式培养了大批年轻人才。2008 年 3 月，与深圳大学合作成立"深圳大学医学院华大基因研究院"；次年 3 月，与华南理工大学成立"基因组科学创新班"，后又与多所国内重点高校采用此模式签订协议，联合培养创新人才。2011 年 10 月 21 日，华大基因学院宣布成立，成为深圳成立的第一所特色学院。华大基因学院实行理事会下的院长负责制，教职工实行全员聘任制，以培养硕博层次人才及开展国内、国际基因科学相关高端培训（以及招收外籍学生）为办学宗旨。

（四）深圳光启高等理工研究院

深圳光启高等理工研究院（以下简称光启）由政府、产业界和金融界共同支持,由其核心创建团队与深清院、深圳迈瑞生物医疗电子股份有限公司、深港产学研创业投资有限公司共同发起,2010 年 1 月以民办非企业单位在深圳市注册成立,并于 2010 年 7 月 13 日正式揭牌,2012 年纳入深圳市事业单位编制。

光启的核心创业团队五位成员都具有世界一流大学和科研机构的教育背景与研究经历,2009 年他们归国创业时平均年龄不到 30 岁。院长刘若鹏的中小学都在深圳度过,保送进入浙江大学从大二下半年起便开始接触和从事有关超材料的研究;后赴美国杜克大学攻读博士学位,2009 年与当时的团队通过超材料技术研制出能够对指定频段实现电磁波绕行传播的"隐身衣",成果在《科学》上发表后引起轰动[5]。光启核心团队的五位成员在学成后决定回国创业,认为超材料领域将发展成为类似 30 年前的半导体那样的爆发性增长的产业。

光启致力于超材料的研发,并特别关注这些技术的产业化应用。深圳市科学技术协会了解到由此带来的是具有国际顶尖水平的研究项目,便发挥人脉、信息等多方面的软实力优势,帮助光启团队与当地政府科技主管部门进行沟通,并多次组织专家讨论会和论证会,促进团队的引进、研究院的规划和成立,以及研究成果的迅速产业化[6]。光启团队很快获得了风险投资 3000万元的资本投入,并成为广东省引进的国内顶尖水平、国际先进水平的创新科研团队之一,也是唯一一支海外回粤落户的自荐团队,得到广东省 4000万元工作经费支持。

光启在运营模式上定位为民办公助、自负盈亏的非营利性研究机构。组织架构上是理事会领导下的院长负责制,理事会成员来自政、产、研各方代表,以确保研究院成立初衷的发展方向。研究人员采用聘用制,每 2 年一次评估,通过 3 次遴选后,合格者可逐步由初级科学家晋升为终身科学家。人才引入上形成以顶尖科研人员去吸引、甄别和引进同等水平人才的模式,注重科研团队和配套实验设备的引进。构建起跨学科集成创新机制,实行并行研发管理策略,实现了技术体系与工业体系的融合[7]。探索建立了一套良性循环的产业化模式:政府和研究院成果转化公司共同投资光启,如果某一研究项目成熟,成果转化公司拥有对研究成果的优先购买权,并成立项目公司对其产业化,收益回报给成果转化公司,并将继续投资光启,从而完成从投资、研究、产业化到再投资的良性循环[8]。光启立志在中国探索和建立一整套可持续在新兴交叉科技领域进行源头创新及成果转化的高端创新体系。

成立不到三年,光启就获得了快速发展,至 2013 年初已拥有国际国内发明专利超过 2000 件，保持平均每周申请 25 项发明专利的高增长，在电磁超材料领域形成专利覆盖。光启还主持"863"项目"超材料及其相关器件关键技术研发"，建立起超材料电磁调制技术国家重点实验室，在多个省市建立了重点实验室与工程实验室。2011 年 7 月，光启发起成立"深圳超材料产业联盟""超材料产业基金"，随后还参与成立了"深圳市新材料产学研创新联盟"；2011 年 11 月，光启主导的世界首条超材料研发中试生产线落户深圳龙岗；2012 年 5 月，光启为主体开发建设的深圳超材料产业基地在深圳宝安奠基，并被列为省市共建战略性新兴产业基地。

2012 年底，光启的科研团队发展到 300 多人，其中 90%年龄在 35 岁以下，许多人有国际名牌大学和著名科研机构的博士学位或工作经历，外籍全职科研人员有 40 多位[9]。2012 年 12 月，光启与深圳大学联合创办深圳大学光启新材料特色学院，成为深圳市的第三所特色学院，将着眼于以新材料为研究特色的战略新兴产业领域，形成具有高度学科交叉与突破性创新的研究风格的特色学院，并希望以此为基础申请设立材料领域的工程博士点。

二、如何认识深圳的新型科研机构

（一）深圳新型科研机构的共同特征

上述四家新型科研机构虽然发展经历、研究领域各不相同，具有不同的工作重点和工作特色，但是，它们也具有一些相似的特征而区别于传统"科研机构"，并具有新的内涵。

（1）机构定位和宗旨上的创新。这四家科研机构都定位于将具有产业前景的前沿科技探索与产业发展紧密结合起来。在科技创新链中，它们一方面涉及知识链上的定位，不仅有大量应用研究，更是关注于前沿研究，甚至进入到基础研究；另一方面也都考虑经济效果的价值链定位，引领和面向市场、催生产业成果，包括衍生企业、孵化企业或服务于企业发展。

因此，这些新型科研机构，一方面发挥着传统意义上的科研机构的作用，同时又绝不止步于传统意义上的科研，而是持有科学发现、技术发明和产业发展的"三发联动"理念，将科研的目标指向催生产业化的前沿研究，并以"三位体"乃至"四位体"模式从科研机构组织方式上克服科技与经济脱节的"两张皮"问题，包括以孵化企业、所企合作和衍生企业的创业方式直接推进转化前景变为现实，而且还致力于将之与人才培养等诸方面结合起来。

可见，深圳的"新型科研机构"，其实质在于科技创新与创业的结合、借助创新而创业、通过创业而实现创新，可称之为"创业型科研机构"。

就它们的具体定位来看，其中华大基因和光启突出地以探索具有产业化前景的专业化前沿研究（分别是生物基因科技领域和超材料科技领域）为己任，并致力于以自身科技成果衍生企业、培育新兴产业；深清院和先进院则更多地体现了作为综合性科研机构和公共研发服务平台的功能，深清院成为高科技企业孵化器的典范，先进院在低成本健康与高端医学影像、机器人与智能系统等多个方面形成了具有自主知识产权和国际竞争力的成果。

（2）组织运行机制上的创新。这四家新型科研机构，尽管初创的起点有所不同，尽管眼下都是"事业单位"，但是都不同于传统科研机构、传统事业单位，而是通过体制机制的创新，实行一定程度上的企业化运作和管理。

深清院和先进院两家属于事业单位，有一定的"事业编制"，但是，"事业编制"并不具体对应到个人，而是统筹使用，对研究人员采用聘用制，具有较大的自主性和灵活性。这可以称为"国有新制"。

华大基因和光启在成立之初都是以"民办非企业单位"的身份注册的，都是"民办公助"的非营利性科研机构。为了克服已有体制问题上的障碍，促进其发展，深圳市将其改制为二类事业法人单位①，但改制后仍采用民办研发机构的体制机制运营。它们实质上是"民办公助"。

这四家新型科研机构，在其创立过程中都获得了政府公共科技经费的支持，在其发展过程中也积极参与争取各种各样的公共研发项目和经费；同时，也都遵循市场规律，通过产研合作、科技服务、成果孵化、资本运营等方式，得到产业、创投、金融等社会各界的资助，探索和形成创新系统中有密切关系的不同主体的协同作用新方式。

在具体的组织方式上，这四家机构都采取理事会领导下的院长负责制，理事会由政府和发起单位共同组成，对机构发展方向和定位等重大问题进行决策，保证了机构本身的社会公益性，并避免机构的发展与预期出现太大偏离。

---

① "民办研发机构"之所以都被改制作为"事业单位"涉及当时的某些制度上的冲突，如为避免在试验仪器设备购置过程中产生的大量进口税费。深圳市政府（市政府办公会议纪要 2010 年 262 号）将其改制为二类事业法人单位，即其他组织利用国有资产举办的事业单位，但在机构审批过程中，对其民办研发机构的身份作出了特别说明。因此，改制后仍采用民办研发机构的体制机制运营。参见：董建中，林祥. 新型研发机构的体制机制创新[J]. 特区实践与理论，2012，（6）：28-32。

在内部管理上，四家机构的科研人员整体上都采用聘用制，都比较重视团队建设，不但注意在科研中的分工配合，并且注重建立从基础性研究到产业化再到商业推广的综合性团队建设，注重对科技创业人才的培养。例如华大基因在科研模式上采取不同于传统 PI 制的"模块化"方式：按照科研方向和功能，将科研人员分成小组，开始某一项目时项目负责人可以很快地调用相关小组，经过短期重组后立刻投入项目；显示出"温特制"科研方式。

（3）聚焦核心研究领域、注重学科交叉综合。新型的体制机制，只有与研发本身有机地结合起来，才能真正发挥出力量。这不仅要求在创新价值链上的定位，而且要求在研发内容领域上也进行创新。事实上，它们都形成了自己的核心研究领域，并注重学科的交叉综合。

在聚焦于各自的核心领域方面，例如，深清院主要从事电子信息技术、光机电与先进制造、新材料与生物医药、新能源与环保技术等四个领域的研究，并在此基础上形成公共技术平台，为企业孵化提供支撑。又如，先进院的主要研究领域为低成本医疗与生物医药、新能源与新材料、智能机器人、数字城市与物联网等，并专注于孵化处于这四大领域的战略性新兴产业。再如，华大基因专注于基因和生物信息领域的研究，以硬件和软件上的大规模资源投入形成大平台和大团队，进而形成国际领先的核心竞争力，并致力于"三发联动"，促进科学、技术和产业之间的畅通。再如，光启主要从事超材料的技术研发，这一领域本身就是一个融合了材料科学、电子信息、数理统计等多学科的基础性前沿交叉学科。

这四家机构的研究领域既有所交叉和竞争，又有合作和共享。如华大基因和先进院签署战略合作协议、共建实验室，深清院下属创投公司对光启成立的推动作用等。同时，他们的"三发联动"中，一方面具有了"巴斯德象限"研究，研究同时又指向科技成果转化和产业化。当代科学、技术和产业越来越融合，在基因、新材料等领域的许多科研包括基础性科研成果到产业化、商业应用的距离不断缩短，这必须站在科技和产业发展的前沿，顺应科技和社会相互作用的规律，以"三发联动"、"三位体"乃至"四位体"的协同创新才能成功。

这些创业型科研机构不仅与国内大学、科研机构和企业有大量合作，还特别重视国际产学研合作。如深清院在硅谷创立了深圳清华大学研究院北美创新创业中心；又如先进院与香港中文大学共建成立，先进院与香港科大、美国的 STI、英特尔等成立了联合实验室；再如华大基因与丹麦科学家成立了"中丹癌症研究中心"、与香港中文大学成立了"中华基因组研究中心"，并于 2011 年 4 月被科学技术部国际合作司授予基因研究的"国际科技合作基地"称号。

（4）引入资本要素，重视商业模式。与定位、宗旨和研究领域的"三发联动"、"三位体"乃至"四位体"相对应，创业型科研机构认识到科技成果的产业化、商品化在科技创新过程中的重要性以及困难性，采用引入产业资本、风险资本等方式，重视对商业模式的探索，以期顺利实现科技成果转化。

如深清院在 1999 年就成立了创投公司，2009 年成立深圳清华创新创业基金，为高科技企业提供创业期的天使投资和风险投资，为其孵化器功能的发挥提供了必要的保障，采用多种灵活机制为孵化企业服务，如以租金换股权等。先进院将研究所从单独科技单元发展到科研产业混合体，建院开始便致力于搭建"科研""产业化""资本融资"三个平台，以通过整合社会资源实现"科研+产业+资本"的良性互动，并通过设立研究院发展基金，形成"资金-科研-企业-资本市场-资金"的增值循环链，解决长期发展的资金问题；截至 2012 年底，先进院已有一、二级企业共计 60 多家，利用社会资本逾 15 亿元。华大基因对于没有明确机理支撑的成果（如转基因育种）仅作为研究之用，只有学术上没有争议的成果才开始进行产业化和商业化，比如在育种过程中仍采用传统杂交技术，并且对商业投资采取谨慎的态度，以保证学术研究的自主性。光启的成立离不开创投资本的支持，自己也以自身核心技术为基础，发起成立"超材料产业联盟"和"超材料产业基金"，聚集科技创新集群，引领各类投资机构对超材料领域的早、中期项目和新创企业进行投资，并扶持上下游企业，形成产业群落。

总之，深圳的这四家新型科研机构——创业型科研机构——以其独特的定位、先进的理念、领先的研究、创新的运作方式，在科技研发及其与经济社会结合上取得了突出成就，为科技、产业、资本等要素相结合提供了范例，对我国深化科技体制改革具有参考价值。

（二）走向创业型科研机构

科研机构和科技体制的变革对科技的发展和其社会作用的发挥有重要影响，科技史上世界科学中心的更迭与后发国家在科研机构和科技体制上的创新有着密切关系。例如，国立科研机构的设立在英国、法国先后成为世界科学中心过程中的作用，研究型大学的发展在德国、美国先后成为世界科学中心过程中的作用等。科学范式在演化中，出现了从追求真理的"默顿范式"，进一步发展到追求产业的"齐曼范式"和追求民生的"生活科学"范式[10]，同时也就表明，科研机构的变革的重要方向也是将知识生产、成果转化和知识利用结合起来。

在当代，知识成为一种重要的生产要素，以科技创新创业为特点的内生经济成为一种理想的增长方式。科研机构的当代发展，越来越把科技与经济结合、促进创新创业整合到自身的功能定位之中。正是由于"科学与产业合作创新的进一步深化在全球范围内大大激励了创业型科研组织的发展"[11]。

科研机构是从事有组织研发活动的场所。但是，对研发活动的基础研究-应用研究-试验发展三阶段的划分不能作简单的或绝对的理解，其间的关系相当复杂。正是针对人们关于基础研究与应用开发关系理解上的困惑，美国 D. E. 司托克斯结合对巴斯德关于发酵的研究为案例考察，提出科学研究的象限分类模型[12]。其中，玻尔象限即一般意义上的"基础研究""纯科学"研究；爱迪生象限代表只考虑应用目的、不寻求对某一科学领域现象的全面认识的研究；皮特森象限表示那些既不由认识目的激发，也不是应用目的激发的研究，如关于昆虫标记和发病率的系统化研究；巴斯德象限意味着，科学研究既寻求扩展认识的边界，又受到应用目的影响。科技史上，巴斯德同时投入认识和应用研究，清楚地表明了这两个目标的结合。现代的巴斯德象限研究，包括曼哈顿工程的基本研究、欧文·朗缪尔的表面物理学等。巴斯德象限揭示了科学研究追求基本认识和考虑应用并不是矛盾的，不仅基础研究可能导向应用开发，而且应用开发中也可以引出基础研究，基础研究和应用研究、科学研究与技术开发之间并无明显的界限，甚至有可能相互转化、相互融合。

鲁坦（V. W. Ruttan）以此为基础，根据研究活动的类型以及获得资助的来源，提出了新的四分类法[13]。他把政府资助的基础研究称为玻尔象限，政府资助的应用研究和技术开发称为瑞克欧尔①象限，主要依靠来自市场（产业部门）资助的应用研究和技术开发称为爱迪生象限，受应用激发并主要依靠产业部门资助的基础研究称为巴斯德象限。

通过对科技研发活动更深入地考察可以发现，在传统上公认的基础研究、应用研究、试验发展三阶段之间，至少还可以辨识出以下环节：实验技

---

① 瑞克欧尔（Hyman George Rickover，一般译为海曼·乔治·里科弗）是美国海军上将，被誉为美国"核潜艇之父"，曾领导原子能委员会橡树岭国家实验室、洛斯阿拉莫斯实验室和利沃莫实验室，以及西屋公司和通用电气公司的实验室，开发核潜艇。

术、共性技术、应用技术、专有技术、核心技术[14]。从"纯基础研究"到"商业性技术开发"之间，有一个广阔的过渡地带，这对于科技与经济的结合来说，既是关键性的过渡环节，也往往是受到忽视的薄弱环节，大量地、显著地存在着"市场失灵""组织失灵"，乃至宏观上的"系统失灵"等问题。创业型科研机构的出现，与克服其中的种种失灵有关。

对于科研机构，传统上可以根据研发活动的目标和特点，将之分为使命导向型、科学建制型、学术研究型三类[15]，分别从事任务导向的研究（主要指政府和企业的研究机构）、侧重于促进科学本身的发展的研究，以及小规模的探索性研究（主要指大学）；传统上也根据组织结构与外部政治和经济主体的关系，将之分为知识探求型、研究承包型、服务提供型三类[16]，其中研究人员的研究自主性依次递减，而对外部资源的依赖性则依次递增；传统上还可以根据同行交流和评议，以及科学家对市场的敏感程度，将之分为孤独天才型、技术推动型、市场牵引型、多重项目型四类[17]。如此等等。

我国科技体制改革过程中，将科研机构分为社会公益类和技术应用类两大类型。社会公益类科研机构作为事业单位，主要从事基础研究、应用研究和其他公益性研究，由政府部门主管，经费投入实行科学基金制，由国家预算拨款；技术应用类科研机构转制为企业，或成为企业、行业技术研发机构，以多种方式进入市场竞争。其间，分类方式具有模糊性、机构定位不明确等因素也导致一些问题，如某些具有公益性的科研机构转为企业，损失了公共研发资源；而某些从事技术开发、具备转制条件的机构仍然留在公益性事业单位体制内，降低了竞争力；在科研机构的管理和运行上也远未完善，仍处于继续深化探索之中。

当代科技系统的发展变得越来越复杂，根据某种关系进行如上述的一维划分，表现出很大的局限性。传统上认为大学科研机构主要从事基础研究，但现在的大学实验室经常从事应用导向很强的研究项目；传统上政府研究机构主要是官办，但现在也可能采取更灵活的运作方式，如美国的国有民营（GOCO）实验室等；传统上认为企业实验室主要从事商业化研发并由私人支持，实际上也有许多企业实验室也在从事基础研究，还得到来自政府的巨额资助[18]；近年来兴起的工业研究院等科研机构，更是高校-政府-企业综合作用的杂合体。

更一般地，对知识的追求（科学研究）和对财富的追求（创业目标），这两种目标体现为一种二维关系，可以从二维视角对相关的组织机构进行定位（图1）。本文把深圳兴起的新型科研机构归入"创业型科研机构"类型，是尝试揭示它们在整个创新价值链中基本定位，以及展现当代科研机构发展的一种新趋势。

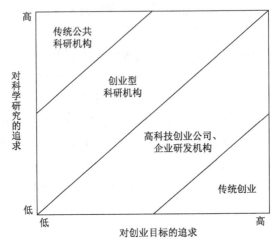

图 1　科技创新相关组织机构的不同定位

（本文原载于《中国软科学》，2013 年第 11 期，第 49-57 页。）

参 考 文 献

[1] 冯冠平. 我所经历的研究院发展过程中的十件大事[C]. 海之梦——深圳清华大学研究院成立十周年纪念文集. 深圳：清华大学深圳研究生院，2006：22-33.

[2] 冯冠平，王德保. 创新技术平台对深圳科技经济发展的作用[J]. 中国软科学，2005（7）：15-19，24.

[3] 刘传书. 华大基因王俊入选《自然》评选的科学界年度十大人物[N]. 科技日报，2012-01-22（01）.

[4] 刘众，杨婧如，王晓晴. 深企为何屡上世界创新排行榜[N]. 深圳特区报，2013-02-27（A04）.

[5] 季杰，董学峰，胡筱荻. 独家专访刘若鹏："在这行业，我是一个老人"[N]. 深圳商报，2012-08-28（A06）.

[6] 陈宇轩，曾国屏. 发挥"纽带"作用，助力"光启"成长[J]. 科协论坛，2013，（1）：31-32.

[7] 段小华. 破解"巴斯德象限"的中国模式——光启研究院的创新发展及启示[EB/OL]. http://www.casted.org.cn/blog/index.php?blogId=1626[2012-05-28].

[8] 中国光电网. 访深圳光启高等理工研究院院长刘若鹏博士及其核心团队[EB/OL]. http://www.optochina.net/html/zx/ft/11630.html[2010-08-29].

[9] 广东省科学技术厅. "光启模式"[J]. 广东科技，2012，（10）：37.

[10] 曾国屏. 创新型国家建设中的科技传播与普及——兼论科普文化产业[A]//杨舰, 刘兵主编. 科学技术的社会运行. 北京: 清华大学出版社, 2010: 22-42.

[11] 温珂, 苏宏宇, 宋琦. 基于过程管理的科研机构合作创新能力理论研究[J]. 科学学研究, 2012, (5): 793-800.

[12] D. E. 司托克斯. 基础科学与技术创新——巴斯德象限[M]. 周春彦, 谷春立译. 北京: 科学出版社, 1999: 62-64.

[13] Ruttan V W. Technology, Growth, and Development: An Induced Innovation Perspective[M]. New York: Oxford University Press, 2001: 537. 参见: 刘立. 科技政策学研究[M]. 北京: 北京大学出版社, 2011: 20.

[14] 李纪珍. 产业共性技术供给体系[M]. 北京: 中国金融出版社, 2004: 29-48.

[15] Brooks H. The Government of Science[M]. Cambridge: The MIT Press, 1968: 57.

[16] Wilts A. Forms of research organisation and their responsiveness to external goal setting[J]. Research Policy, 2000, (29): 767-781.

[17] Simpson B, Powell M. Designing research organization for science innovation[J]. Long Range Planning, 1999, (4): 441-451.

[18] Crow M, Bozeman B. 美国国家创新体系中的研究与开发实验室——设计带来的局限[M]. 高云鹏译. 北京: 科学技术文献出版社, 2005: 104, 120.

脱耦中的合法性动员对南方某大学孵化器的扎根理论分析

| 王程韡，王路昊 |

一、问题的提出

制度的环境神话问题一直是组织社会学和文化社会学 30 多年来探讨的核心（Hallett，2010），在开创时期，迈耶和罗恩（Meyer and Rowan，1977）就指出，脱耦是解决制度的环境神话和组织绩效之间结构性矛盾的核心之道。后续的经验研究也不断证实，脱耦是组织面对场域中各种同构性压力求得生存的有效防御性策略（Kostova and Roth，2002；Seidman，1983）和异质性制度逻辑下维持其健康和竞争力的合理性选择（Beverland and Luxton，2005；Heimer，1999；Ruef and Scott，1998）。但要必须承认，在很多情况下脱耦都难以实现且难以为继（Edelman et al.，1992；Haunschild，1993；Stevens et al.，2005）。组织之所以会向外部的环境压力妥协，是因为它们对合法性（往往也意味着至关重要的资源）有本能的认同和追求（Deephouse and Suchman，2008）。因此，与外部制度环境的脱耦，必定涉及内部合法性的重建问题（Drori and Honig，2013；Greenwood et al.，2011）。近来，已有越来越多的研究开始从具身性和符号互动论的角度探究此过程的微观机制，并进而强调合法性的重建可以通过地方性设定中的人际互动实现（Hallett，2010）。但该问题仍需要更多的研究帮助理解：为什么某些结构和实践可以生产出更多的合法性，更广阔的社会环境要素是如何明晰又烦琐地内化在组织当中的（Suddaby et al.，2010）？特别是在中国威权主义的治理结构中，各类环境神话会呈现异常强大的同构性力量，组织又如何在保证其合法性来源的前提下，寻求一种与之并不注定天然相容的市场逻辑的转型（Lee and Zhang，2013）？在某种程度上，最后一点也构成了中国科技和经济体制改革的核心内容。

在科技和经济转型领域，孵化器的产生与发展是一种极为特殊又具代表性的社会现象。自 1959 年曼库索（Joseph Mancuso）在美国纽约州建立第一个企业孵化器以来，世界各国纷纷在政府等力量的推动下效仿这一组织实践。通过创建科技孵化器的形式加强大学、研究机构同产业的联系，成为战后经济发展的重要共识（Etzkowitz，2002，2003；Mian，1997；Mowery and Sampat，2005；Powell and Grodal，2005；Rothaermel and Thursby，2005a，2005b）。据美国企业孵化器协会（NBIA）估计，时下全球范围内孵化器的数量已超过 7000 家[①]，其中有约 1/3 分布在亚洲。相比之下，经过 20 余年的建设[②]，中国孵化器的数量和规模均跃居世界前列，并衍生出大学科技园、国际企业孵化器和留学人员创业园等形式。同时，创业企业整体服务能力和水平始终跟不上相对活跃的科技创新创业活动水平，有待进一步提高，这也构成了制约中国孵化器事业的一大障碍。[③]其中一个很重要的原因在于，各地的孵化器实践长期受到中央"面向、依靠"思路的羁绊[④]，更倾向于通过"科技成果

---

① 参见：http://www.nbia.org/resource_library/faq/#3。

② 1987 年 2 月，武汉市东湖新技术开发区规划办公室向武汉市科学技术委员会提交了《关于成立"东湖新技术创业者中心"的请示》。5 月 17 日，来自美国的全球知名孵化器专家拉卡卡（Lalkaka）在北京会晤时任国家科委主任宋健时，提出中国应尝试孵化器建设的建议。在得到国家科学技术委员会的重视后，相关部门开始调研和筹备工作。6 月 7 日，由事业单位改制为公司化运作的中国第一家孵化器武汉东湖新技术创业者中心宣告成立。1988 年，东湖创业中心应邀参与了国家火炬计划中《企业孵化器在中国发展战略纲要》的起草，其创造的运营模式至今还为全国大多数企业孵化器所运用。

③ 目前，中国纳入"火炬计划"统计体系的孵化器已达 896 家（其中国家级 346 家），孵化面积超过 3000 万平方米。其中火炬计划是一项发展中国高新技术产业的指导性计划，于 1988 年 8 月经中国政府批准，由科学技术部（原国家科学技术委员会）组织实施。详细参见：《国家科技企业孵化器"十二五"发展规划》（国科发高[2012]1222 号）。

④ 1981 年 9 月，党的十二大报告特别强调了科学技术对促进经济发展的巨大作用，在历史上第一次把科学技术列为国家经济发展的战略重点。1985 年 3 月，中共中央发布了《关于科学技术体制改革的决定》，把科技体制改革的工作提上党和国家的重要议事日程。该文件明确提出，体制改革的根本目的是"使科学技术成果迅速地广泛地应用于生产，使科学技术人员的作用得到充分发挥，大大解放科学技术生产力，促进科技和社会的发展"，并提出全国主要科技力量要面向国民经济主战场，为经济建设服务。具体体现在产学关系方面，就是"要改变科研、教育、生产相分离，以及军民分割、地区分割的状况，促进科研机构、高等院校、企业之间的协作和联合，加强企业的技术吸收和开发能力，并使各方面的力量形成合理的配置"。参见：中共中央关于科学技术体制改革的决定（一九八五年三月十三日)[N]. 人民日报，1985-03-20（01）。

商品化"的线性模型（linear model）[①]，而非从需求出发的市场化逻辑去尝试改变知识生产和利用部门之间相互割裂的状况。一方面，要承认对于大多数由大学和科研机构主导的孵化器而言，保持与制度环境的高度一致是一种相对理性的策略选择，这正是由中国威权主义的治理结构决定的。事实上，改革开放初期囿于企业政策，私营企业的资源和合法性的获得也更多是通过和国有企业的同构实现的（Nee and Opper，2012）。另一方面，相关研究早已指出，大学和科研机构的专业化逻辑和孵化器应履行的市场化逻辑有本质性的不同，旨在保留合法性的同构也可能带来潜在的运营风险。比如，大学一般并不具备市场所必需的风险意识和灵活性，也不习惯在不对称的市场信息中进行决策，无论是从事技术转移还是企业孵化等方面的活动都会面临诸多限制（Slaughter and Leslie，1997），此前，中国在大学校办企业实践中的教训就是一个最好的例证（厉以宁，2000；刘旻和陈士俊，2006；苏竣等，2007）。纠结于上述问题而苦苦找不到答案就是中国孵化器建设的现状。

在孵化器庞大的基数中，依然有少部分组织突破了"转化论"的环境神话。比如，本文着重探讨的南方某大学孵化器，在其建立的短短十余年间，不仅累计孵化了超过600家企业（含近20家上市公司），实现了企业入孵期间销售额和利润平均提升7~8倍的喜人业绩[②]，其倡导的"不像大学、不像科研机构、不像企业、不像事业单位"的"四不像"理念，也成为当下被喻为科技体制改革"尖兵连"的新型科研机构共同特征的概括[③]，进入到政策话语当中。更为有趣的是，大量研究早已表明，由制度逻辑的内在矛盾决定，孵化器绝不能由大学或其相关人员单一管理或控制（Lalkaka，2006）。但某大学的孵化器不仅由大学管控，其主要管理人员也是没有在市场中摸爬滚打过的大学教授，其推崇的"四不像"至多体现了对"政府是投入主体，领导是基本观众，得奖是主要目的，仓库是最终归宿"的旧模式的否定，并没有明确指出脱耦后的合法性重建应具体朝哪一个方向进行。那么它又是如何能够突破外部环境神话的桎梏并调和内部制度逻辑的冲突，最终实现迈向市场化制度转型的？

---

① 线性模型是对创新过程的一种描述观点。它认为，创新过程是一个基础科学→应用科学→设计试制→制造→销售的单向的、逐次渐进的过程。线性模型在政策界的流行，可以追溯到被喻为美国科技政策之父的布什（Vannevar Bush）的著名咨询报告《科学：没有止境的前沿》。

② 相比之下，该大学孵化器真正将母校的技术成功大规模产业化的只有两项。

③ 详细参见：徐丹. 发展新型科研机构激发社会创新活力[N]. 人民日报，2012-05-21（13）；张俊慧，刘传书，左朝胜. "穿越"带来清新的风[N]. 科技日报，2012-07-06（01）。

二、文献回顾

合法性是组织制度主义研究的一个核心概念（Deephouse and Suchman，2008）。组织社会学中的新制度主义的基本假设就是，合法性在社会生活里具有决定性影响，看上去"理性"的组织结构往往是社会建构的结果（刘思达，2005）。所谓"合法性"，并不是一种可以用来占用或者交换的商品，而更多体现为与文化结盟、规范支撑以及与相关规则和法律保持一致性的条件，是使组织行为在某些被社会建构的规范、价值观、信仰和定义系统中表现为满意、合适或恰当的系统普遍化的知觉和预设（Scott，1995），也是由组织内部成员的行动与外部合法性行为之间不断复制和重建的产物（Dowling and Pfeffer，1975；Drori and Honig，2013）。从合法性的角度看，制度神话的本质在于，当社会的法律制度、社会规范、文化观念或某种特定的组织形式成为"广为接受"的社会事实后，就变为规范人的行为的观念力量，能够诱使或迫使组织采纳与这种共享观念相符的组织结构和制度（周雪光，2003）。脱耦所预示的与既定制度环境的分离，经常会让组织面临合法性失衡的风险，甚至需要不断通过内外部合法性的涌现、确认、扩散和一致等复杂的交互过程才能得以重建（Boxenbaum and Jonsson，2008；Drori and Honig，2013；Suchman，1995），而制度主义传统的宏观研究对脱耦中合法性重建的机制问题始终没有给予太多关注（Deephouse and Suchman，2008）。

相比之下，合法性策略的微观研究虽然散乱，却也有一定的启发。比如，苏克曼（Suchman，1995）曾对合法性有一个非常经典的分类，即实用的合法性、道义的合法性和认知的合法性；格林伍德等（Greenwood et al.，2002）又进一步指出，在专业化组织的制度化过程当中，合法性的构建其实是最后完成的部分，首先要完成道义合法性，然后是实用合法性，最后才是认知的合法性；约翰逊等（Johnson et al.，2006）集成了社会心理学和组织社会学的研究，认为合法化的过程包括创新、地方性确认、扩散和普遍性确认四个阶段。

如果超越合法化的阶段性划分，追寻其中更深刻的本质，将有两个方面更加值得注意。

首先，组织的特性本身可能会影响到其合法性的获得方式。这是因为，组织的行动者在参与制度逻辑的建构时，会受到其职业和工作背景的影响。对于一个市场组织而言，增加合法性的一种不证自明的方式就是效率的提高

（Aberg，2013）。事实上，即便考虑了威权主义的治理结构，自我实现的市场逻辑判断在中国也在一定程度上适用。比如，对于村委会选举制度来说，那些社区记忆强烈和经济社会分化也很明显的村庄村级权力最具建构合法性的潜力（仝志辉和贺雪峰，2002）。中国转型社会的基本特征之一和特殊性在于，政治、显结构和潜结构因素在特定的社会历史背景下，通过特定的组合方式结合在一起，以独特的交互关系模式形塑着市场的日常运转，决定着市场如何演化（符平，2013）。从这个意义上讲，往往很难抽离出一种足以支撑合法性重建的市场逻辑。虽然孵化器在中国也被界定为一种"向经过挑选的孵化企业以其能负担得起的费用标准提供设施和服务并使它们增值，同时也帮助这些企业生存并成长"的经济组织（Etzkowitz and Leydesdorff，1997；Lalkaka，2006），但在"以知识为基础的经济"大趋势和政府的推动下，仍不可避免地大量融合了大学等专业化组织的制度逻辑。[①]从理论上讲，孵化器与大学联姻的合法性在于，大学的介入能够提高入孵企业开展产学研合作的可能性，降低其产品或服务的开发成本（Bergek and Norrman，2008；Colombo and Delmastro，2002；Löfsten and Lindelöf，2001；Mian，1994），或是提供声誉以及人力资源等软资源方面的支持（Etzkowitz and Leydesdorff，1997；Lalkaka，2006；Mian，1996；Zucker et al.，2002）。同时，大学所固有的专业化制度逻辑往往也会制约孵化器和企业市场化能力的培养，甚至影响入孵企业"毕业"的效率（Rothaermel and Thursby，2005b）。比如，大学在帮助入孵企业提高声誉时，其影响力通常局限在学术圈，在企业或企业家更需要的其他领域推广时缺乏行之有效的策略和手段（Grimaldi and Grandi，2005）。甚至在很多情况下，大学给人的刻板印象会有碍入孵企业融入商业环境（McAdam and Marlow，2008）。事实上，专业组织的合法性来源是个人经验的名誉，而企业组织的合法性则更多根植于组织的科层结构（Waldorff，2013）。从专业到市场逻辑的转变，也会同时改变组织的合法性基础（Kitchener，2002）。因此，大学孵化器组织内部制度逻辑的多元性和冲突性，只会增益而不是简化了其脱耦中合法性动员的复杂性（Bøllingtoft and Ulhøi，2005；Hannon and Chaplin，2003；Yu，2013）。

其次，可获得的社会和文化资源的范围和性质，也会影响到不同制度逻辑磋商的结果（Aberg，2013；Yu，2013）。经验证明，将网络的微观视角

---

① 在中国的孵化器中，超过 2/3 的与大学或科研机构（而不是市场）保持了更为密切的联系。相比之下，即便是在作为孵化器经典教科书的美国，也只有约 1/3 的孵化器以纯粹意义上的科技为核心。

引入制度研究是非常有意义的（Owen-Smith and Powell，2001，2004）。在网络理论的辅助下，已有研究者找到了某些实现组织脱耦的可能性条件（Lounsbury，2001；Westphal and Zajac，2001）。比如，有研究认为，权威的领导者（如 CEO）会更容易通过联合其他有权力的行动者和象征性执行的方式对抗制度环境的压力，实现与环境神话的分离（Fiss and Zajac，2006；Westphal and Zajac，2001；Zajac and Westphal，2004；张江华，2010）。部分对中国问题的研究虽没有明确归为此列，却也有异曲同工之处。比如，林南（Lin，1995）对天津大邱庄的研究发现，地方性的宗族关系网络构成了经济、政治和社会的一体化制度的社会文化基础。彭玉生（Peng，2004）对苏南乡镇企业的研究也表明，在市场改革初期产权制度缺位的情况下，宗族共同体的凝聚力和信任关系保护了苏南私营企业家的私有产权并最终使其取得了繁荣。在他们看来，改革带来的理念变化可以通过政治动员等方式在相对较短的时间内完成，但存在惯性的社会结构并不会随之马上发生变化，在制度的设计和实践之间就产生了一定的断层。断层的填补并不能够从改革自身的逻辑中找到答案，相反，必须借助社会网络在传统的社会文化中寻找资源。可惜的是，在大邱庄案例的影响下，后续研究也几乎无一例外地局限在非现代化的经济组织（如乡镇和乡镇企业）层面（Ruskola，2000；纪莺莺，2012；张建君，2005；张顺和程诚，2012；周雪光和艾云，2010），而且更多只是关注如何通过天然的宗族网络调动资源（Halpern，2005；Lin，2001；Putnam et al.，1993），而不是如何调动其他性质的社会网络获得权威领导的合法性，或是如何在合法性的名义下培育特殊的社会关系模式（Dore，1983；Hamilton and Biggart，1988；Zelizer，1994；Zhou et al.，2003）。相较而言，孵化器这样一种诞生于知识经济时代的现代化经济组织，其内部并不天然具备类似乡镇和乡镇企业中的宗族网络和亲缘、地缘关系，更需要在突破环境神话的过程中动员并重建其组织合法性，才可能进一步实现组织的经济效率。究竟哪些社会和文化资源可以利用，已有研究并没有给出明晰的回答。

三、研究方法和数据来源

从方法论的角度看，研究组织制度问题最大的挑战莫过于对自反性（reflexivity）程度的自觉。无论是作为研究对象的行动者，还是研究者本身，都是嵌入在被接受为约定俗成的制度与境中，以至于很难对制度的影响做出很好的认识、测度和解释（Suddaby and Greenwood，2009）。在已有理论解释不完备的情况下，本文采用扎根理论[①]，本着"一切皆是数据"和"自然呈现"的原则（Charmaz，2006；Glaser，1998），希望从经验材料中归纳出中国大学孵化器制度及其合法性重建的中层理论。本文的数据主要通过半结构式访谈获得，2011 年 4 月至 2012 年 5 月，共进行 72 次访谈，其中入孵企业 45次，专业实验室 7 次，管理部门及相关领导 20 次。此外，笔者还特别针对一些历史数据难以获得的状况，把与该大学孵化器相关的纪念文集、纪实文学、研究报告、新闻报道、内部年度总结和会议纪要等文本材料补充到了数据库中。

初始编码阶段逐个事件编码，共得到 22 个尝试性类属：成立背景、市政府态度、校本部态度[②]、其他外界态度、现实机遇、领导所宣扬的理念、领导与其他领导的沟通与游说、孵化器官方宣扬的体制定位、孵化器的组织结构、孵化器绩效、项目团队的构成、项目的任务目标、项目技术能力与经济绩效、项目的困难挫折、项目中的团结互助、项目中的社会关系、项目运作的决策机制、领导在项目中的拨乱反正、基层人员所理解的制度理念、基层人员对领导的评价、基层人员对领导的依赖和基层人员对孵化器的认同。进一步聚焦编码后，概况为 7 个概念类属，并形成情境地图（situational maps）（图 1）（Clarke，2003）。不难发现，南方某大学孵化器的脱耦和合法性重建，主要是通过结构和行动者两个层面，以科层组织体系和社会网络为载体，经由时势下的魅力型领导的动员实现。需要指出的是，在"载体究竟为何"方面，官方的自我陈述（I、III、IV）和受访对象的非官方表达（II、V、VI、VII）不尽相同。这不但没有影响经验材料的收集，反而可以不先验地区

---

① 扎根理论认为，理论是通过研究者的参与，以及在与经验对象、理论视角和研究实践的互动中建构而成的。因此，在研究过程中，文本材料、访谈纪要和背景理论会被共同作为扎根的研究材料（Charmaz，2006）。目前，扎根理论版本众多，在社会科学研究中被广泛使用（Suddaby，2006），主要可分为格拉泽和斯特劳斯（Glaser，1978，1998；Glaser and Strauss，1967；Strauss，1987）的最初版本、斯特劳斯和科尔宾（Strauss and Corbin，1998）的程序化版本，以及卡麦兹（Charmaz，2006）的建构扎根理论等。不管是哪种版本，扎根理论都倾向于承认要从基于数据的研究中发展理论，而不是从已有的理论中演绎可验证的假设。要通过不断比较，从数据中发展编码和类属，并最终通过备忘录来完善类属，定义类属之间的关系——事实上，这也正是我们探究制度构建过程的起点。虽然斯特劳斯和科尔宾（Strauss and Corbin，1998）的程序化版本更多发展了初始版本中受到计量科学影响的成分，提供了更多更细致的程序化安排和设计，可操作性也较强，但如果考虑到其程序化和公式化的特质，它其实已经在一定程度上违背了本文打开制度构建机制"黑箱"的初衷（Melia，1996）。同时，由于组织社会学对脱耦和合法性问题的分析也越来越多地采用了微观进路，本文还是拟采用吸收了符号互动论视角并引入建构主义思想的建构扎根理论作为分析工具。

② 该大学孵化器是国内某知名大学和某异地政府共建的，号称是"以企业化方式运作的正局级事业单位"，并"实行理事会领导下的院长负责制"，但在谈及与大学的关系时，受访者往往采用了"校本部"这一说法，故在此沿用。

分，制度变迁是经由常规的理念设计到科层执行的常规手段完成的，还是权威人物"通过调动嵌入在网络中的社会资本"和"行动者之间规则和价值的共享"实现的（DiMaggio and Powell，1983；Lin，2001；Weber，1968；Zucker，1988）。同时，这样一种张力也恰恰体现了行动者对其自身和所处环境的意义建构（sense-making）的独特方式，有助于更深入理解制度环境如何以一种具身化的方式转化为行动的过程机制（Weick，1995；Weick et al.，2005）。

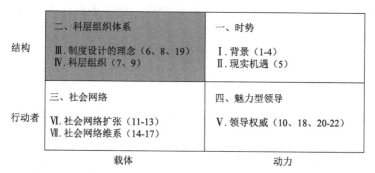

图 1　扎根理论的情境地图和概念类属

四、制度与合法性重建的异质解释

（一）基于孵化器成功的官方陈述

与理论上的困境相比，在后来的很多报道和文献记载中，制度的构建被描绘成一个相对简单的事情：先是某权威领导提出孵化器建设的制度理念，再依靠科层组织完美执行，从而保证了后来组织经济绩效上的成功。比如，讲述往往以这样的方式进行：20 世纪 90 年代中期，面对"三来一补"难以为继的现实局面和创新知识源头匮乏的长久困境，南方某市希望通过与国内一流大学和科研机构的合作，提升城市的创新层次和水平。在锁定国内某知名大学后，市政府马上提出并落实了具体的合作策略，先盖座楼把它"拴住"，然后再以此为基础"开展技术创新和人才培养的工作"[①]。大学也对此给予了高度重视，当时的校长在给市长的贺信中提到，希望通过这次联姻为该市的"经济二次腾飞，建设现代化的国际都市做出其应有的贡献"，同时，也

---

① 参见：文本材料 Ha123。因篇幅有限，本文不附访谈资料，若需要相关资料，请与本文作者联系。下同。

希望对自身"建成一流的社会主义大学起到促进作用"①。

然而，对如何开展行之有效的技术创新和人才培养工作，双方都没有成型的想法。比如，该校的副校长曾在一次讲话中特别提到："市政府给的地和钱都准备好了，该看我们的行动了……科技产业很重要，要发挥某市企业转化能力强的优势，是否有好项目可以考虑投，是否有好项目可以转呢？……科技开发的功能和重点是什么？……共建单位应该施行事业单位企业化管理，但又该如何运转呢？"②事实上，这个即将诞生的新组织是"中国市、校合建的第一家"，"国际上也无先例可循"。③一系列迷惑不仅停留在定位和操作的层面，甚至连使用什么名称都没有定论，以至于在双方反复的交流过程中只能笼统地称之为"中心"。由于此前在和国内某著名科研机构的合作中已经有过一次不太成功的经历④，该市明确选择了"扶上马，送一程"的策略，即一方面同意给予资金和资源方面的支持，如建成一座大楼；另一方面也声明只给 20 个编制和 3 年事业津贴，并要求"3 年后完全走向市场"，至于大楼怎么运转，"中心"怎么定位，一概不干涉。只要能解决问题，怎样都行。相比之下，外界的态度就显得不那么友好了，观望成为一种普遍的现象，甚至一提及这个未来的"中心"，就马上会接上一句"该怎么利用好市政府提供的资源，还是有不少疑问的"，而类似于"教授出身的学不会下海"的言论更是不绝于耳。⑤

当然，"中心"的一个定位选择是孵化器。正如前文指出的，在国家"面向、依靠"的制度环境之下，加之武汉东湖⑥等先行者的标杆作用，孵化器

---

① 参见：文本材料 Ha169。

② 参见：文本材料 Ha156。

③ 参见：文本材料 Ha123。

④ 早在兴建大学孵化器以前，南方某市就和中国著名科研机构联合建立科技工业园，并试图以此"引进国内外先进技术、引进外资、开拓高新技术产业、开发和生产高新技术产品"。然而，一方面因为"一些同志本身不懂经营，又不善于聘用经营人才，这就使得他们的经营很难有起色"，同时"科研人员只想着自己的科研项目，却不考虑市场前景，不考虑商业化目标，一心想着只要科研项目搞成了，然后通过评审，或者什么鉴定就万事大吉，回去晋升职称也就有资本了"，园区马上暴露出"企业单位事业管理"的弊端。

⑤ 参见：文本材料 Ha123。

⑥ 比如，在武汉东湖新技术创业中心所孵化的早期企业中，可以称为明星企业的只有楚天激光。20世纪 80 年代，全国大专院校很流行一个口号，叫作"用科学技术为生产建设服务"。受到此精神的感召，华中工学院（现华中科技大学）激光教研室多方联系，于 1985 年组建了楚天光电子公司，以实现激光技术到产品的转化。两年后，在生产上面临困难的公司恰逢创业中心成立，随即入驻并获得了 120 万平方米的生产场地和 10 万元贷款的支持。此后，孵化器不断为其提供融资担保服务，先后几次增资，并于 1992年帮助其完成了股份制改造。同年，楚天的激光焊接机和打标机产品出口到美国硅谷，一炮走红。具体参见：孙文，谌达军. 两度孵化让楚天激光更亮[J]. 武汉文史资料，2008，（11）：93-94。

的组织形式是那个时代践行转化论逻辑的成功典范,但培训将来可以用于该市发展的技术和管理的干部和科技成果转化的工作具体怎么搞,依然是孵化器的标签本身无法回答的问题。对此,官方陈述一般都会追溯到时任该大学技术转移中心主任 G(也是后来该孵化器的领导)在校领导主持的某次务虚会上的英明决策。当时 G 力排众议指出,"战略上要考虑清楚,不做权宜之计",明确为该市"做了什么是重要的",如"要建一些应用开发中心,要组织一批项目去孵化,还是要做几个有显示度的项目",需要"结合该市的支柱产业做研究",并"紧密联系经发局、科技局"获得反馈。通过调研和沟通,G 坚定地认为,当时流行的由地方政府出资供养的零房租模式不足以支撑自我运转,相反,想要市场化,孵化器就必须要赚钱。同时,国内所谓的创业中心只是将大楼用"死"的做法,盘活孵化器就必须为企业提供各种信息、技术和资金等多方面的增值服务。[1]基于上述两点判断,G 又在 3 个月后的另外一个会议上,提出一个"具有突破性"的制度框架(图 2)。在这样一套制度体系中,一方面保留了事业单位的组织结构,以完成技术创新、人才开发和综合管理等工作任务,另一方面又建立起从董事会到经营实体的公司运作形式,以保证孵化器最大限度地贴近市场。为保证两部分之间能够有效地整合,资金和人员的流动被视为联结事业单位和企业的纽带,既像事业单位又像企业,实际上也构成了后来被称作"四不像"的制度理念的雏形——另外的两个"不像"则对应承担人才开发任务的 MBA 班(和"四不像"中的大学职能相对应)和承担技术创新任务的实验室(相当于"四不像"中的科研机构部分)。从这个意义上讲,所谓的"四不像",的确更像是博采各种制度之长的"四都像"。

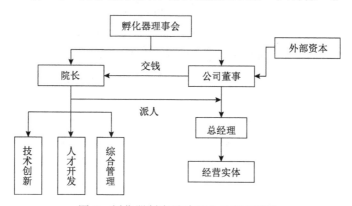

图 2　孵化器制度设计理念的官方陈述

---

① 参见:文本材料 Ne0302、Ne0705。

按照官方的解释，自上而下的制度贯彻之所以能够顺利进行，是因为领导 G 得到校方任命的合法性保障，而真实的情况是，早在 1996 年孵化器成立之初，大学的另一位知名教授 S 已经被任命为孵化器的常务副院长，其本人更倾向延续原有事业单位的旧体制。① "像所有的事业单位一样，按时上下班、发工资，到年底完成一两个成果了事，大家一起过安稳日子"的想法在组织中其实并不少见②，更为重要的是，当两年后，G 被校长钦点为常务副院长赴孵化器主持工作时，S 的职务并没有被免去。孵化器中的"老人"作为旧制度中的既得利益者，经常会直言不讳地发问，"G 也当常务副院长，孵化器究竟由谁负责？"③实际上，权威领导合法性的缺失，"四不像"制度理念本身的模糊性，加之大学和企业不同制度逻辑之间的内在矛盾，都成为新制度构建的阻力。更何况，在"转化论"盛行的环境神话中，在组织的经济绩效尚未显现之前，孵化器更没有动力贸然进行改革。对于组织而言，原领导 S 的做法恐怕更有意义（make sense）。

（二）从道义合法性到实用合法性

G 担任过多年技术转移中心主任，由于早年吃过"转化论"的亏④，深知要把大楼用活和实现当初规划的孵化增值服务，就不能停留在简单的"转项目"上。然而，组织中"一山二虎"的尴尬局面表明，通过任命方式天然获得合法性的方式不再奏效。"转化论"的环境神话也和既存的科层结构形成某种程度上的耦合，历史的惯性需要借助外力才有可能打破（Fiss and Zajac，2006；Kostova and Roth，2002；Sauder and Espeland，2009；Seidman，1983），作为初创的经济组织，更无法通过效率提升这种不证自明的方式获得合法性。因此，和此前组织社会学所预言的"合法性的构建是制度化中最后完成的部分"（Greenwood et al.，2002）相反，要变革，合法性重建就必须要走在前面。

和诸多中国乡镇和乡镇企业发展的思路类似，该孵化器的外部合法性输入也来自社会网络。早在 G 来孵化器以前，基层人员中就有不少他的老部下。

---

① 参见：文本材料 Ha157、Cb275。

② 参见：文本材料 Ha152。

③ 参见：文本材料 Cb275。

④ 早在孵化器建立之前，G 就曾带着其多年研发的"在国际上都处于领先地位，价值 500 万元"的某传感器产品试图赚个好价钱，结果却是"降到 5 万元都没有人要"。

在以往的工作磨合中，这些人已建立起对 G 领导才能的绝对信任。比如，一个最早赴南方某市工作的员工曾一直想调回校本部工作，但在得知 G 到任的消息后，就坚定地选择了留下。提及个中缘由，他说，一是因为 G 院长带来了新的发展思路，孵化器应该有更大的发展前景，而他最初正是为了锻炼和发展才决定来到南方某市。二是 G 是他的老领导，跟他做事的这些年，自我感觉成长很快，收获不少，而且，"老领导刚到新地方，原来的先锋兵要跑，岂不是为人太不厚道"[①]。事实上，早有研究指出，一方面，中国的普遍信任和特殊信任一直有较大的差别，一般普遍信任程度并不是很高（李伟民和梁玉成，2002），而特殊信任又强烈依赖"共同的归属基础"（Whitley，1992）；另一方面，中国社会长久以来都是按照"差序"的原则分配对其他行动者的信任，并容易在个人权威的主导下结成各种类型的黏着性网络（Putnam，2000；Woolcock，1998；费孝通，2006；阎云翔，2006；翟学伟，2009）。换言之，在校友网络的"圈子"内部，特殊信任可以是"无条件"的，这也就首先保证了拥护新旧两种制度理念的力量对比不至于太过悬殊。一直到2001 年，G 借校本部在该市建立异地办学机构的机会，推动学校上层将坚持旧体制理念的 S 及其拥护者一同调往该机构任职，孵化器多头领导的窘境才得以真正消除。[②]

除旧部以外，G 还凭借同样的信任和情感纽带，引进了一大批老学生。[③] 其实，不管是老部下还是老学生，校本部都是维系社会网络的一个重要的纽带。与传统社会的宗族类似，大学的共同经历和共同文化成为培育各种稳定社会关系的土壤。同事、同学、同门和师生等一系列人情关系，构成了社会网络的基本结构和信任源头，从而可以跨地域延伸到南方某市的孵化器中。[④] 更为关键的是，在 G 到任的最初几年，作为科层组织体系相对混乱的副产品，严格的等级分化实际并没有产生。在孵化器中，也只有新旧两种制度理念及其各自"圈子"之间的亲疏远近。G 带领早期的创业者们"同吃、同住、同工作"，情谊深厚。即便在今天，每当他们回忆起当年同出同进的情形，亲切感和自豪感还总是溢于言表。[⑤] "讲点友情，讲点义气，不要为了一己私

---

① 参见：文本材料 Ha5250。

② 在肃清异见基层人员的障碍之后，G 实际上又通过进一步引进人才和内部晋升的方式对整个孵化器的科层组织进行了重新安排（参见：文本材料 Ha279）。

③ 参见：文本材料 Ha3156。

④ 参见：文本材料 Ha5248、Cb254、Ha3156；访谈纪要 0902a1321、1206A211。

⑤ 参见：文本材料 Cb143。

欲、一时之快而耽误了自己和集体的光辉前程"逐渐成了该大学孵化器内部的普遍共识和基本行事原则。①总之，通过移植既有的社会网络，在特殊信任的基础之上"把力量先团结起来，把事情先做出来"是重建合法性的关键。也正如格林伍德等（Greenwood et al.，2002）所言，与校友网络所伴生的道义合法性，为后来孵化器组织实现以效率（即经济绩效）为前提的实用合法性奠定了基础。

当然，仅仅依靠校友网络动员还远远不够，毕竟不同于传统农耕社会或者乡镇经济改革的封闭状态，孵化器的不断扩张需要不断引入新的社会力量。因此，原来以校本部为纽带形成的人情势必会被渐渐冲淡，原本处于"圈子"外的人对大学教授的刻板印象，以及随之而来的普遍信任问题也会开始暴露。如果要实现对制度构建的持续性至关重要的新社会网络的扩张，就需要开拓除了基于大学的共同经历、共同文化以及早期创业的共同实践以外的其他合法性来源。在本案例中，这个来源就是孵化器对现实机遇一次又一次的把握，通过在"有显示度"的项目中体现出的卓越技术能力和积极市场反馈实现组织效率（Aberg，2013）。

在孵化器中，虽然大多数人都认为，项目制的做法是"偶然开始"的，是出于对人员流动性大的一种权衡，殊不知这一实践正是在大学组织乃至整个国家治理中最常见的一种运作形式（渠敬东，2012）。G 只是用大家最熟悉的一种方式，实现了具身化制度在组织中的延续，其合法性不容置疑。在孵化器的院志上，每年都记录着一些 G 所说的"重要的事情"，每个研究所和实验室也都在网站上列出他们的"科研特色项目"，其中最具代表性的莫过于"非接触红外体温快速筛检仪"项目。2003 年，非典在中国已现端倪，4 月 11 日，正在该孵化器视察的胡锦涛总书记在听取相关汇报的过程中指示，要求深圳在防治非典型肺炎工作中充分发挥科技优势，加快研制体温检测仪器，用于预防并遏制疫情的扩散②。G 马上召集孵化器中的光机电实验室、新材料实验室和校本部的热能系等骨干力量开始集中攻关，7 天就完成了第一台样机，并在技术上超越了总书记的要求。20 日上午，时任北京市委书记刘淇看完演示后当即表示，"这个产品我们买断了，有多少要多少，先保北京"。21 日，测温仪开始在孵化器所在城市的海关和机场试用。由于筛查效

① 参见：文本材料 Ha2127、Ha4208、Ha4213、Ha4217；访谈纪要 0926A211、1017A221、1020B311、1110B311 等。

② 参见：叶晓滨，苏荣才. 一份满意的答案——我市科技工作者研制红外快速体温检测仪纪实[N]. 深圳特区报，2003-04-23（40）。

果明显，测温仪设备和孵化器本身都得到了国内外媒体的极大关注，甚至香港媒体还据此抨击香港的大学不作为。[1]

其实，项目制运作的核心在于，从需求对接和整合资源出发，以"服务产业发展"为使命。[2]这其实和大多数孵化器（包括 G 上任之前的该孵化器）奉行的旨在实现科技成果转化的项目制运作的动机形成鲜明对照。从理论上讲，也只有实现了对接和整合，才能真正实现孵化器服务的高级化，参与到项目制当中的组织和管理人员也才能够得到实实在在的收益（如风险投资、晋升机会等[3]）。[4]反过来说，使用合法性激励的"看板"又推动了更多入孵企业不满足于承租模式，而期望更积极地互动；校友网络以外的其他人员也开始以一种工具性而非情感性的方式加入社会网络，于是，差序格局的人情维度和工具维度，以及亲缘和业缘之间等也必然开始相互交织（黄光国和胡先缙，2010；杨宜音，1995）。孵化器在实现效率的同时，也由此完成了合法性载体的逐步扩张。

（三）合法性动员中的意义构建

需要指出的是，相当程度的开放性是校友网络与宗族网络最大的不同。事实上，孵化器第一个孵化项目的成功，就是因为吸引了当地大学的科研人员前来，并最终促成其被微软收购。[5]这也是为什么孵化器能够实现从依靠老部下和学生，向广义的"从校本部招聘"，再向建立不拘一格的"换血机制"转变的原因。不管是人情，还是工具维度的社会网络，都会把 G 塑造成唯一的核心。在对基层人员的访谈和各类报道中，经常能听到如下说法：孵化器的模式无法复制，其中最重要的原因是 G 的"布局和谋略（无人能及）"。[6]"看着今天的发展模式，与当初领导阐述的思想惊人地一致，当时某大学与某市的协议还没有签署呢……我不禁想起评书《三国演义》里每每在关键时刻出现的一句话：运筹帷幄，决胜千里。"[7]甚至还有人认为，"G 老师非常

---

① 参见：文本材料 Ha4208、Ha4213、Ha4217、Cb415；访谈纪要：0902a1321、1020B311。
② 参见：访谈纪要 1017A121、0316A122。
③ 如参与"非接触红外体温快速筛检仪"项目的两个实验室主任后来都被提拔为副院长。
④ 参见：访谈纪要 1020B311。
⑤ 甚至一直到今天，孵化器真正转化的本校科技成果也屈指可数，以致校本部在很长一段时间都对他们颇有微词。
⑥ 参见：访谈纪要 1110C221。
⑦ 参见：文本材料 Ha156。

人也，两百年才出一个。这百年等一回的机缘也让我等碰上了，不容易"[1]。即便项目并非是在 G 的直接领导下成功的，人们总还是自觉不自觉地理出其与 G 的关系，以便于把一切功绩归于 G 的"高瞻远瞩"和"拨乱反正"。比如，在赴任后的第二年，G 就在孵化器现有的体系之下成立了控股创投公司，试图将外部资本内化为孵化器科层组织体系的一部分。相较于设立职能部门完成相关的定位使命，通过引入市场机制实现孵化器的公司化运作显然是大学教授们更不熟悉的事情。在"零成本，靠借钱启动"的情况下，创投公司虽然最终收购了某家上市公司，使资金流转顺畅，也赚到了一些钱，但始终"投不到好（即有显示度的）项目"。单纯的资本运作和当初规划的孵化增值服务相去甚远。[2]相比之下，真正帮助孵化器实现事业单位和企业两个板块融合的，是后来被提拔为副院长的 F。[3]F 具有海外留学背景，在欧洲摸爬滚打多年的经历也使他熟知市场中资本运作的规则。G 于 2002 年将 F 挖回国内，并任命其为创投公司董事长兼院长助理。凭借在高科技企业多年从事技术研究与管理工作积累的经验，用 F 自己的话说，他通过"对资金的安排，对市场走势的预判"，针对当时大多数股权投资只想锦上添花的特点差异性地"将主要精力放在投资中早期高科技项目上"，吸引了一大批嗷待被雪中送炭的早期追随者。[4]随着一批控股企业的成功，尤其是高达 40 倍回报率的"真金白银"展示在眼前时，F 带领的创投团队的工作得到了孵化器内外的一致认可。当然，重点是坊间说起 F 的丰功伟绩时，总还是免不了要提及一下他曾是 G 的学生。事实上，神话 G 的一系列举动，正构成了孵化器合法性动员中独特的意义建构的组成部分。因为和项目制一样，"能人论"也是长久以来存在于中国社会中的一个传统（徐勇，1996），更何况这种论调本身已根植于华人社会"无所不能"的家长权威了（Whitley，1992）。对于他们而言，G 并不是一般意义的企业中的权威领导，而是精神上的一面旗帜。

如前所述，孵化器通过项目制的运作方式，实现了从情感性网络向工具性网络的扩张和道义合法性向实用合法性的转变。但格林伍德等（Greenwood et al.，2002）所说的最后一步认知合法性的跨越，从某种意义上讲却是不存

---

[1] 参见：文本材料 Ha5253。需要指出的是，"老师"只是一个笼统的称呼，并不意味着一定是 G 的学生。只是因为融入了这个特殊的场域，其他人才沿用其学生对 G 的称呼。事实上，G 本人也曾公开表示，比起院长、教授这些称呼，他更喜欢别人叫他老师。

[2] 参见：文本材料 Ha2104。

[3] 参见：文本材料 Ha3156。

[4] 参见：文本材料 Cb3136 和访谈纪要 1206A211。

在的。正如本文在一开始强调的，"不像大学、不像科研机构、不像企业、不像事业单位"的模糊理念从来都不可能作为孵化器制度转型所恪守的脚本。也就是说，完美的制度设计理念从一开始就不存在。那"四不像"究竟是什么？事实上，这正是最容易引起外部误解的部分，就连参与孵化器共建的当地某高层官员也认为，所谓"四不像"，就是采各种制度所长，以获得更多的社会资源（主要是政府方面的），本质上等同于"四都像"。[1]但试想，如果只是不同制度的简单拼合，将还是无法解决制度逻辑之间冲突的问题。南方某大学孵化器所取得的杰出成绩在中国绝不会是孤例，比如，武汉东湖也在 20 世纪末就开始试行了类似"科技+金融"的模式。由此认为，"四不像"中的"不"才是制度理念中最为核心的部分。与已有的制度划清界限，是一种旨在获得合法性的意义建构，却并不构成孵化器"成功"的任何特点。[2]对此，G 的两段话可以作为上述判断的根据。一是，"（我们）不仅仅是大学的教学与科研功能的延伸，更肩负着高科技成果转化和高科技企业孵化的任务，必须是一个特殊体，生搬硬套的单一、传统的办学或科研机构的模式，势必扼杀其发展活力……一种全新的思维和新的机制是关系研究院生死存亡的关键"[3]。另一段话是，"不同基因在新生态环境下聚合，诞生的将是新的物种，繁衍的将是新的种群。而且我们这个新的物种与现行的体制什么都不像"[4]。

事实上，面对强大的环境神话压力，不搞转化反而聚焦在对接和整合上，组织除了权威领导 G 外，还需要某种"自然的类比"来维持组织内部与其平行的认知结构（Douglas，1986）。比如，早在试验经济特区时，中国就已经产生了所谓"特事特办"的惯例，并被视为"自然"行为。拒斥和否定了外在的约束性力量，也就保证孵化器可以在一个相对封闭的小环境中开展脱耦的特殊探索。另一方面，"四不像"本身的模糊性也给了基层人员极大的解释空间——这也可以产生一种类似于自组织的机制，增加其对孵化器及其运行模式的认同。比如，创投部门认为，孵化器必须坚持"两条腿走路"，一

---

[1] 参见：访谈纪要 0316A122。
[2] 事实上，"四不像"概念最开始被 G 总结为"四个创新"，即"文化创新"，不同于大学，融入了企业文化；"机制创新"，不同于事业单位，用企业的劳动合同管理人事；"功能创新"，不同于研究机构，整合了其他跟科研产业化相关的功能；"目标创新"，不同于企业（孵化器），强调了社会效益的并重。但不管表述的形式如何变化，强调"冲破传统体制的束缚，杀出一条血路"的精神却是始终未变的。
[3] 参见：文本材料 Wu12。
[4] 参见：文本材料 Ne0302。

条腿是技术，一条腿是创投，而它们能投到好的项目，就是因为"自己就懂技术……就算是我们不懂的技术，我们也离专家更近。通过校友网络，我们对技术的判断能力大大提高"[1]。实验室的研究人员指出，孵化器的优势在于，实验室"应用研发能力比较强，同时了解市场……更具有企业家精神，成果和创新在市场上能够获得客户的认可……逐渐地合作企业的产品研发就开始采纳我们的意见——这是高校的实验室无法匹敌的能力"[2]。相比之下，传统的资产管理和教育培训部门虽没有把自身列为孵化器成功的关键，却也强调了他们所组织的各种形式的活动为入孵企业之间，以及入孵企业与孵化器各管理部门之间的相互接触创造了条件。

五、结论与讨论

从理论上讲，孵化器发展思路中"同构还是不同构"的两难，正体现了当下组织研究的一个重心，即脱耦、合法性与制度化失当（institutionalized misconduct）的关系问题（MacLean and Behnam，2010）。组织社会学的研究告诉我们，选择同构还是脱耦的关键取决于组织在效率和合法性之间的平衡（Meyer and Rowan，1977）。但对于孵化器等融合了不同制度逻辑的特殊组织形态而言，合法性的基础本来就脆弱，在其初创阶段，也无法如多数市场性组织一样通过效率实现天然的合法性（Kitchener，2002）。如果此时组织又面临由环境神话脱耦所带来的合法性危机，就必须通过其他合法性来源才有可能获得制度转型的成功，并最终实现组织效率。在中国乡镇和乡镇企业的研究中，对宗族网络的强调虽然提供了一种启发性的思路，但现代化的经济组织往往又很难满足亲缘和地缘的客观条件，脱耦中的合法性动员问题在理论上再次陷入了困境。

事实上，本文所探讨的南方某大学孵化器的情况还要更复杂（图 3）。先是领导 S 被学校任命为孵化器第一任管理者，并选择了"像所有的事业单位一样，按时上下班、发工资，到年底完成一两个成果了事，大家一起过安稳日子"的同构性策略。在新的领导人 G 到任并试图把大楼用活和提供孵化增值服务时，"转化论"的环境神话已和孵化器形成了某种程度上的耦合，而 S 的留任和科层中旧体制的既得利益者就成为实实在在阻碍变革的力量。

---

① 参见：访谈纪要 1206A211。
② 参见：访谈纪要 1025B311、0928A211。

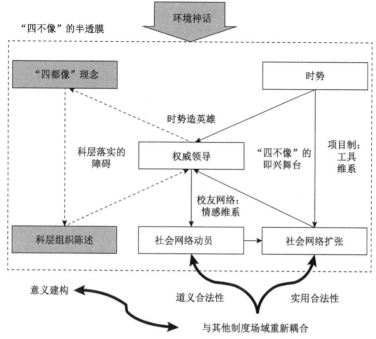

图3 南方某大学孵化器之制度与合法性重建的理论模型

因此,G必须借助和移植通过校本部的共同经历和共同文化形成的校友网络,用一种特殊信任的关系"把力量先团结起来,把事情先做出来"。首先要实现道义上的合法性,再不断抓住现实机遇,通过一个个项目的成功实现从道义合法性向实用合法性的转变,以及合法性载体从情感性到工具性网络的扩张。在此过程中,无论是G被塑造成绝对且唯一的权威领导,还是作为一种模糊制度理念的"四不像",都是组织在制度和合法性重建过程中意义建构的重要组成部分。无论是前者的"能人论",还是后者的"特事特办",都和项目制一样成为一种近乎"自然的类比"的社会传统。在孵化器的各类官方陈述中,大量使用了科技部等主管部门所熟悉的"领导-科层"式的表述方式,甚至对很多如"四都像"的误解也不置可否,这些都可以被看作通过迎合威权主义的治理结构,从而试图去沟通微观行动和宏观结构的意义建构。事实上,本文的案例移植了既有的校友网络作为合法性重建的"第一推动",甚至援引到了中国社会中更为古老的差序格局的结构性资源(黄光国等,2010;杨宜音,1995),后续的"同吃、同住、同工作"和"讲人情"等实践也是这一传统的现代延伸。因此,组织内部意义的建构离不开外部合法性的输入,脱耦在某种意义上也可以看作与更大、更广阔的制度场域的重新耦合。毋庸置疑，组织生活在制度环境的生态系统中，终归无法彻底逃脱制度落实之利益相关者对其有效性的督促。当然，一个明智的策略是，通过巧妙控制制度环境和仪式化地遵从环境神话的方式减少"认知启动成本"（DiMaggio and Powell，1983；Edelman et al.，1992；Haunschild，1993；Stevens et al.，2005）。正因如此，才会看到 G 在很多公开场合也谈及并强调"转化"，甚至也欢迎持有"转化论"思想的校本部教授前来创业（当然他的管理团队会在其成为入孵企业后，不断通过对接和整合的方式进行微观改造）。同理，孵化器会将今天所取得的成功归因于科层组织对制度理念的完美执行，也是由于这样的思路和约定俗成的"作为受理性调节的联合体，现代工业社会的制度构建一般会被设计和安排在科层制当中"的想法暗合（Crozier，1964；Merton，1936；Weber，1968）。

诚然，一味强调通过重新耦合实现脱耦也会有问题，毕竟组织效率的实现还要强烈依赖一种新的制度实践，所以，一定要在组织内部建立起一个相对封闭的小环境。也只有划清了界限，围绕着权威领导的合法性动员才能够相对不受侵扰地循环。因而，"四不像"绝不等同于博采各种制度逻辑之长的"四都像"，相反，其中的"不"才是至关重要的。与传统体制和身份的决裂，也意味着难以在现有的科研体制中享受到政策的优惠。[①]究竟两者之间的利弊如何权衡，恐怕只能回到组织决策的具体情境当中来解决。需要特别强调的是，本文尝试的这种组织研究的实践取向正是斯堪的纳维亚组织学派倡导的研究方向（Boxenbaum and Jonsson，2008）。[②]延续行动者网络理论（actor-network theory）所秉承的联结社会学（sociology of association）传统（Latour，2005），斯堪的纳维亚组织学派认为，组织的脱耦是一种被与境化和制度化因素所形塑着的诠释行为，在诠释的过程中，能够改变（transformation）、转译（translation）、扭曲（distort）甚至修改（modify）本应表达之意义或元素的转义者就十分关键（Czarniawska，2008；Czarniawska and Hernes，2005；Czarniawska and Sevón，1996；吴莹等，2008）。从这个

---

① 比如广东省科技厅厅长李兴华曾指出，目前关于新型科研机构的界定尚无明确标准，新型科研机构无法在当前的创新体系中找到准确的位置，其科研机构身份目前还只能算是拥有了"暂住证"而非正式的"身份证"，这直接导致其难以享受现有科研体制中的政策优惠。详细参见：徐丹. 发展新型科研机构激发社会创新活力[N]. 人民日报，2012-05-21（13）。

② 实际上，已经有组织的微观研究表明，旨在促进改变利益相关者的话语也可以成为组织合法性重建的一种来源。然而，话语实践本身并不能保证组织的实践随之配合发生，因此至多是一种象征性而非实质性的力量（Beelitz and Merkl-Davies，2012）。

意义上讲，"四不像"的制度理念恰恰扮演了典型的非人行动者的角色：一边像"半透膜"一样转译着组织外部的制度环境，汲取可能帮助重建合法性的符号资源，又尽量阻断"面向、依靠"的神话理念对其市场化转型的羁绊；又一边如同"即兴舞台"一般转义着填充制度裂隙的社会网络，让组织成员能够围绕着一个共同的愿景去努力奋斗，又能让不同的部门和项目组按照各自的利益、方式和意愿去做出灵活性的解读。此外，仍需特别指出的是，正因为言行分离的意义建构和转译的存在，经过地方性确认的组织创新实际上很难通过普遍性确认的方式完成"最佳实践"的扩散（Johnson et al., 2006），这也成为当下政府在推广南方某大学孵化器的发展模式时面临的最大风险。

根据本文的研究，脱耦中合法性的重建必须走在组织的制度化开始以前，围绕着权威领导展开的既有社会网络，能够提供一种道义合法性的"第一推动"，并为后来通过经济效率达成的实用合法性奠定基础。不管哪一个步骤，组织能与更大、更广阔的制度进行耦合，从而实现内部的意义建构都是至关重要的。除了权威领导以外，还应进一步注意到其他转义者的作用，特别是对于非人转义者而言，它之于外部可以隔绝环境神话的压力，而只让必要的合法性资源流入进来；同时之于内部，又容许每个行动者的自由发挥而又不至于使主题流散。囿于篇幅，本文的探讨止步于合法性重建以及制度转型的成功，而无法深入到实践中如何具体实现经济绩效的细节，而且所得到的理论模型也是出自对南方某大学孵化器经验材料的总结。然而，我们始终相信，也许本文所做出的尝试离黄宗智（Huang，1991）所说的在把握中国社会实际的基础上发展出有关制度变迁的社会科学理论和分析工具还相去甚远，但已有越来越多的学者认识到，同构和脱耦的交互关系及其合法性这个长久被组织研究所忽略的问题应该重新被纳入学者的视野（Boxenbaum and Jonsson，2008）。本文这样近距离地观察和意义解析，应该还是可以作为一个不错的起点。

（本文原载于《社会》，2013 年第 6 期，第 30-58 页。）

参 考 文 献

费孝通. 2006. 乡土中国[M]. 上海：上海人民出版社.
符平. 2013. 市场的社会逻辑[M]. 上海：上海三联书店.
黄光国，胡先缙，等. 2010. 人情与面子：中国人的权力游戏[M]. 北京：中国人民大学出版社.

纪莺莺. 2012. 文化、制度与结构: 中国社会关系研究[J]. 社会学研究, (2): 60-85, 243.

李伟民, 梁玉成. 2002. 特殊信任与普遍信任: 中国人信任的结构与特征[J]. 社会学研究, (3): 11-22.

厉以宁. 2000. 关于教育产业的几个问题[J]. 高教探索, (4): 14-19.

刘旻, 陈士俊. 2006. 高校科技型校办企业组织结构模式的选择[J]. 科学学与科学技术管理, (7): 167-168.

刘思达. 2005. 法律移植与合法性冲突——现代性语境下的中国基层司法[J]. 社会学研究, (3): 20-51, 242-243.

渠敬东. 2012. 项目制: 一种新的国家治理体制[J]. 中国社会科学, (5): 113-130, 207.

苏竣, 汝鹏, 杜敏, 等. 2007. 从校办企业到校有企业——转变中的中国大学知识产业化模式[J]. 科学学研究, (S1): 40-45.

仝志辉, 贺雪峰. 2002. 村庄权力结构的三层分析——兼论选举后村级权力的合法性[J]. 中国社会科学, (1): 158-167, 208-209.

吴莹, 卢雨霞, 陈家建, 等. 2008. 跟随行动者重组社会——读拉图尔的《重组社会: 行动者网络理论》[J]. 社会学研究, (2): 218-234.

徐勇. 1996. 由能人到法治: 中国农村基层治理模式转换——以若干个案为例兼析能人政治现象[J]. 华中师范大学学报(哲学社会科学版), (4): 1-8.

阎云翔. 2006. 差序格局与中国文化的等级观[J]. 社会学研究, (4): 201-213, 245-246.

杨宜音. 1995. 试析人际关系及其分类——兼与黄光国先生商榷[J]. 社会学研究, (5): 18-23.

翟学伟. 2009. 再论"差序格局"的贡献、局限与理论遗产[J]. 中国社会科学, (3): 152-158.

张建君. 2005. 政府权力、精英关系和乡镇企业改制——比较苏南和温州的不同实践[J]. 社会学研究, (5): 92-124, 244-245.

张江华. 2010. 卡里斯玛、公共性与中国社会——有关"差序格局"的再思考[J]. 社会, 30(5): 1-24.

张顺, 程诚. 2012. 市场化改革与社会网络资本的收入效应[J]. 社会学研究, (1): 130-151, 244-245.

周雪光. 2003. 组织社会学十讲[M]. 北京: 社会科学文献出版社.

周雪光, 艾云. 2010. 多重逻辑下的制度变迁: 一个分析框架[J]. 中国社会科学, (4): 132-150, 223.

Aberg P. 2013. Managing expectations, demands and myths: Swedish study associations caught between civil society, the state and the market[J]. VOLUNTAS: International Journal of Voluntary and Nonprofit Organizations, (3): 537-558.

Beelitz A, Merkl-Davies D M. 2012. Using discourse to restore organisational legitimacy: 'CEO-speak' after an incident in a german nuclear power plant[J]. Journal of Business Ethics, 108(1): 101-120.

Bergek A, Norrman C. 2008. Incubator best practice: a framework[J]. Technovation, 28(1/2): 20-28.

Beverland M, Luxton S. 2005. Managing integrated marketing communication (imc) through strategic decoupling: how luxury wine firms retain brand leadership while appearing to be wedded to the past[J]. Journal of Advertising, 34 (4) : 103-116.

Bøllingtoft A, Ulhøi J P. 2005. The networked business incubator-leveraging entrepreneurial agency?[J]. Journal of Business Venturing, 20 (2) : 265-290.

Boxenbaum E, Jonsson S. 2008. Isomorphism, diffusion and decoupling[C]//Greenwood R, Oliver C, Sahlin K, et al. (eds.).The SAGE Handbook of Organizational Institutionalism. Los Angeles, London: Sage: 78-98.

Charmaz K. 2006. Constructing Grounded Theory: A Practical Guide Through Qualitative Analysis[M]. Thous and Oaks: Sage Publication.

Clarke A E. 2003. Situational analyses: grounded theory mapping after the postmodern turn[J]. Symbolic Interaction, (4) : 553-576.

Colombo M G, Delmastro M. 2002. How effective are technology incubators? Evidence from Italy[J]. Research Policy, 31 (7) : 1103-1122.

Crozier M. 1964. The Bureaucratic Phenomenon[M]. Chicago: University of Chicago Press.

Czarniawska B, Sevón G. 1996. Translating Organizational Change[M]. Berlin, New York: Walter de Gruyter.

Czarniawska B. 2008. How to Misuse Institutions and Get Away with It: Some Seflections on Institutional Theory (ies) [C]//Greenwood R, Oliver C, Sahlin K, et al. (eds.). The SAGE Handbook of Organizational Institutionalism. Los Angeles, London: SAGE: 769-782.

Czarniawska B, Hernes T. 2005. Actor-Network Theory and Organizing[M]. Malmo, Copenhagen: Liber & Copenhagen Business School Press.

Deephouse D L, Suchman M. 2008. Legitimacy in organizational institutionalism[C]// Greenwood R, Oliver C, Sahlin K, et al. (eds.). The SAGE Handbook of Organizational Institutionalism. Los Angeles, London: Sage: 49-77.

DiMaggio P J, Powell W W. 1983. The iron cage revisited: institutional isomorphism and collective rationality in organizational fields[J]. American Sociological Review, 48 (2) : 147-160.

Dore R. 1983. Goodwill and the spirit of market capitalism[J]. The British Journal of Sociology, 34 (4) : 459-482.

Douglas M. 1986. How Institutions Think[M]. Syracuse: Syracuse University Press.

Dowling J, Pfeffer J. 1975. Organizational legitimacy: social values and organizational behavior[J]. The Pacific Sociological Review, 18 (1) : 122-136.

Drori I, Honig B. 2013. A process model of internal and external legitimacy[J]. Organization Studies, 34 (3) : 345-376.

Edelman L B, Abraham S E, Erlanger H S. 1992. Professional construction of law: the inflated threat of wrongful discharge[J]. Law & Society Review, 26 (1) : 47-83.

Etzkowitz H. 2002. Incubation of incubators: innovation as a triple helix of university-industry-government networks[J]. Science and Public Policy, 29 (2) : 115-128.

Etzkowitz H. 2003. Research groups as 'quasi-firms': the invention of the entrepreneurial university[J]. Research Policy, 32 (1) : 109-121.

Etzkowitz H, Leydesdorff L A. 1997. Universities and the Global Knowledge Economy: A Triple Helix of University-Industry-Government Relation[M]. London: Cassell Academic.

Fiss P C, Zajac E J. 2006. The symbolic management of strategic change: sensegiving via framing and decoupling[J]. Academy of Management Journal, 49(6): 1173-1193.

Glaser B G. 1978. Theoretical Sensitivity: Advances in the Methodology of Grounded Theory[M]. Mill Valley: Sociology Press.

Glaser B G. 1998. Doing Grounded Theory: Issues and Discussions[M]. Mill Valley: Sociology Press.

Glaser B G, Strauss A L. 1967. The Discovery of Grounded Theory: Strategies for Qualitative Research[M]. Chicago: Aldine Pub. Co.

Greenwood R, Raynard M, Kodeih F, et al. 2011. Institutional complexity and organizational responses[J]. The Academy of Management Annals, 5(1): 317-371.

Greenwood R, Suddaby R, Hinings C R. 2002. Theorizing change: the role of professional associations in the transformation of institutionalized fields[J]. Academy of Management Journal, 45(1): 58-80.

Grimaldi R, Grandi A. 2005. Business incubators and new venture creation: an assessment of incubating models[J]. Technovation, 25(2): 111-121.

Hallett T. 2010. The myth incarnate: recoupling processes, turmoil, and inhabited institutions in an urban elementary school[J]. American Sociological Review, 75(1): 52-74.

Halpern D. 2005. Social Capital[M]. Cambridge: Polity Press.

Hamilton G G, Biggart N W. 1988. Market, culture, and authority: a comparative analysis of management and organization in the far east[J]. American Journal of Sociology, 94: 52-94.

Hannonô P D, Chaplin P. 2003. Are incubators good for business? Understanding incubation practice: the challenges for policy[J]. Environment and Planning C: Government and Policy, 21(6): 861-881.

Haunschild P R. 1993. Interorganizational imitation: the impact of interlocks on corporate acquisition activity[J]. Administrative Science Quarterly, 38(4): 564-592.

Heimer C A. 1999. Competing institutions: law, medicine, and family in neonatal intensive care[J]. Law & Society Review, 33(1): 17-66.

Huang P C. 1991. The Paradigmatic Crisis in Chinese Studies: Paradoxes in Social and Economic History[J]. Modern China, 17(3): 299-341.

Johnson C, Dowd T J, Ridgeway C L. 2006. Legitimacy as a social process[J]. Annual Review of Sociology, (32): 53-78.

Kitchener M. 2002. Mobilizing the logic of managerialism in professional fields: the case of academic health centre mergers[J]. Organization Studies, 23(3): 391-420.

Kostova T, Roth K. 2002. Adoption of an organizational practice by subsidiaries of multinational corporations: institutional and relational effects[J]. Academy of Management Journal, 45(1): 215-233.

Lalkaka R. 2006. Technology Business Incubation: A Toolkit on Innovation in Engineering, Science and Technology[M]. Paris: UNESCO Pubishing.

Latour B. 2005. Reassembling the Social: An Introduction to Actor-Network-Theory[M]. Oxford, New York: Oxford University Press.

Lee C K, Zhang Y. 2013. The power of instability: unraveling the microfoundations of bargained authoritarianism in China[J]. American Journal of Sociology, 118(6): 1475-1508.

Lin N. 1995. Local market socialism: local corporatism in action in rural China[J]. Theory and Society, 24(3): 301-354.

Lin N. 2001. Social Capital: A Theory of Social Structure and Action[M]. Cambridge: Cambridge University Press.

Löfsten H, Lindelöf P. 2001. Science parks in Sweden-industrial renewal and development?[J]. R & D Management, 31(3): 309-322.

Lounsbury M. 2001. Institutional sources of practice variation: staffing college and university recycling programs[J]. Administrative Science Quarterly, 46(1): 29-56.

MacLean T L, Behnam M. 2010. The dangers of decoupling: the relationship between compliance programs, legitimacy perceptions, and institutionalized misconduct[J]. Academy of Management Journal, 53(6): 1499-1520.

McAdam M, Marlow S. 2008. A preliminary investigation into networking activites within the university incubator[J]. International Journal of Entrepreneurial Behaviour & Research, 14(4): 219-241.

Melia K M. 1996. Rediscovering glaser. Qualitative Health Research, 6(3): 368-378.

Merton R K. 1936. The unanticipated consequences of purposive social action[J]. American Sociological Review, 1(6): 894-904.

Meyer J W, Rowan B. 1977. Institutionalized organizations: formal structure as myth and ceremony[J]. The American Journal of Sociology, 83(2): 340-363.

Mian S A. 1994. US University-sponsored technology incubators: an overview of management, policies and performance[J]. Technovation, 14(8): 515-528.

Mian S A. 1996. Assessing value-added contributions of university technology business incubators to tenant firms[J]. Research Policy, 25(3): 325-335.

Mian S A. 1997. Assessing and managing the university technology business incubator: an integrative framework[J]. Journal of Business Venturing, 12(4): 251-285.

Mowery D C, Sampat B N. 2005. Universities in national innovation systems[C]//Fagerberg J, Mowery D C, Nelson R R. (eds.). The Oxford Handbook of Innovation. Oxford, New York: Oxford University Press: 209-239.

Nee V, Opper S. 2012. Capitalism from Below: Markets and Institutional Change in China[M]. Cambridge: Harvard University Press.

Owen-Smith J, Powell W W. 2001. To patent or not: faculty decisions and institutional success at technology transfer[J]. The Journal of Technology Transfer, 26(1/2): 99-114.

Owne-Smith J, Powell W W. 2004. Knowledge networks as channels and conduits: the effects of spillovers in the boston biotechnology community[J]. Organization Science, 15(1): 5-21.

Peng Y. 2004. Kinship networks and entrepreneurs in China's transitional economy[J]. American Journal of Sociology, 109(5): 1045-1074.

Powell W W, Grodal S. 2005. Networks of innovators[C]//Fagerberg J, Mowery D C, Nelson R R. (eds.). The Oxford Handbook of Innovation. Oxford, New York: Oxford University Press: 56-85.

Putnam R D. 2000. Bowling Alone: The Collapse and Revival of American Community[M]. New York: Simon & Schuster.

Putnam R D, Leonardi R, Nanetti R. 1993. Making Democracy Work: Civic Traditions in Modern Italy[M]. Princeton: Princeton University Press.

Rothaermel F T, Thursby M. 2005a. University-incubator firm knowledge flows: assessing their impact on incubator firm performance[J]. Research Policy, 34(3): 305-320.

Rothaermel F T, Thursby M. 2005b. Incubator firm failure or graduation? The role of university linkages[J]. Research Policy, 34(7): 1076-1090.

Ruef M, Scott W R. 1998. A multidimensional model of organizational legitimacy: hospital survival in changing institutional environments[J]. Administrative Science Quarterly, 43(4): 877-904.

Ruskola T. 2000. Conceptualizing corporations and kinship: comparative law and development theory in a Chinese perspective[J]. Stanford Law Review, 52(6): 1599-1729.

Sauder M, Espeland W N. 2009. The discipline of rankings: tight coupling and organizational change[J]. American Sociological Review, 74(1): 63-82.

Scott W R. 1995. Institutions and Organizations[M]. Thousand Oaks: SAGE.

Seidman W H. 1983. Goal ambiguity and organizational decoupling: the failure of 'rational systems' program implementation[J]. Educational Evaluation and Policy Analysis, 5(4): 399-413.

Slaughter S, Leslie L L. 1997. Academic Capitalism: Politics, Policies, and the Entrepreneurial University[M]. Baltimore: Johns Hopkins University Press.

Stevens J M, Steensma H K, Harrison D A, et al. 2005. Symbolic or substantive document? The influence of ethics codes on financial executives' decisions[J]. Strategic Management Journal, 26(2): 181-195.

Strauss A L. 1987. Qualitative Analysis for Social Scientists[M]. Cambridge: Cambridge University Press.

Strauss A L, Corbin J M. 1998. Basicsof Qualitative Research: Techniques and Procedures for Developing Grounded Theory[M]. Thousand Oake: Sage.

Suchman M C. 1995. Managing legitimacy: strategic and institutional approaches[J]. Academy of Management Review, 20(3): 571-610.

Suddaby R. 2006. From the editors: what grounded theory is not[J]. Academy of Management Journal, 49(4): 633-642.

Suddaby R, Greenwood R. 2009. Methodological issues in researching institutional change[C]//Buchanan D, Bryman A. (eds.). The SAGE Handbook of Organizational Research Methods. Los Angeles, London: SAGE: 177-195.

Suddaby R, Elsbach K D, Greenwood R, et al. 2010. Organizations and their institutional environments—bringing meaning, values, and culture back in: introduction to the special research forum[J]. Academy of Management Journal, 53(6): 1234-1240.

Waldorff S B. 2013. What is the meaning of public sector health? Translating discoures into new organizational practices[J]. Journal of Change Management, 13(3): 287-307.

Weber M. 1968. Economy and Society: An Outline of Interpretive Sociology[M]. New York: Bedminster Press.

Weick K E. 1995. Sensemaking in Organizations[M]. Thousand Oaks: Sage.

Weick K E, Sutcliffe K M, Obstfeld D. 2005. Organizing and the process of sensemaking[J]. Organization Science, 16(4): 409-421.

Westphal J D, Zajac E J. 2001. Decoupling policy from practice: the case of stock repurchase programs[J]. Administrative Science Quarterly, 46(2): 202-228.

Whitley R. 1992. The social construction of organizations and markets: the comparative analysis of business recipes[C]//Reed M, and Hughes M. (eds.). Rethinking Organization: New Directions in Organization Theory and Analysis. London: Sage: 120-143.

Woolcock M. 1998. Social capital and economic development: toward a theoretical synthesis and policy framework[J]. Theory and Society, 27(2): 151-208.

Yu K-H. 2013. Institutionalization in the context of institutional pluralism: politics as a generative process[J]. Organization Studies, 34(1): 105-131.

Zajac E J, Westphal J D. 2004. The social construction of market value: institutionalization and learning perspectives on stock market reactions[J]. American Sociological Review, 69(3): 433-457.

Zelizer V A. 1994. The creation of domestic currencies[J]. The American Economic Review, 84(2): 138-142.

Zhou X, Li Q, Zhao W, et al. 2003. Embeddedness and contractual relationships in China's transitional economy[J]. American Sociological Review, 68(1): 75-102.

Zucker L G. 1988. Institutional Patterns and Organizations: Culture and Environment[M]. Cambridge: Ballinger.

Zucker L G, Darby M R, Armstrong J S. 2002. Commercializing knowledge: university science, knowledge capture and firm performance in biotechnology[J]. Management Science, 48(1): 138-153.

论公立产业技术研究院与战略新兴产业发展

| 吴金希 |

一、问题的提出

（一）由我国战略新兴产业发展之困谈起

后发国家抓住新技术出现的机会窗口，率先推进产业化，有可能促进国家技术能力的突破和跃迁，推动实现经济赶超。三次产业革命的历史以及第二次世界大战以来东亚新兴经济体的成功追赶过程，充分证明了这一点。

近年来，我国发展战略新兴产业的步伐日益加快，成为推进经济转型、创建创新型国家的战略选择。但是，从近年实践态势来看，仍然存在很多问题。以电动汽车为例，过去十几年我国为电动汽车产业化投入了巨大的人力、物力和财力，出台了若干科技计划，形成了"三纵三横"的中国新能源汽车研发体系[1]。各级政府出台了强有力的新能源汽车消费补贴政策以刺激需求。但是，我国电动汽车实现"弯道超车"的局面并没有出现，考虑到发达国家新能源汽车的飞速进展，我国有可能又要错过新一个技术和产业革命的机会窗口[1]。

战略新兴产业发展中涌现出来的问题突出反映了我国创新体系存在的缺陷。过去几年，我国研发经费年均增长 23.5%，增长率是国内生产总值

---

① 最近两年，美国特斯拉电动汽车异军突起，表现出强劲的发展势头。参见相关媒体报道，如 Alex Taylor III. 宝马与特斯拉电动汽车大战升级[EB/OL]. http://www.fortunechina.com/business/c/2013-07/29/content_168243.htm[2013-08-15].

（GDP）增长率的两倍还多。2011 年，我国研发经费达到 8600 亿元，居世界第二位，研发人员总数达到世界第一位，科技论文产出量居世界第二位，专利申请量居世界第三位[2, 3]。另外，我国几乎已经推行过所有在国际上行之有效的政策工具，如创建科技园区、孵化器，发展风险投资，对企业研发创新实施金融财税激励等。但是，这些资源投入和政策投入并没有有效地转化为产业的竞争力，"产学研结合不够紧密，科技与经济结合问题没有从根本上解决……研发和成果转移转化效率不高"[4]；"条块分割、互相封闭、科技投入效率低和资源浪费是科技领域存在的一个大问题。"[5]

问题出在哪里呢？总结国内外理论成果与实践经验，尤其是参考已经实现追赶的后发经济体的创新特点，我们发现，忽视公立产业技术研究院的建设是造成上述问题的重要原因。

（二）产业技术研究院的概念

在一国的创新体系中，有一种研究机构不可或缺，它就是面向产业应用的技术研发机构。它与大学和国家实验室不同，其主要职责在于将具有应用前景的科技成果工程化和商品化。它又分为公立和私立两种类型，公立的一般由政府出资设立，为区域内企业提供公共技术服务，台湾工业技术研究院即为典型；私立的则由企业投资筹建，专门为本企业服务。为简化起见，本文称公立的产业技术研究机构为产业技术研究院，私立的为企业实验室①。

发达国家大企业之所以能够建立起世界领先的企业实验室，是因为它们站在行业的制高点上，通过技术的先动优势获得超额垄断利润，于是有足够的资源投入到内部实验室来。对于后发国家的众多企业而言，它们大多属于产业的后来者，没有足够的资源建设并维持一个高水平的企业实验室。因此，后发国家集中资源建立产业技术研究院就变得极为重要。它一头连着大学和国家实验室的基础研究成果，一头连着区域内的众多中小企业，成为重要的技术服务平台，为提升整个区域的技术能力服务。

（三）已有研究成果及局限

由于世界各国创新体系的特色不同，产业技术研究院的实践也千差万

---

① 历史上，企业实验室诞生于 19 世纪末的德国化学工业，继而在美国发扬光大，它们带动了这些国家产业竞争力的提升，典型的如贝尔实验室、康宁公司实验室、国际商业机器公司（IBM）研究中心、施乐公司帕洛阿尔托研究中心（PARC）实验室等。据统计，美国有 14 000 多家企业实验室[6]。

别，人们对这个问题的认识也呈现出多样性。

美国是典型的创新型国家，其创新体系的特征是企业和大学的研究力量都非常强大[7]。大学侧重于基础研究，应用技术研究开发基本上被看作是企业的任务，这种观点在国家创新体系理论的经典论述中表现得很明显[8-10]。而且，美国大多数公共政策都认为自由市场是商品和服务最有效的分配方式，依靠自身机制以及无羁绊的市场，能保证科学开发、技术变革和经济增长以最适宜的速度进行[7]。在这样的范式影响下，政府一般不介入产业技术创新领域，而是把它交给企业和市场。由于美国企业在 20 世纪的很长时期领先全球，它们有足够的资源和能力建立实力雄厚的企业实验室，能够有效地将科研成果转化为现实生产力，因此，这些经典论述曾经是符合实际的。

但是，任何创新理论都有它的社会性和时代性。20 世纪 80 年代以来，面对日本和德国经济的崛起、经济全球化加剧以及知识经济时代的挑战，美国大企业也没有实力对关系企业长期发展的应用基础研究进行投资，因而其注意力逐渐转向了短期研究和渐进改良。尤其是受风险投资风潮的影响，开放式创新越来越大行其道[11]，企业研究部门规模开始缩小。曾是信息技术（IT）创新之源的 PARC 研发中心也被当作一个奢侈机构而遭母公司施乐公司剥离。思科公司甚至专门通过并购而获得增长，以节省创建内部实验室的巨额成本。有人担心这将影响美国产业的长期竞争力[12, 13]。这说明美国学者对应用技术研发机构作用的认识也在不断发生变化。

后发国家创新体系与美国有很大不同。马佐罗尼（R. Mazzoleni）、尼尔森（R. Nelson）对公共研究机构对后发国家的重要作用进行了全面的历史回顾，认为大学以及公共实验室促进了日本、巴西、韩国等国家技术能力发展[14]。金麟洙、尼尔森、道奇森（Mark Dodgson）等研究了东亚新兴工业化经济体技术学习的不同特点，也认识到公共产业研究机构的重要作用[15]。史钦泰、洪懿妍、徐炯文（Chiung-Wen Hsu）等总结了台湾工业技术研究院（Industrial Technology Research Institute，ITRI）的成功经验[16-18]。这些研究都强调了公立研发机构对后发国家或地区技术能力提升的重要作用。

国内学者对产业技术研究机构也进行了多层面的研究。李建强等对建设地方性产业技术研究院的必要性问题进行了系统分析[19]；李纪珍从共性技术供给的角度对公共研发机构进行了分类[20]；吴金希对产业技术研究院在地方发展战略新兴产业过程中的角色定位进行了阐释[21]；卞松保、柳卸林对美国、德国以及中国国家实验室进行了分类和比较研究，阐释了国家实验室在原始创新中的作用[22]。在实证研究方面，阎康年对美国众多工业实验室进行了案例分析[23]；赵克对美、日企业实验室的性质、演进、管理特点等进行了探讨[24]；罗肖肖、陈鹏和李建强、马继洲和陈湛匀、吴金希和李宪振从不同角度对台湾工业技术研究进行了案例研究[25-29]；胡文国对深圳工研院进行了分析[30]。

已有研究为我们提供了丰富的理论基础，但是，仍有若干局限，值得进一步探讨。

（1）对公立产业技术研究院在国家创新体系中担任的角色定位认识不清。已有研究对大学研究室和企业实验室的研究较多，对公立产业技术研究院在创新链条中的作用分析较少；笼统以科研院所为对象进行研究的多，对国家科学院、国家实验室和产业技术研究院的功能区分不够，很多研究将不同性质的公立研发机构混为一体。

（2）深受美国创新模式影响。美国无疑是世界上最具代表性的创新型国家，企业和大学是其创新体系的两大支柱，很多学者以及政策制定者在探索国家创新体系时，往往也陷入大学和企业两元论思维陷阱：大学负责基础研究，产业技术创新应主要由企业承担。对产业技术研究院在后发国家技术追赶中所起的重要作用认识模糊。在新兴技术创新领域，后发国家市场失灵现象更严重，寄希望于建立以企业为中心的技术创新体系往往是不够的。

（3）对国内外典型案例的比较分析不够。现有研究对典型产业技术研究院内部运作机理、制度规定、企业化管理特点等分析不够，仍有很多值得研究的空间。

（4）对中国问题的探讨有待深入。中国有没有产业技术研究院？功能发挥怎样？优缺点何在？对这些问题的分析仍需要更进一步深化。

因此，在我国新一轮科技体制改革到来之际，本文尝试在这些问题上进行一些讨论。

二、产业技术研究院在国家创新体系中的角色定位

从发明发现到创新实现往往是一个曲折的过程，中间有无数风险和困难，尤其在早期技术开发阶段（early-stage technology development，ESTD），存在技术、商业、社会等方面的许多不足，甚至面临"死亡之谷"[31]。因此，提高创新的成功率需要在一个个"死亡之谷"上架起桥梁，而产业技术研究院恰恰承担了这个创新桥梁的职责。

尽管企业、大学、国家实验室、风险投资机构等都是重要的创新主体，

但是，它们都不能代替产业技术研究院的功能。大学的主要职责在于基础研究和教育，研究者从一开始并不追求研究的实用价值，更多的是从学科发展的内在逻辑考虑问题或为兴趣导向，研究成果往往以科学论文的方式发表，变成全人类共享的知识。而且，在高校，教学始终占据着首要地位，研究过程严重依赖研究生。当这些学生真正掌握这一领域的知识时，他们也该毕业了。因此，大学难以召集足够的人力资源，通过集体性突破，攻克大规模的难题[13]。有人发现，70%的美国大学实验室都进行大量的基础研究[6]。大学研究成果对产业的研究与开发（R&D）项目基本不起作用[32]。没有足够的证据表明，大学能够代替产业技术研发机构[33]。

尼尔森曾以化工产业为例来形象地说明这个问题："一座现代的化工厂，并不是最初作出科学发现的实验室玻璃试管和反应装置按比例放大后的版本。这种按比例放大，在技术上和经济上都行不通。从……实验室合成聚乙烯和酞酸，到大规模地商业化生产这些产品的转型，是经过了多年认真开发的努力和有重大意义的发明活动。的确，这种转型是如此复杂，以至于化学工程师专门为它设计了一种独特的转化技术——试验工厂。"[7]6 在这里，尼尔森对大学实验室和试验工厂的职能差异的论述再清楚不过了①。

国家实验室主要承担事关国家重大利益而规定明确的研究任务，特别是与国防和国家安全相关的研究任务，如能源问题、公众卫生、空间技术等，都是国家实验室的重要任务。

与大学和国家实验室不同，产业技术研究院的职责在于将先进实用的技术成果工程化、量产化。有人形象地把创新比作接力赛（图 1），第一棒是基础研究，目的是科学发现和机理验证；第二棒是应用研究，目的是技术形成和原型实验；第三棒是技术开发，目的是技术应用，并转化成生产性技术；第四棒则是产业化和商品化，属于产品生产经营阶段[34]。大学和国家实验室的主要任务是第一棒，兼顾第二棒；企业的主要任务是第四棒，兼顾第三棒。产业技术研究院的主要任务是第二棒和第三棒，是在产业 ESTD 阶段，将新技术、新发现变成在生产实际中可推广的技术。

可见，如果没有第二棒和第三棒，新发现、新技术就不会顺利转化为现实生产力，创新的链条就会断裂，"死亡之谷"就会频现，这就是产业技术研究院的独特价值所在。

---

① 不过，尼尔森这里所讨论的实验工厂主要指发达国家大企业的内部实验室，而非产业技术研究院。

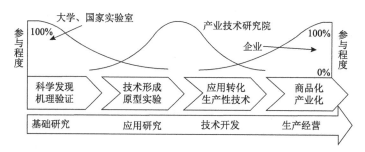

图 1　产业技术研究院的定位

三、中外典型案例比较及启示

世界各国（地区）建有特色各异的产业技术研究院，其中最有影响的当属中国台湾工业技术研究院与德国弗朗霍夫应用技术研究院（亦称应用技术研究协会，The Fraunhofer-Gesellschaft，Fh. G）。几十年来，它们专注于产业关键技术应用开发和产业化，在提升区域产业竞争力方面发挥了重要作用[1]。

1973 年，台湾当局仿照韩国、日本经验，成立"财团法人"性质的台湾工业技术研究院[2]。几十年来，台湾工业技术研究院始终以"世界级研发机构、产业界的开路先锋"为组织使命[37]，将 IT 领域的国际发展趋势与台湾当地的技术需求结合起来，起到了很好的桥梁作用，被称为"台湾之脑"[16]。如 20 世纪 70 年代，台湾工业技术研究院抓住时机引进集成电路制造技术，集中力量消化吸收，成功转化为当地的生产能力，使台湾及时跟上世界半导体产业前进的步伐。

据统计，台湾工业技术研究院迄今为止已培育 70 多位台湾高科技企业的首席执行官（CEO），孵化成 165 家新创高科技公司[37]。截至 2011 年，台湾工业技术研究院累计获得有效专利 11 253 项。仅 2011 年的专利申请量就达到 1947 件（平均每天申请量超过 5 件），其中发明专利占 98.3%，国外获批专利占 70.5%。2011 年，实现技术转移 598 项，产业服务达到 15 197 家次[38]。台湾工业技术研究院为新兴工业化经济体的技术追赶提供了极有价值

---

① 2011 年 6 月，奥巴马政府提出了《确保美国在先进制造业的领导地位》的重要报告[35]，该报告认为 ITRI 和 Fh. G 的经验值得美国制造业借鉴。最近，人们在总结金融危机中德国经验时认为，"政府参与产业研发"的 Fh. G 模式是德国制造业长期保持国际竞争力的关键[36]。

② 目前，台湾工业技术研究院是台湾最大规模的财团法人机构。所谓"财团法人"，是指能够承担特殊使命、依法设立并享有免税等权利，具有公益性和独立民事行为能力的法人。

的借鉴。其作用如图 2 所示。

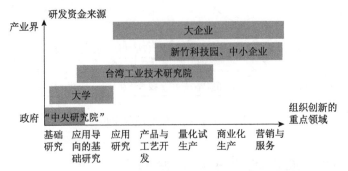

图 2　台湾工业技术研究院在台湾创新体系中的地位

台湾工业技术研究院的成功主要得益于制度约束下的专注，这表现在两个方面：首先是定位的专注，法律规定财团法人不能以营利为目的，不能"与民争利"，这保证了其公益性；其次是业务领域聚焦，即专门从事产业技术开发，做"产业界的开路先锋"，既不参与纯基础研究，也不直接从事产品经营，主要承担企业做不了、不愿做的产业共性技术研发。

（一）德国弗朗霍夫应用技术研究院

Fh. G 成立于 1949 年，其目的也是产业关键技术开发，为产业界提供多学科集成解决方案。至 2010 年，Fh. G 拥有 18 000 人的研发队伍，80 多个研究单位。2010 年，其研发经费总额达到 16.6 亿欧元。目前，Fh. G 拥有有效专利达到 5450 件，每年仅 MP3 的专利许可收入就超过 9000 万欧元[39]。Fh. G 已成为德国乃至欧洲产业竞争力的重要源泉。Fh. G 的特色机制包括以下几个方面。

（1）坚持非营利的公共研发组织性质。法律规定 Fh. G 不能以为本组织谋取商业盈余为主要目标，这保证了 Fh. G 的公共性，有利于提高其对企业的服务能力。目前，Fh. G 有 40% 的研发合同来自 500 人以下的公司，50% 收入来自中小企业[40]。

（2）专注于应用技术研发。在德国的国家创新体系中，Fh. G 因专注于应用技术研究而独树一帜，"研究的实际用途始终是 Fh. G 所有活动的核心"[41]。这一点与德国马普学会、亥姆霍兹国家研究中心（HGF）、莱布尼茨科学联合体（WGL）等从事基础研究的机构不同，Fh. G 定位如图 3 所示。

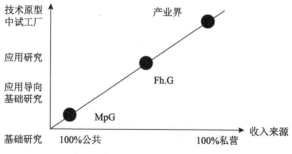

图 3　Fh. G 的定位

资料来源：Fh. G 网站

为了促进提升技术服务能力，Fh. G 对下属研究单位的评估标准具有很强的导向性，包括从企业争取到的经费、所服务的企业客户数量、申请专利数量、研究人员创办企业的数量、企业界的评价等。评估结果将直接影响到 Fh. G 对下属研究所经费的支持，评估结果不佳，有可能导致解散该研究所[40]。

（3）政府基本资助（basic funding）模式。在 Fh. G 的经费收入中，有 70% 的经费来自竞争性合同研发，剩余的 30% 经费来自政府划拨①，用于 Fh. G 的中长期技术储备。Fh. G 下属各研究所从企业和政府拿到的竞争性研发合同数额越多，获得政府的基本资助也就越多，目的是保证 Fh. G 不断增强相关技术领域的服务能力[42]，如图 4 所示。

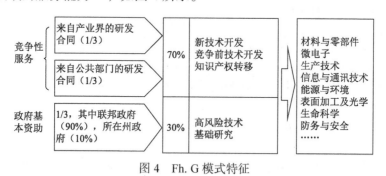

图 4　Fh. G 模式特征

（4）分散多元。不同于台湾工业技术研究院的集中一体化组织，Fh. G 是一种松散动态的协会组织，各研究单位独立核算。据统计，自 1975 年，Fh. G 每年至少新组建一个研究所[40]。分散化有利于因地制宜，促进区域内企业竞争优势的形成。

①　其中，联邦政府和机构所在地政府的比例为 9∶1。

（二）其他

此外，日本先进产业科技研究院（AIST）、韩国科学技术研究院（KIST）、荷兰应用科学研究院（TNO）、澳大利亚国家科学与产业研究院（CSIRO）、挪威科学与工业研究基金会（SIN-TEF）、加拿大国家研究委员会（NRC）等都属于国家级的产业技术研究院，它们都在各自创新体系中发挥了重要作用。美国国家标准技术研究院（NIST）脱胎于美国标准技术局（NBS），它通过内部实验室的技术研发服务和实施技术创新项目（TIP）等措施也加强了竞争前技术的研发，促进了技术扩散。截止到 2010 年，各技术研究院的基本情况如表 1 所示。

表 1　典型产业技术研究院比较

名称	定位	年营业收入	收入结构[①]	科研人员数/人	研究分支机构数量/个	年申请专利数/件
ITRI	产业技术研发服务	193 亿新台币	50∶50[②]	5 600	7	1 947
Fh. G	应用技术研发服务	16.6 亿欧元	30∶30∶30[③]	18 000	80	695
TNO	应用技术研发服务	5.77 亿欧元	30∶30∶30[③]	4 189	7	87
AIST	从基础科学到产业化的全面研究	797 亿日元	86∶14	2 288	40	1 300
KIST	应用研究、基础科学与技术	2451 亿韩元	84∶16	698	4	700
NIST	标准研究，项目管理	7.5 亿美元	90∶10	2 900	6	4

注：①来自政府资金与竞争性研发服务合同资金之比例。②台湾工业技术研究院获得的 50%政府资金都是通过项目计划方式，存在一定竞争性，不同于财政拨款。③30∶30∶30 是指这类机构来自企业的合同研发资金占 30%，来自公共机构合同研发资金占 30%，政府拨款 30%，三者之和约等于 100%。

资料来源：作者根据这些机构官方网站的统计数据整理。

（三）典型案例的共性特征和经验启示

总结起来，上述产业技术研究院具有三个共性特征：第一，使命清晰，坚持定位于公共技术服务；第二，业务专注，服务于竞争前产业技术研发；第三，运作高效，实行企业化管理。正是由于上述特点，它们在各自地区的创新体系中发挥了重要作用。

（1）成为公立性中介与小企业创新发展的桥梁。小企业往往代表新兴产业的未来，但是，它们的创新资源有限，无力进行持续、大规模的研发投入。而且，一些共性关键技术领域存在市场失灵的现象，即便是大企业也不愿意投入，产业技术研究院可以有效弥补市场失灵，能集中优势资源解决竞争前共性关键技术，促进产业突破发展瓶颈。

（2）成为根本性创新和集成创新的最佳场所。根本性创新（radical innovation）是对产业关键复杂技术问题的一种追根溯源式的集成创新，需要长期知识积累和多学科综合集成。如半导体技术需要系统设计、材料科学、加工技术、光学和图像技术的密切合作。不仅需要大学教授、科学家，还需要大量的工程师、设计师，甚至与技师、艺术家协同作战。产业技术研究院可以组织相当规模的人力和物力，集成多学科研究成果。

（3）成为新技术革命机会窗口的有力抓手。后发国家企业的创新能力一般不具有国际性，它们往往陷入技术引进、落后、再引进、再落后的怪圈。追赶、逼近和超越需要对新兴技术的敏锐把握能力和高水平的吸收再创新能力。产业技术研究院在研发实力、专利积累以及对产业发展方向感知方面，往往比单个企业更具有优势。上述典型案例对于所在地区抓住机会窗口，实现技术跃迁和经济转型，都起到了关键作用。

（4）成为提升国家技术能力的关键环节。这些产业技术研究院都形成了相当的组织规模，台湾工业技术研究院长期保持 6000 人左右的专职研发团队，Fh. G 则拥有 18 000 人的组织规模，超过了任何一所大学的专职研究人员数量。它们经过长期积累形成了较强的技术开发能力，拥有较多的专利，配备了先进的试验仪器和设备，打造了一流的创新环境，为产业培养了若干创新型人才，这些都有力地促进了区域技术能力的提升。

四、中国产业技术研发体系的发展状况及存在问题分析①

（一）中国现有产业技术研发机构的主要类别及特征

新中国成立 60 多年来，我国在不同时期建立起了若干类型的促进产业技术发展的机构，它们的特点可分类概括如下。

（1）原工业部委所属的"大院大所"。我国工业部门自 20 世纪 50 年代始逐步建立起"部属"产业技术设计研发机构，如钢铁研究总院、北京有色

---

① 在中国，很多机构或多或少地充当了产业技术研究院的角色，为了从更广的视角观察这个问题，因此用"产业技术研发体系"来概括之。

金属研究总院等，被人称为"大院大所"。这些单位部分担当起产业共性技术研究、开发、设计的职责，对填补我国工业空白，促进产业体系的健康发展发挥了重要作用。

自 20 世纪 90 年代开始，我国对科研院所进行市场化改革，到 1999 年底，242 个"大院大所"全部改革完成[43]，改制后，它们大都进入市场，成为科技型企业，但逐渐淡化了共性技术平台的责任，对产业技术服务能力逐渐弱化，这曾引起人们的关注和争议[44-46]。

（2）各种类型的开发区、孵化器。自 20 世纪 80 年代开始，我国先后批准建设了 53 个高新技术开发区、49 个大学科技园、534 个技术孵化器[47]，以及数量众多的生产力促进中心。这类机构往往以提供合适的经营场所和必要的商务便利为主，自身并无多少技术研发能力。很多开发区甚至存在着使命偏移的问题，由于政策鼓励生产、出口而非本土创新，因此它们最终成为跨国公司出口导向的生产平台①。

（3）国家工程（技术）研究中心。自 20 世纪 90 年代开始，国家科学技术委员会牵头成立若干国家级工程技术研究中心，意在提升产业创新能力，缩短科技成果转化的周期。有的设在企业，有的设在高校或者科研院所。至 2009 年，我国已经建成 232 个国家工程技术研究中心，人员达到 51 720 人[48]。近年来，国家发展和改革委员会主导建设的国家工程研究中心也有 127 个立项建设。但两类中心都采取"一套人马、两块牌子"的运作方式，必然导致挂靠单位对这些"中心"成果形成事实上的垄断，他们对中小企业的技术服务意愿和能力值得怀疑。

（4）中国科学院。中国科学院本质上属于国家实验室，一直以基础研究、战略高技术研究为宗旨。目前，它拥有近百个研究所、100 多个直属事业单位，数万名研究人员以及控股 20 多家公司[43]，不仅从事基础研究和应用研究，还进行产品开发和市场经营。业务过分多元化将影响中国科学院的创新效率。1998 年开始实施的"知识创新工程"提升了中国科学院基础科研的能力，但对国家技术创新能力提高的贡献有限[49]。

（5）地方性的产业技术研究院。过去十多年，许多地方政府联合知名大学、科研院所共建了若干区域性的产业技术研究院，如广东省工业技术研究

---

① 我国各种类型、各种级别的开发区享受种种政策优惠，例如，所得税优惠和新产品税收减免。这些政策最终导致开发区由跨国公司产品生产主导而非本土创新导向，据统计，2005 年，三资企业产值占我国开发区的总产值的 50%，出口总额的 84%。

院、苏南工业技术研究院、昆山市工业技术研究院等。据统计，目前地方性产业技术研究院已达 70 家。在这些研究院建设中，地方政府提供场所和启动资金，大学或者科研院所负责后续运营和智力支持。

参考规范产业技术研究院的特点，按照是否有研发能力、是否专注于竞争前技术研发、是否提供公共技术服务三项指标，对中国上述研究机构的特征进行分类比较，如表 2 所示。

表 2　各种产业技术研发机构特点比较

组织类别	自身研发能力	对竞争前技术的专注能力	公共技术服务的意愿和能力
"大院大所"	◎	◎	◎
国家工程研究中心、工程技术研究中心	●	●	◎
创业园、开发区、生产力中心	○	○	◎
中国科学院研究所	●	◎	◎
地方性产业技术研究院	◎	●	◎

注：●表示强，◎表示较强，○表示弱。

资料来源：根据有关资料分析判断。

（二）问题与局限

（1）如上所述，与规范的产业技术研究院相比，我国产业技术研发机构存在的问题主要表现在如下几个方面。

第一，对产业竞争前技术研发不够专注。产业竞争前技术具有共性和前沿的特点，它的突破可以带动整个产业的发展。OECD 认为，中国企业与学术界的技术差距比 OECD 国家的平均水平要大[50]。因此，中国学术界的基础研究和产业界的技术需求之间有一个更大的鸿沟需要填平。然而，上述研究机构很少有专注于竞争前技术研发和服务工作的，它们更多的是将基础研究、应用研究甚至与产品开发业务混杂。科研机构综合化、全能化、同质化的趋向非常明显，最终导致比拼论文发表，比拼专利数量和承担研究项目的"级别"。竞争前技术的研究和工程化过程往往周期长、投入大、风险高，需要持续地承担较高的技术经济风险。迫于考核压力，我国的综合性研发机构往往不愿意对此投入过多精力，长此以往，科技成果和市场导向的创新之间的空白越来越大。

第二，公共服务缺失。改革开放以前，我国研究机构大多是国有国营，计划科研、政府科研的色彩较浓，存在僵化、低效的问题。改革开放以来，我国对国有研究机构的历次改革大都采取市场化的改革取向，希望通过企业化改革给科研体制带来活力、压力和动力。因此，形成了一种"非官即民"的二元思维，要么政府包办，要么推向市场。研究机构的市场化必然导致公共服务缺失的问题。研究机构往往把容易商业化的成果留给自己转化，不容易商业化的成果转移给企业。这种利益冲突制约了研究机构服务产业界的能力①。

第三，没有建立起现代院所制度。公立研究机构的逐利行为主要源于我国长期形成的"单位"体制传统。"单位"成为一个利益综合体，对内部的人、财、物等要素负全责，这导致任何机构不得不考虑本"单位"利益。导致"单位"与社会处于隔离状态，人才、知识难以在"单位"之间流动，最终导致各"单位"的机构臃肿，负担沉重，组织僵化。没有现代院所制度为保障，"单位"式的体制必然导致过度行政化，科研机构的逐利行为就不难理解了。

第四，缺乏研发能力影响了科技中介机构的技术服务水平。很多技术中介缺乏基本的技术研发能力，典型的如生产力中心、各种类型的孵化器等。这些机构的运作方式大多是政府提供土地、房产、初始资金等便利，后续发展依靠自我积累，因此存在很多不确定性，最终难免走上房地产经营和招商引资之路，它们很难对区域性企业提供有效的公共技术服务。

（2）产业技术研究院缺乏带来的局限。虽然科学与技术融合的趋势在加强，但是在大多数学科及产业领域，基础研究、应用研究、产品开发和企业的市场经营是性质不同的业务活动，需要不同机构专业化地完成，在一国的创新体系中，没有定位清晰和实力强劲的产业技术研究院，会导致很多重复研究、恶性竞争和越界行为，模糊企业市场行为和公共组织的界限，最终降低国家创新体系的效率。

尤其是，作为发展中国家，中国与美国的创新体系有着很大不同，中国企业的创新实力不强，市场经济体制不完善，创新文化尚有缺陷，因此，在很多重大创新领域，国家希望通过"重大专项""协同创新工程"等方式实现组织间协作，其效果往往不容乐观。试想，在国家投资购买的大型科研仪器设备尚不能很好共享的情况下，如何才能做到组织之间的协同创新？根据交易成本理论[51]，如果市场交易成本大于组织内的协调和管理成本，那么成

---

① 甚至很多公立研究机构拥有众多上市公司，这其实是混淆了政府与市场的关系。

立一个体制性的组织是合理的。因此，在一个缺乏良性科研协作文化的发展中国家，建立实力雄厚的产业技术研究院，承担技术创新中攻坚克难的重任是符合逻辑的。这是台湾工业技术研究院和 Fh. G 对后发国家和地区最主要的启示①。

（3）缺乏产业技术研究院是当前战略新兴产业发展受阻的重要体制性因素。发展战略新兴产业是我国应对新能源产业为代表的第四次产业革命挑战做出的重大抉择，其任何一项技术突破都将会推动我国相关领域实现跨越式发展。但是，战略新兴产业的任何突破都不会凭空而来，它必然是多学科集成创新的结晶，需要大量的科学、技术、工程和产业专家的长期通力合作。这些资源是单个企业很少具备的。

当前，我国战略新兴产业之所以"醒得早、起得晚"，缺乏产业技术研究院是重要原因。如电动汽车，尽管我国已有很多技术积累和相当的创新资源基础，但事实上，由于研发体系分散低效，关键技术迟迟不能突破和已有先进技术不能产业化同时存在，这些都与产业技术研究院的缺乏有重要关系。没有相当规模的高层次、多学科研发团队在共性关键技术领域的长期攻坚克难，仅仅依赖几个实力不足的民营企业和散落在若干大学内的汽车系的"协同创新"，是开发不出有国际竞争力的电动汽车的。

五、结论与政策建议

（一）有必要加强战略新兴产业技术研究体系的建设

我们有必要发挥举国体制的传统优势，在大飞机及其发动机技术、新一代 IT 关键技术、新能源关键技术、电动汽车关键技术等领域，整合已有的创新资源，组织相当规模的人才队伍，建立多个国家级战略新兴产业技术研究院，以突破新兴技术产业化的瓶颈，服务于企业的创新实践，抓住稍纵即逝的机会，实现"弯道超车"的美好愿望。

---

① 即便在成熟的市场经济体中，当下列情况出现时，政府出面组织的技术开发是合适的，即当国家有相互矛盾的目标，并且需要用特定的技术合并这些目标之时；由于无法预测的政府规章制度，市场信号变得复杂时；当有兴趣引发一种到目前为止还没有大市场的技术时；当产品的用户是政府部门以及当需要在技术开发商和用户之间建立特别牢固的联系时；当研究与开发技术的规模和成本过大，甚至是最大的公司也无法提供足够的资源时。参见迈克尔·克劳（Michael Crow）等的论述。

（二）制度和文化建设是产业技术研究院发挥作用的前提

建设世界一流的产业技术研究院必须先从制度建设入手。我们要着力建立并完善现代院所制度，抛弃"非官即民"的二元思维。尤其要从法律上明确公立研发组织的行为边界，为企业提供公共技术服务是产业技术研究院的主要职责，与主业不相关的逐利行为应该被禁止。同时要坚决引入竞争机制，彻底打破所谓的"事业编""铁饭碗"体制，通过企业化运作，永葆组织活力。尤其要重视创新文化建设，摒弃当前我国创新领域的浮躁风气、官本位思想等，建立创新导向的文化氛围。

（本文原载于《中国软科学》，2014 年第 3 期，第 57-67 页。）

参 考 文 献

[1] 中国科技发展战略研究小组. 中国科技发展研究报告 2010: 战略性新兴产业研究[M]. 北京: 科学出版社, 2011.

[2] 方新. 中国科技体制改革: 三十年的变与不变[J]. 科学学研究, 2012, (10): 1441-1443.

[3] 科技部. 2011 中国科技统计数据[EB/OL]. http://www.sts.org.cn[2012-10-20].

[4] 中共中央, 国务院. 关于深化科技体制改革加快国家创新体系建设的意见[EB/OL]. http://news.xinhuanet.com/tech/2012 -09/23/c_113176891.htm[2012-11-01].

[5] 温家宝. 积极迎接新科技革命的曙光和挑战——在中国科学院第十六次院士大会和中国工程院第十一次院士大会上的讲话[EB/OL]. http://www.gov.cn/ldhd/2012-07/02/content_2175033.htm[2012-11-01].

[6] Crow M, Bozeman B. 美国国家创新体系中的研究与开发实验室[M]. 高云鹏译. 北京: 科学技术文献出版社, 2005.

[7] 理查德·R. 尼尔森, 内森·罗森伯格. 技术创新与国家体系[A]//理查德·R. 尼尔森主编. 国家(地区)创新体系比较分析. 曾国屏, 刘小玲, 王程韡, 等译. 北京: 知识产权出版社, 2012: 1-29.

[8] 理查德·R·尼尔森. 国家创新体系: 比较分析[A]//詹·法格博格, 戴维·莫利, 理查德·纳尔逊. 牛津创新手册. 柳卸林, 郑刚, 蔺雷, 等译. 北京: 知识产权出版社, 2009.

[9] Freeman C, Soete L. The Economics of Industrial Innovation[M]. 3rd ed. London: Printer, 1997.

[10] Lundvall B Å. National Systems of Innovation: Towards a Theory of Innovation and Interactive Learning[M]. London: Printer, 1992.

[11] Chesbrough H W. Open Innovation: The New Imperative for Creating and Profiting from Technology[M]. Boston: Harvard Business Press, 2003.

[12] Graham M B W. Industrial research in the age of big science[J]. Research on

Technological Innovation, Management and Policy, 1985（2）: 47-79.

[13] 马克·斯特菲克, 巴巴拉·斯特菲克. 创新突围: 美国著名企业的创新策略与案例 [M]. 吴金希, 等译. 北京: 知识产权出版社, 2008.

[14] Mazzoleni R, Nelson R R. Public research institutions and economic catch-up[J]. Research Policy, 2007, （36）: 1512-1528.

[15] 金麟洙, 理查德·R. 尼尔森. 技术、学习与创新: 来自新兴工业化经济体的经验[M]. 吴金希, 等译. 北京: 知识产权出版社, 2011.

[16] 史钦泰. 产业科技与工研院: 看得见的脑[M]. 台北: 财团法人工业技术研究院, 2003.

[17] 洪懿妍. 创新引擎——工研院: 台湾产业成功的推手[M]. 台北: 天下杂志股份有限公司, 2003.

[18] Hsu C-W. Formation of industrial innovation mechanisms through the research institute[J]. Technovation, 2005, 25（11）: 1317-1329.

[19] 李建强, 黄海洋, 陈鹏, 等. 产业技术研究院的理论与实践研究[M]. 上海: 上海交通大学出版社, 2011.

[20] 李纪珍. 产业共性技术: 概念、分类与制度供给[J]. 中国科技论坛, 2006, （3）: 45-47, 55.

[21] 吴金希. 如何防止战略新兴产业成为 "瞎折腾" 工程: 兼论地方政府的角色和作用[J]. 中国科技财富, 2011, （23）: 14-19.

[22] 卞松保, 柳卸林. 国家实验室的模式、分类和比较: 基于美国、德国和中国的创新发展实践研究[J]. 管理学报, 2011, （4）: 567-576.

[23] 阎康年. 通向新经济之路: 工业实验研究是怎样托起美国经济的[M]. 北京: 东方出版社, 2000.

[24] 赵克. 工业实验室的社会运行论[D]. 上海: 复旦大学, 2003.

[25] 赵克. 工业实验室的演进及其管理的经验教训[J]. 自然辩证法通讯, 2000, （4）: 57-65, 96.

[26] 罗肖肖. 面向产学研合作的大学工业技术研究院研究[D]. 杭州: 浙江大学, 2010.

[27] 陈鹏, 李建强. 台湾工业技术研究院发展模式及其启示[J]. 工业工程与管理, 2010, （4）: 124-128.

[28] 马继洲, 陈湛匀. 德国弗朗霍夫模式的应用研究: 一个产学研联合的融资安排[J]. 科学学与科学技术管理, 2005, （6）: 53-55, 86.

[29] 吴金希, 李宪振. 台湾工研院科技成果转化经验对发展新兴产业的启示[J]. 中国科技论坛, 2012, （7）: 89-94.

[30] 胡文国. 创建以工业技术研究院为核心的新型技术创新联盟: 以深圳工研院科技创新和产业发展为例[J]. 科学学与科学技术管理, 2009, （3）: 197-199.

[31] Branscomb L. Where do high tech commercial innovations come from?[J]. Duke Law & Technology Review, 2004, （1）: 1-27.

[32] Cohen W M, Nelson R R, Walsh J P. Links and impacts: the influence of public research on industrial R&D[J]. Management Science, 2002, 48（1）: 1-23.

[33] Astrom T, Eriksson M-L, Nikelasson L, et al. International comparison of five institute

systems[EB/OL]. http://www.fi.dk[2012-09-20].

[34] 傅晗玮, 王春. 上海成立产研院补齐创新体系 "短板" [N]. 科技日报, 2012-08-24 (01).

[35] President's Council of Advisors on Science and Technology. Report to the president on ensuring American leadership in advanced manufacturing[EB/OL]. http://www.whitehouse. gov/sites/default/files/microsites/ostp/pcast-advanced-manufacturing-june2011.pdf[2012-09-20].

[36] Roland Berger Strategy Consultants. Moving up the value chain[R]. 清华大学经济管理学院 "德国模式与中国经济" 论坛论文, 北京, 2013-03-21.

[37] 台湾工研院. 工研院简介[EB/OL]. http://www.itri.org.tw[2012-11-02].

[38] 台湾工研院. 工业技术研究院2011年年报[EB/OL]. http://www.itri.org.tw[2012-11-02].

[39] Fraunhofer-Gesellschaft. 60 Years of Fraunhofer-Gesellschaft[EB/OL]. http://www.fraunhofer. de[2012-09-20].

[40] Astrom T, Eriksson M-L, Nikelasson L, et al. International comparison of five institute systems[EB/OL]. http://www.fi.dk[2012-09-20].

[41] Fraunhofer-Gesellschaft. Annual report 2010[EB/OL]. http://www.fraunhofer.de[2012-09-20].

[42] Duff M A. The Fraunhofer Society. A unique German contract research organization comes to America, Michigan[R]. University of Michigan Library, 1998.

[43] 穆荣平. 中国的公共研究机构[A]//OECD. OECD 中国创新政策研究报告. 薛澜, 柳卸林, 穆荣平, 等译. 北京: 科学出版社, 2011: 114-136.

[44] 周民良. 不妨成立中国工业技术研究院[N]. 中国经济导报, 2010-03-18 (B01).

[45] 李纪珍, 邓衢文. 产业共性技术供给和扩散的多重失灵[J]. 科学学与科学技术管理, 2011, (7): 5-10.

[46] 王建翔. 产业部门政府科研机构体制改革大家谈[J]. 中国科技论坛, 1999(2): 4-12.

[47] Bach L, Llerena P, Matt M, et al. Industry and science relations[A]//OECD. OECD 中国创新政策研究报告. 薛澜, 柳卸林, 穆荣平, 等译. 北京: 科学出版社, 2011: 189-262.

[48] 中华人民共和国科学技术部. 中国科技发展报告2009[EB/OL]. http://www.most.gov. cn[2012-10-20].

[49] 柳卸林, 支婷婷. 中国科学院的知识创新工程与能力提升[J]. 中国软科学, 2009(1): 56-65.

[50] OECD. OECD 中国创新政策研究报告[C]. 薛澜, 柳卸林, 穆荣平, 等译. 北京: 科学出版社, 2011.

[51] Coase R H. The nature of the firm[J]. Economica, 1937, 4(16): 386-405.

向后学院科学转型中的海洋科研机构

——MBARI 及其启示

| 李平，杨淳 |

蒙特利海湾研究所（Monterey Bay Aquarium Research Institute，MBARI）是惠普公司创始人之一大卫·帕克（D. Packard）于 1987 年资助成立的。作为一家私立、非营利性的研究机构，MBARI 由于其独特的办所理念和运作机制，在短短 20 多年的时间里就跻身于世界海洋科学与技术研究的领先地位[1]，成为有别于斯克里普斯海洋研究所（Scripps Institution of Oceanography）、伍兹霍尔海洋研究所（Woods Hole Oceanographic Institution）等美国老牌海洋科研机构的一所新型科研机构。目前，MBARI 已取得了诸多世界级的成果，如所采集的深海海底观测数据被同行广泛采用，开发的软硬件设备等成为领域的标杆并被优先采用，2009 年建设完成的 MARS[①]海底观测网正为新的海洋仪器提供测试平台，开发的水下激光拉曼光谱仪是深海微量样品分析的重要设备。[1]

如何解读作为后起之秀的 MBARI 在短短 20 多年间的成功发展，其快速崛起背后的科学与技术融合发展模式对我国海洋科研机构有何借鉴意义，正成为我国海洋科学界热切关注的话题。本文在收集、整理有关 MBARI 运行模式的英文资料，以及访谈与 MBARI 有过交流合作的国内海洋科学研究专家的基础上，试图通过全球海洋科学发展史，特别是第二次世界大战后海洋

---

① 英语缩略词 MARS 经常作为 Monterey Accelerated Research System 的缩写来使用，中文表示"蒙特利加速研究系统"。

科学发展转型的大背景，分析 MBARI 独特的办所理念和运作机制，并揭示其对我国当前推动海洋科学研究的借鉴意义。

一、走向后学院科学的全球海洋科学

约翰·齐曼（J. Ziman）认为，当前科学在总体上已经从学院科学进入到了后学院科学或产业科学时代。学院科学（academic science）可以理解为纯科学——"纯粹的、非工具主义的科学"[2]31，即主要存在于大学、国家科研院所等学院类机构中的为知识而知识、远离世俗利益的纯探究活动，它是17～20 世纪中叶的主要科学形态，其运行遵循默顿的 CUDOS①规范。[2]后学院科学（post-academic science）发端于 20 世纪中叶且至今仍是科学的主要运作形态，其运行遵循着齐曼的 PLACE 规范[2]，即后学院科学范式是所有者的（proprietary）、局部的（local）、权威的（authoritarian）、定向的（commissioned）和专门的（expert）。

后学院科学是学院科学在应用指向下向产业领域延伸的一种全新的知识生产方式。在后学院科学时代，政府、市场等外部因素对科学建制的控制逐步加强，使得科学知识的社会经济功能不断被强化，故后学院科学又被称为产业科学（industrial science）。表现为以下特点：①科学活动成为一种组织化、制度化、科层化的社会活动，科学成为一种常规职业，科学与好奇心之间的关系受到弱化[3]；②学术界与产业界的关系更为密切，如大学成为企业基础研究外包的重要场所[3]，大学的专业设置更加注重实用化和市场化的需求等；③政府资助的基础科学研究也强调其要与国家战略目标、竞争力和经济利益相一致；④企（产）业 R&D 支出占国家总 R&D 支出的比重不断上升，企业 R&D 或企业资助的 R&D 活动日益成为产业发展的强大发动机和推进器；⑤后学院科学的知识生产方式呈现出一系列重要变化，如知识生产场所的多元化、网络化[4]，R&D 活动参与主体的多元化，除科学家与工程师外，职业经理人等非 R&D 人员也成为研究小组的重要成员[3]，跨组织、跨国的研发活动日益频繁等。纵观海洋科学发展史，全球海洋科学正呈现出明显的从学院科学向后学院科学的转型发展趋势。

19 世纪后半叶，海洋科学开始脱离其他学科，逐渐由单独、零散的海洋

---

① 分别为公有主义（communalism）、普遍主义（universalism）、无私利性（disinterestedness）、独创性（originality）、怀疑主义（skepticism）/有条理的怀疑主义（organized skepticism）的首字母。

探险活动转向组织化的、深入的海洋综合考察。20 世纪上半叶海洋科学开始了建制化进程，如斯克里普斯海洋研究所（1903 年）、伍兹霍尔海洋研究所（1930 年）等一批海洋科学实验室、研究机构先后成立，以及国际海洋考察理事会（ICES，1902 年）等一些国际性海洋科学组织开始出现。到 20 世纪 40 年代，以斯韦尔德鲁普（Sverdrup）等编写的《海洋》为标志，海洋科学作为独立学科最终形成。

第二次世界大战前，海洋科学以学院科学为其主要存在形态，海洋科学家以自由探求海洋知识为研究驱动，学科交流在松散的科学共同体内自由开展，政府或企业投资海洋科学的情况很少，海洋研究组织中几乎不存在科层化的管理体制。

第二次世界大战对海洋科学的发展产生了深远的影响，政府开始大力渗入海洋研究领域，极大改变了其纯科学发展态势。为应对海战需要，第二次世界大战期间各国政府纷纷空前加大对海洋科学的投资，与军事相关的研究领域如海洋声学等获得了极大发展，一大批先进的海洋设备如潜水器等先后研发、生产，海洋研究活动得到了系统化的组织。如美国因军事目的而开展的海洋研究的费用由 1940 年的 170 万美元增加到 1945 年的 1370 万美元，海军研究所的工作人员也从 400 名增加到 2000 名以上，伍兹霍尔海洋研究所的工作人员从 60 人增加到了 335 名，斯克里普斯海洋研究所的工作人员也增加到了原来的几百倍。[5]

第二次世界大战后，政府对海洋科学的资助非但没有减弱，反而进一步予以系统性地加强。海洋科学后学院化倾向逐步显现，主要表现为以下几个方面。

一是海洋科学研究组织专业化、系统化的趋势明显。专职研究人员不断增加，政府资助的研究机构和国际海洋研究合作组织纷纷建立。前者如苏联科学院海洋研究所（1946 年）、英国国家海洋研究所（1949 年），后者如世界气象组织（WMO，1951 年）、政府间海洋学委员会（IOC，1960 年）等。同时，一些长期性、跨学科、跨区域的大规模国际海洋合作调查研究项目得到开展，如国际印度洋考察（IIOE，1957～1965 年）、国际海洋考察十年（IDOE，1971～1980 年）、深海钻探计划（DSDP，1968～1983 年）等；在 1980 年以后，有关机构又提出了多项为期 10 年的海洋考察研究计划，如世界大洋环流试验（WOCE）、大洋钻探计划（ODP）、全球海洋通量联合研究（JGOFS）、热带大洋及其与全球大气的相互作用（TOGA）及其组成部分"热带海洋与全球大气-热带西太平洋海气耦合响应试验"（TOGA-COARE）

等；2013 年，美国、加拿大和欧盟三方共同启动了研究大西洋的合作科研联盟（Research Alliance）。[6]20 世纪 50 年代至今，海洋科学的很多重大进展都是在多国、多学科的共同协作下取得的，这些系统化的组织和国际合作项目加速了海洋认识的进程。

二是海洋发展上升为国家战略的重要部分，各国政府对海洋科学研究的资助不断加大。目前，世界主要临海国家都把海洋开发定为基本国策，并将海洋科技研发置于进军海洋的首要位置。20 世纪 80 年代，美国就提出了"全球海洋科学规划"，旨在增强美国在海洋高科技领域的领先地位；1990 年，英国政府公布了"海洋科技发展战略"的报告，提出优先发展海洋科技尤其是高新技术；20 世纪 90 年代，日本把海洋技术列为发展的 12 项高新技术之一。与此同时，各国政府对海洋科学研究的资助不断加大。20 世纪 90 年代以来，日本、美国、法国在海洋科技研究开发上不惜投入重金，而且每年都以 4%左右的速度在增加。[7]以美国为例，从 1990～1997 年，美国政府预算投入海洋科学研究的年均增长率为 7.1%，而 1996～2000 年五年间美国政府共计投入约 110 亿美元进行海洋科学研究。[8]2004 年，美国政府的联邦研发预算总额为 1265 亿美元，其中海洋研究经费约占 3.5%，远高于其他国家；但美国海洋委员会向总统和国会提交的《21 世纪海洋蓝图》的政策报告中建议美国政府进一步提高海洋研究经费，从当前的占联邦总预算的 3.5%提高到 7%，海洋基础研究经费至少达到每年 15 亿美元。[9]2011 年 1 月，奥巴马政府拨给美国国家海洋和大气管理局（NOAA）56 亿美元的预算经费，其中 10%专项用于海洋与海岸研究。[10]

三是海洋科学研究的产业化指向日趋明显。以美国为例，1992 年由 30多个海洋机构发起、参与的非营利组织——美国"海洋联盟"成立，其目标是为加固联邦政府与企业、海洋研发机构的合作提供组织保证，积极促进研发成果的产业化与商品化。1992 年美国成立了"全国海洋资源技术总公司"，其主要职能是加速海洋资源及其产品开发，建立产学研紧密合作关系，组织有关海洋资源开发的重大经济项目和环境项目研究等。[11]此外，美国还兴建了一批海洋科技园以推动海洋技术产业化，如在 95 号公路波士顿新天堂走廊上兴建的大西洋海洋生物园、得克萨斯州得克萨斯公路旁的三角海洋产业园区、北卡罗来纳中心海岸的佳瑞特（Jarrett）海湾海洋产业园以及在密西西比河口和夏威夷的海洋科技园等。[12]

通过上述分析可以发现，20 世纪 80 年代以后海洋科学向后学院科学转向的趋势尤其明显,应用与产业需求导向正逐步加深对海洋科学研究的影响。

MBARI 的创建与快速发展，正是通过其独特的办所理念和运行机制来把握和顺应上述发展趋势的结果。

二、MBARI 的后学院知识生产方式及其运行机制

尽管 20 世纪 50 年代以来，美国的海洋研究机构推动甚至引领了全球海洋科学从学院科学向后学院科学的转型，但在一些具体制度和项目运行机制层面上还存在很多不协调的问题。如伍兹霍尔等传统的海洋研究机构主要进行纯基础研究而较少关注研究工具的开发，从而造成海洋技术装备开发与海洋科学探索之间的天然隔离。此外，在 20 世纪 80 年代，美国国家科学基金会（NSF）等联邦机构主要是对大规模、长期性的海洋研究项目进行重点资助，而对一些小型的、交叉性、短期的、以技术为基础的但又非常重要的研究项目往往资助不足，形成了研究与资助间的"缺口"。这就需要新的海洋研究机构组织与运行模式来顺应后学院海洋科学知识生产方式的这一变革。

具有多重经历背景的帕克敏锐地察觉到了这一问题，资助并创建了以交叉性、专业型为发展导向的 MBARI。MBARI 坚持技术与科学紧密结合的办所理念，并通过相应的运行机制予以保证。事实证明这种结合是推动 MBARI 飞速发展的重要原因。作为当今海洋科学知识生产的一个重要研究机构，MBARI 采取了有别于传统知识生产方式的后学院知识生产方式。表现为以下几个方面。

（一）以深海应用技术及装备研发为研究突破口

20 世纪 80 年代，传统的技术手段与设备已难以适应海洋科学研究的需要，高、新、精、尖技术手段日益成为推动海洋科学快速发展的关键因素。事实上，MBARI 本身就是一个因工程技术而建立的机构。1985 年，加利福尼亚大学圣巴巴拉分校的布鲁斯·罗宾森（Bruce Robison）教授使用载人潜水器"Deep Rover"号在中加利福尼亚湾进行科学考察。该区域多样性的海洋生物极大地激发了他的研究兴趣，但是由于缺乏高性能的水下摄影机而使其考察发现未能被记录下来。后在新成立的蒙特利海湾水族馆（Monterey Bay Aquarium）工程师德里克·贝利斯（Derek Baylis）的帮助下，改进了水下摄影系统，从而获得了高质量的海洋生物图像。蒙特利海湾水族馆的创建者正是帕克。这些令人激动不已的海洋生物照片极大激发了帕克建立一个海洋研

究机构开展深水研究的设想。1987年5月，公益性、非营利的MBARI正式成立。

遥控操作、化学分析仪器、计算机与通信技术等深海应用技术及装备研发被确立为MBARI的研究重点。在成立早期，MBARI成功建造了R/V Point Lobos号海洋科考船（1988年）、ROV Ventana设备和海洋监测浮标（1989年），这是MBARI最重要的三项研究工具，并在以后的研究中得到持续改进。此后，先进研究设备的设计和建造成为MBARI开展海洋科学研究的前提。MBARI参与大型海洋研究项目所需的新型工具，如ROV系列设备、AUV设备、深海环境样本处理仪器和水下自动采样系统等，都由其自行设计。

（二）工程技术开发与科学研究交互融合发展

MBARI形成了工程技术开发与科学研究交互融合、互动发展的机制，这种机制可以概括为"科学推动"（science push）和"工程牵引"（engineering pull）。"科学推动"指科学家在研究中需要新的仪器或方法，向工程师阐释，请工程师研制；"工程牵引"指工程师认为某种新的仪器或方法对某项科学研究有用，与科学家商讨改进，并鼓励和帮助科学家使用。

由此，在MBARI工程、技术与海洋科学形成了交互催动的新型关系，推动MBARI迅速发展成为世界级的海洋科研机构。工程设计为海洋研究提供了强大工具支撑，而海洋研究的进展又对工具设备提出更高的要求。如海底勘测Dorado AUV的研发，首先是由于精细的海底地质研究要求更深度、更高精度的AUV。在获取这一科学研究的需求后，MBARI的工程师开发出航行深度可达6000米，配有多波束声呐、侧扫声呐、海底地层剖面声呐以及高精度导航装置的Dorado AUV。该设备的运用实现了很多世界性的发现，如2011年对美国俄勒冈州海岸以西270千米的Axial Seamount海底火山岩浆喷发的观测与研究。[13]

（三）结成多学科合作研究的"无缝之网"

海洋研究学科发展的交叉性、综合性，需要多学科如海洋科学、机械、电子工程、计算机、软件编程等背景的科研人员，跨越科学、技术、工程、产业以及区域边界，形成紧密的合作研究网络。一直以来，科学家、工程师与技术操作人员三者紧密结合的管理目标和运作机制是MBARI的发展特色。从建所伊始，帕克就建议研究所的科学家提出研究问题，工程师为研究问题设计工具和设备，技术操作人员则专注于实验技术和设备的有效操作与改进。目前，有 220 名雇员在 MBARI 工作，包括科学家、工程师、海上操作人员、技术专家、管理支撑人员等[14]，核心科研人员由生物学家、生态学家、地质学家、机械工程师、软件工程师等构成。学科交叉、跨领域的组织制度设计，保证了 MBARI 的研究人员结成深海合作的"无缝之网"，推动 MBARI 做出了多项世界级的研究成果。

同时，"无缝之网"还延伸到 MBARI 之外。MBARI 将研究数据和录像上传到网络并实时更新，实现了科学资源在科研机构之间的共享。MBARI 还与伯克利、斯坦福、伍兹霍尔等一批大学和研究机构开展合作研究。例如，基于 MBARI 所收集的数据，MBARI、NOAA 和美国国家航空航天局（NASA）的科学家合作发表了关于厄尔尼诺的论文；1998 年 MBARI 利用与一家企业的合同项目，收集了大量深海数据并绘制出了等水深线图，该图已成为海洋研究的基本工具；2002 年 MBARI 在 NSF 的资助下启动的 MARS 计划，与加利福尼亚州伯克利共同建造 MOBB 系统等。这种开放式研究不断提升了 MBARI 的研究实力和影响力。

（四）产业基金对 MBARI 的基础科学研究进行稳定、持续的资助

20 世纪 80 年代，海洋研究的主要资助来源是联邦政府，如 NSF 和军方。但其主要资助国际海洋探测与调查等大型海洋研究项目，对中小型项目和跨学科研究项目的支持明显不足，而且烦琐的申请与审核过程给研究人员形成巨大的压力。为此，寻求联邦政府之外的资助，比如来自产业界的资助，成为当时海洋研究面临的重要问题。

帕克多年的职业经历（工程师、企业家、政府官员等）使其亲身体会到联邦政府资助的低效和刚性，以及建立一种全新的科研运行与资助机制的迫切性。他相信如果研究人员能从申请外部资金的压力中解放出来，将会极大提高研究成功的可能性。因此，帕克基金会对 MBARI 予以持续资助。一直以来，MBARI 年运作经费的 80%以上都来自该基金会。[14]2005～2012 年，帕克基金会的捐赠占 MBARI 总预算收入的 80%左右，而联邦资金则稳定在 12%～18%。[15]

事实证明，这种稳定、持续的资助机制是保证 MBARI 基础研究成功开展的重要基石。例如，海洋数据收集是 MBARI 的一项基础性工作。MBARI 的海洋化学家、生物学家和工程师以蒙特利海湾为基地坚持不懈地开展海洋

观测活动，积累了大量一手资料，并在此基础上开展围绕海洋酸化、深海微生物、深海地热流、海狮遗传等问题的长期研究，获得了世界性成果。这种连续性与 NSF、自然资源部（DNR）等资助的研究（以研究小组形式运行，项目完成解散研究团队）形成明显差异。

（五）具有企业家精神的科研机构领导者

帕克的企业家精神为 MBARI 的研究提供了原初的推动力。帕克的工程师、企业家、政府官员的多重身份与经历，使得其有足够的眼界和能力以打通官（了解联邦资助及其低效性）、产（提供充足的研究经费）、学（能召集美国海洋科学领域的顶级科学家与工程师）、研（通过蒙特利海湾水族馆有效传播海洋科学知识和最新的海洋研究进展）等各个环节，并将其联结起来，从而形成推进深海研究这一既定目标的"无缝之网"。

同时，MBARI 设立了"局外人"制度，鼓励海洋研究机构雇佣或聘任海洋专业之外的人士特别是产业界人士，担任管理者或进入顾问委员会、决策委员会和理事会。"局外人"制度为海洋科学研究引入了多学科和产业维度，通过这些人的"第三只眼"为 MBARI 研发"把脉""导航"，使产学研合作具有了制度性保障。

三、MBARI 的知识生产打破了传统司托克斯二维四象限的划分模式

后学院的知识生产方式对传统的司托克斯科学研究二维象限图提出了挑战，象限由静态走向了动态。彭煦舟、曾国屏、王一鸣等认为，随着产业制度逐步渗入到知识生产中，半静态的司托克斯象限[16]正走向运动变化的新司托克斯象限[17, 18]。在后学院科学的大背景下，高校、研究所、企业内部研发机构和独立的研发企业或机构等主体构成了后学院研发活动中的新二维象限，高校与研究所等居于新玻尔象限，企业内部研发机构位属新爱迪生象限，独立的研发企业或机构则形成了新巴斯德象限；且非契约式、非商业化导向的新玻尔象限与非契约式、商业化导向的新爱迪生象限向契约式、商品化导向的新巴斯德象限移动。[17]

MBARI 的发展过程印证了海洋科学研究正在发生上述变化，但不限于此。MBARI 的出现打破了传统司托克斯二维四象限的划分模式。在 MBARI，

玻尔式、爱迪生式、巴斯德式与皮特森式知识生产方式之间具有高度的交互反馈机制，使得传统司托克斯象限划分的界限变得模糊（图1）。

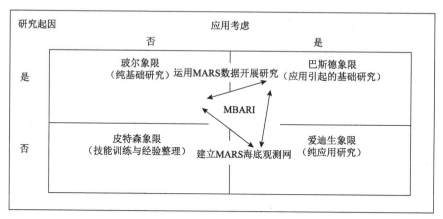

图1　打破司托克斯二维四象限划分的 MBARI 知识生产方式

一是由于 MBARI 将玻尔式、爱迪生式和巴斯德式的知识生产内化在一个科研机构内部，因此很难将 MBARI 简单地归属于二维象限中某一类知识生产主体。MBARI 既不属于居于新玻尔象限的高校、研究所，也不属于位居新爱迪生象限的企业内部研发机构，更不能简单等同于位居新巴斯德象限的独立的研发企业或机构。长期以来，海洋科学研究与海洋技术装备开发往往是分离在不同的研究机构中开展的，如伍兹霍尔海洋研究所主要进行玻尔式的知识生产而较少关注研究工具的开发，而 MBARI 不仅关注深海生物与生态、全球气候变化等基本问题，更强调对深海研究技术装备如深海自动航行器、海底观测网等的开发与构建，同时积极开展应用驱动的基础研究并实现研究成果的商业化。比如，为了在水下直接测定而非在实验室检测化学物质的成分，MBARI 开发出利用化学物质的紫外吸收光谱特性而直接分析海洋化学溶解物质成分的感应器——原位紫外线光谱法（ISUS），该项成果已由 Satlantic 公司实现了产业化；[19]MBARI 所开发的 OGC PUCK 标准命令协议极大地方便了深海设备如感应器的安装、调试以及海洋数据的收集与整理，现已为业界广泛接受并被 WET Labs、Sea-Bird Electronics 等许多知名海洋设备制造商所采用。[20]

二是在同一机构内，海洋科学与技术、基础研究与应用开发之间形成了紧密的双向反馈与交融机制，而不是简单的单向运动——这正是 20 世纪 80 年代以来海洋科学知识生产的一种新趋向。近 30 年来，全球海洋科学获得了快速发展，海洋技术和海洋科学之间的交互作用、协同并进而成为推动其快速发展的重要力量。比如，"打穿地壳"的科学命题，促进了深海钻探，而深海钻探的新技术改变了地球科学的进程；中尺度涡的发现使得科学家产生了 Slocum 的想象，促进了 ALPS 智能水下活动平台的发展，而深潜技术的发展，推动了深海海底向上的能量流和物质流的发现。[21]这说明，在玻尔式的基础研究与爱迪生式的应用开发以及巴斯德式的应用引起的基础研究之间，形成了高度融合的双向反馈机制，即以知识追求为目标的海洋基础研究引起了对技术设备的新要求，而以满足这种需求的海洋新技术开发则反过来推动基础研究的进一步开展。

四、结语

第二次世界大战以后海洋科学越来越呈现出从学院科学向后学院科学转型的趋势。MBARI 的诞生与快速发展正是顺应了这一变革的结果。由于坚持科学与技术紧密结合、多学科交叉的办所宗旨，机构领导者的企业家精神，以及产业资金持续稳定的资助，使得 MBARI 在短短 20 多年的时间里就跻身于世界海洋科学与技术研究的领先行列，并成为一所有别于传统老牌海洋研究机构的新型科研机构。MBARI 的知识生产方式使得传统司托克斯象限划分的界限变得非常模糊。由于将不同类型的知识生产内化在一个科研机构内部，因此很难将 MBARI 简单地归属于司托克斯象限中的某一类知识生产主体。同时，观察 MBARI 内部的知识流动方向，可以发现科学与技术、基础研究与应用开发之间形成了紧密的融合机制，而不是简单的单向运动。

近年来我国的海洋科学和技术研究取得了显著成就，但总体而言海洋科学、技术、工程研究之间相互割裂，学科间长效互动机制尚未形成，多学科合作的"无缝之网"并未结成。汪品先院士就认为，我国海洋事业的一大障碍，在于海洋科学和技术的相互分割，"研究科学的追随国外的命题，用国外买来的仪器获取数据写成论文，希望能够在国外刊物上发表；研究技术的模仿国外的产品，采用国内材料加上国外部件，目标是能够通过验收……成功的技术创新，背后都有科学家的思想；成功的科学创新，也往往有新技术的支撑。技术上哪怕小小的设备改装，有时就能够开创科学研究的新方向；而科学上哪怕虚拟的幻想，有时也可能激起技术突破的新潮"[21]。

MBARI 独特的发展历程为全球海洋科学研究转型背景下的我国海洋科

学和技术的发展提供了借鉴意义。一是重视技术在海洋科学发展中的关键作用，以关键技术突破推动基础研究跨越发展，实现科学、技术、工程与产业的协同创新。二是改变传统的基础研究与应用开发天然二分的研究机构设置与布局，支持建立能实现应用驱动研究和好奇心驱动研究有机结合的新型研究机构，探索能够在巴斯德象限、玻尔象限和爱迪生象限之间互动的知识生产新模式。三是积极探索新的海洋科技资源分配和整合制度。在国家对海洋科学研究稳定、持续资助的同时，鼓励企业、地方政府、海外等资本以研究基金、产业引导基金、风险投资基金等方式进入海洋研究领域。

需要指出的是，当前海洋科学正呈现出向后学院科学转型的趋势，需要我们在体制机制上能够顺应这一趋势，通过制度创新培育出中国的 MBARI，使之成为我国海洋科学和技术发展新的选择路径之一。但是，这并不是否认伍兹霍尔海洋研究所等传统的老牌科研机构仍然在海洋科学研究中的显著地位，特别是其在承担国家重大战略课题方面所发挥出的重要作用，从而一哄而上发展同质化的新型科研机构。事实上，建设创新型国家的战略目标需要我们对公共研发部门与产业部门的相互关系进行再思考。其中，就公共研发部门的发展而言，需突出其基础知识探索和核心技术研究的职能定位；国家财政对高校与科研院所的项目投入要充当"耐心资本"的角色，为公共研发部门对既能结合产业实践又能领先于产业前沿、面向中长期的研究提供不竭动力。[22]

（感谢：本文得到了国家海洋局第二海洋研究所苏纪兰院士、陈大可研究员、上海交通大学连琏教授、中国科学院海洋研究所孙松研究员、厦门大学戴民汉教授、浙江大学陈鹰教授等的写作和修改建议，在此表达谢意。）

（本文原载于《自然辩证法通讯》，2014 年第 4 期，第 19-25，125 页。）

参 考 文 献

[1] 周怀阳, 王虎. 一所独特而令人深省的海洋研究机构: 蒙特利湾海湾研究所(MBARI)[J]. 地球科学进展, 2011, 26(6): 662-668.

[2] 约翰·齐曼. 真科学——它是什么, 它指什么[M]. 曾国屏, 匡辉, 张成岗译. 上海: 上海科技教育出版社, 2002, 31-65, 81-99.

[3] Varma R. Changing research cultures in U.S. industry[J]. Science, Technology & Human Values, 2000, 25: 395-416.

[4] Kellogg D. Toward a post-academic science policy: scientific communication and the

collapse of the mertonian norms[J]. International Journal of Communications Law & Policy, 2006: 1-29.

[5] 宇田道隆. 海洋科学史[M]. 金连缘译. 北京: 海洋出版社, 1984: 444.

[6] 欧盟美国加拿大启动研究大西洋科研联盟[EB/OL]. http://www.most.gov.cn/gnwkjdt/ 201306/t20130621_106634.htm[2014-01-10].

[7] 王诗成. 21世纪海洋科技战略研究[EB/OL]. http://www.hssd.gov.cn/article/news/200612/ news_14011.asp[2014-01-10].

[8] 于保华. 美国重视海洋科技发展[J]. 海洋信息, 1998, (5): 28-29.

[9] U. S. Commission on Ocean Policy. An Ocean Blueprint for the 21st century[DB/OL]. http://govinfo.library.unt.edu/oceancommission/documents/full_color_rpt/000_ocean_full_ report.pdf[2014-01-10].

[10] National Oceanic and Atmospheric Administration. NOAA FY2011 President's Budget [DB/OL]. http://www.corporateservices.noaa.gov/～nbo/llbluebook_highlights.html[2014-01-10].

[11] 宋军继. 美国海洋高新技术产业发展经验及启示[J]. 东岳论丛, 2013, 34(4): 176-179.

[12] 陆铭. 国内外海洋高新技术产业发展分析及对上海的启示[J]. 价值工程, 2009, (8): 54-57.

[13] MBARI [EB/OL]. http://www.mbari.org[2014-01-10].

[14] MBARI [EB/OL]. http://www.mbari.org/about/faqs.html[2014-01-10].

[15] MBARI. Audited Financial Statements(2005～2012)[DB/OL]. http://www.mbari.org/about/ financial/financial.html[2014-01-10].

[16] D. E. 司托克斯. 基础科学与技术创新——巴斯德象限[M]. 周春彦, 谷春立译. 北京: 科学出版社, 1999: 63-64.

[17] 王一鸣. 研发活动的产业视角: 一种新的象限模型[J]. 中国软科学, 2013, (1): 72-80.

[18] 彭煦舟, 曾国屏. 运动的巴斯德象限——以 LED 为例对科学-技术螺旋互动律的考察[J]. 科学学研究, 2011(8): 1135-1140.

[19] MBARI [EB/OL]. http://www.mbari.org/news/news_releases/2002/jun13_isus.html[2014-01-10].

[20] MBARI [EB/OL]. http://www.mbari.org/pw/implement.htm[2014-01-10].

[21] 汪品先. 海洋科学和技术协同发展的回顾[J]. 地球科学进展, 2011, 26(6): 644-649.

[22] 封凯栋. 知识的生产与转变经济发展方式[J]. 科学学与科学技术管理, 2012, (1): 126-133.

基于 ANT 视角的产业技术创新战略联盟机制研究

——以闪联联盟为例

| 李峰，肖广岭 |

产业技术创新越来越受到国内外政府、产业界和理论界的重视，而如何实现产业技术创新，提升产业竞争力成为各国经济竞争的主战场。本文用行动者网络理论来追踪产业技术创新战略联盟（简称"联盟"）中行动者的互动、联结、转化和协同过程，分析行动者网络联结、转译的原因，并对联盟的发展提出相应的政策启示。

一、产业技术创新战略联盟的实践和问题

产业技术创新战略联盟是指由企业、大学、科研机构或其他组织机构，以企业的发展需求和各方的共同利益为基础，以提升产业技术创新能力为目标，以具有法律约束力的契约为保障，形成的联合开发、优势互补、利益共享、风险共担的技术创新合作组织[1]。2009 年科学技术部发布《关于推动产业技术创新战略联盟构建与发展的实施办法（试行）》（国科发政〔2009〕648 号），并开展了联盟试点工作。首批批准了 36 个国家级试点联盟。截至 2013 年 11 月，国家级试点联盟确定了 4 批，总数达 150 家。省级和国家行业协会级试点联盟数以千计，地市级联盟的数量也不少。据不完全统计，仅北京地区成立的联盟就超过了 100 家[2]。与此同时各地方政府也积极响应，

促进了地方联盟的建设和管理，加快了联盟这一产业技术创新载体的发展。

国内学者对联盟的相关研究成果也呈逐年上升趋势，主要集中在联盟的内涵和分类、联盟的运行机制、联盟的风险管理和利益分配等方面。有学者提出联盟现有研究所采用的理论视角不多，主要借鉴交易成本、资源依赖理论、知识管理等理论进行相关分析，没有更多采取学科交叉的研究方法，对产业技术创新战略联盟的组织模式、运行机制等问题进行深入、透彻、系统的研究[3]。也有学者提出，政府资金支持的方向将由企业转向产业技术战略联盟，由此可能导致一些机会主义倾向的产生，可能有一些企业参与联盟的目的就是套取国家对联盟的专项资金支持[4]。本文通过行动者网络理论分析闪联联盟的构建、发展和演化，尤其将技术这一共同行动者的作用展示出来，揭示了技术在联盟发展过程中的关键作用，有利于减少企业的机会主义行为，提高国家专项资金的使用效率。

二、行动者网络理论的创新视角

行动者网络理论（actor-network theory，ANT）是法国科学知识社会学家米歇尔·卡隆（Michel Callon）、布鲁诺·拉图尔（Bruno Latour）和约翰·劳（John Law）等提出的。拉图尔在 1987 年出版的《科学在行动：怎样在社会中跟随科学家和工程师》一书中从理论和实践层面系统阐述了行动者网络理论，认为人和非人的因素（如技术等）都可以成为行动者，非人类行动者的意愿（willing）需要通过代言人（agent）来表达；并用网络（network）这个词将人类和非人类行动者以同等的身份纳入其中，认为行动者网络（actor network）的建立依赖于这些异质性要素的组合、联结和扩张。从中可以看出，行动者网络是异质行动者建立网络、发展网络以解决特定问题的一个动态的过程。行动者网络理论中的网络不是信息技术意义上的网络，而是指一种描述联结的方法。

行动者网络理论用广义对称性原则（general symmetry principle）消解本体论的主客二分；用跟随行动者的灵活方法取代宏观理论框架说明微观现象的模式；用联结的社会学取代社会的社会学。广义对称性原则、行动者网络和问题转译（problem translation）是行动者网络理论的三个核心。

卡隆首先提出广义对称性原则，拉图尔进一步将其提升为本体论原则，拉图尔从批判现代性的主客二分出发，遵循广义对称性原则，提出非现代性立场与混合本体论，颠覆了当时主流世界观，塑造了全新的世界图景。他说："广义对称性原则不在于自然实在论和社会实在论之间的替换，而是把自然和社会作为孪生的结果，当我们对两者中的一方感兴趣时，另一方就成了背景。"[5]

行动者网络理论主张关系唯物主义（relational materialism）[6]。在人与非人组成的扁平化行动者世界中，所有的边界都被打破，没有上下层级，自然、社会之间的差别，每个行动者都是在平等的关系下进行自由联结。行动者的身份也是在相互之间的关系中界定，行动者网络之外，不存在一个超越的社会实体赋予行动者明确的本质。行动者的力量并不在于这些个体或机构所拥有的特定的内在特征，而是源自于他们所能控制的网络[7]。

问题转译是建立行动者网络的基本途径，它使得描述行动者世界的建构机制得以可能[8]，所以，行动者网络理论也被称作转译社会学。转译过程包括问题呈现（problematisation）、利益共享（interessement）、招募（enrollment）和动员（mobilization）四个基本环节。通过这些环节，各个行动者重新界定和分配自身与他人的利益、角色、功能和地位，行动者之间通过转译，不断把其他行动者的问题和兴趣用自己的语言表达出来，借助转译，各行动者开始交往、流动，经过一系列的磋商和博弈，各个行动者的利益得以协调，最终达成共识、建立网络。

行动者网络理论在国内外学术界产生了较大的影响，拉图尔的文章和书籍被翻译成 20 多种语言在世界各地出版和传播，其因杰出的学术成就而获得 2013 年度霍尔堡国际纪念奖（Holberg International Memorial Prize）；国内学术界已有学者介绍行动者网络理论并用该理论分析研究与科学技术相关的问题，如朱剑峰 2009 年发表了《从"行动者网络理论"谈技术与社会的关系——"问题奶粉"事件辨析》，2011 年詹爱岚和李峰发表了《基于行动者网络理论的通信标准化战略研究——以 TD-SCDMA 标准为实证》，2012 年李兵和李正风发表了《基于 ANT 视角的国家科技计划课题制实施过程研究》等。

三、产业技术创新战略联盟的行动者网络分析

（一）产业技术创新战略联盟行动者网络构成要素

联盟行动者网络的行动者可以按照是否有人直接参与而分为两类：一类是有人类直接参与的行动者，即人类行动者；另一类是影响联盟运行和实施

的自然要素,即非人类行动者。本文所指人类行动者既可以是参与到联盟中的个人,也可以是由个人组成、具有一定行为能力和责任能力的相关组织。非人类行动者主要指影响联盟实施的政策环境、法律法规等制度环境以及联盟所要攻克的产业共性技术等相关的技术范畴。按照联盟运行的情况我们将其行动者列于表1。

表 1 产业技术创新战略联盟行动者网络构成要素

类型	类别	行动者
人类行动者	个人	企业家、企业工作人员、教授、学生、研究人员、官员、其他工作人员等
	组织	企业、大学、科研机构、政府、其他组织机构
非人类行动者	技术	基础技术、产业共性技术、技术标准
	制度	政策环境、法律法规

在联盟中,企业、大学、科研机构、政府、其他组织机构是组织类型的人类行动者,企业家、企业工作人员、教授、学生、研究人员、官员、其他工作人员等是个人类型的人类行动者。产业共性技术等是技术类型的非人类行动者,政策环境、法律法规是制度类型的非人类行动者。根据其在联盟发展的不同阶段的位置和角色的不同可分为核心行动者、主要行动者和共同行动者三类,其中核心行动者处于行动者网络的协调的位置,通过它与主要行动者协同来实现联盟的发展,共同行动者是在联盟中其他互动和联结中涉及的角色和资源。这三类行动者在不同阶段形成不同的组合并相互作用使得联盟的网络在不断地优化和发展,使资源与企业的创新活动之间的联结强度增强、联结长度缩短、联结范围增大,从而实现产业技术创新能力的提升。

(二)产业技术创新战略联盟的行动者演化分析

本文以闪联产业技术创新战略联盟(简称"闪联联盟")为例分析联盟内三类行动者的演化过程。

1. 闪联联盟的构建阶段(2002~2003 年)

闪联联盟是科学技术部首批指定的 36 个联盟试点之一,其雏形可以追溯到 2002 年。2002 年 11 月 25 日,信息产业部科学技术司召集专家在北京召开了智能互联标准研讨会。2003 年 7 月 10 日,信息产业部科学技术司批准"信息设备资源共享协同服务"标准化工作组（简称"闪联标准工作组"）正式成立。工作组成立的最初目的是解决电视、计算机、手机在 3C 融合（计算机、通信和消费电子产品三者之间的信息资源共享和互联互通）、三网融合（互联网、移动网和电视网融合）过程中的设备互联互通，主要工作是制定信息设备资源共享协同服务标准（IGRS 标准），并促使其产业化。

闪联标准工作组在信息产业部科学技术司的领导下，实行组长负责制，工作组组长由信息产业部科学技术司任命。组长单位代表本工作组对外联络，按阶段列出工作任务，并根据各项任务，明确分工和制定工作计划。闪联标准工作组在组长的领导下，下设秘书处、专家委员会、技术组、知识产权组、策略联盟组及认证组和市场推广组等开展相关工作，共同做好闪联标准的研究与制定工作。闪联标准工作组的组织机构结构如图 1 所示[9]。

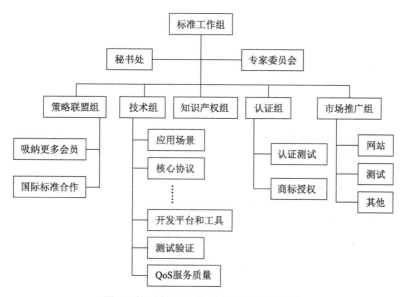

图 1　闪联标准工作组的组织机构结构

在这个阶段，政府处于行动者网络的始端，政府在闪联联盟建设的初期是一个推动者和任命者的角色，通过指导企业成立标准工作组和激励机制来征召和动员行业内骨干企业进行合作和互动，开展技术标准的研究和制定工作。5 家骨干企业主要提供基础技术、专利和开展标准研究和制定工作。由此可见，政府是联盟构建阶段的核心行动者，它和企业等主要行动者一起通过其他行动者如基础技术、政策等进行互动和联结。技术作为共同行动者在这一时期的表现是基础技术。

2. 闪联联盟的发展阶段（2004～2006 年）

2004 年 10 月，闪联联盟的企业成员在第六届中国国际高新技术成果交易会上分别发布了自己的首款闪联笔记本、投影机、液晶电视、等离子电视等闪联产品。2005 年 6 月 29 日，《信息设备资源共享协同服务》标准（简称"闪联标准"）1.0 版正式获批成为国家推荐性行业标准，闪联标准成为中国第一个"3C 协同产业技术标准"。闪联联盟在制定产业技术标准的同时，还积极推进闪联共性技术的产业化。2005 年 12 月 18 日，由联想集团、TCL 集团、长城集团、长虹集团等 8 家国内主要信息技术领先企业联合出资设立"闪联信息技术工程中心有限公司"，专门从事推动和落实闪联标准产业化[10]。2006 年，包括美的、格兰仕、万和在内的 12 家广东顺德家电企业集体加入闪联联盟，闪联联盟实现了"黑色家电""白色家电"的全覆盖。

根据行动者网络理论，行动者逐步加入已有网络的原因是该网络的目标符合行动者自身的利益需求，因此要吸引更多的行动者参与网络，首先要了解其他行动者的目标，在磋商的过程中达成共识。这需要一个将最初政府的目标（制定行业标准）进行转译的行动者，它既可表达政府的需求又能代表其他行动者的利益。谁能做转译者呢？在闪联联盟的发展阶段，联盟代替政府成为行动者网络的主要推动者和转译者，联盟由最初的 5 家电子信息领域骨干企业发展到 8 家骨干企业，由"黑色家电"企业向"白色家电"企业的扩展，各方通过联盟进行利益磋商，最终达成共识，联盟在制定行业标准和推进产业化方面取得成效。企业在这一阶段处于核心行动者的角色，和政府等主要行动者共同推进标准的实施，和其他行动者如消费者等推进标准的产业化、商品化。技术作为共同行动者在这一时期的外在表现形式已经变为行业标准。

3. 闪联联盟的国际化阶段（2007 年至今）

2008 年 7 月，闪联标准第四部分正式通过了国际标准化组织/国际电工委员会（ISO/IEC）最后一轮投票，成为第一个来自中国的 ISO 国际标准。2008 年 10 月，闪联的另一项标准《闪联基础协议标准》再次通过国际标准化组织/国际电工委员会投票，成为最终草案国际标准（FDIS），标志着中国闪联标准体系在国际标准化组织/国际电工委员会标准组织中被全面接纳。在此基础上，闪联联盟还积极参加举办技术标准国际会议，例如，2008 年，闪联联盟和日本 ECHONET、韩国 Home Network Forum 三方在北京联合举行了亚洲家庭网络标准委员会（AHNC）北京会议。2009 年，闪联联盟承办了 2009 年度国际标准化组织/国际电工委员会第一联合技术委员会信息技术设备互连分技术委员会全体会议。闪联联盟参加国际标准化活动彰显了我国在国际标准化组织/国际电工委员会国际标准领域中从参与者到跟随者到组织者的角色转变。

在这一阶段，联盟的实体单位"闪联信息技术工程中心有限公司"的作用越来越明显，自身定位也愈加明确，把推广产品和推广产业分开，联盟实体机构只推广产业。具体工作包含四部分：一是打造、维护闪联这个品牌；二是开发闪联共性的基础技术；三是产品开发之后，完成四部委联合的测试认证，证明产品之间能够互联互通；四是维护政府关系[11]。联盟实体机构成为网络的核心行动者标志着闪联联盟进入了一个新的发展阶段，联盟实体机构通过自己的行动与国际组织（主要行动者）开展互动和联结，推动中国标准的国际化，同时与政府、大学、企业、科研成果、知识产权、政策、消费者、标准等其他行动者进行互动和联结，共同构成新的"行动者网络"。技术作为共同行动者在这一时期的表现形式为国际标准。闪联联盟不同发展阶段各类行动者的演变情况如表 2 所示。

表 2　闪联联盟不同发展阶段各类行动者的演变

阶段	核心行动者	主要行动者	共同行动者
构建阶段	政府	企业	基础技术、政策法规
发展阶段	企业	政府	行业标准、消费者、政策
国际化阶段	联盟实体单位	国际组织	国际标准、市场、大学

（三）产业技术创新战略联盟的行动者网络分析

巴斯德实验室成功的根本原因用行动者网络理论来看就是构建了一个由强大的利益相关的行动者所构成的网络。联盟能否建立长效机制其实也可以看成联盟内的行动者能否成功构建利益共享、风险共担的行动者网络。

拉图尔曾说过："行动者网络理论是把社会看成是联结的科学。"[12] 它最关注政策从一个地点到另一个地点的位移是如何实现的，通过什么工具实现，付出了哪些成本等。因此我们通过跟踪行动者的行动来破译行动者之间的互动、组合模式，分析行动者之间联结的动机、行为和结果。

在闪联联盟的构建阶段,政府基于其掌握的资源推动联盟的建设,例如通过项目激励、政策支持、统筹协调等。闪联联盟的前身闪联标准工作组正是在政府的推动和任命下成立的。在这一阶段政府是核心行动者,企业是主要行动者,基础技术、政策法规等则是共同行动者。

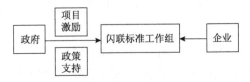

图 2　闪联联盟构建阶段行动者网络示意图

在闪联联盟的发展阶段,联盟代替政府成为行动者网络的主要推动者和转译者,联盟自身增加了企业数量,扩展了标准认证的产品,推动了闪联标准的产业化。联盟在制定行业标准和推进产业化方面有了新的进展。企业在这一阶段是核心行动者,政府既是标准的认定者,也是行动者网络的主要行动者,技术作为行动者的形态已经演化为行业标准,共同行动者包含行业标准、消费者、政策等。

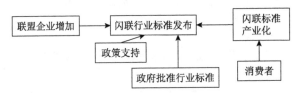

图 3　闪联联盟发展阶段行动者网络示意图

在闪联联盟的国际化阶段,联盟实体机构作为核心行动者通过自己的行动与国际组织(主要行动者)开展互动和联结,推动中国标准的国际化,同时与政府、大学、企业、科研成果、知识产权、政策、消费者、标准等其他行动者进行互动和联结,共同构成新的"行动者网络"。

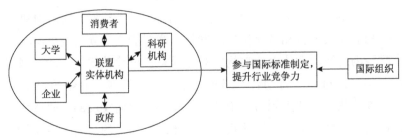

图 4　闪联联盟国际化阶段行动者网络示意图

四、结论与启示

政府和企业在联盟中的角色适时转换。政府由联盟初期的核心行动者向共同行动者演化，由主导者向服务者转化。在联盟建设初期，政府可以通过项目资源、政策支持等方式支持联盟的发展。到发展阶段，联盟的核心行动者由政府转换为企业，通过企业的行动让其他行动者看到潜在的利益和机会，增加行动者之间联系的频率和效率，从而提高创新的产出质量。创新质量越高、数量越多，就会吸引更多行动者，建立更多的合作关系，网络的联结也会更强更稳定。

基于行动者网络理论的三个核心点，形成联盟发展的长效机制。广义对称性原则揭示了技术这一共同行动者在联盟发展过程中的关键作用，而重视产业共性技术的研发，是联盟长效发展的基础之一。问题转译是建立行动者网络的基本途径，而通过问题呈现、利益共享、招募和动员等环节结成联盟，其实质是各个行动者达成了利益共享的分配机制，这有助于降低联盟运行的人为偏差，促进联盟的长效发展。网络是技术创新的载体，而要形成有效的行动者网络就要形成通畅的沟通协调机制。联盟内部建立公用信息平台，实现信息共享，及时避免联盟内部的冲突与矛盾，增加联盟内部成员的相互信任，有利于形成通畅的沟通协调机制，从而维持联盟的长期性和稳定性。

既坚持各类行动者的平等又承认其差异，促进联盟有序、协调发展。用行动者网络理论分析联盟，既强调人类行动者与非人类行动者在网络中的地位是平等的，又承认各个行动者的差异和不同的作用。只有充分发挥各类行动者的作用才能使得联盟有序、协调发展。

用行动者网络理论阐述和分析联盟既有明显的优点又有不足之处。优点在于：有助于认识联盟不同发展阶段不同行动者的作用，区分核心行动者、主要行动者和共同行动者的不同作用，突出技术作为行动者在联盟发展过程中的重要意义；有助于解释产业共性技术研发、利益分配机制和沟通协调机制对联盟的重要作用。不足之处在于行动者网络理论对联盟运行的效果和其给参与成员带来的绩效等问题解释力较弱，有待进一步开展定量研究。

（本文原载于《科学学研究》，2014 年第 6 期，第 835-840 页。）

参 考 文 献

[1] 科学技术部. 关于推动产业技术创新战略联盟构建与发展的实施办法(试行)[Z]. 国科发政[2009]648 号.

[2] 向杰. 产业技术创新战略联盟已遍地开花[N]. 科技日报, 2010-06-07(09).

[3] 喻金田, 马池顺. 产业技术创新战略联盟国内研究进展与趋势分析[J]. 科技与管理, 2012, (3): 47-50.

[4] 王静. 产业技术创新战略联盟运行绩效的评价研究[D]. 杭州: 杭州电子科技大学, 2011.

[5] Callon M, Latour B. Don't throw the baby out with the bath school: a reply to collins and yearley[A]//Pickering A. Science as Practice and Culture. Chicago: Chicago University Press, 1992: 348.

[6] Law J. Notes on the theory of the actor-network: ordering, strategy, and heterogeneity[J]. Systems Practice, 1992, (4): 379-393.

[7] 希拉·贾撒诺夫, 杰拉尔德·马克尔, 詹姆斯·彼得森, 等. 科学技术论手册[M]. 盛晓明, 孟强, 胡娟, 等译. 北京: 北京理工大学出版社, 2004: 191.

[8] Callon M. The sociology of an actor-network: the case of the electric vehicle[J]. Mapping the Dynamics of Science and Technology, Sociology of Science in the Real World, 1986, (1): 19-34.

[9] 徐小涛, 高泳洪, 田铖, 等. 闪联标准的最新发展[J]. 数据通信, 2008, (4): 12-15.

[10] 闪联产业联盟办公室. 闪联大事记[EB/OL]. http://www.igrs.org/templates/T_newslist/index.aspx?nodeid = 171, 2013 /[2013-11-10].

[11] 梁明, 张雪. 闪联: 大企业的联合创新[J]. 中国品牌, 2008, (2): 26-30.

[12] 成素梅. 拉图尔的科学哲学观——在巴黎对拉图尔的专访[J]. 哲学动态, 2006, (9): 3-8.

公共科技服务平台的内涵、类型及特征探析

岳素芳，肖广岭

引言

20 世纪末至 21 世纪初，创新平台的概念在许多国家被提出并指导出台了相关科技政策，但各国对创新平台的内涵与功能存在多种界定：1999 年美国竞争力委员会在《走向全球：美国创新新形式》中指出，创新平台（platform for innovation）是创新基础设施以及创新过程中不可缺少的要素；进入 21 世纪，英国、荷兰等欧洲国家出台的"国家创新平台"（National Innovation Platform）计划重在发挥政府对创新的战略引领、政策推动或资金引导作用而不是为中小企业直接提供技术服务。[1]1-2 与欧美的创新平台不同，我国科技平台的特色在于强调平台自身的公共服务功能，即一方面满足科技创新主体对科技基础设施的需要，另一方面满足企业及产业的共性技术需求。

自 2004 年国务院转发科学技术部等四部委制定的《2004—2010 年国家科技基础条件平台建设纲要》开始，科技平台建设已经过去了第一个十年。[2]18 在此期间，国家出台了系列政策和文件，并成立了国家科技基础条件平台中心具体指导科技平台战略的实施。然而作为提供公共科技服务的新型组织模式，国内外对其相关理论研究较为欠缺，时至今日关于公共科技服务平台的内涵理解并未在政策界和学术界达成共识。囿于对平台的概念界定存在不同认识，部分地方平台建设与原有国家科技计划交叉重叠。学术界对公共科技服务平台的理念不清，既影响相关公共科技服务理论的进展，也无法对我国平台战

略产生实质性的指导作用。因此，明确公共科技服务平台的概念内涵及其特征显得尤为重要。

一、公共科技服务平台概念的演化

我国科技平台建设始于 2002 年国家科技基础条件平台战略的实施，从主要面向高校和科研院所服务的国家科技基础条件平台到如今初见雏形的公共科技服务平台体系，公共科技服务平台概念的演化大体可分为三个阶段。

第一，科技基础条件平台阶段。这一阶段的平台建设突出整合、盘活科技资源，强调资源的开放、共享，重点发挥平台对科技创新的基础物质条件的支撑功能，是服务于全社会科技创新的网络化、基础性支撑体系，供需主体皆为高校和科研院所。主要包括国家科技基础条件平台以及地方科技基础条件平台。第二，技术创新平台阶段。技术创新平台是国家科技基础条件平台战略的发展和深化，以支撑产业发展为目标，以企业特别是科技型中小企业为主要服务对象，通过有效整合大学、科研院所、科技中介服务机构以及骨干企业等产业领域内资源优势单位，面向企业技术创新共性需求提供公共服务。主要是指国家层面的三大技术创新平台，以及除科技基础条件平台之外的地方平台。甚至在技术创新平台概念形成之前，地方已经出现类似的科技服务组织。第三，区域公共科技服务平台。源于地方对科技平台的不同认识，为整合平台的不同释义，形成区域公共科技服务平台概念，目的在于突出平台的共享性和公共服务功能。本文研究的公共科技服务平台进一步整合平台内涵，范畴包括国家基础条件平台、国家技术创新平台以及区域公共科技服务平台（地方基础条件平台及技术创新平台）。

二、公共科技服务平台内涵的相关研究及概念界定

（一）公共科技服务平台内涵的相关研究

国内学术界关于公共科技服务平台的内涵研究从结构、模式、功能、定位等多个视角进行剖析，主要有以下几种代表性观点：①从组织结构出发，认为平台是一种产学研联盟[3,4]；②从研发创新的角度，把平台看作一种新型科研组织模式[5,6]；③从公共科技服务视角，认为平台是一种新型科技服务机

构[7,8]；④从平台在国家创新系统中的定位考虑，认为平台是创新系统的基础支撑体系[9,10]。

国外学者的平台研究主要聚焦于创新，从平台的创新功能方面理解其内涵和意义。代表性观点如下：①认为平台是一种新的创新模式，通过这种新模式，吸收内部和外部创新达到规模经济效应[11]46-53，平台机制比较灵活，很多平台的建立就是为了解决一个问题，其组织模式类似于我国的产学研联盟；②也有学者把创新平台当作科技服务中介机构，通过平台，创新主体间可实现信息和知识的交流[12,13]；③把创新平台认为是知识生产与治理的新模式，通过整合利益相关者之间的观点、知识以及行动，更好地促进彼此间的学习能力[14]；④协同创新的新载体。持此种观点的学者一般认为多主体参与的平台可以加强不同利益相关者之间的联系，并且为地方创新以及知识之间的相互作用创造良好条件，最终达到协同创新[15]。相互依赖的利益相关者带来多样性的知识和经验，彼此之间可互为补充，最后形成一致的问题解决方案[16,17]。

我国政策界对公共科技服务平台的理解则分为中央和地方两个层面。在整理相关文件中发现，中央层面关于公共科技服务平台的认识主要从平台的性质、规模、组织运行结构等角度考虑，即什么样的平台或服务组织应该纳入公共科技服务平台的认定范畴。科学技术部认为公共科技服务平台除具备资源整合、开放、共享等基本特征外，还重点强调其多资源单位联合共建的特性，除此之外，公共科技服务平台还必须具备独立的运行机构，以区别于之前的科技服务组织，诸如生产力促进中心、企业孵化器、工程技术研究中心、国家重点实验室等。

地方政府对平台的认识呈现多样化，多是从平台的服务功能和服务性质进行界定，也有个别地方明确平台的组织结构。如浙江省明确提出单个重点实验室、试验基地不作为行业和区域科技创新平台建设，同时强调平台建设要立足已有资源和已建创新载体，开展联合组建，实行共建共享。此外，北京在平台实际建设过程中也秉承了多单位联合共建的理念。其他各省、自治区、直辖市均侧重于平台的公共服务功能，对平台的组织结构不做过多要求，与之前建设的科技服务机构未加以明确区分。

从以上讨论可以看出，虽然国内外学者在公共科技服务平台的内涵理解上存在诸多不同，但对平台的资源整合功能及多主体参与的特性已经达成共识。我国政府因中央与地方认识存在分歧，对在全国范围内统筹规划平台建设具有一定困难。因此，从理论和实践两方面结合研究公共科技服务平台，解决平台是什么以及为什么的问题既是理论的需要，也是实践的需求。

（二）公共科技服务平台的概念界定

如果从概念本身出发，公共科技服务平台具有三个关键词：平台、科技服务、公共。首先，"平台"在词典中有三种解释：晒台；平房；生产和施工过程中，为进行某种操作而设置的工作台。之后平台作为一种术语被用于工业和计算机领域，强调其基础性作用。互联网的进一步发展，为平台概念内涵的扩展提供了前所未有的契机，平台作为一种商业模式被广泛使用，成为具有通用色彩的术语。总的来说，"平台"有以下三种基本释义：一种基础性支撑体系；不仅包括硬件，而且包括软件，是硬件和软件的集成体；具有公共和共用的服务性质。[18]25 其次，科技服务，也就是说平台提供的服务是在科技领域而非一般性的社会服务。再加上"公共"两字，则体现了平台面向群体的非特向性，突出平台资源的共享性而非专有性。其服务内容可分为两个层次：一是面向公众的科技服务，二是面向科技创新主体的科技服务。面向公众的科技服务是政府职能转变后的重要职责，是指在以人为本和促进人的全面发展的原则指导下，以公众自身的科技需求为导向，以保障公众享有科技成果和参与科技事务的权利为主旨，以提升公众科学素质、推动社会科学发展为目标，以政府为主导，包括企事业单位、社会团体（协会、学会）、社区及公民多主体参与提供的公共科技产品和服务。[19]9 面向科技创新主体的科技服务则是国家科技创新战略的重要组成部分，旨在通过共享资源服务为企业、高校、科研机构、个人等创新主体打造创新平台，从而增强国家和民族的整体创新能力。

综合以上不同理解，结合我国公共科技服务平台建设的现状，本文认为，公共科技服务平台概念的理解有广义和狭义之分。广义上的公共科技服务平台以全社会公众为服务对象，既包括科技创新主体，也包括一般的社会民众个体和组织，服务内容多样化，只要开放性、非营利性的科技服务机构或组织都可以纳入公共科技服务平台的范畴。狭义上的公共科技服务平台是我国国家创新系统中科技服务体系的重要组成部分，其立足之本在于服务，模式之新在于平台。可以理解为政府提供公共科技服务的一种新型组织模式，是政府推动，以高校、科研院所、科技中介、企业为主体，以促进资源整合为手段，以提升国家或区域整体创新能力为目标的动态非营利联盟组织，这种组织以服务科技创新主体为主营业务，具有典型的开放性、共享性等特征。

本文研究对象即为狭义上的公共科技服务平台。

三、公共科技服务平台的分类

关于公共科技服务平台的分类并未形成统一标准，从不同角度出发，平台的类型也各有侧重。首先，结构决定功能，因此平台及平台体系的组织模式是考量平台功能和绩效的重要维度。其次，根据目前我国平台的发展，政府的作用尤为重要，政府参与的不同程度以及平台归属的不同层次决定了其所获财政支持的方式和力度。以下便是从这几个重要维度探讨平台所属的不同类型。

（1）从平台自身的组织形式来看，可以分为实体组织和虚拟组织两种形式。虚拟组织模式是一种依托信息技术和网络平台，在平台共建单位保留其核心专长和相应功能的前提下，以科研项目和科技服务为纽带，形成的较为紧密的、跨越时空的、可实现资源共享与服务的柔性动态联盟。[20, 21]比如隶属于首都科技条件平台的新材料领域平台，即为北京新材料发展中心，联合钢铁研究总院、有色金属院等资源单位组成的虚拟联盟组织，由北京新材料发展中心具体负责平台管理运营，并依托联盟对外开展科技服务。这种虚拟组织平台的优势主要体现在以下几个方面：第一，共建单位各有所长、优势互补；第二，运行管理体制易于协调，与依托单位原体制冲突性小；第三，动态联盟机制更为灵活；第四，相对实体组织来说，更为节约成本。但这种组织形式也存在其固有的缺陷，诸如动态联盟体制较为松散、承建单位间的约束力不够、稳定性不足，除此之外，利益分配机制也是一直困扰其发展运行的难题。实体组织模式则建立在明确的产权结构基础之上，作为法人实体独立于平台共建单位，是一种高度市场化的组织运行模式，组织内部成员之间资源共享并对外开展科技服务。浙江省现代纺织技术及装备创新服务平台即为实体化的平台组织，该平台由绍兴轻纺科技中心、浙江理工大学、浙江大学和东华大学四方联合组建而成，并成立浙江省纺织工业研究院作为平台运行主体，属于民办非企业性质的公共科技服务平台。相对于虚拟组织，这种民办非企业性质的实体结构具有以下几点优势：①组织结构紧密，稳定性强；②利益分配机制明确，减少平台运行中的利益摩擦；③制度完善，对平台成员单位约束作用明显。但这种组织模式对共建单位要求较高，包容性相对较弱，应注意成员间的互补性问题，即主体的异质性；再者就是易受地域限制。

（2）从平台体系的组织模式来看，主要分为集成模式和离散模式平台。集成模式就是将原来区域内的各种研发资源在一个总平台管理下，进行统一调配和运行管理的模式，典型代表是上海研发公共服务平台。[22]114-115 上海研发公共服务平台由上海研发公共服务平台管理中心负责运行管理，集信息采集、发布、加工、管理于一身。这种模式的优势为便于统筹协调，劣势在于反应弧过长可能会造成一定的服务效率低下。离散模式平台建设分块进行，各类平台之间属于平行关系，建设方法主要是集成区域内优质部分资源，把其建设为某一基础平台或行业平台，典型代表是浙江省的平台建设模式。[20]40-43 浙江省平台大致分为三类，即公共科技基础条件平台、行业专业创新平台和区域创新平台，各类平台独立运行。这种模式的优势在于平台的自主性相对较大，服务需求可迅速得到反应，但缺陷在于平台资源仍处于分割状态，不能最大范围地实现共享。除这两种形式之外，还有一种模式介于离散和集成之间，即各类子平台既统一于总平台管理，又能各自保持其独立性，典型代表为首都科技条件平台。首都科技条件平台设立总平台网站，由技术交易促进中心统一管理运行，其下设的研发基地、领域中心、区县工作站既统一服从总平台调度安排，又可以独立收集需求信息并对外开展服务。

（3）根据政府参与平台的不同程度，可分为政府主导型、政府参与型及政府引导型。政府主导型是指平台由政府、高校、科研院所等资源单位联合共建，政府职能部门主导管理平台的运行发展。国家科技基础条件平台以及地方科技基础条件平台均属于此类型。政府参与型是指政府参与平台的联合共建，但在管理运行中不占据主导地位，主要发挥指导、组织和协调功能。一般由省市两级政府或科技厅与市政府联合资源科研院所共建，诸如由中国科学院、广东省人民政府和广州市人民政府联合共建的中国科学院广州生物医药与健康研究院，以及由中国科学院计算技术研究所、广东省科技厅和东莞市政府创建的广东电子工业研究院等均属于此类型。政府引导型是指政府引导并支持平台建设，但并未具体参与，平台具有自主性，是一种完全市场化的平台形式。这类平台在我国公共科技服务平台体系中占据较大比例，一般由高校、科研院所以及企业等资源单位联合共建，平台采取实体或虚拟性的组织模式，并设有专门机构负责组织运行。如浙江省新药创制科技服务平台，该平台由浙江省自然科学基金委员会资助，浙江工业大学（药学院）联合浙江省医药科学院（国家新药安全评价研究中心）、浙江中医药大学（动物实验研究中心）、浙江大学（药学院等）和浙江省食品药品检验研究院五家单位共同承建，并由位于浙江工业大学的运行管理办公室负责具体协调。目前尚未出现市场自发组织的公共科技服务平台。

（4）从归属的不同层次来看，平台可分为国家平台和区域平台。国家平台是指从国家层面上部署建设的科技服务平台，包括国家科技基础条件平台和三大技术创新平台以及跨省平台；区域平台主要是指省、市级及以下地方政府推动建设的平台。其中国家平台主要由中央财政支持；而区域平台建设则以地方财政为主，中央资金重点支持其跨区域服务部分。

四、公共科技服务平台与其他科技服务机构的比较

在公共科技服务平台出现之前，我国国家创新体系中不乏科技服务机构的身影，主要包括科技中介机构（狭义）①、国家重点实验室、部分产学研联盟等，其中科技中介机构是整个科技服务体系的主体。科技中介机构作为联结企业与各大创新要素之间的桥梁和纽带，有力地推动了国家创新系统的发展，在科技资源整合、交易成本降低、技术成果转化、科技咨询及创业孵化方面发挥巨大作用。然而就目前来讲，在科技中介机构数量增长、服务能力稳步提高的同时，综观我国科技中介机构的整体实力，尤其是与国外科技中介机构的发展比较以及与整个科技创新和科技成果产业化的需求对照，我国科技中介依然存在不少问题，服务能力与服务需求之间的矛盾较为突出。[23]107 重点实验室因为其主要任务是针对学科发展前沿和国民经济、社会发展及国家安全的重要科技领域和方向，开展创新性研究，开放共享仅作为一个评价指标包含在整体评估中。[24]因此，虽然原则上科技资源对外开放，但在实际工作中开展的对外服务并不多。产学研联盟是指两个或两个以上具有独立法人地位的企业间或企业与其他组织间联合致力于技术创新的组织合作行为，是为适应技术快速发展和市场竞争需求而产生的优势互补或加强性组织。[25]3 联盟内部成员之间形成较为紧密的网络关系，这种组织的主要目标是增强联盟内部企业竞争力，由此产生的社会和经济效益源于技术创新自身的外溢性，而不是联盟提供的专业科技服务。也就是说一般情况下，联盟仅服务于内部成员，而对外部企业具有相对封闭性。仅有极少数联盟开展共性技术研发，服务于整个产业发展。公共科技服务平台作为国家创新系

---

① 狭义的科技中介机构是指以科技中介服务为主业的专业服务机构。

统的基础支撑，是我国科技服务体系的重要组成部分，与其他科技服务机构共同促进我国科技服务业的发展。在平台战略实施之前，其他科技服务机构已经发挥公共科技服务平台的部分功能。但现阶段公共科技服务平台作为一种科技服务的新型组织模式，与传统科技服务机构相比，仍呈现出许多新的特点和优势。以下将从组织模式、行为主体、组织功能以及组织环境四个方面具体阐述。

首先，组织模式。公共科技服务机构组织模式多样化，根据不同体制特点或现实条件，共建单位可选择"虚拟组织"或"实体组织"模式运行。但不管采取哪种模式，平台所具有的资源整合能力及共享性远大于传统科技服务机构。科学技术部规定公共科技服务平台必须由多资源单位联合共建，以期最大限度地整合资源，扩大共享范围。部分地方平台虽未明确提出平台是由单方承建还是多方共建，但就目前来看，多方共建平台居多。由双边市场理论可知，平台的两边产生互动效应，政府强有力地介入解决了公共科技服务平台资源的供给问题，而这种扩大的资源服务能力进一步刺激市场需求，有利于形成供给与需求良性扩展的大好局面。

其次，行为主体。公共科技服务平台服务主体不仅包括高校、科研院所的重点实验室、工程技术研究中心，还包括企业、产学研联盟及科技中介机构。其中，科技中介机构对平台建设影响显著。诸如北京、上海等地已采用科技中介机构作为平台的专业运营主体，充分发挥中介专业服务优势，做好平台资源与市场需求的对接活动，弥补高校和科研院所在市场方面的能力缺陷。需求主体不仅包括企业、高校和科研院所，还包括从事科技研发的个人。尤其是对于个体创新来说，平台服务为其提供了前所未有的机遇。更为重要的是行为主体的联盟化，进一步提升了平台的服务潜力。传统科技服务机构相对于公共科技服务平台由于依托主体单一，虽然各有特点，但也因此存在诸多先天不足。

再次，组织功能。公共科技服务平台与其他科技服务机构相比，既交叉重叠，又各有侧重。除了广大程度上的功能整合之外，公共科技服务平台最为瞩目的便是科技资源的共享，尤其是大型科学仪器的共享。根据我国国情，之前国家对科研条件的投入多集中在高校和科研院所，而对企业的科研条件建设关注不够。科技中介机构则是重点促进科技成果转化，而现实需要科技成果转化的基本上属于科技大中型企业，小企业没有足够的财力直接购买科研成果。公共科技服务平台的重要功能之一就是提供检验检测服务，从而为广大中小企业的科技创新发展带来契机。科技资源尤其是大型仪器的共享，打破了中小企业研发、生产的硬件制约。因此，与以往科技服务机构相异，公共科技服务平台最基本的功能是提供基础科研条件服务，科技型中小企业为其主要受益者。

最后，组织环境。我国公共科技服务平台建设自上而下发起，政府在平台的建设运行中作用巨大，源于国家的顶层设计及相关政策的出台，更易引起高校、科研机构、科技中介机构、企业等技术创新主体的响应。除此之外，平台网络化发展趋势愈加明显，国家基础条件平台以及部分地方平台已形成渐趋完善的平台服务网络体系，网络体系的发展，进一步促进了主体间的互动，扩大了信息共享范围。对于高校和科研院所，通过平台集聚的大量市场需求信息，有利于进一步提炼企业或产业共性需求。企业或个人所需科技资源可获得性的增强，降低了创新门槛，有利于个体创新的实现。因此不论是从外环境还是内环境来看，公共科技服务平台都具备传统科技服务机构无以比拟的优势。

五、结论

公共科技服务平台作为新生事物，其概念内涵和特征也在不断演变。但其本质特点必须把握，以防造成与其他科技服务机构的混淆不清。首先，平台必须是联盟组织，以确保其资源整合的力度和广度；其次，平台必须具有开放性，而不是小范围的共享；最后，平台的主营业务为服务，服务广大创新主体为其立足之本。就目前来看，我国科技平台种类多样化，相应的组织运行模式也应根据平台本身特点而定，并无固定的标准。相对于传统科技服务机构，公共科技服务平台在兼顾科技创新主体的同时，尤其重视对科技型中小企业的服务，为企业及个体创新提供了前所未有的扶持。公共科技服务平台以"平台"促进服务，是科技服务的新型组织模式。这种模式在撬动资源存量、共享服务范围等方面非以往传统科技服务机构可比。

总的来说，公共科技服务平台是自上而下实施的对科技资源及传统科技服务机构的重新整合，是公共科技服务组织和制度上的创新。然而，这种新型服务模式也并非完美，随着平台的进一步发展，如何更好地促进其协同功能，如何更好地调节其公益性和市场化之间的矛盾，政府角色如何定位，如何确保平台的稳定性及长效机制等仍需要进一步的探索研究。

（本文原载于《自然辩证法研究》，2015 年第 8 期，第 60-65 页。）

参 考 文 献

[1] 《技术创新服务平台建设研究》课题组. 技术创新平台建设若干重要问题研究[R]. 2001, (9): 1-2.

[2] 张贵红, 朱悦. 我国科技平台建设的历程、现状及主要问题分析[J]. 中国科技论坛, 2015, (1): 17-21, 38.

[3] 李正卫, 李孝缪, 曹耀艳. 公共科技平台的结构和内部关系对其绩效的影响——以浙江省新药平台为例[J]. 科技管理研究, 2011, (19): 5-8.

[4] 葛丽敏. 公共科技服务平台的功能定位与组织模式研究——以浙江省为例[D]. 杭州: 浙江工业大学, 2008.

[5] 骆丹, 华小梅, 宋浩. 高校科技创新平台建设的几点思考[J]. 中国电力教育, 2007, (9): 20-22.

[6] 许强, 兰文燕. 研发联合体(平台)的形成和演变——以中国台湾和中国大陆为例[J]. 科学学研究, 2010, (2): 227-233.

[7] 李立, 王嘉鋆. 科技公共服务平台二维机制的矛盾及其功能协调[J]. 科技管理研究, 2009, (5): 142-143.

[8] 蒋坡. 论科技公共服务平台[J]. 科技与法律, 2006, (3): 7-10.

[9] 徐建国. 建设面向企业的创新支撑平台 增强企业自主创新能力[J]. 中国科技产业, 2009, (3): 94-97.

[10] 张利华, 陈钢, 李颖明. 基于系统失灵理论的区域科技创新服务平台研究[J]. 中国科技论坛, 2007, (11): 85-89.

[11] Gulshan S S. Innovation Management: reaping the benefits of Open Platforms by assimilating internal and external innovations[J]. Procedia-Social and Behavioral Sciences, 2011, (25): 46-53.

[12] Chu K-M. Motives for participation in Internet innovation intermediary platforms[J]. Information Processing and Management, 2013, (49): 945-953.

[13] Kilelu C W, Klerkx L, Leeuwis C. Unravelling the role of innovation platforms in supporting co-evolution of innovation: contributions and tensions in a small-holder dairy development programme[J]. Agricultural Systems, 2013, (118): 65-77.

[14] Hawkins R, Heemskerk W, Booth R, et al. Integrated Agricultural Research for Development[R]. 2009.

[15] Hall A B, Yoganand R S, Clark N. Innovations in Innovation: Partnerships, Learning and Diversity in the Generation, Diffusion and Use of New Knowledge[R]//Hall A J, Yoganand B, Sulaiman R, et al. Innovation in Innovations: Reflections on Partnership and Learning. Patancheru: CPHP, ICRISAT and NCAP, 2003.

[16] Bouwen R, Taillieu T. Multi-party collaboration as social learning for interdependence: developing relational knowing for sustainable natural resource management[J].

Community and Applied Social Psychology, 2004, (14): 37-153.

[17] Röling N. Beyond the Aggregation of Individual Preferences: Moving from Multiple to Distributed Cognition in Resource Dilemmas[M]. Wheelbarrows Full of Frogs: Social Learning in Rural Resource Management. Assen: Konin-klije Van Gorcum, 2002: 25-47.

[18] 国家科技基础条件平台建设战略研究组. 国家科技基础条件平台建设战略研究报告[M]. 北京: 科学技术文献出版社, 2006: 25.

[19] 谢莉娇, 徐善衍, 刘世风. 面向公众的公共科技服务及其体系建设[J]. 中国科技论坛, 2009, (12):8-12.

[20] 王英俊, 丁堃. "官产学研"型虚拟研发组织的结构模式及管理对策[J]. 科学学与科学技术管理, 2004, (4): 40-43.

[21] 马仁钊, 翟运开. 虚拟企业创新平台的运行模式研究[J]. 科技管理研究, 2007, (12): 39-41.

[22] 王瑞敏, 章文君, 高洁. 公共科技服务平台构建和有效运行研究[J]. 科研管理, 2010, (6): 113-117.

[23] 杨爱华. 科技中介机构的瓶颈与发展路径分析[J]. 科技与管理, 2006, (1): 107-109.

[24] 科学技术部, 财政部. 国家重点实验室建设和运行管理办法[Z]. 国科发基[2008]539 号.

[25] 王胜光, 冯海红. 产业技术联盟内涵及其发展背景研究: 基于中关村产业技术联盟发展现状[J]. 科技与管理, 2007(6): 1-3, 6.

风险社会中新技术的社会治理

风险决策背景下的预警原则争议及启示

| 李平 |

风险预警原则（precautionary principle）最早出现在 20 世纪 80 年代德国环境法之中。20 世纪 90 年代后，风险预警思想发展成一项公认的环境法原则，广泛适用于生物多样性保护、气候变化控制、海洋污染防治、危险废物管理等环境保护领域。该原则的各种版本正在不同国家和国际的司法和政策领域中扩展[1]7-28。其影响力已经从环境、技术和健康风险的管制扩展到科学、创新和贸易的管理领域。

风险预警原则自提出以来，其能否成为风险评估中的决策规则，一直备受争议。它一方面得到环保主义者和消费者保护团体的积极倡导，另一方面受到产业界的抵制，在学术界也引起了激烈的争论。本文拟从风险决策中预警原则的不完备性以及科学理性方法悖论两方面分析争论存在的合理性，并探讨风险预警原则在风险评估中存在的价值及其政策含义，即在政策操作层面如何协调传统科学评估方法与预警原则的关系。

一、预警原则之于风险决策的不完备性

1992 年《里约环境与发展宣言》第 15 条原则概述了风险预警原则的关键性特征："为了保护环境，各国应按照本国的能力，广泛采取预防性措施。遇有严重或不可逆转损害的威胁时，不得以缺乏充分的科学确定性为由，延迟采取符合成本效益的措施防止环境恶化。"但是，目前国际社会对预警原则并未形成一致认可的权威定义。

比如在《里约宣言》《生物多样性公约》《联合国气候变化框架公约》等国际公约中，对预警原则的阐述都不尽相同。《生物多样性公约》序言提到，"生物多样性遭受严重减少或损失的威胁时，不应以缺乏充分的科学定论为理由，而推迟采取旨在避免或尽量减轻此种威胁的措施"。同样于1992年在联合国环境与发展会议上签署的《联合国气候变化框架公约》第三条原则3则指出，"各缔约方应当采取预防措施，预测、防止或尽量减少引起气候变化的原因，并缓解其不利影响。当存在造成严重或不可逆转的损害的威胁时，不应当以科学上没有完全的确定性为理由推迟采取这类措施，同时考虑到应付气候变化的政策和措施应当讲求成本效益，确保以尽可能最低的费用获得全球效益。为此，这种政策和措施应当考虑到不同的社会经济情况，并且应当具有全面性，包括所有有关的温室气体源、汇和库及适应措施，并涵盖所有经济部门"。

预警原则表述的模糊性使其回避了很多重要的问题，例如何为"危险"，如何认识"科学信息不充分"，成本效益分析的适用范围，以及预警原则适用的危险程度等。对于这些问题，政府管理者、利益团体以及学者在过去30年里展开了激烈的争论，但一直没有达成一致意见。"尽管对每一个表述的优缺点的讨论很充分，没有一个表述能被所有的人接受。把它描绘成一些关于抵制风险、举证责任、不可挽回损害以及规范义务的含糊的直觉更有意义。"[2]305-308

鉴于风险预警原则内涵不清晰，无法提供对风险的精确理解，很多学者认为预警原则不能作为理性决策的基础。剑桥大学科学史与科学哲学系研究员马丁·彼得森（Martin Peterson）进一步论证了风险预警原则与理性决策三个基本原则的不一致性。理性决策（rational decision-making）主要指决策者在决策过程中，先准备一套完整的备选方案，对每一方案的成本/效益进行预测，并计算每一方案的净期望值，然后选择一个期望值最大的方案。Peterson认为，理性决策包括三个基本原则：主导（dominance，D）原则、协变（covariance，C）原则和总规则（total order，TO）。其中主导原则是指，如果在所有可能的情形下，一个行为产生的后果至少和另一个行为产生的后果一样好，并且在某一特定情形下要好于另一个行为产生的后果，则前一个行为优先于后一个行为。协变原则也称为阿基米德原则，是指如果一个行为产生的非致命后果的可能性增加，则表明产生致命后果的可能性降低。换句话说，其他情形不变，一个行为产生的坏结果的可能性越小，这个行为越好。总规则是一个技术条件，指行为之间的优先选择是完全的（complete）、反对称的（anti-symmetric）和转移的（transitive）。对于两个行为 X 与 Y 而言，

"完全的"是指要么 X 优先于 Y，要么 Y 优先于 X，要么 X 与 Y 具有同样的优先权；"反对称的"是指如果 X 优先于 Y，则不可能有 Y 优先于 X；优先权排序的"转移的"特性是指，如果 X 优先于 Y，Y 优先于 Z，则 X 优先于 Z。

在此，Peterson 将预警原则表述为预防[PP（α）]，即如果一种行为比另一种行为更有可能引发致命后果，且两种行为可能带来的不受欢迎的致命后果是同样的，则优先选择后一种行为。[3]595-601 鉴于预警原则理性表述的不确定性，这一表述已是最能够被接受的一种基本表述。由此，Peterson 对 PP（α）与 D、C、TO 逻辑上的不自洽作了详细论证：

（1）设定行为为 $X=[a, p, q]$，$Y=[a, q, p]$。小写字母 a，p，q 分别表示行为 X、Y 在不同情形下可能产生的后果，产生后果的严重程度 $a<p<q$。数列从左至右排序表明后果产生的可能性依次减弱，即 X 最可能产生的后果是 a，其次是 p，最后是 q；Y 最可能产生的后果是 a，其次是 q，最后是 p。

（2）由于 X 和 Y 可能产生同样的致命后果 a，p，q，根据 PP（α），得出 X 与 Y 具有同样的优先权，（i）：$X=Y$。

（3）Y 可以通过增加 p 的可能性、降低 q 的可能性而得到改善后的 Y'，$Y'=[a, p, q]$。由协变原则可知，（ii）：$Y'>Y$。

（4）从定义上看，$Y'=X$。根据总规则，X 与 Y' 具有同样的优先权，即：$Y'=X$。根据转移原则，由于 $X=Y$，得出（iii）：$Y'=Y$。

因此得出结论，（ii）与（iii）相互矛盾，即预警原则与理性决策的三个基本原则相矛盾。为解决这一矛盾，只能在理性决策时放弃预警原则。显然，依据上述分析，预警原则并不能成为一个完备的决策规则。预警原则不能通过提供对风险的精确理解来证明某一特定决策的正当性。风险预警原则与其说是一个详细而精确的决策规则，还不如说是一个一般性的认识原则。作为认识原则的预警原则可以告诉人们什么可以相信，什么不可以相信。在风险管理中，通过改变决策制定者的信念，间接地影响决定，而不违背任何理性原则。[2]305-308

对预警原则的另一个批评是其在风险决策中表现出一定程度的专断性。预警原则已经变成强制实施一些法规的借口。[4]viii 如果仅仅因为适用风险预警原则，就禁止有负面效应的任何事情，这就非常霸道，也会将科学边缘化。目前已有各种形式的传统科学风险评估方法，如科学实验与模型、概率和统计理论、成本效益和决策分析、贝叶斯和蒙特卡洛方法等等，这些评估方法足以提供严密、合适、完整的决策规则。现有的科学理性的手段已经提供了一套全面、合理的用于政策的"决策规则"。[3]565-601 此外，这种专断性还表现为滥用风险预警原则会导致贸易保护主义。由于各国可以在缺乏足够科学依据的情况下，根据自己对风险的单方面界定而禁止进口，这就为贸易保护主义留下了空间。欧洲议会报告就曾指出，在风险预警原则和措施的实际操作中，必须防止披着环境保护外衣的贸易保护主义。

应该说上述对预警原则的批评是合理的。然而，这些批评是建立在将其与风险控制中的科学理性方法作不利比较的基础之上的。在分析风险预警原则的优缺点的同时，我们也必须同样重视分析传统科学风险评估方法的优缺点。一个问题随之而来，科学的合理性及严密性是否绝对地适用于一切风险评估领域？

二、科学认识风险的不确定性与预警原则的必要性

尽管传统的风险评估技术手段表现出很强的科学有效性、严密性与可靠性，如果仔细研究风险发生的概率与后果，则会发现情况并非如此简单。以发生风险的概率和风险后果为轴，建立二维象限，我们会发现风险存在四种情况：危险、概率不确定、后果不确定、无知，如图1所示。传统的科学方法对风险的评价，都建立在阐明"后果"和"概率"两个基本要素的基础之上，这两个基本要素综合成风险概念。

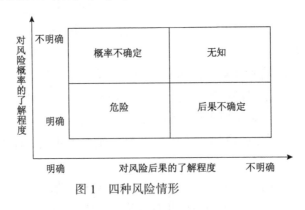

图1 四种风险情形

即：risk（风险）=outcome（后果）×probabilities（概率）。

当风险处于"危险"情形时，风险发生的后果及其概率是已知的，此时传统科学评估方法是有效的，经验或科学模型对可能产生的结果及其概率具有很高的可信度。从严格意义上来说，这是风险的形式要件，正是在这一条件下，传统的风险评估方法为风险评估提供了科学严谨的方法。但是，在危

险不确定或后果模糊的情况下，人们通常并不能依赖数据导出有效的判断。

当风险处于"概率不确定"情形，比如判断一些药物的致癌性时，人们能够辨别可能出现的结果，但根据现有的资料或分析模型，并不能得出确定的概率。此时，科学严谨的方法只能承认各种可能的解释，而不能得出单一的评价或建议。当风险处于"后果不确定"情形时，仅仅依靠确定性的概率分析，也并不能得出确定的答案。当风险处于"无知"情形，比如平流层臭氧损耗等一些重要的环境问题时，无论是风险的概率还是结果，都是不确定的。此时问题的关键，已不是专家意见的分歧或风险概率的不确定，而是人们对此的一无所知。

显然，在上述复杂的风险"不确定""无知"情况下，以科学为基础的评估方法并不能提供唯一的令人满意的结果。因此，通过传统的科学评估方法，试图将风险还原成一幅可靠、科学的图景，既不合理也没有科学根据。

安德鲁·斯特林（Andrew Stirling）等人认为，科学评估方法的"实践的稳健性"（practical robustness）体现在对风险评估结果的精确表达上，而不是评估方法自称的精确。在能源政策领域，以科学为基础的、还原性的风险评估方法常常被认为是非常成熟、完善和精致的，这些方法影响了气候变化、核能和核废料等很多政策的制定。但是通过调研发现，那些貌似精确的调查结果大多以其整体的一致性掩饰了其内在巨大的多样性。在基因政策领域也存在类似情形，早在 20 世纪 90 年代后期，专家们就呼吁英国政府管制转基因技术，尽管政府咨询委员会声称他们的集体意见是精确规范的，但是很明显，集体意见的背后是各个专家的观点表现出非常大的差异性。

风险表述的不确定性、可能性和不可计算性，说明风险定义和评估的社会建构性。很多展示在公众面前的一幅幅"可靠""科学"的图景，通常取决于其风险评估结论是如何"被构造"（framed）的。关于风险的定量表达或明确的专家意见，更多的是体现了科学的工具价值和政治意义。贝克认为，风险"引致系统的、常常是不可逆的伤害，而且这些伤害一般是不可见的。然而，它们却基于因果解释，而且最初仅仅是以有关它们的（科学的或反科学的）知识这样的形式而存在。因而，它们在知识里可以被改变、夸大、转化或者削减，并就此而言，它们是可以随意被社会界定和建构的"。[5]20 "风险归根结底不是任何一种具体的物。我们早已说过：它们是看不见的。它们是人的感官感觉不到的东西。它们是一些社会构想，主要是通过知识、公众、正反两方面专家的参与、对因果关系的推测、费用的分摊以及责任体系而确立起来的。它们是认识上的构想，因此总是带有某种不确定性。"[6]145 利益相关者都试图通过对风险的评估和界定来保护自己的利益，规避风险。但这些评估又不得不依赖于科学知识和科学理性。于是，科学理性追求确定性和统一性的本质要求，与风险定义和评估的社会建构性的内在矛盾凸显出来。

科学方法在风险不确定情况下的理性悖论，实质是风险评估中以科学为基础的还原论的失败。正如 U. 菲尔特所说，"科学被抽象为价值中立、客观且内部逻辑'完善'的形象，于是科学似乎成了社会运转的理想基础。科学作为真理的一个源泉，作为道德优越的社会事业，被认为是所有政治与伦理判断的理想基础"[7]21。布赖恩·温内也认为："任何调查方法就其本性而言，都将导致知识和理解的去情境化，都将强加这样的预设，即它们的意义独立于在社会互动关系中存在的人类主体。调查数据内在的连贯性不足以证明它具有更大范围的有效性——而只能证明它具有内在的一致性，后者常常被误认为前者。"[8]由于科学理性的风险计算倾向于忽略实际语境的非确定性、复杂性和多样性，忽视了风险产生的各种社会、心理、行为因素以及社会对风险治理提出的多元要求，把风险认知和管理局限于科学理性层面，从而造成对风险产生、传播、治理等诸多环节的偏差。那些不可计量的、被忽视的不确定威胁，则结合成一种未知的风险，威胁着我们。因此，有必要在历史的、具体的语境中对待科学方法，强调社会语境、社会关系和价值观念所起的作用。大卫·布鲁尔就认为："如果我们的知识纯粹受来自物理世界的刺激的控制，那么，就不会存在有关我们应当相信什么的问题了。但是，由于我们的知识中包含着社会成分，所以，我们并不是机械地适应这个世界。"[9]61

正是基于对风险看似非理性的不确定表述，体现了风险预警原则在风险决策中的不可替代性。风险预警原则的价值并不在于作为一个严密的规范性决策规则，而在于，在不确定性、歧义和无知条件下，风险预警原则引起了对非还原方法的更广泛的关注，从而避免了错误地希望去制定"以科学为基础"的政策。[10]225-272 风险预警原则在"损失或效用无边际"以及"不可能计算所期待的价值"时起作用。[11]89-109 风险预警原则的目的不是描绘出纯粹一对一的针对每种条件的具体方法，而是指出不同途径中认识的不全面性，从而避免"不可更改的决定"。依据风险预警原则，如果传统风险评估不适用，仍然有丰富多彩的替代方法存在。这种强调方法论历史的、具体的性质的观点，相近于费耶阿本德，"如果我们想主宰我们的自然环境，那么，我们必须利用一切思想、一切方法，而不是对它们作狭隘的挑选"[12]283。但这并不是说明科学没有价值，"怎么都行"，而是类似于温斯顿·丘吉尔一

段出处不详的评论：科学是必要的，但应是"随时可用的，而不是高高在上的"。[13]44-57

三、预警原则下的风险决策内涵

风险评估的社会建构性揭示出风险预防是一个多元、开放、协商的过程。风险预警原则的政策含义在于，将风险不确定性这一难题转换为可以协商的话题，以形成共识。

当代社会的风险预防和决策已不再仅仅是科学家、科学共同体和政府的事情，还涉及企业、非政府组织（non-governmental organization，NGO）以及公众等其他社会角色。在这一过程中，普通公众同样具有话语权，并且可以成为创造新知识、克服旧科学信仰的活跃力量。1999 年，世界科学大会发布了《科学议程——行动框架》，其秘书处在编写解释性说明时指出："现代科学不是惟一的知识，应在这种知识与其他知识体系和途径之间建立更密切的联系，以使它们相得益彰。开展建设性的文化间讨论的目的是促进找到使现代科学与人类更广泛的知识遗产更好地联系在一起的方式方法。" [14]91欧洲议会报告就意识到了这个问题，认为虽然科学不确定性不可避免，但就评估意见达成共识却是可行的，提出必须对每种科学不确定性级别进行评估和确认。在确认科学不确定性级别的过程中，必须听取各个渠道的不同声音。有些情况下，可能会有少数人对业已形成的科学常识质疑，要倾向于支持这些质疑："即使某科学建议只受到少数科学家的支持，对这些建议还是应引起足够的重视，前提是这些少数科学家的学术能力和威望得到确认。" [15]17-20显然，这种对不同观点、立场及共识的重视比所谓的最终科学结论更重要。

那么，在风险评价的实际操作中，如何处理好科学评估方法与预警原则的关系？Andrew Stirling 等人提出了一个风险评估框架，将传统的风险评估与风险预警原则有效地协调起来，如图 2 所示[16]309-315。在风险发生之前，基于一系列标准进行评价，来判断风险是属于"危险""不确定""无知"中的哪一种情形。对不同的情形，采取相应的对策。如果确定是一个严重的威胁，直接使用限制性管理手段。如果风险存在科学上的不确定或社会歧义，启动详尽的预防评价或审议的程序，包括预防性评价、建设性争论、公众参与等。否则，该案例适用传统的科学风险评估。

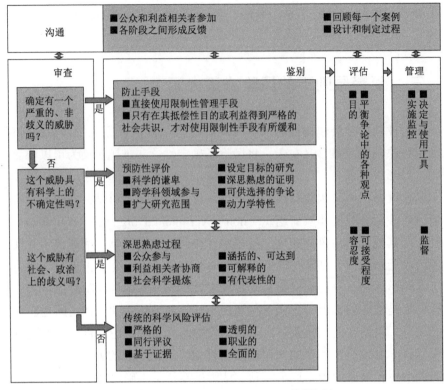

图 2　风险评估中预警原则的分析框架[16]309-315

在这一风险评估框架中，采用预防措施，并不意味着直接禁止或逐步淘汰有负面效应的任何事情，而是一步步地分散有风险的技术与活动，直至获得更多关于风险的知识与经验。这不是全面否定科学评估方法，更不是否定科学，而是针对不同的认识条件提供了更慎重、有针对性的处理方法。比不加选择地使用科学方法更加严谨、合理和稳健，充分体现了预警原则。从而在风险评估框架内，建设性地为实现科学评估方法与预警原则的融合提供了一个可操作的途径。

关于风险预警原则的争议虽然聚焦于风险评估微观层面，但其所揭示出的是更为深刻的贝克、吉登斯等人阐述的"风险社会"问题。丧失了风险管理能力的工业社会和科技体制自我合法化的许诺相矛盾，造成了现代性的自我否定。如果我们把风险认知和评估局限在技术的可管理性上，忽视风险产生的各种社会、心理、行为因素，那么那些不可计量的不确定性将结合成一种未知的风险，从而威胁我们。"没有社会理性的科学理性是空洞的，而没有科学理性的社会理性是盲目的。"[17]30克服风险的关键是在风险的界定中打破科学对理性的垄断。如哈贝马斯所言，社会的合理化的关键在于实现以话语民主为核心的交往行为合理化。因此，风险预警原则的价值并不在于作为一个理性的、严密的规范性决策规则，而在于倡导和实践一种风险社会中民主的科学，增强科学方法的民主形象，鼓励公众积极、平等地参与，通过协商来克服风险。其真正目的是为趋于认知公正而提出多元知识框架，形成利益相关者相互协调的框架机制，为更好地治理风险提供方法论。

（Andrew Stirling 教授和 Adrian Ely 博士为本文提供了部分资料，在此表达谢意！）

（本文原载于《自然辩证法通讯》，2011 年第 2 期，第 60-65 页。）

参 考 文 献

[1] Fisher E. Precaution, precaution everywhere: developing a "common understanding" of the precautionary principle in the European community[J]. Maastricht Journal of European and Comparative Law, 2002, 9（1）: 7-28.

[2] Peterson M. The precautionary principle should not be used as a basis for decision-making[J]. EMBO Reports, 2007, 8（4）: 305-308.

[3] Peterson M. The precautionary principle is incoherent[J]. Risk Analysis, 2006, 26（3）: 565-601.

[4] Morris J. Rethinking Risk and the Precautionary Principle[M]. Oxford: Butterworth-Heinemann, 2000: viii.

[5] 乌尔里希·贝克. 风险社会[M]. 何博闻译. 南京: 译林出版社, 2004: 20.

[6] 乌尔里希·贝克, 约翰内斯·威尔姆斯. 自由与资本主义——与著名社会学家乌尔里希·贝克对话[M]. 路国林译. 杭州: 浙江人民出版社, 2001: 145.

[7] U. 菲尔特. 为什么公众要"理解"科学？ [A]//迈诺尔夫·迪尔克斯, 克劳迪娅·冯·格罗特. 在理解与信赖之间: 公众、科学与技术. 田松, 卢春明, 陈欢, 等译. 北京: 北京理工大学出版社, 2006.

[8] 布赖恩·温内. 公众理解科学[A]//希拉·贾撒诺夫, 杰拉尔德·马克尔, 詹姆斯·彼得森, 等. 科学技术论手册. 盛晓明, 孟强, 胡娟, 等译. 北京: 北京理工大学出版社, 2004: 282-283.

[9] 大卫·布鲁尔. 知识和社会意象[M]. 艾彦译. 北京: 东方出版社, 2001.

[10] Stirling A. Uncertainty, precaution and sustainability: towards more reflective governance of technology[A]//Voss J P, Kemp R. Reflexive Governance for Sustainable Development. UK: Edward Elgar, 2006.

[11] Majone G. What price safety? the precautionary principle and its policy implications[J]. Journal of Common Market Studies, 2002, 40（1）: 89-109.

[12] 保罗·法伊尔阿本德. 反对方法: 无政府主义知识论纲要[M]. 周昌忠译. 上海: 上海译文出版社, 2007.

[13] Lindsay R. Galloping Gertie and the precautionary principle: how is environmental impact assessment assessed[A]// Wakeford T, Walters M. Science for the Earth. London: Wiley, 1995.

[14] 科学、工程和公共政策委员会. 怎样当一名科学家: 科学研究中的负责行为[M]. 刘华杰译. 北京: 北京理工大学出版社. 2004.

[15] 胡斌. 试论国际环境法中的风险预防原则[J]. 环境保护, 2002, (6): 17-20.

[16] Stirling A. Risk, precaution and science: towards a more constructive policy debate[J]. EMBO Reports, 2007, 8(4): 309-315.

[17] Beck U. Risk Society: Towards a New Modernity[M]. London and Thousand Oaks: Sage, 1992.

"后信任社会"视域下的风险治理研究嬗变及趋向

| 张成岗，黄晓伟 |

一、信任研究与"后信任社会"

信任是现代社会良性运行的前置条件，是社会凝聚力得以形成的基础。现代社会的民主决策依赖于"聪明的市民"和"对话式治理"，对话同样建基于信任之上。尽管对信任的理解还存在争议，但在信任研究的重要性方面，不同学科的研究者已形成共识。信任研究的学术历史脉络从哲学、伦理学路径到社会学范式转换伴随着前现代社会到现代社会的变迁；从关注信任认知和情感特征到揭示信任丰富的社会、经济和文化语境，信任研究呈现跨边界、多学科交融态势。

信任问题研究历史久远，西美尔较早对信任进行了系统阐释，在 1900 年的《货币哲学》中他提出"人格信任"与"系统信任"的概念；随后，韦伯论述了"一般性信任"和"普遍性信任"；卢曼从系统理论和符号功能主义视角明确区分了人格信任和系统信任，并将信任与风险联系起来；吉登斯则强调专家系统在信任中的角色，将信任概括为人格信任、符号系统及专家系统三种类型。

历史地看，早期研究者主要是关注信任的客观性，目前的信任研究已经走出规范性信任理论范畴，成为多学科探讨的主题，研究者主张信任的情境性，试图去描述信任判断的做出过程。比如，巴伯（B. Barber）认为，信任实际上是人们通过社会交往习得和确定的一种期望，基于期望的差异，他把信任分为三类："对维持和实现自然秩序和合乎道德的社会秩序的期望"；"对与我们共同处在社会关系和社会体制之中的那些人的有技术能力的角色行为的期望"；以及"期望相互作用的另一方履行其信用义务和责任"[1]。埃德尔施泰因（M. R. Edelstein）指出，信任很容易被摧毁但重建很难，因为消极事物的影响要比积极事物的影响明显得多[2]。雷恩（O. Renn）和莱温（D. Levine）提出，信任是对所接受信息真实可靠性的总体期待，是沟通者用客观和完整信息所表现出的能力和诚实[3]，他们还根据复杂和抽象程度对风险研究中的信任进行分层：风险信息信任、风险承担者诉求信任、风险制度认知信任、制度施行信任和整体政治氛围信任[4]。斯洛维克（P. Slovic）积极倡导在风险沟通信任研究中从理论研究到经验研究的转型[5]；什托姆普卡（P. Sztompka）强调信任的文化建构，指出信任主要来源于一种信任文化，"文化规则在共同决定某个社会在某一特定历史时刻的信任或不信任时可能扮演了一个强有力的角色"[6]。

20世纪80年代频发的风险事件在一定程度上摧毁了公众对专家、科学界和政府的信心。关注"专家-外行"关系是社会学进入风险辩论的初始通道，风险决策可接受性成为风险治理的核心，其中，如何建立公众信任成为决策者和风险研究者的聚焦点，其目的无疑是提高公众对风险决策的接受度。近年来，风险领域中信任研究的总体趋势是从总体性、抽象性的信任研究转向具体的、特定的信任研究。厄尔（T. C. Earle）详细论述了风险管理中的信任是如何建立在地方性共识（local forms of agreement）基础之上的，而地方性共识则随着人、情境和时间会发生变化[7]，他还从信任的内容及功能等方面详细阐释了信任的共识模型，将风险研究中已经提出的各类信任模型与共识模型进行了简要比较，讨论了信任不对称性问题以及风险管理中的信任角色，审视了在环境风险管理中的信任研究在何种程度上参与了共识形成[8]。

进入21世纪以来，信任研究继续向纵深扩展，一个标志性成果，就是"后信任社会"（post-trust society）概念的提出及相关研究的开拓。"后信任社会"是风险沟通研究中遵循社会信任进路（social trust approach）[9]的学者提出的概念。如果说德国社会学家贝克（U. Beck）用"风险社会"（risk society）质性地把握了发达工业社会的总体性状况，英国学者卢夫斯迪特（R. Lofstedt）的"后信任社会"[10]概念则从社会信任维度响应了贝克的"风险社会"洞见，认为我们正处在一个原有社会信任的团结机制发生重新配置的社会，寄望有效的风险沟通能重塑风险社会的信任。可以认为，"后信任社会"

与"风险社会"共同指涉了"反思现代性"对"简单现代性"抽离后的社会总体性状况,而新型现代性的重新嵌入仍是一项未竟的事业。

"后信任社会"意味着什么?其学术渊源何在?有何独特性?相对于现代性社会而言,"后信任社会"发生了哪些变化?在"后信任社会"中,风险沟通机制和模式有哪些变化?有何政策启示?本文试图对以上问题进行探索。

二、"后信任社会"何为?

西方学者亚当·斯密、马克斯·韦伯以及费尔南·布罗代尔等在探索现代性生成和发展根源时,大多在强调物质原因诸如资本、自然资源、气候等;法国学者阿兰·佩雷菲特则重新审视了 15~18 世纪西方基督教民族的历史,并试图证明欧洲发展缘于"信任品性"这一非物质要素;作为一种禀性,信任特别是专家信任和系统信任打破了传统禁忌,促进了创新、社会移动性、竞争以及理性而负责任的首创精神,并在此基础上构建出一个"信任社会"。"信任社会"是"猜忌社会"的对应物,"猜忌社会"中的社会生活是"输赢不共"的"零和博弈","信任社会"则是开放交流的"共赢社会","鼓励个人能动性、自由创业和创新竞争"允诺了在物质、经济方面快速发展,新教国家和天主教国家明显的发展差距可以在"责任心、应变能力、宽容、对科学发现、技术发明和文化传播的信心"等精神因素中得到解释[11]。"后信任社会"是相比"信任社会"而言的;在文明转型中,释放出理性、创新、科技、社会移动等价值的"信任社会"带给人类一个物质高速发展的模式,但 20 世纪中后期的技术风险、自然灾害及一系列的社会问题导致学界对"信任社会"的批判性反思,"后信任社会"理念由此应运而生。

（一）"后信任社会"的历史性前提：风险社会与信任困境

传统社会建基于权威和个体信任,肇始于工业革命的现代性社会构建过程在一定意义上是确立科学知识优先性和技术专家权威的"信任社会"塑造的过程。在前现代社会中,拥有和创造知识的人通常是哲学家或工匠,而"缺少科学家的专业角色,而且社会也不承认科学凭本身的价值可以作为一个社会目标"[12],相应地,传统社会所信赖的权威往往是部落酋长、家族族长、政权元首或宗教领袖,而非知识权威。近代科学变成有组织的社会建制,即

"科学的职业化"是启蒙现代性时期的重要事件，这种职业化的结果就是在事实上产生了专家与公众之间的社会距离。专家系统的权威首先来自科学家们标榜的科学技术知识，这样一种观念源于科学主义科学观，即主张作为客观世界的镜像式反映，科学技术知识具有认知意义上的真理价值和权威地位。从传统到现代的转型带来社会结构变迁的同时，也引发了信任模式的变革，此即从人格信任到系统信任的主轴转换。卢曼将信任视作"一个社会复杂性的简化机制"[13]，强调现代社会对系统的信任不同于基于"经验到的、以传统为保证的、邻近世界上的"传统人际信任。吉登斯认为，信任在本质上与现代性制度相连，是与"风险"有关的植根于现代的概念。专家系统作为现代性动力机制中的抽离机制之一，把社会关系从具体情境中直接抽离，因而普通公众对专家系统的信任既非由于公众对专家决策过程的完全参与，也非由于公众拥有专家具备的知识体系，而是基于公众对专家系统所使用专业知识可靠性的信赖[14]。专家系统的核心是构成具有合法性社会统治力量的技术理性，现代社会的理性化运转越发离不开嵌入其中的各类专业知识，由技术理性构筑的技术统治（technocracy）或技术统治文化已经成为理解现代社会不可或缺的透镜。

在社会转型期，传统伦理本位的信任保障模式逐渐失效，而现代替代性的信任模式又尚未完全建立，在信任保障机制呈现相对稀薄的过渡状态下，社会利益和矛盾的多元化冲突会进一步加剧社会的信任困境。相对于传统社会对个体权威和人际信任而言，现代社会建立在对现代性制度设计和专家系统的信任之上，在这种意义上其也可以称为"信任社会"。在现代社会的信任机制运行下，在努力追求"客观性"和消除"不确定性"的过程中，人类却发现自己日益生活在一个充满"不确定性"的世界中。随着信息技术的发展，"微时代"给了我们一个接收与传播信息的便捷通道，塑造了一批"低头族"，却也将我们拉入一个"陌生人"的个体化社会，加剧了用怀疑的心态去看待一切不熟悉的"他者的世界"。

（二）"后信任社会"：开启理解社会与文化的新视域

"后信任社会"的概念很容易让人想到反思启蒙现代性的后现代理论。在20世纪中后期所兴起的后现代理论标签下汇聚了一批理论和学者，在反思现代社会时，不少后现代理论家宣称，我们已经进入了一个后现代时期。有的学者将后现代看作一种历史条件，比如，赫丝（D. J. Hess）认为，"20世纪 90 年代以来，信息高速公路、基因工程、全球变暖以及冷战的终结标志着一个不同于现代主义时期的后现代时期的到来"[15]。有的学者将"后现代社会"视作技术发展带来的后果，比如莱昂（D. Lyon）指出，当今信息技术的普遍应用所导致的首先是个人数据在国内和国际流动更加便利迅捷的数据控制性网络的分散化，而不是乔治·奥威尔所描绘的"老大哥"的那种独裁者形象的集中化，正是这种变化昭示了从经典的现代社会向"后现代社会"的转换[16]。更进一步，有的后现代理论家并不认同后现代是一种历史性条件和技术发展后果的主张，而将其看作一种思维模式。比如，利奥塔认为，后现代是一种文化或者认识模式，对于他来说，现代性就等同于理性、启蒙运动、整体性、普遍性思想和宏大叙事；他认为，后现代理论家应当通过进行强调差异性和多元性的地方性和微观层面的研究来解构和批判现代主义者关于普遍性知识的主张。

当下，日益增多的风险促使现代社会的信任体系逐步到了自我批判、自我毁誉的阶段，在此过程中，英国学者卢夫斯迪特较早提出了"后信任社会"概念，但他并不是最早论述"后信任社会"思想的学者。20 世纪 80 年代莱维斯（J. D. Lewis）和温格特（A. Weigert）已经开始强调信任的多维性以及每个维度独特的语境性[17]；同样，吉登斯在 20 世纪 90 年代论述现代社会的"系统信任"时已经开始质疑系统信任的客观性。他指出，抽象系统是由象征标志和专家系统所组成的社会系统，其中专家系统是由技术成就和专业队伍所组成的体系，而个人赋予抽象系统的信任往往是产生于无知或缺乏信息时的"盲目信任"[18]275。在此基础上，他提出了"积极信任"（active trust），这并不指涉一种新的信任类型，而是旨在阐明信任生成的一种新机制；与之相对的是"凝固的信任"，它以强迫性为特征，构成了传统社会信任产生和建立的机制。

当前，学界对"后信任社会"的概念的定义没有取得一致见解。目前可以延伸出三种理解维度：将其理解为一个编史学概念，指称一个新的历史时期；将其理解为一个历史条件，指称社会转型发生的特定文化、思想和社会语境；将其理解为一种思维模式，代表社会信任研究的新路径。

（三）"后信任社会"之"后"

尽管存在着多元语义指称，"后信任社会"概念的提出给有批判意识的社会学家提供了继续对信任相关问题进行比以前影响更大的调查和研究的机会，这些社会学家"将拒绝接受存在就是合理的观念，也不认为人类所做仅仅是人类认为他们正做着的或人类描述他们已经做过之事"[19]。笔者认为，"后信任社会"之"后"意味着一种批判和转移，传统的信任所遵循的路径开始受到质疑，对"信任社会"进行重新阐释的可能性之门正在开启。需要指出的是，笔者认为，"后信任社会"的提出并非要抛弃"信任社会"概念，而是在承认最低限度"客观信任"的前提下，寻求更好解释社会现象、更恰当地理解风险沟通的新机制。

在学术发展史上，冠之于"后"的学术概念不少，诸如"后工业社会""后义务时代""后结构主义"等，"后"大有被滥用之势。然而何为"后"？应当说，"后信任社会"之"后"并非编年史意义上的"时间之后"，不是现代"信任社会"终结或者逐步消退过程中替代物意义上的"后"，不是"后现代性"观点盛行意义下的时髦语词，而是在暗示意义上的"后"，也就是说在错误的现代性假定下，学界所进行的长期的、认真的理解信任的学术努力有些可能被误导了，而且存在"背道而驰"的危险。实际上，存在着从技术理性之外理解理性的可能性，存在从专家诠释风险之外理解风险的路径，因此"后信任社会"意味着我们要摘下"信任社会"客观性和确定性的面具，意识到某些假定的错误性，识别某些目标是既不能达到又不值得达到的，并进一步去解析当下社会语境中风险感知、风险沟通及风险规制的新内涵，社会心理学路径的信任研究理论成果无疑构成了信任研究继续探索的基础性工作。

三、"后信任社会"中风险研究的新趋向

尽管存在不少质疑和批评，后信任社会理念开启了理解历史、社会和文化的新视域。风险社会的来临对现代社会信任机制提出了挑战，反思现代性观点正是对建基于专家权威和科学知识优位的批判，自反性不以信任为基础而以对专家系统的不信任为基础[20]147。由此，风险沟通模式开始发生转型，作为一种新的思维模式和研究范式，"后信任社会"对风险研究中的专家角色、互动机制、分析框架等进行了重构。

（一）风险感知差异：从专家阐释到探索公众参与

美国风险沟通研究的兴起见证了"后信任社会"的风险研究中由强调专

家诠释风险向关注公众参与风险建构模式的整体变迁。专家诠释风险是指专家单向传递风险知识给一般公众,强调的是单向告知(informing),预设了公众的风险知识赤字,旨在使公众按照专家提供的方式理解风险议题或接受某种风险。公众参与风险建构则是指公众要求风险信息的知情权,主动认知风险,强调的是为公众赋权(empowering),直接为公众参与风险决策提供机会和渠道,从而建立公众对专家的信任。如果说单向"告知"突出了技术专家与政治权威对风险沟通过程的管控,那么为公众"赋权"则是在风险管理的框架层面重构了风险沟通的价值与目标[21]。实际上,在风险感知上"专家-公众的差异"源于风险观念的内在差异。多数专家预设的"实在论"(realism)的风险观预设风险的客观性和可计算性,并通过测算来识别和控制风险;公众往往持有的"建构论"(constructivism)风险观强调风险是社会建构的产物,并非是固定不变的。在专家看来,公众的风险感知大多是非理性的,而道格拉斯(M. Douglas)与维尔达夫斯基(A. Wildavsky)则认为把风险的争议仅仅描述为客观估算的物质性风险与主观偏见的个体性感知是不恰当的[22]。进一步研究表明,所谓在风险感知上"专家-公众的差异",并非意味着公众缺乏风险的知识,他们只是缺乏与专家相一致的共识基础,可接受性标准才是风险争议的焦点[23],因而不同行动者之间存在对话的可能,不过两种风险观之间的融合仍然需要深入风险观念的历史演变进行学理重构。

从专家诠释风险到公众参与风险建构的转向,同样可以在英国的"公众理解科学"(PUS)运动的历史变迁中得到印证。"公众理解科学"运动始于 1985 年英国皇家学会发布的《公众理解科学》报告,在 1995 年扩展到了"公众理解科学技术与工程"(PUSET)。温(B. Wynne)把以杜兰特(J. Durant)为代表的传统公众理解科学模型明确定义为"缺失模型"(deficit model),他批评这个模型以及据此展开的调查活动脱离了具体语境,未考虑到公众对科学的信任问题以及相关科学本身的问题。温通过切尔诺贝利事件后坎布里亚羊的案例分析,提出了"内省模型"(reflexive model):科学由于与政府的"共谋"和相比地方性知识的"自大"而表现出内省性缺乏,其结果是丧失了公众信任[24]。20 世纪 90 年代出现的疯牛病促使公众对科学家作为专家权威的社会角色产生了更大的质疑,也使很多人对转基因技术等新兴技术的发展产生不满。公众对专家的信任危机带来了科学与公众、社会对话的需要。2000 年,由英国上议院科学技术特别委员会做出的报告《科学与社会》,突出关注了科学与社会的关系问题,体现出从 PUS 的传统模型转向一个公众参与科学以及科学家与公众之间合理对话的新模型[25]。同样，杜兰特在反思自己早期"缺失模型"的基础上，进一步提出了"民主模型"（democracy model），将公众对为科学技术的利益而作的决策的理性不信任作为首要问题，而解决这一问题应当通过在公众与科学家之间双向的公开对话和建立共识来完成，而不是通过科学知识由科学家向公众的单向传播。由于风险事件的冲击，PUS运动从最初的"缺失模型"致力于消除公众对科学的无知和对新技术的抵制，逐渐转向通过对话、协商博得公众的信任，在实践路径上显示了与风险沟通研究异曲同工的旨趣。

（二）风险沟通演进：从单向传播到多元互动

世界卫生组织（WHO）曾总结了风险沟通理论的发展历程，指出风险决策依据的演化及风险沟通在不同阶段的作用，折射出风险沟通由单向传播机制向多元互动机制转变的轨迹。风险研究中的决断主义模型（decisionist model）取代以往专家决定模型反映在20世纪80年代风险沟通研究的演进轨迹当中。该模型提出，风险决策不仅要考虑专业技术因素，而且要考虑非专业技术，诸如社会、经济、文化、政策等影响因素，继而要采取风险沟通策略以实现风险决策。其中，专业科学的考虑作为"风险评估"而成为风险决策的重要组成部分；非专业技术的考虑被归纳为风险决策的另一重要组成部分，即"风险管理"[26]。美国环保署（EPA）署长拉克尔肖斯（W. Ruckelshaus）在其第二个任期内（1983~1985年）开始将风险沟通作为政策工具来运用；美国工程师学会联合会（AAES）大致遵循了美国环保署的逻辑，把风险分析划分为风险评估、风险管理和风险沟通三个环节，是决断主义模型的典型代表[27]。不过，20世纪80年代的第一代风险沟通研究有过分简单和特定化的取向。取材于广告和公共关系，风险沟通的任务被理解为：区分"目标群体"、设计"有效信息"，以及使用"正确渠道"。从事公共关系的人们被看作风险沟通方面的相关专家；促进对复杂风险的解释工作从本质上说，被认为和兜售肥皂并无差别[28]。因而，这一阶段风险管理的特征是从风险管理结构角度将风险的多维度影响因素纳入了风险决策，但风险沟通仍然只是作为一种下游的调控策略出现的。

20世纪90年代初期，许多欧美的研究表明基于决断主义模型的风险管理往往达不到预期效果，从而促使了协同演化模型（co-evolutionary model）的提出。1989年美国国家科学研究委员会出台了《改善风险沟通》报告，极

大地影响了这一模型的出台，WHO 便延续了这一思路，认为"风险沟通是
一种在风险评估者、风险管理者和其他相关组织之间交换信息与看法的交互
过程"①。原本处于下游环节的风险沟通，在这一模型中参与到风险管理的
各个阶段中，并发挥双向的协同交流作用。因而，风险沟通既要从专家风险
评估中获取相关的风险信息，同时也要虑及专家的风险评估有可能为不同的
社会、经济、政治、文化因素所框定（framing）或建构，从而做出具有可行
性和可接受性的稳健决策。社会学家戈夫曼（E. Goffman）最先提出的"框
架分析"是一种由模式化的见解组成的社会理论，尤其是风险事件中的媒体
框架是影响人们风险感知不可避免的过程[29]。面对风险，人们会从不同渠道
获得信息，经过思维加工从而做出决策，其间不完整的信息来源渠道、媒体
的言语和修辞方式都会影响人们的认知。双向的风险沟通始终连接着科学与
决策，以及每一个阶段涉及的利害相关者。

（三）风险规制变迁：从外在型"风险管理"到内生型"风险
治理"

"风险治理"是治理理论在风险分析领域的实践应用，是随着全球经济
社会的发展，传统的风险管理理念无法有效地应对日趋复杂和动态的风险社
会而实现了思维方式变革的结果。"风险治理"理念的提出进一步将"风险
沟通"置于分析框架的核心，内在地联结起各个应对环节和社会行动者，从
而促使风险沟通研究进入了整合式发展的新阶段。欧盟委员会支持的
"TRUSTNET-风险治理协同行动"项目（1997～1999 年）最早探讨了"风险
治理"概念，其项目报告（The TRUSTNET Framework：a New Perspective on
Risk Governance）认为这一框架的视野与"风险管理"相比，并不仅仅局
限于风险本身，同样包含了引发风险活动的正当性。此后，这一理念被名
为"TRUSTNET-IN-ACTION"的风险研究专家网络所传承，并得到了欧
盟资助[30]。2003 年，由瑞士政府发起的国际风险治理理事会（International
Risk Governance Council，IRGC）正式成立，将"风险治理"理念提升到一
个新高度。风险治理在更广泛语境中处理风险识别、风险评估、风险管理和
风险沟通议题。它包含了行动者、规则、惯例、进程和机制，以及如何搜集、
分析与交流相关风险信息，如何执行管理决定等。IRGC 的风险治理综合框

---

① 参见 WHO 官方网站：http://www.who.int/foodsafety/micro/riskcommunication/en/。

架将风险治理的过程划分为风险预评估、风险测评、风险特征描述与评价以及风险管理等四个关键环节，而将风险沟通作为联系各个行动者和治理环节的焦点[31]。国际风险分析协会（SRA）在 2003 年、2008 年连续召开两届主题均为"风险与治理"的世界风险大会（World Congress on Risk），联合国开发计划署 2004 年发布的《减少灾害风险：发展面临的挑战》报告首次采纳了"风险治理"理念，均展现了这一理念的学术生命力与现实解释力。

总体上看，与传统的风险管理理念相比，风险治理具有较为鲜明的特征，更加强调整体论视野和综合性原则，更加注重制度安排和顶层设计，更加强调社会主体多元参与，更加突出透明性、责任性、公正性等"善治"原则。近年来，全球科技风险事故频发和社会政治形势的变化使得公众要求参与风险决策的愿望日趋迫切，从"管理"走向"治理"已成为欧美科技风险政策范式转型的必然趋向，但在不同国家有不同演进轨迹。英国学者卢夫斯迪特正是在考察四个不同社会信任度国家（英国、美国、德国、瑞典）的相应风险管理策略的基础上提出了"后信任社会"概念，推进了风险治理的信任问题研究。以英国为例，布伦特·斯帕尔（Brent Sparr）石油平台事件、疯牛病风波、转基因论战等风险事件加速了风险管理模式的转变，以相对集中和极端的方式暴露出传统风险管理政策分析框架的局限性，贝克、吉登斯等的风险社会理论也助推了政策界的反思，从而在工业革命的发源之地催生了新的"风险治理"政策范式，深刻重塑着科学与社会、专家与公众的关系。

四、结语：我国社会转型期的信任构建

新世纪伊始，中国加入世界贸易组织（WTO）是市场化导向的改革主动拥抱了经济全球化浪潮的结果，但与之相伴的社会转型是几乎与风险的全球化趋势同步进行的。

为应对转型期风险社会的巨大挑战，我国的风险治理能力建设一直在实践中探索前进。自 2003 年严重急性呼吸综合征（SARS）危机起，以风险沟通为先导的风险治理模式率先在公共卫生领域得到了我国政府和学界的重视，并很快扩展到环境污染治理、危险设施选址、食品药品安全、自然灾害控制、工业突发事故、新兴技术研发等领域，寄望于通过有效的风险沟通提升公众的社会信任感。国际风险治理理事会 2005 年、2013 年的学术峰会先后在北京召开，助推了"风险治理"理念在转型期中国的本土化进程，提供

了社会主义和谐社会建设的国际智力支持。在政治实践层面,十八届三中全会首次提出"国家治理体系和治理能力现代化"的全面深化改革总目标,其中关于"创新社会治理体制"的新观点新部署,为风险治理实践的深入展开提供了政治理念的支撑。全会明确了中国未来社会信用体系建设的基本任务,国务院在 2014 年初原则通过《社会信用体系建设规划纲要(2014—2020 年)》等新近举措,表明中国信用体系建设开始迈出实质性步伐,切中了中国转型社会风险治理的肯綮。

尽管学界目前对"后信任社会"概念界定上还尚未完全达成共识,但对社会信任的批判性研究已经得到进一步深化,表征了把握社会变迁现实的社会科学思潮新趋向。通过"后信任社会"的研究,无疑可以进一步洞察现代性社会在风险感知、风险沟通及风险管控等领域悄然发生的变革,对于社会转型期频发的突发风险、公共危机及其应对也具有重要政策启示意义。不可否认,与许多发达国家相比,我国风险治理实践及信用体系建设起步比较晚,与市场经济发展不相适应,理念与实践之间仍存在较大差距。持续反思"后信任社会"的风险沟通机制,构建转型期的社会信任体系,必将有助于增加风险感知理解、促进风险沟通和风险治理政策制定,对破解社会发展中的风险治理困境具有重要的现实价值。

(本文原载于《自然辩证法通讯》,2016 年第 6 期,第 14-21 页。)

参 考 文 献

[1] Barber B. The Logic and Limits of Trust[M]. New Brunswick: Rutgers University Press, 1983: 1-25.

[2] Edelstein M R. Contaminated Communities: The Social and Psychological Impacts of Residential Toxic Exposure[M]. Boulder: Westview Press, 1988.

[3] Renn O, Levine D. Credibility and Trust in Risk Communication[A]//Kasperson R E, Stallen P J M(eds.). Communicating Risks to the Public. Amsterdam: Springer, 1991: 175-217.

[4] Renn O. Risk Communication and the Social Amplification of Risk[A]//Kasperson R E, Stallen P J M(eds.). Communicating Risks to the Public. Amsterdam: Springer, 1991: 287-324.

[5] Slovic P. Perceived risk, trust, and democracy[J]. Risk Analysis, 1993, 13(6): 675-682.

[6] Sztompka P. Trust: A Sociological Theory[M]. New York: Cambridge University Press, 1999: 119-138.

[7] Earle T C. Thinking aloud about trust: a protocol analysis of trust in risk management[J]. Risk Analysis, 2004, 24(1): 169-183.

[8] Earle T C. Trust in risk management: a model-based review of empirical research[J]. Risk Analysis, 2010, 30(4): 541-574.

[9] Lundgren R E, Mc Makin A H. Risk Communication: A Handbook for Communicating Environmental, Safety, and Health Risks[M]. New Jersey: John Wiley & Sons, Inc., 2013: 19.

[10] Lofstedt R. Risk Management in Post-Trust Societies[M]. Basingstoke: Palgrave, 2005.

[11] 阿兰·佩雷菲特. 信任社会: 论发展之缘起[M]. 邱海婴译. 北京: 商务印书馆, 2005: 10, 305.

[12] Ben-David J. The Scientist's Role in Society: A Comparative Study[M]. New Jersey: Prentice-Hall, Inc., 1971: 21.

[13] 尼克拉斯·卢曼. 信任: 一个社会复杂性的简化机制[M]. 翟铁鹏, 李强译. 上海: 上海人民出版社, 2005: 50-62.

[14] 吉登斯. 现代性的后果[M]. 田禾译. 南京: 译林出版社, 2000: 24-27.

[15] Hess D J. Science and Technology in a Multicultural World: the Cultural Politics of Facts & Artifacts[M]. New York: Columbia University Press, 1995: 107.

[16] Lyon D. Surveillance Technology and Suveillance Society[A]//Misa T J, Brey P, Feenberg A.(eds.). Modernity and Technology. Cambridge: MIT Press, 2003: 161-183.

[17] Lewis J D, Weigert A. Trust as a social reality[J]. Social Forces, 1985, 63(4): 967-985.

[18] 吉登斯. 现代性与自我认同: 现代晚期的自我与社会[M]. 赵旭东, 方文译. 北京: 生活·读书·新知三联书店, 1998.

[19] Bauman Z. Postmodern Ethics[M]. Oxford: Blackwell, 1993: 3.

[20] 贝克, 吉登斯, 拉什. 自反性现代化: 现代社会秩序中的政治、传统与美学[M]. 赵文书译. 北京: 商务印书馆, 2001.

[21] 高旭, 张圣柱, 杨国梁, 等. 风险沟通研究进展综述[J]. 中国安全生产科学技术, 2011, 7(5): 148-152.

[22] Douglas M, Wildavsky A. Risk and Culture: An Essay on the Selection of Technological and Environmental Dangers[M]. Berkeley: University of California Press, 1982: 194.

[23] Hansen J, et al. Beyond the knowledge deficit: recent research into lay and expert attitudes to food risks[J]. Appetite, 2003, 41(2): 111-121.

[24] Wynne B. Misunderstood misunderstanding: social identities and public uptake of science[J]. Public Understand of Science, 1992, 1: 281-304.

[25] 李正伟, 刘兵. 对英国有关"公众理解科学"的三份重要报告的简要考察与分析[J]. 自然辩证法研究, 2003, 18(5): 70-74.

[26] 李素梅, Chu C M-Y. 风险认知和风险沟通研究进展[J]. 中国公共卫生管理, 2010, 26(3): 229-233.

[27] American Association of Engineering Societies. Risk analysis: The Process and Its Applications[R]. Washington: AAES, 1996.

[28] 珍妮·卡斯帕森, 罗杰·卡斯帕森. 风险的社会视野(上)[M]. 童蕴芝译. 北京: 中国劳动社会保障出版社, 2010: 概述 9.

[29] Goffman E. Frame Analysis: An Essay on the Organization of Experience[M]. Boston: Northeastern University Press, 1986: 132-146.

[30] van Asselt M B A, Renn O. Risk governance[J]. Journal of Risk Research, 2011, 14 (4): 431-434.

[31] Renn O. White Paper on Risk Governance: Toward an Integrative Approach[A]//Renn O, et al. (eds.). Global Risk Governance: Concept and Practice Using the IRGC Framework. Netherlands: Springer, 2007: 3-73.

大数据征信的隐私风险与应对策略

| 王勇，王蒲生 |

隐私是一个内涵不断丰富、外延不断扩展的概念。自美国学者沃伦（Wallen）和布兰代斯（Brandeis）在 1890 年发表的《论隐私权》一文中将隐私界定为一种"免受干扰而独处"的权利[1]5，后继学者逐渐将隐私的外延扩大到财产、私人空间、个人或家庭决策以及信息隐私等领域[2]8。随着信息时代的到来，隐私问题不再限于私密、敏感、非公开的个人信息，而是从传统私人领域延展到发生在公共领域的主要涉及共享、非敏感和公开的个人信息[3]54-59。信息成为商品被收集、使用和传播，信息隐私成为关注焦点。信息隐私权是指"对披露和获悉个人信息的控制权"[4]134，然而，当数据成为互联网的重要资源时,隐私研究重心亦自然地由信息隐私转移到数据隐私。美国学者韦斯廷（Westin）提出了个体数据保护的"数据隐私"概念，将隐私权定义为："个人控制、编辑、管理和删除关于自己的信息，并确定何时何地、以何种方式公开这种信息的权利。"[5]7 随着大数据、云计算、物联网等技术的广泛应用，技术革新将隐私问题不断引入更为细微的领域，从信息（information）到数据（data）隐私延伸到"基因"水平。

伴随网络社会的到来，在互联网中获得征信数据成为可能，大数据征信应运而生。大数据征信在数据采集和挖掘、分析与分享各个环节存在新的隐私风险，尽管这种隐私风险已被广泛关注和研究[6, 7]，但因其刚刚兴起并且处于大数据与征信的交汇领域，相关的隐私研究仍较薄弱，有待深入。在新的社会与技术环境下，重新检视隐私这一"历久弥新"的问题，考量规避隐私风险的约束条件，构筑完备的风险规制体系，进而合理控制隐私风险这一制约大数据征信的发展瓶颈，不仅具有理论意义，而且更具实践价值。

一、大数据征信产生的隐私风险新特征

大数据征信即大数据技术嵌入传统征信。所谓征信，是指"对企业、事业单位等组织的信用信息和个人的信用信息进行采集、整理、保存、加工，并向信息使用者提供的活动"。大数据征信（亦称网络征信、互联网征信）主要是对传统征信在互联网条件下的延伸，具备数据采集和存储、数据加工和挖掘、提供信息服务等征信的三个基本环节。甚至可以讲没有互联网就没有大数据征信。与传统征信相比，"征信的内容、技术手段、数据特征和分析判断的评估方式、评估模型、主要内容与方向甚至主要结论都会发生根本改变"[8]2。征信所要求的信息共享与个人隐私之间存在天然的冲突。虽然有关征信的规制中明确表述，个人在征信活动中享有知情权、异议权、纠错权、司法救济权，然而，大数据技术使得"一切数据皆为信用"，无处不在、无时不有的信息数据收集让个人隐私无处遁形。

隐私风险主要特征表现如下。

（一）隐私主体非自主

传统的征信体系采用"一对一"信息采集模式，信息主体对自身数据拥有自主支配权。"采集非依法公开的个人信息应当取得信息主体本人同意。""信息提供者向征信机构提供个人不良信息，应当事先告知信息主体本人。"在互联网环境下的大数据征信中，用户则全然失去了自主权。首先，用户的知情权遭到剥夺。信息技术具有隐蔽收集以及"黑箱"化处理性能，用户通常无法得知个人数据是否正被采集，信息不对称是毋庸置疑的客观存在。此外，即使用户知情，也不可能清楚数据搜集范围、使用目的、何时何地被复制传播等。其次，用户的选择权形同虚设。一些网站在用户注册之初就设置了用户放弃选择权的强制性条款。如果用户不同意，就无法注册使用。如果用户同意，就放弃了很多权利，同时也淡化了掌握数据的机构和数据使用者在数据保护方面的责任[9]。即使很多互联网站在隐私政策中规定隐私保护条款，由于使用专业术语，普通用户很难理解而极易忽略，造成事实上对选择权的放弃。

（二）隐私数据保护边界非清晰

在数据保护边界上，传统征信主要采集与信用强相关的信贷数据，借款人让渡部分个人隐私换取征信评估并获得相应信贷。对于绝对禁止采集和限制采集的个人信息范围有明确规定。大数据征信采用弱相关分析而十分依赖数据，改变了传统让渡隐私和获得信贷之间的平等交换方式。一是数据采集范围超出规定领域。电子商务、社交网络、网络借贷等平台，不但采集用户的注册数据、财产数据、交易数据、支付数据等结构化数据，还采集生活习惯、行为方式、兴趣偏好等非结构化数据。二是数据采集主体边界模糊。除央行下属征信中心外，部分民营征信机构也有资格采集限定在与客户信用有关的资格评估类数据，然而其他商业数据服务机构从事信贷以外业务如广告、精准营销等，采集数据范围十分广泛，因而难以判断是否违规介入征信和参与数据交易。大数据背景下机构边界变得模糊不清。

（三）数据来源极易追踪且非遗忘

传统征信由纸质记录的信息容易被忘却和销毁。电子形式数据在指定机构归口管理，按规定征信机构对个人不良信息的保存期限为自不良行为或者事件终止之日后的 5 年；超过 5 年的，应予删除。大数据征信的数据主要来自网络，而网络中数据存储成为常态，遗忘则是例外。一方面，数字存储技术克服了人类生理遗忘，摆脱了记忆局限，且容量越来越大、成本越来越低，理论上互联网记录下的所有的数字足迹（digital footprint）均可存储保存；另一方面，发达的信息通信技术突破了物理介质的限制，网络空间个人信息极易被收集、搜索和传播。鉴于此，大数据征信给人们的隐私带来新的风险，长久保留的陈年旧账可能会沉渣泛起，从而剥夺了传统法律既有的给不良记录者悔过自新的机会。尽管维克托·迈耶-肖恩伯格于 2009 年《删除：大数据取舍之道》一书中便提出应对网络记忆问题，并且"数字遗忘权"在欧洲进入司法实践，然而，征信领域删除、更新和阻止网络存储数据的行动，依然迟滞缓慢，逡巡不前。

（四）标识数据可识别分析的非匿名

从个人信息和隐私的区别而言，标识的个人信息不具备隐私性，如姓名、身份证号码，任何信息只有跟某个人相关时才具有隐私。换言之，隐私的构成条件是信息必须特定地与某个个人相关联，即法律保护的个人隐私为"个人可识别信息"（personally identifiable information，PII）。然而传统征信这一匿名规则被大数据征信所打破。一方面，第三方交叉分析可以使数据库提供者与用户设置的访问限制部分失效，威胁用户的隐私安全。比如，有追踪行为的第三方应用即第三方追踪者时常收集大量浏览历史，当获得足够多标识来自同一用户的浏览记录时，通过交叉便可能获取用户名、用户标识（ID）等个体的 PII，进而可能获知用户真实身份及其他隐私数据。另一方面，物联网技术应用如射频识别（RFID）、红外感应器、全球定位系统等信息传感设备，可以实现人与物、人与人之间连接，强化数据与个人身份之间的关联，通过诸多标识数据集成，提高个人身份的可识别性，而数据巨量累积同时也降低了交叉分析的难度。

（五）隐私侵害救济的非明晰性

一旦征信信息泄露或隐私遭到侵害，传统征信中用户尚可选择异议和投诉。大数据时代，权益救济和侵权责任追究，异议处理流程和效率都是牵绊缠结的难题。首先，同一数据可能被多主体多次采集，呈现"多对多"的复杂结构，涉及政府、数据控制者、数据处理者、数据主体等多方主体，使责任主体难以辨识。其次，用户被集成复原成的几乎完整"画像"可能源自碎片化信息，而数据的二次挖掘使原始信息数据被加工成衍生"数据"或信息，使得事实认定难度增加，难以追溯、举证和维权。最后，个人信息、数据文件及电子痕迹可能会同时残留在移动终端、网络终端等服务器上，用户隐私暴露后难以彻底删除，缺乏有效救济途径。

二、大数据征信隐私保护的权变关系

以上大数据征信引发的隐私问题，可以概括为大数据征信与已有征信业务规则不相匹配。由于征信利益主体的多元化，大数据征信隐私风险与保护关系背后，是技术与社会复杂的内在机理，隐性的立法政策的制定受技术、法律、社会、产业现实等多个层面的约束。具体考量如下。

（一）技术进步与隐私风险的张力空间

大数据征信是技术创新的产物，包括征信人群覆盖广泛、征信信息兼容非结构化数据、征信数据实时有效、征信采集自动化、挖掘与分析智能性等特征。然而，数据的集中和保存，对海量数据进行安全防护变得益发困难，数据的分布式存储也加大了数据泄露的风险，这种技术性能提高与隐私风险冲突愈演愈烈。从技术二重性角度而言，技术风险通常划分为技术自身带来的内源性风险和社会误用的外源性风险。正如美国学者尼尔·波兹曼（Neil Postman）所言，任何媒介技术都有内在的负面倾向。尽管隐私泄露有技术诱因，但同时隐私也是社会性问题，法律强制规范与道德伦理约束必不可少。如著名网络应用伦理学家理查德·斯皮内洛（Richard Spinello）提出了有别于技术决定论和技术乌托邦的技术实在论，"技术是可控的，道德能够通过对技术的渗透成为网络空间的主导者"[10]37。技术本身并无罪错，因噎废食殊不可取，在释放大数据征信的技术效用与对个体基本权益的保护之间，应可寻求并操持必要的张力，既存有与之匹配的社会约束，同时又留有技术施展性能的适度空间。

（二）公共利益与隐私保护的价值权衡

大数据征信隐私保护本身遵循大数据时代的共性原则，即在政府管理、公共安全、经济发展、科研预测等公共利益与个体权益保护之间寻求平衡。既有研究已达成如下共识：一是出于公共利益的个体数据收集，公民有适当让渡个人信息的义务，国外隐私法中个人隐私保护的例外条款即属此类。比如，应用于国家安全、社会干预、刑事犯罪、公共健康、科研统计目的信息采集可以保留数据。苛严的隐私权保护，使得大数据的社会价值无从发挥，其负面影响远大于其正向价值。二是出于商业目的，用于预测市场、精准销售等目的实现企业盈利而采集的数据，则需要权衡商业价值和个人隐私保护之间的关系。当前一些互联网平台一味追逐利润，肆意搜集和贩卖个人信息，窥探用户隐私而强行推销、推送信息甚至欺诈用户，使用户个体隐私保护变得十分紧迫。

（三）数据鸿沟与隐私认知的多重分异

大数据征信引发的风险程度与个体的隐性观念和行为直接相关，表现为接触信息技术者和局外者之间的敏感程度和隐私意识各不相同，对隐私保护的价值判断、维权意识、风险接受程度也有所不同。这一现象主要源于信息技术时代的"数字鸿沟"（digital divide），或者说"信息富有者和信息贫困者之间的鸿沟"，甚至是"知识鸿沟"或者"教育鸿沟"。信息资源不对称将普通用户置于劣势地位，容易形成狭窄偏仄的隐私观念。对于"隐私究竟是什么"的认知也因人而异。隐私认知差异和个体所在国别、地区、行业、阶层、种族、年龄、性别等有关。此外，用户对数据隐私的辨识存在困难，或面对复杂晦涩的隐私条款，通常丧失了数据隐私控制权。因此解决隐私问题的决策要考虑主体差异。

（四）产业现实与隐私政策间的动态博弈

大数据征信的隐私保护政策与大数据产业政策之间存在博弈关系，成为国家间信息产业优劣的竞争角逐的两柄利剑，以至于各国数据隐私保护政策差异背后无不彰显国家大数据产业政策的差异。一方面，大数据产业是国家竞争的前沿，数据主权博弈中技术先进的国家可以占据战略制高点，大数据征信作为大数据产业的应用范畴，涉及国家利益的竞争乃至国家信息主权的争夺，早期阶段各国通常采取宽松的隐私政策促进大数据产业成长。另一方面，立法保护作为国际普遍做法以应对工业时代向信息时代转变所面临的隐私保护问题，数据隐私保护政策同样可以弥补大数据产业的不足而在国际争取主动优势。以欧盟和美国"被遗忘权"创设的分歧为例，欧盟由于信息产业劣势而采取适合自身的隐私政策，率先制定标准，运用法律壁垒牵制美国信息产业巨头，在国际规则的制定中争到话语权。

三、大数据征信隐私风险的防范与应对

隐私权是一种人类文明演进中不断凝华的重要价值。隐私保护既是当代伦理体系中的一般原则，更是大数据技术职业伦理的基本原则，隐私是大数据技术伦理治理原则之一[11]。当隐私风险面临多个伦理原则的冲突时，应遵循公共福利最大化和个体隐私风险最小化，体现效率与公平之间的价值平衡。对于风险的防范，任何技术都无法涵盖所有方面，任何单一策略也都是不完备的，技术与社会共同防范是应然之路。如劳伦斯·莱丝格（Lawrence Lessig）提出"代码、市场、规范和法律共同规范网络空间"[12]236，相类似地，布鲁斯·施奈尔（Bruce Schneier）提出更广泛的约束机制，分为道德压力、名誉压力、制度压力以及防护机制[13]78。因此，针对大数据征信的风险，从技术、法律、规则、政策四个角度寻求隐私权保护的实现路径。

（一）强化隐私泄露风险的技术控制

大数据征信过程中数据的存储、传递、处理环节均存在泄露风险，无论是基于从自下而上的防范风险而言，还是基于技术具有自我执行强制性的特征，技术措施校正技术风险都是首选策略。首先，国家和行业层面应注重数据安全相关新技术的研发和推广，例如对数据粗糙化（coarse-grained）或随机化的数据失真技术、隐藏敏感数据、数据匿名化等数据加密技术。其次，网站平台应注重隐私保护技术的供给。如匿名上网、扫描病毒等隐私增强技术；给用户提供控制或通知的身份管理应用技术；加入隐私安全平台项目（Platform for Privacy Preferences Project，P3P）标准，赋予用户在线浏览隐私选择权限设置等。最后，针对大数据征信机构特征，运用技术措施从许可监督转向动态监控。对征信机构的数据采集、数据挖掘、数据处置等环节进行技术控制。

（二）完善隐私保护的法律与监管体系

大数据征信与既有的《征信业管理条例》存在诸多不匹配，健全法律与监管体系，通过法律强制措施进行刚性约束是必要策略。一是制定"隐私法"，建立专门保护个人隐私的法律。尽管信息安全的规定并非空白，各个部门出台的各级涉及信息安全的法律、法规和政策多达百部，诸多条文散落在国家法律、行政法规、部门规章以及地方性法规之中，更多规定是间接性、原则性的。尚需穿越法律丛林，制定明确具体的隐私法。二是修订《征信业管理条例》，增加主体权利。借鉴欧美国家征信法规和隐性保护经验，如参考吸纳美国征信领域的《公平信用报告法》，全球首个隐私和数据系统保护的《通用数据保护条例》，欧盟的"数字遗忘权"；美国加利福尼亚州政府的"橡皮擦"法案。三是健全监管体系，实行负面清单。划定数据采集和使用范围，明确大数据征信机构责任，明确监管标准和相关准入限制。

（三）形成用户自觉与企业自律的社会规则

用户和企业及利益相关主体主动参与隐私保护，是降低社会成本和提高社会约束的策略。一是增强信息安全意识，养成保护个人隐私习惯。提高信息素养以弥平数字鸿沟，掌握以法律和技术手段来维护自身数据权利。二是企业给用户赋权，简化隐私控制操作。增补有利于保障用户数据隐私网络服务协议，提供者有必要完善网络服务协议中"选择性加入"（opt-in）、"选择性退出"（opt-out）机制的条款、再识别规制条款、服务透明条款，加入标准认定，显示易于识别"隐私保护徽章"等。三是倡导建立社会约束组织。例如，欧盟设立专业认证机构向参与保护用户信息的网络企业或机构颁发"隐私保护标识"，而美国标示 TRUSTe 公司专门为在隐私保护方面合格的网站提供认证，而这一标示几乎覆盖美国电商平台成为信用图章，已经上升为社会认可规范而倍具约束力。

（四）制定大数据征信标准与适度引导政策

国家层面在权衡大数据征信发展与隐私保护，更多提高公共服务和引导政策。一是统一数据采集标准，建立实现数据共享机制。统一的数据采集标准是监管和共享的前提，征信管理局作为主管机构可制定数据，以便于数据的共享从而减少原始数据重复收集。征信管理局下属央行征信中心，可设立适应互联网和大数据特点的网络征信中心，既是数据共享平台的物理支撑，也是协调各成员大数据征信机构的数据共享的管理组织。二是鼓励企业在市场竞争中探索征信新模式。大数据产业属于国家战略新兴产业，我国的大数据企业从发展初期并没有像欧美国家企业遭受隐私问题的阻碍，伴随中国人民银行征信企业牌照的放开，培育竞争优势征信企业，在多样征信路径中淘选最佳征信模式。三是正视国家区域间隐私保护合作与参与主导规则竞争。面对互联网巨头的全球扩张，数据跨境流动涉及隐私问题日益凸显，亟须制定适合国情又顺应国际标准的数据跨境流动安全认证服务体系。可吸纳国际经验，如欧美隐私手续框架的安全港协议（safe harbor）、APEC《跨境隐私规则体系》（CBPR）等国际认证规则等，鼓励第三方技术服务机构参与跨境评估认证竞争。

四、结语

大数据征信已使信息共享与保护之间失衡，源于技术"双刃"效应背后工具理性追逐与价值理性之间的断裂。大数据时代，重塑技术与社会和谐关系，需以追求人类最大的善与最小的恶为伦理价值总基石，辩证审视技术内源性风险和外源性风险，公共利益与个体权益、社会整体效率与公平几对关系，既要看到大数据征信与保护公民隐私反向而行，对用户隐私保护刻不容缓的事实，同时应看到其对信用经济发展和信用社会治理的价值，而绝对、苛刻的隐私保护在当前并不可取。鉴于技术规避的不周延性和单一策略的不完备，需技术与社会共同防范，从技术控制、监督管理、教育宣传、制度设计等方面不断探索创新。

（本文原载于《自然辩证法研究》，2016 年第 7 期，第 118-122 页。）

参 考 文 献

[1] Warren S D, Brandeis L D.The right to privacy[J]. Harvard Law Review, 1890, 4(5): 193-220.

[2] 托克音顿, 艾伦. 美国隐私法: 学说、判例与立法[M]. 冯建妹, 石宏, 郝倩, 等译. 北京: 中国民主法制出版社, 2004: 8.

[3] 吕耀怀. 信息技术背景下公共领域的隐私问题[J]. 自然辩证法研究, 2014, (1): 54-59.

[4] 理查德·斯皮内洛. 铁笼, 还是乌托邦——网络空间的道德与法律[M]. 李伦, 等译. 北京: 北京大学出版社, 2007: 134.

[5] Westin A. Privacy and Freedom[M]. New York: Atheneum. 1967: 7.

[6] 安宝洋, 翁建定. 大数据时代网络信息的伦理缺失及应对策略[J]. 自然辩证法研究, 2015, (12): 42-46.

[7] 薛孚, 陈红兵. 大数据隐私伦理问题探究[J]. 自然辩证法研究, 2015, (2): 44-48.

[8] 吴晶妹. 2015 展望: 网络征信发展元年[J]. 征信, 2014, (12): 1-4, 83.

[9] 王晓蕾. 隐私保护不力制约互联网金融发展[EB/OL]. http://www.cnii.com.cn/internetnews/ 2013-08/26/content_1209412.htm[2013 -08-26].

[10] 徐小凤. 斯皮内洛的技术实在论评析[J]. 西南农业大学学报(社会科学版), 2012, (9): 37-41.

[11] 邱仁宗, 黄雯, 翟晓梅. 大数据技术的伦理问题[J]. 科学与社会, 2014, (1): 36-48.

[12] Lessig L. Code and Other Laws of Cyberspace[M]. New York: Basic Books, 1999: 236.

[13] 施奈尔. 我们的信任: 为什么有时信任, 有时不信任[M]. 徐小天译. 北京: 机械工业出版社, 2013: 78.

美国灾害社会科学研究的人文地理学传统

——以科罗拉多大学自然灾害中心的体制化为个案

│ 黄晓伟，张成岗 │

众所周知，"灾害研究起源于世界上受各种自然灾害威胁最大的国家之一——美国"，美国学者"主要从社会科学的角度，特别是用社会学的观点和方法研究灾害问题"[1]。灾害的社会科学研究在 20 世纪下半叶日益成长为一个成熟的研究领域，美国迄今一直处于"领跑者"的角色，直到 20 世纪 70 年代以后才逐渐吸引了英国、日本等发达国家和一些发展中国家的学者加入。我国社会科学界对灾害的研究起步于 20 世纪 80 年代，过去 30 多年来对引介和理解"他山之石"的需求日趋旺盛。我国社会科学视野的灾害研究早期以社会学为主（尤其是地震社会学），同时开始关注到美国的灾害社会学研究[2-4]。进入 21 世纪以来，全世界的灾害突发事件频发，东亚地区也难独善其身，我国的严重急性呼吸综合征（SARS）危机和汶川地震等灾害更是进一步刺激了国内灾害研究的升温与国际学术交流的增加。在这一过程中，我国学者对灾害研究的认识也在逐步深化，关注视野从灾害社会学进一步拓展到美国整个灾害的社会科学研究[5]。在这些全景式介绍中，中国学者已经较多地介绍了美国灾害研究领域的两大典型机构：特拉华大学灾害研究中心（Disaster Research Center, University of Delaware）和科罗拉多大学自然灾害研究与应用信息中心（Natural Hazards Research and Applications Information Center, Colorado University-Boulder，以下简称科罗拉多大学自然灾害中心）[6]，及其在学科史上从属的"人类行为学派"和"人类生态学派"[7]，或"经典的灾难社会分析"与"灾难的社会脆弱性研究"两大范式[8, 9]。本文则采用美国灾害研究常见的提法：社会学传统和人文地理学传统[10]。

遗憾的是，相比国内公共政策研究领域（以南京大学童星教授研究团队为代表）对美国灾害社会学传统的持续跟踪，人文地理学传统应该得到的关注却与其所处的实际地位很不相称。尽管我国地理学界（以北京师范大学史培军教授研究团队为代表）与人文地理学传统学者互动更为频繁，但由于其自然科学的知识生产特性，并未重视这一传统的历史沿革。本文关注的问题是，作为人文地理学传统典型机构的科罗拉多大学自然灾害中心，在过去40余年中是如何成长为美国灾害社会科学研究重镇之一的？笔者借助在美访学的契机，通过文献调研、人物访谈和非参与观察的方法，追溯人文地理学传统的"体制化"历程及其知识生产的"后常规科学"情境，以期从科学技术社会学的独特视角，增进国内学者对美国灾害社会科学研究更加全面的认识。

一、美国灾害研究的两大传统与历史分期

科学哲学为风险灾害危机的学科史研究提供了反思性的概念工具。美国科学哲学家拉瑞·劳丹（Larry Laudan）针对托马斯·库恩（Thomas Kuhn）的"范式"（paradigm）学说和伊姆雷·拉卡托斯（Imre Lakatos）的"研究纲领"（research programme）学说解释科学进步模式问题上的困难，继承卡尔·波普尔（Karl Popper）关于"科学始于问题并致力于解决问题"的主张，在《进步及其问题》（1977年）一书中提出了"研究传统"（research tradition）的学说。劳丹认为"一个研究传统就是这样一组普遍的假定，这些假定是关于一个研究领域中的实体和过程的假定，是关于在这个领域中研究问题和建构理论的适当方法的假定"[11]81，研究传统由区别于其他研究传统的本体论和方法论假定构成，包含许多具体的科学理论，并且往往有长期的发展历史，经历了不同的发展时期。考虑到灾害研究领域半个多世纪的学术发展史，"研究传统"要比侧重某一时期的问题性"学派"或主导性"范式"更有统摄性和解释力。因而，本文认为，美国灾害研究的社会学传统和人文地理学传统是以奠基性的学科分别命名的两种研究传统（表1）。本文要考察的人文地理学传统孕育于美国实用主义哲学的"人类生态学"理念，主要由前美国地理学会主席吉尔伯特·怀特（Gilbert F. White）在20世纪70年代确立，典型机构为科罗拉多大学自然灾害中心，重点对自然灾害的防灾及减灾展开跨学科研究，促进灾害社科研究与灾害治理实践的融合。

表 1　美国灾害研究两大传统的简要比较

研究传统	社会学传统	人文地理学传统
奠基人物	塞缪尔·普林斯（Samuel Prince）、查尔斯·弗里茨（Charles Fritz）、恩里克·夸兰特利（Enrico L. Quarantelli）、拉塞尔·戴尼斯（Russell Dynes）	哈兰·巴罗斯（Harlan Barrows）、怀特、罗杰·卡斯帕森（Roger E. Kasperson）、罗伯特·凯茨（Robert W. Kates）
兴起年	20 世纪五六十年代"冷战"民防时代	20 世纪 70 年代跨学科、全灾种时代
研究焦点	灾害情境下社会的集体行动（人类行为学派）	自然灾害的社会属性拓展（人类生态学派）
主导范式	经典的灾难社会分析（灾后心理冲击与重建资源分配）	灾难的社会脆弱性研究（风险分布与灾前预防）
典型机构	特拉华大学灾害研究中心（1963~1984 年在俄亥俄州立大学）	科罗拉多大学自然灾害中心（1974 年成立，传承至今）

美国灾害社会科学研究以 20 世纪 50 年代、20 世纪 70 年代、21 世纪初为节点，大致可以划分为四个发展阶段。20 世纪 20~50 年代是灾害研究的前史阶段，但严格意义上的灾害研究专著屈指可数，诸如普林斯的《灾难与社会变迁》（1920 年）、彼蒂里姆·索罗金（Pitirim A. Sorokin）的专著《灾难中的人与社会》（1942 年）、怀特的《人类与洪水相适应》（1942 年）等。灾害社会科学研究真正诞生于 20 世纪 50 年代"冷战"民防时代，最初是社会学家对灾害情境下的组织和集体行动研究，而社会学传统体制化的标志有芝加哥大学的全美民意调查中心（NORC，1948 年）、美国国家科学院的灾害研究团队（1954 年）以及俄亥俄州立大学的灾害研究中心（DRC，1963 年）等。地理学家在 20 世纪 70 年代加入进来，推动了灾害研究进入多学科、全灾种时代，开展了全美首次自然灾害研究评估，这一时期人文地理学传统体制化的标志有科罗拉多大学的自然灾害中心（NHC，1974 年），克拉克大学的技术、环境与发展中心（CENTED，1978 年）等；美国联邦紧急事务管理署（FEMA，1979 年）的创立，促使公共政策学者在 20 世纪 80 年代大批地加入，1985 年迁到特拉华大学的灾难研究中心以及 1988 年成立的得克萨斯农工大学（Texas A&M University）减灾与灾后恢复中心（HRRC）都属于社会学传统，都主动加强了与工程研究学者等的合作；人文地理学传统的自然灾害中心在 20 世纪 90 年代领导开展了全美第二次自然灾害评估，进一步推动了社会科学界、工程研究界与政策界的紧密合作，以及更多研究中心的设立。[12]进入 21 世纪以来，美国为应对"9·11"事件后的恐怖主义威胁而

成立的国土安全部，将原有的紧急事务管理署整合于其中，卡特里娜飓风等自然灾害一再暴露出美国灾害治理体系的"短板"，国际气候谈判使气候变化风险治理研究进一步升温，更多发展中国家面对本国及本地区的巨灾更加重视灾害研究，而处于灾害研究核心群的美国学界为因应美国及全球新的不确定性，开始推动两大研究传统呈现在融合中创新的纵深化发展态势。

二、人类生态学：美国灾害研究的实用主义底色

美国灾害研究者通常会把灾害、环境与社会的互动问题追溯至人类生态学（human ecology）理念，从而揭示灾害社会科学研究内在的实用主义哲学底色。[13]"人类生态学"这一概念由 20 世纪 20 年代芝加哥大学的社会学家和地理学家分别提出，而美国实用主义的集大成者约翰·杜威（John Dewey）完成了这一理念在哲学上的论证。他在《经验与自然》（1925 年）中说："忠实于我们所属的自然界，作为它的一部分，无论我们是多么微弱，也要求我们培植我们的愿望和理想，以至我们把它们转变为智慧，而按照自然所可能允许的途径和手段去修正它们。"[14]266 杜威在《确定性的寻求》（1929 年）一书主张"人生活在危险的世界之中，便不得不寻求安全"，其基本主题是：传统的认识论是旁观者式的，根源在于人们为了在危险的世界中寻求绝对的确定性，而把理论与实践、知识与行动分割开来了。[15]杜威较早地意识到，自然界由于存在着洪水和地震等环境灾害，因而也是危险的，事实上，灾害是人类社会与自然环境互动的产物。但他并不认为人类只是屈服于环境问题，而对其无能为力的，正是环境问题激发了人们去探究和行动，因此改变了环境，并衍生出进一步的问题、探究、行动，如此无限循环下去。

芝加哥大学的社会学系和地理学系都是本学科在美国第一个独立的系（department），尽管两门学科早期都重视人类生态学理念，此后却经历了大致相反的演变轨迹。芝加哥学派的社会学家们受杜威哲学的影响更为直接，其主要关心的是长期的社会环境和城市问题。罗伯特·帕克（Robert Park）在《社会学导论》（1921 年）中首次提出了 human ecology 一词（国内一度译为"人文区位学"或"城市人类生态学"），他的同事罗德里克·麦肯齐（Roderic McKenzie）如此界定这个新兴的学科：人类受选择、分布和对环境适应能力影响下的空间与时间关系研究。但随着美国其他高校社会学系的崛起和挑战，这一路径到了 20 世纪 60 年代已经风光不再，而对灾害的社会学研究则融入了当时更为盛行的人口研究与环境社会学。与此相对照，芝加哥大

学地理学教授巴罗斯在就任美国地理学会主席的演说（1922 年）中也提出了人类生态学理念，明确主张反对传统的环境决定论，主张"地理学以弄清自然环境和人类分布、人类活动之间所存在的关系作为目标"，"以人类适应环境的观点来观察这个问题，较之于从环境的影响出发为明智"[16]。他主张特定地区间的人类生态学研究应该成为地理学的中心，但并没有得到当时地理学界的响应。20 世纪六七十年代，全球人口、资源与环境的紧张关系进一步凸显，促使地理学家们从人地关系论出发重新关注到人类生态学理念，指出经典的人地关系研究尚且停留在地理哲学（philosophy of geography）阶段，而当代的人地关系研究更应关注人类与环境的相互作用机制及全球生态效应的研究。

怀特在人类生态学的地理学传播路径中起到了承上启下的关键作用。[17] 怀特在芝加哥大学期间追随巴罗斯教授接受了完善的地理学训练，潜在受到杜威"人是自然的一部分"的自然观与"理论与实践相统一"的认识观等影响，并将人类生态学理念成功运用到地理学领域。他在博士论文《人类与洪水相适应》（1942 年）中提出了两个影响至今而一直未被有效回答的问题：为什么面对灾害风险时，那些结构式的工程减灾举措比其他措施更受重视？尽管在这些举措上的投资有增无减，为什么灾害造成的社会损失仍然不断增加？他认为，尽管洪水是不可抗力，但洪水损失却主要是人类行为造成的，因此灾害影响的消减必须通过个人与社会的调适而实现。[18]怀特也因此成为"洪泛区域和水资源管理之父"和人文地理学传统的奠基性人物。此后，"人类与灾害相适应"的核心主张在怀特及其学生们的专著《自然灾害：区域、国家和全球的视角》（1974 年）和《环境也是灾难》（1978 年）中得以传承，产生了更大的国际影响力，并由此形成了基于人类生态学理念的灾难问题解决"五步走"方法论：①灾害脆弱性评估；②调适方案的确认；③人类对灾害的感知与评价；④有限理性基础上的决策过程分析；⑤在社会约束条件下，采纳并执行某一种调适方案。[19, 20]尽管杜威哲学对地理学路径产生的影响是潜在的，但我们仍能从怀特的学术论著中发现其观念基础与美国实用主义哲学的亲缘性。研究表明，杜威与怀特的思想交集主要体现在四类主题：人类存在状态的不确定性，实用主义的探究式设想，从经验中学习，以公众对话促进民主。[21]

三、灾害研究人文地理学传统的体制化

"体制化"（institutionalization）是科学技术社会学和科学技术史研究中

的一个重要问题，最早由以色列科学社会学家约瑟夫·本-戴维（Joseph Ben-David）提出，其核心意涵是"社会把一种特定的活动接受下来作为一种重要的社会功能，它是因其本身的价值才受到尊敬的"[22]147。在某种程度上，科学体制化的过程是新型科学知识生产制度不断完善与演进的过程，这至少涉及四个基本方面：①在价值观念方面，确立科学知识生产的独立价值；②在制度安排方面，形成与科学知识的产生、传播与应用相适应的社会秩序；③在组织设计方面，建立进行科学研究活动的组织系统；④在物质基础方面，形成科学活动所必要的物质支撑体系。[23]其中，前两者"软"要素从属于科学的内部体制化过程，共同塑造了科学共同体内部追求真知的行为规范；后两者"硬"要素更为关键，与科学的外部体制化过程紧密相连，突出了所生产知识的社会功利价值。如果说上一节追溯科罗拉多大学自然灾害中心成立以前的历史有助于挖掘内部体制化过程的话，那么中心成立以来的历史则集中展现了新的科学知识生产方式实现外部体制化的过程。

（一）奠基

人文地理学传统的体制化是在吸收灾害社会学的经验和总结已有灾害的自然科学研究的不足的基础上实现的。概而言之，社会学传统的体制化是与第二次世界大战后的"第二个芝加哥学派"相关的，尤其是芝加哥大学教授弗里茨带领全美民意调查中心（1948 年之后）及美国国家科学院的灾难研究团队（1954 年成立）开展的灾后集体行为研究，早期最重要的成果体现在：弗里茨撰写的"灾难"章节收录于默顿等主编的《当代社会问题》（1961 年）一书，明确指出"灾害是一种特殊形式的社会问题"[24]；1963 年，弗里茨的学生夸兰特利与戴尼斯、尤金·哈斯（Eugene Haas）一道在俄亥俄州立大学成立了灾难研究中心。然而，从整个灾害研究领域看来，仍然过于强调技术专家垄断的、分灾种的结构式减灾措施，社会学的灾难研究也还局限于"组织如何响应可能的军事打击"这一狭小领域。因此，灾害的人文地理学研究在 20 世纪 70 年代产生之时面临的双重困境在于：灾害的自然科学研究与社会科学研究的隔阂、灾害研究领域与灾害治理实践的割裂。

1970 年，怀特得到美国著名经济学家肯尼思·博尔丁（Kenneth Boulding）的举荐，从芝加哥大学地理学系主任转任科罗拉多大学行为科学研究所主任。1972 年起，受美国国家科学基金会（NSF）"研究应用于国家需要"项目资助，怀特与社会学家哈斯共同领导了全美首次自然灾害研究评估，旨在缩窄灾害研究日益增长的知识供给与灾害管理实践中知识运用之间的鸿沟。他们出版了《自然灾害研究的调查》（1975 年）这一里程碑式的成果，提出了灾后及时地全面考察、跨学科长期研究的常态化、灾害信息交互中心建设、灾害救援法案在州层面的贯彻落实、国会及联邦政府层面的灾害治理机构整合等政策建议。[25]这次评估的意义重大，强调了社会科学参与灾害研究的重要性，逐渐改变了以往由自然科学及技术专家主导的格局，推动灾害社会科学研究进入跨学科、全灾种研究的时代。此次评估一个直接的体制化成果就是1974 年在行为科学研究所"环境与社会"项目名义下成立的自然灾害中心，以及 1975 年召开的首届自然灾害研讨会（Natural Hazards Annual Workshop）。值得一提的是，NSF 资助的重点向来是基础科学及工程学研究，而来自 NSF持续的资金投入对自然灾害中心的奠基及发展起到了至关重要的作用（如资助两次全美灾害调查）。目前中心负责监管 NSF 资助的"快速响应基金项目"，用以资助研究人员尽快赶赴灾害事发地，从而获取有关灾害的直接影响及响应的重要信息。如今，中心体制化令人瞩目的成效也吸引了联邦紧急事务管理局（FEMA）、美国地质调查局（USGS）、陆军工程兵团（USACE）等机构持续的资金投入。

（二）使命

自然灾害中心以灾害领域的知识及信息交互中心（clearinghouse）为定位，40 余年来一直致力于在灾害的研究领域与实务领域之间架起一道有效沟通的桥梁，其使命生动地体现在如下漫画（图 1）中。目前，中心每年一度举办的自然灾害国际研讨会以 400 余人的邀请规模，兼顾实务界、政策界、国内外学界与会者的均衡为特色，从而更好地履行其互联互通的使命。目前在研讨会之后，都将紧接着召开国际社会学会灾害研究专委会的研究者会议及美国自然灾害减灾协会的实务工作者专题研讨会，该研讨会已成为国际灾害社会科学研究领域的盛会，近年来其中不乏来自中国一些学者的身影。此外，为便利灾害实务界和研究界，中心还持续发行双月刊《自然灾害观察家》（*Natural Hazards Observer*）、电子版期刊《灾难研究》（*Disaster Research*）、面向实务界的不定期期刊《自然灾害通报者》（*Natural Hazards Informer*）、与美国土木工程师协会合办的国际研究期刊《自然灾害评论》（*Natural Hazards Review*）、社会科学文献馆藏（HazLib）及其网络数据库搜索服务。[26]

图 1 科罗拉多大学自然灾害中心的使命图绘

资料来源：2016 年第 41 届自然灾害国际研讨会会议手册

科研激励措施等制度安排是一个研究领域体制化的重要表征。中心设立了旨在吸引研究生参与灾害研究的吉尔伯特·怀特研究生减灾研究奖学金，以及关注女性灾害研究者及应急管理、高等教育实践的玛丽·法兰·梅耶斯（Mary Fran Myers）奖学金。前 NSF 官员、社会学家威廉·安德森（William A. Anderson）生前与中心素来联络紧密，为纪念他而成立的教育研究基金会旨在资助那些关注易受灾人群，特别少数族裔的各学科研究者及实务人士，基金会也参与到自然灾害研讨会等活动中，是该领域体制化日趋成熟的一个折射。

（三）演变

灾害研究人文地理学传统的演变首先反映在自然灾害中心这一机构自身的演变，大致经历了三个阶段。首先，从机构负责人的统计信息（表 2）来看，自然灾害中心头 21 年（1974～1994 年）的发展是以曾两度担纲中心主任的怀特为学派核心的。这一阶段是源自洪灾防范研究领域的社会脆弱性范式（如脆弱性科学的提出）日臻完善的时期，也是强调工程手段之外的非结构式减灾举措（如洪涝保险等经济手段）引起政府与学界重视的时期。这一路径的研究范围超越了单一的灾后应急响应，而扩展到减灾（mitigation）、备灾（preparedness）、应对（response）和恢复（recovery）的整个灾害周期。其次，中心在 20 世纪 90 年代的最大进展，是 1994 年起由社会学家丹尼斯·米勒蒂（Dennis Mileti）领导的第二次全美自然灾害评估，最终出版了《人为的灾害》（1999 年）一书。该书并未局限于首次评估以后 20 年间灾害问题研究的简单归纳，而是基于美国发生的自然灾害与失当的工程行为之间的关系开展了更广泛的跨学科研究，反映出地理学家、工程研究者、公共政策学者加入灾害社会科学研究之后的一些新成果，并阐述了今后灾害研究的方向和应有的政策取向。此外，这次评估的一大特色是在注重自然灾害的同时，将与之相关的技术灾害也纳入了评估视野。20 世纪 70 年代、90 年代两次灾害调查的一个共性是融合了跨学科团队的参与，尤其对参与其中的研究生影响尤为关键，激励了很多青年学者踏入灾害研究领域，并成为这一领域人才培养的重要途径。[27]

表 2　科罗拉多大学自然灾害中心历届主任

历届主任（含联合主任）	任职年份	身份
哈斯	1974～1976	社会学家
怀特	1976～1984	地理学家
威廉·崔维斯（William R. Travis）	1984～1992	地理学家
梅耶斯	1988～2004	前应急管理官员
怀特	1992～1994	地理学家
米勒蒂	1994～2003	社会学家
凯瑟琳·蒂尔尼（Kathleen Tierney）	2003～2016	社会学家
洛莉·皮克（Lori Peek）	2017 年至今	社会学家

资料来源：吉尔伯特·怀特的传记《与天灾共在》（Living with Nature's Extremes：The Life of Gilbert Fowler White.Boulder：Johnson Books，2006：162-163），皮克的任职消息另见：https://hazards.colorado.edu/article/our-next-director-lori-peek-chosen-to-lead-natural-hazards-center。

最后，进入 21 世纪以来，两大研究传统呈现出在融合中创新的态势，表现之一是曾任特拉华大学灾难研究中心联合主任的社会学家蒂尔尼担任了自然灾害中心的主任（2003～2016 年）。更为重要的是在恐怖主义、特大飓风等新的不确定性条件下，美国的反恐备战政策一度影响到灾害管理实践（FEMA 并入国土安全部），灾害社会科学研究更加注重与主流社会科学进行对话[28]，社会建构主义、恢复力研究（resilience studies）等多元化的研究范式开始出现。在 2016 年的第 41 届自然灾害国际研讨会上，有资深灾害研究者呼吁应该将第三次灾害调查提上议事日程，倡议推动建立全美灾害/灾难研究机构的联合会等组织设计，是今后美国灾害研究体制化值得关注的新动向。

（四）影响

一般而言，研究传统的形成大致依赖于师承、问题、地域这三种联系纽带[29]，但三者之间互有联系，界限并非泾渭分明。借助这三种分析视角，可以更好地考察美国灾害研究人文地理学传统的演变和影响：①师承性纽带。怀特的学生米勒蒂曾任科罗拉多州立大学灾害评估实验室（HAL，1984 年成立）的联合主任，而米勒蒂的学生、国际社会学会灾害社会学委员会（RC39，2015～2018 年在任）主席皮克曾为科罗拉多州立大学灾害与风险分析中心（CDRA，2010 年成立）的联合主任，已于 2017 年初起担任自然灾害中心的新主任。②问题性纽带。1978 年，地理学家卡斯帕森在克拉克大学创立了技术、环境与发展中心（CENTED）[30]，怀特的学生、前美国地理学会主席凯茨（1993～1994 年在任）是该中心的早期核心成员；前美国地理学会主席苏珊·卡特尔（Susan Cutter，2000～2001 年在任）1995 年在南卡罗来纳大学成立灾害研究实验室（HRL），2006 年升级为自然灾害和脆弱性研究所（HVRI），以脆弱性科学的视角研究自然灾害的社会属性，强调"灾害不能再被认为是一个突发事件，灾害的发生其实是人类面对环境威胁和极端事件的脆弱性表现"[31]。③地域性纽带[32]。同属科罗拉多大学的环境科学协同研究所（CIRES，1967 年成立）、水资源与水环境高级决策支持系统研究中心（CADSWES，1986 年成立），尽管侧重于从工程科学或某一灾种切入灾害的社科研究，但都受到了自然灾害中心的组织使命及其知识转化成效的间接影响，同样强调本机构生产的知识在相应灾害治理实践中的应用。

四、结语："后常规科学观"的审视

总结美国灾害研究人文地理学传统的体制化过程，充分展现出"求真知"与"致实用"两种科研文化的融合。为了避免急于对美国灾害研究做出"过度实用化倾向"[33]的结论，应该以"同情地理解"（韦伯语）考察灾害研究领域的对象特殊性，科学技术社会学的"后常规科学"（post-normal science）思想为此提供了一个较为合理的视角。"我们采用'后常规'术语来标志一个时代的结束，在那个时代，有效的科学实践规范可以是一个无视由科学活动及其后果带来的广泛的方法论的社会和道德争端的解题过程"，"正是这一挑战让我们发展后常规科学的思想，作为适应后工业文明的新型科学"[34]。如果以技术事实维度的"系统不确定性"程度和价值维度的"决策利害关系"

为两个独立变量,可以辨识出应用科学、专业咨询和后常规科学这三种问题解决策略,分别对应于技术性层面、方法论层面和认识论层面的不确定性(图2)。不过,后常规科学的知识生产方式并非要取代传统的应用科学和专业咨询,而是对其进行补充和完善,这意味着不确定性与价值承诺的结合要求扩展参与决策的同行共同体,从而推动专业知识的民主化,以纾解风险社会的不确定性状况与试图把握这一状况的碎片化知识之间"不必要的张力"。审视美国灾害研究领域的合法对象,无论是特拉华大学研究团队侧重的"灾难"(disaster)事件,还是科罗拉多大学研究团队聚焦的自然"灾害"(hazard),抑或克拉克大学研究团队强调的"风险"(risk)沟通,都属于那种"事实尚不确定、价值存在争议、风险相对较高但决策过程紧迫"的后常规科学情境。因此,在这个意义上讲,面向风险社会的知识生产情境即"后常规科学"的情境。

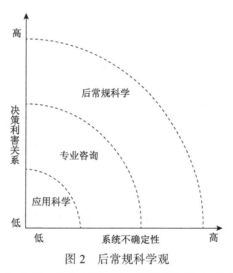

图 2 后常规科学观

资料来源:Krimsky S,Golding D. Social Theories of Risk[M]. Westport:Praeger,1992:254

当然,美国灾害人文地理学研究的基础理论假设并非没有遇到挑战,其学术传播过程也不可能一帆风顺。一方面,美国灾害研究者早在 20 世纪 80 年代就曾产生过质疑,认为怀特所代表的"主流观点"在一定程度上仍然是技术专家主导的,很多时候未免过于乐观。[35]从灾难人类学的跨文化视角来看,贫困国家与地区的灾害所导致的主要还不是发达国家主要关注的财产损失问题,而是更为严重的生命损失问题,更需要灾害治理体制层面的变革和社会经济状况的改善。另一方面,以东亚地区为例,日本东北部地震、海啸导致的福岛核泄漏事故提醒我们，美国学界习以为常的自然灾害与人为灾害的二分框架往往难以适用。

后发现代化国家在"西学东渐"过程中面临的知识生产状况往往比较复杂。"理论上，灾难研究与科技社会学（STS）以及风险研究（risk study）有相当的关系，特别是人为疏失造成的科技灾难，例如核电厂事故、工业事故以及大众运输事故等，是灾难社会学与科技社会学、风险研究领域重叠之处。"[8]一个可喜的学术现象是，东亚地区的 STS 研究者近年来更加积极地参与到风险灾害危机研究中来。2013 年 11 月，东京工业大学以"大规模灾害、STS 研究与科学技术的未来"为主题举办了第 11 届 EASTS（East Asian STS）学术会议；2015 年 10 月，亚太 STS 研究网络（Asia-Pacific STS Network）在我国台湾高雄市召开了以"灾难、争议与公众参与"为主题的学术会议。其实，STS 视角的灾害研究（Disaster STS）也是近年来国际 STS 学界新兴的学术增长点之一，灾害史、灾害科学技术的知识生产等主题频繁出现在技术史学会（Society for History of Technology，SHOT）、4S 学会（Society for Social Studies of Science，4S）等国际性学会的年会主题中。2017 年出版的《STS 指南》（第 4 版）对把握 STS 领域的未来研究趋势具有引领性意义，其中也专门设立一章探讨"STS 视角的灾害研究"[36]，这是一个值得关注的理论动向。不过，对于起步相对较晚的中国学界而言，基于西方情境的灾害研究知识如何移植到本土的灾害治理情境中仍是一个开放性的问题，这也为科学技术社会学领域的进一步参与提供了理论空间。

致谢：2016 年 3～7 月，笔者利用在美访学的契机，采访了科罗拉多大学自然灾害中心前主任凯瑟琳·蒂尔尼，旁听了其"灾害社会学"课程，并受邀参加了该中心 7 月 10～13 日主办的第 41 届自然灾害国际研讨会。笔者对在写作过程中提供支持的凯瑟琳·蒂尔尼、洛莉·皮克及林维吉（Wee-Kiat Lim）等学者一并表示诚挚感谢。

（本文原载于童星、张海波《风险灾害危机研究》（第六辑），社会科学文献出版社，2017 年版，第 173-189 页。）

参 考 文 献

[1] E. 勒普安特. 社会学家与灾害[J]. 江小平译. 国外社会科学, 1992, (1): 55-60.

[2] 王子平, 陈非比, 王绍玉. 地震社会学初探[M]. 北京: 地震出版社, 1989.

[3] 戴可景. 美国的灾难社会学掠影[J]. 社会学研究, 1987, (5): 116-121, 124.

[4] 黄育馥. 社会学与灾害研究[J]. 国外社会科学, 1996, (6): 19-24.

[5] 梁茂春. 美国社会科学界对灾害的研究综述[J]. 中国应急管理, 2012, (1): 49-55.

[6] 韩自强, 陶鹏. 美国灾害社会学: 学术共同体演进及趋势[A]//童星, 张海波. 风险灾害危机研究 (第2辑). 北京: 社会科学文献出版社, 2016: 64-76.

[7] 张海波.专栏导语: 面向风险社会的知识生产[J]. 公共行政评论, 2016, (1): 1-7.

[8] 林宗弘, 张宜君. 天灾也是人祸: 社会科学领域的灾难研究[A]//范玫芳. 风和日丽的背后: 水、科技、灾难. 新竹: 交通大学出版社, 2013: 86-93.

[9] 周利敏. 从经典灾害社会学、社会脆弱性到社会建构主义: 西方灾害社会学研究的最新进展及比较启示[J]. 广州大学学报(社会科学版), 2012, (6): 29-35.

[10] Oyola-Yemaiel A, Wilson J. Social Science Hazard/Disaster Research: Its Legacy for Emergency Management Higher Education[J/OL]. https://www.training.fema.gov/hiedu/docs/emfuture/future%20of%20em%20-%20social%20science%20hazard-disaster%20research%20-%20oyo.doc[2016-07-19].

[11] L. 劳丹. 进步及其问题: 一种新的科学增长论[M]. 刘新民译. 北京: 华夏出版社, 1990.

[12] Knowles S G. The Disaster Experts: Mastering Risk in Modern American[M]. Philadelphia: University of Pennsylvania Press, 2011: 209-279.

[13] Mileti D. Disasters by Design: A Reassessment of Natural Hazards in the United States [M]. Washington: Joseph Henry Press. 1999: 18-19.

[14] 杜威. 经验与自然[M]. 傅统先译. 南京: 江苏教育出版社, 2005.

[15] 杜威. 确定性的寻求: 关于知行关系的研究[M]. 傅统先译. 上海: 上海人民出版社, 2004: 16-17.

[16] Barrows H H. Geography as human ecology[J]. Annals of the Association of American Geographers, 1923, 13 (1): 1-14.

[17] Mcentire D A. Disciplines, Disasters and Emergency Management: The Convergence and Divergence of Concepts, Issues and Trends from the Research Literature [M]. Springfield: Charles C Thomas Publisher LTD, 2007.

[18] White G F. Human Adjustment to Floods: A Geographical Approach to the Flood Problem in the United States[M]. Chicago: University of Chicago, 1945.

[19] White G F. Natural Hazards: Local, National, and Global[M]. Oxford: Oxford University Press, 1974.

[20] Burton I, Kates R W, White G F. The Environment as Hazard[M]. Oxford: Oxford University Press, 1978.

[21] Wescoat J. Common themes in the work of Gilbert White and John Dewey: a pragmatic appraisal[J]. Annals of the Association of American Geographers, 1992, 82 (4): 587-607.

[22] 约瑟夫·本-戴维. 科学家在社会中的角色[M]. 赵佳苓译. 成都: 四川人民出版社, 1988.

[23] 李正风, 尹雪慧. 科学体制化的文化诉求与文化冲突: 论科学的功利性与自主性[J].

科学与社会, 2011(1): 123-132.

[24] Merton R K, Nisbet R A. Contemporary Social Problems: An Introduction to the Sociology of Deviant Behavior and Social Disorganization[M]. New York: Harcourt, Brace & World, Inc., 1961: 651.

[25] White G F, Haas E. Assessment of Research on Natural Hazards[M]. Cambridge: The MIT Press, 1975.

[26] Myers M F. Bridging the gap between research and practice: natural hazards research and applications information center[J]. International Journal of Mass Emergencies and Disasters, 1993, 11(1): 41-54.

[27] Peek L. Transforming the field of disaster research through training the next generation[J]. International Journal of Mass Emergencies and Disasters, 2006, 24(3): 371-389.

[28] Tierney K. From the margins to the mainstream? Disaster research at the crossroads[J]. Annual Review of Sociology, 2007, 33: 503-525.

[29] 杨华. 传统学术中的学派[N]. 光明日报, 2007-09-13(国学版).

[30] Tierney K. Toward a critical sociology of risk[J]. Sociological Forum, 1999, 14: 215-242.

[31] Perry R, Quarantelli E L. What is a Disaster: New Answers to Old Questions[M]. Philadelphia: Xlibris, 2005: 39-48.

[32] Mileti D. Disasters by Design: A Reassessment of Natural Hazards in the United States [M]. Washington: Joseph Henry Press, 1999: 324-325.

[33] 孙中伟, 徐彬. 美国灾难社会学发展及其对中国的启示[J]. 社会学研究, 2014, (2): 218-241, 246.

[34] 福特沃兹, 拉维茨. 后常规科学的兴起(上)[J]. 吴永忠译. 国外社会科学, 1995, (10): 32-38.

[35] Hewitt K. Interpretations of Calamity, from the Viewpoint of Human Ecology[M]. Boston: Allen and Unw in Inc., 1983: 3-32.

[36] Felt U, et al. The Handbook of Science and Technology Studies (4 edition)[M]. Cambridge: The MIT Press, 2017: 1015-1041.

人工智能时代：技术发展、风险挑战与秩序重构

张成岗

　　1950 年，阿兰·图灵在论文《计算机器与智能》《机器能思考吗？》中提出了著名的"图灵测试"，从此，学术界开始开展有关机器思维问题的讨论；1956 年的达特茅斯会议标志着"人工智能"概念的诞生。目前，人工智能已经从科学实验阶段进入商业应用阶段，正在迎来爆发的临界点。随着信息化、工业化不断融合，以机器人科技为代表的智能产业蓬勃兴起成为当代科技创新的一个重要标志。

　　从历史上看，人类社会发展的不同阶段具有功能优先性的制度领域具有一个演变过程（诸如亲缘、政治以及经济系统等）。技术系统无疑已经成为社会转型期的现代化过程的优先性领域之一。然而，不能忽视的是，作为个体的人有时会被自己的情绪、各种外部诱惑及刺激所影响；人类的认知和实践也均承载着时代和历史的烙印，具有种群和进化意义上的局限性。因此，虽然我们不需要过于杞人忧天地担忧偶然因素对人工智能发展的影响，但我们必须承认这种情形存在的可能性并尽早将其纳入考虑范围。面对未来构建"好的人工智能社会"的挑战，全面认识和评估人工智能兴起及其带给社会秩序、伦理规范等的变革与挑战无疑具有重要意义。

一、"技术社会"与"人工智能时代"

(一)"技术社会"及其三重逻辑悖逆

提到"技术社会"我们绕不过美国技术研究学者埃鲁尔,他秉持人文主义的技术批判精神,但并不是技术灾变论者,也不能被看作是"具有误导性的异教徒"。在 1962 年出版的《技术社会》中,埃鲁尔详细论述了"技术社会"之存在、特征及其对人类历史的影响。他的"技术"概念明显宽泛且具有包容性,除了器物层面技术,也包含社会技术,如心理技术、宣传技术等,还包括抽象技术,如速记技术等。埃鲁尔用效率对技术进行了定义。他认为,技术是指所有人类活动领域合理得到并具有绝对效率的方法的总体,哪里有以效率为准则的手段的研究和应用,哪里就有技术存在。[1]技术在现代社会具有统摄性力量,在一定意义上,技术决定着科学、经济及文化的走向,技术已成为人类生存的新环境,这就是所谓的"技术社会"。埃鲁尔指出,传统意义上认为技术由人所开发必然可以为人所控制的说法其实是肤浅和不切实际的;人类既不能给技术明确的方向与定位,也不能为目的而控制技术,技术人员、科学家、产业实践者、公众、社会组织都不能做到对技术的控制,为此只能寄希望于人类全体形成合力以达成对技术的控制。

技术社会的出现及其演化为人类提出了两个共时性问题:第一,在工具世界中如何保证人的主人地位?第二,人类文明与新技术是否和如何兼容?实际上,工业社会以来的历史发展表明,所有的技术社会形态都不得不面对以下三重逻辑悖逆:①"主奴悖论",即制造者与制造物的矛盾,也就是如何避免制造物对制造者的叛逆,如何防止技术失控;②"不均衡悖论",即技术与社会制衡力量的矛盾,技术发展与经济增长是正比例而非同比例关系,技术发展和文化进步之间有可能是正比例关系,也有可能是相反关系,技术效率成为人类生活的标准之后,"文化病毒"和"文化免疫系统"之间一直存在不均发展的矛盾;③"工具和目的悖论",即技术工具与技术生活方式的矛盾,在一定意义上说,技术的发展与人类设定的目标无关,因为技术本身就是目标。

以现代性为基础构架的技术社会中的主奴关系、发展不均衡性以及目的与工具关系中隐藏的三重逻辑悖逆正持续延展到信息社会中,同时,当代中国正在进入的人工智能社会也正面临新全球化、新工业革命、社会转型三重叠加的现实挑战。

（二）人工智能时代的"三重背景叠加"

目前，人工智能正在全面进入和重塑人类的生产和生活空间。从智能机器人、智慧家居到无人驾驶、无人工厂，人工智能技术被广泛应用到社会生活和生产的各个领域，改变甚至颠覆了我们的传统认知，对未来的农业、制造业、新闻业、交通业、医疗业及体育业等产业形态带来极大影响。当前，人工智能席卷全球，被首度写入"十三五"发展规划的人工智能已经迎来全面爆发年。人工智能是引领未来的战略性技术，从国际发展态势来看，世界各主要国家均把人工智能作为主要发展战略，力图在新一轮国际竞争中把握住主导权和话语权。

当代中国正在进入的人工智能社会面临着新全球化、新工业革命、社会转型三重叠加的挑战。全球化是一个充满矛盾的历史进程，是推动社会变革的关键力量，新全球化正在重新塑造世界和区域秩序。所谓的"逆全球化""去全球化"以及民族主义、保守主义回潮等不应被过度解读和人为放大认知风险，这些只是全球化博弈中，相关国家为了各自利益所做的策略型调整，"是微波而不是巨浪"，是局部的策略型调整，不会改变全球化本身，全球化是必须面对的事实而不应当是对抗的对象。

新工业革命正在深刻改变人类生产和生活方式。信息技术是新工业革命的龙头，正在向各个领域深度渗透，深刻改变着人类生产和生活方式。基于持续的技术创新和颠覆，以数字化、网络化、机器自组织为标志的第四次工业革命正在开启人类历史新阶段。新工业革命不仅是一场技术与产业的革命，对全球价值链结构、全球产业竞争格局产生深刻影响，更是一场社会、文化、价值与思维等领域的全景式整体性变革，将提供社会转型新动能，带来社会治理新挑战。第四次工业革命为发展中国家全面参与全球治理和改革提供了历史机遇，随着中国从技术创新跟随者到引领者角色的变化，中国正在积极参与和引领国际话语权、规则制定权和议程设定权，倡导新型全球化，为世界困境贡献中国智慧。

进入 21 世纪以来，大数据和人工智能蓬勃发展成为新工业革命的显著标志，并将重塑人类生存和生活的现实空间。顺应形势把握住人工智能带来的重大历史机遇，可以带动国家竞争力的整体跃升，为处于转型期的中国经济社会发展提供强大动能。发展人工智能已经成为国际社会的共识，然而人工智能在提供社会发展动力和平台的同时，也对经济、社会、就业、伦理、安全诸领域提出新挑战。笔者认为，在历史上的三重悖逆和当代三重挑战面前，人类正在面临又一场"技术海啸"和秩序重构，人工智能社会需要"不合时宜"的思想者。

二、人工智能社会需要"不合时宜"的思想者

在当代社会，技术不仅呈现为物质元素系统，而是演化成了赋予人们生活以价值和意义的整体性"座架"，技术深刻影响着人们的思考习惯、动机、个性及行为。作为一种整体性现象，技术正在超越个人与社会；工业社会对人的程序化行为有强烈需求，现代人置身其中的信息社会对多任务处理和快速处理有强烈需求。技术并不仅仅是一种物质手段，而是一种文化现象，是控制事物和人的理性方法。按照兰登·温纳的总结，当代技术具有如下特点：自主性、合理性、人工性、自动性、自增性、统一性、普遍性。其中，自主性是技术最根本的特性，技术自主性意味着技术摆脱了社会控制，正在形成一种难以抑制的力量，人类自由将受到威胁。"技术系统"按其自身规律、沿着自己道路向前发展，现代技术已经发展到新的规模和组织，温纳断定技术以系统状态存在，即整体上的组织化[2]。

在信息社会，由计算机所中介的人类实践正变得越来越多，面对面交流所进行的人类实践正变得越来越少；我们正在见证人与人之间相互联系的逐步解体、传统社会交流的消失和一种新人类生活模式的出现；在这种新模式中，个体与计算机终端而不是与人一起工作和生活。[3]在《技术、时间与现代性的会谈》中，辛普森指出，信息社会中的主体已经沦落为"交流网络中的接线员，接线员没有主体性、内在性，只是接受、转换和传输信号"。我们从早期现代性的"我思故我在"转换成了信息社会现代性的"我传输和接收故我在"；马克思的"人"的概念也沦落为在后现代社会作为"信息回路中的集结点"的个体概念。后现代语境中，技术尤其信息技术带给人类全方位的冲击，传统的很多概念都需要进行重新定位和反思。比如，我们可以"组织和使用经验"，经验也变成了可以储存在计算机文件中的东西；再如，不是将主体看作使人类的体验成为可能之场所，赛博空间将主体视作监狱，这就是虚拟现实中的"主体之死"；还有，过去和现在可以拥有同样的地位并可以被共同体验，时间也成为一种可以"被捕获""被控制"

"被驯服"的时间。[4]

如果行为动机不再依靠需要加以证明的规范，如果人格系统不必再到确保认同的解释系统中去寻找自身的统一性，那么，不假思索地接受决定就会变成一种无须责备的机械习惯。[5]在技术社会中，绝对服从的意愿会达到随意的程度，"技术社会不需要理解，最重要的是执行"。埃鲁尔指出，如果技术将潜在地导致灾难，知识分子的立场应当是警示、谴责和批判，进而找出通向未来之路。

技术一直被视作将人类置于世界新起点的解放性力量，技术创新与社会变革之间的复杂性促进了相关理论的兴盛。然而，在过分注重"理性算计"的技术文化中，技术批评者的声音并不容易得到认可和传输，即便在切尔诺贝利和福岛核事故之后，技术批评论调也经常被弱化和消解。

目前，互联网和远程通信已成为休闲和娱乐最重要的领域，就像休闲一样，文化成为一个技术逻辑领域。对于埃鲁尔来说，尽管技术极大地改进了人类生存和生活境况，技术与政治、经济等的结合也在创造出诸多危害，将这种情况说出来非常重要，尽管这可能是"不合时宜的"！

所谓"不合时宜"不是脱离当代社会面临的问题，而是要批判一般性假定（比如进步、增长与创新等）；思想家进行技术批判与反思的目标不是获得实用主义意义上令人满意的答案，而是要将问题尖锐地呈现出来。技术对非技术领域比如文化领域等的"殖民"需要得到关注。在信息膨胀的网络空间，有关信息技术、人工智能和大数据等的批判性话语应当得到真实的叙述与呈现。当代社会的诸多似乎合理的流行价值观和生活常识需要得到"不合时宜"的审视和检讨。[6]

首先，"效率主义"应当得到反思。效率原则是技术社会构建的基石，但经由语词魔法，"以效率之名"似乎具有了不可抗拒的社会号召力，很多活动之所以被接受和执行是因为其具有效率。我们必须追问的是效率是不是技术的专有价值？问题的关键在于"到底是谁的效率？"。经济效益并不是唯一的工作激励因素。对于许多工程师、程序员和媒体艺术家来说，其主要目的是产生令人兴奋的新的人工制品或将想象力加入其中。历史上，黑奴制对于美国经济曾经是很有效率的体制，但美国社会似乎也没有接受黑奴制。实际上，目的应当成为正当性的来源，而非效率成为正当性，换句话说，效率具有非充分决定性。

其次，在一个日益加速的技术社会中，更应该考虑如何"控制速度"。在思想史上，反思速度一直是理解和批判技术发展的经典路径。当代社会个人越来越被迫适应加速生活节奏和社会期望，时间似乎成了最稀缺的资源。技术节奏应当被看作是"错误的"，至少是"令人困扰的"东西。[7]在网络组织的社会中，信息技术变得普遍并正在入侵所有的人类生活，网络生产的装配线正在直接剥削认知范畴的情感能量。实际上，对技术变革速度的话语应当既包括对如何加速技术变革的关注（比如，"我们需要更多的创新"），也要包括对如何限制技术变革的关注（比如，"所有都进行得似乎太快"）。[8]

最后，"发展"现象需要重估、"新发展观"亟须重建。"去增长论"（de-growth）学者拉图什（Latouche）曾经指出，应该反对自由经济的口号，因为自由经济把国民生产总值年增长量视为幸福和投资的唯一衡量手段，而不是去努力保护已经是最稀缺的资源，比如丰富的自然世界和友谊所带来的平静的快乐。[9]经过几十年的发展，"解构发展"运动已经导致"发展"被重新定义和进行限定性描述，发展的内涵和意义已经发生了重大变化，唯国内生产总值（GDP）主义受到批判，重新使用、循环利用、节约资源的生态发展受到关注。新发展观强调要更加注重人们的幸福指数、人们的社交和友谊，关注人们的获得感，而不仅仅考虑金钱问题。[10]

笔者认为，从法兰克福学派的技术批判理论到埃鲁尔的"技术社会"理论，从温纳的"自主性技术"理论和"技术漂移"学说到玻斯曼的"媒介三部曲"，当代社会的核心问题已经被触及，批判性话语与网络空间及人工智能的结合有望成长出"主体理性社会的交往理性空间"。

三、人工智能："技术海啸"、风险与不确定性

历史地看，文明演进的每一阶段都在释放新问题，出现新困难。在工业文明的高歌猛进中，人们通常持有"一切问题都是技术问题"的观念，每种技术都被设想用来解决某类问题，并被看作社会中的技术进步。通过技术发展，我们日益成功地克服困难、解决难题；然而，这种问题解决往往仅仅是在又遇到另一个问题意义上的解决。

2011 年 3 月 11 日，日本东部近海发生里氏 9 级地震，引发大海啸并直接导致福岛核电站发生严重事故。事故发生在经济发达、技术先进且拥有较长核电站运营历史的国家，更是令人震惊。应当说，福岛核事故所带来的不仅仅是诸如日、德、瑞、法等国关于是否"废核"的政策的反思，也不仅仅是科学界对电力或能源领域何去何从的茫然，更为重要的是，它动摇了人们

关于科技能够保护人类免遭技术灾难、保障社会秩序安全运行的深层信念。现代社会的巨型官僚机器与工业技术的巨大增长的结合所带来的威力已然超出了人类的理解范围，使人们陷入了无意识的境地。日本学者三岛宪一评论指出，福岛核事故是"对工业技术的民主控制的失败"，在地震多发区建设核电是"合法的犯罪"和"威胁公民的有组织恐怖主义"[11]。

现代技术的巨大成就及其给人类社会带来的诸多福祉，也容易滋生技术乐观主义思潮。人们认为，只有以数学和统计方法为基础的科学技术才是可靠的，借此人类可以驯服概率和不确定性，从而控制自然和风险；这种信念在一定意义上构成了技术秩序的基础。贬低不确定性、相信风险能够被永远根除是西方文明傲慢的结果；事实上，西方式的傲慢有时会变成风险以其他形式重新出现的基础。技术社会所信赖的数学和统计方法本身也许更适应于封闭系统，其中难以量化和模式化的元素常常会被忽略，而风险却是一个整体性事件。

技术发展后果往往具有不可预料性，技术后果在总体上可以被分为"不可预测但在意料之中的"（unpredictable but expected）和"不可预测且在意料之外的"（unpredictable and unexpected），不可预测性是技术发展过程的显著标志和内在特征并且不能被纠正，因为：首先，人们可以想象技术发展的后果，却想不到其后的联合（combinations）效应；其次，技术思想本身并不能思考技术，不能通过它来处理其功能障碍或不利影响，它仅仅提供已经存在的技术思想的扩展或改进，除非通过技术文化来思考；最后，不可预测性源于技术系统所产生风险数量的不成比例增长。[11]

从事技术批判的思想家带给我们的启示是：在讨论现代世界的技术背景时，首先应当探究我们失去调节技术系统的复杂性的能力，并且承认我们自己的无知和不确定性所带来的困难。我们不仅不能消除不确定性，而且技术秩序实际上给我们带来了类似于或甚至大于自然力产生的旧的不确定性的偶然性。因此应当更加重视不确定性，从而将其作为调节技术时重要的预防原则。

实际上，早在工业革命初期，曼德维尔就指出，在个体主观行动之上，存在着客观的"涌现的"社会规律，但社会行为常常受制于非预期的结果，个人行为和社会效应是由两套完全不同的规律支配的。马克思的技术社会学一直被称作技术社会学的两大流派之一，在《技术社会学：后学术社会科学的根基》（Sociology/Technology: Foundations of Post Academic Social Science）中，杰伊·韦恩斯坦指出，19世纪中后期，马克思已经深刻论证了技术评估的必要性和重要意义，马克思不仅在关注技术创新，而且也关注谁在进行技术创新，为谁的利益进行创新，为何目的而进行技术创新，在此意义上，马克思被看作历史上的第一个进行技术评估的人（the first technology assessor）。[12]

数字主义者将计算机想象成人类的最终命运，人工智能之父马文·明斯基（Marvin Minsky）将人类的大脑描述为"肉类计算机"，扭转了关于计算机是"机械脑"的隐喻。[6]这种隐喻图景的变换在一定程度上反映了人工智能的快速发展及其革命性影响。哲学家休伯特·德雷福斯（Hubert Dreyfus）指出，人工智能的历史充满了"第一步的谬误"，类似于"爬上树的第一只猴子正朝着月球着陆"[13]。欧洲认知系统协会主席文森特·穆勒（Vincent C. Müller）认为，对待人工智能的风险问题，应该保持一种谨慎心态，"如果人工系统的智能超过人类，那么人类将会面临风险"；反思人工智能风险之目的就是要"确保人工智能系统对人类有益"；他指出："以前关注的是与认知科学相关的人工智能哲学和理论方面的问题，而现在越来越多的关注点集中在风险和伦理问题上。"[13]

一般而言，与人工智能发展中乐观主义相伴生的是对新技术发展的风险恐惧，成因如下：首先，认为一种新型超智能机器会毫无疑问地对人类构成生存威胁；其次，认为对未知事物的恐惧符合人类认知的常识，人类很难事先精确知道一种新的超级智慧生物是什么样的以及它将如何看待人类自身；最后，认为人工智能的出现是一个缓慢但相当稳定的进化过程，我们可以理解，但无法阻止其进程，就像大陆漂移过程一样。[13]

人工智能风险具有如下特征：①"技术与社会共生的复杂性"。人工智能时代的风险是一种复杂的总体性风险，与海啸、地震等自然灾害不同，这种风险既可以是人类正在研发的新技术所产生的风险，也可能是技术嵌合于其中的制度本身所隐含的风险，这两种风险共生于人类社会。②"当代与未来贯通的长期性"。人工智能时代的风险不仅现实存在，而且伴随着未来的不可预测性，贯穿于技术社会尤其是信息社会以来的整个历史进程。③"全球性与区域性结合的跨界性"。工业革命经历了肇始欧洲，逐渐扩展到北美、东亚等的缓慢过程，与以往不同，在新全球化、新工业革命交织下的人工智能风险既具有地域特色，又具有全球特征，具有跨界性，超越了自然地理和社会文化边界，在技术上塑造着人类命运共同体，因此，全球应该及早形成共识、协同行动，在积极发展人工智能技术的同时，更要警惕其潜在社会风险，避免"近视症"。[14]

四、人工智能社会：风险审视及社会规约

在新科技革命背景下，机器人与人工智能已经成为下一个产业新风口和产业转型升级新机遇。目前人工智能正在进入生产领域，由此导致的人与机器在生产领域的矛盾不能被忽视。人工智能正进入人类的日常生活，改变着人们的生活方式，在大数据和人工智能重塑人类现实的同时，人类更需要加强相应的社会规范和社会治理，真正享受到科技发展给生活带来的福利。一方面，人工智能是新兴科技重大革新的结果；另一方面，作为革新的基础，人工智能发展又在世界各地推进更大程度、更大范围的现代化。发展科学技术是近代以来中国建设现代民族国家努力的重要组成部分，大力发展人工智能技术是当代中国创新型国家建设的重要组成部分，人工智能的快速发展要求我们对其风险及其挑战要有全面和系统的认知。

（一）技术自主性与人工智能的失控风险

人工智能在带来生产方式、生活方式以及思维方式重大变革的同时，也给当代社会带来了哲学和伦理挑战，其中技术失控和责任主体模糊问题尤为紧迫。技术一旦失控，就会对人类的生存和生活带来巨大的威胁。新兴科技在改变人类生存方式的同时，也在改变着人与自然和人与人之间的关系；随着人工智能等新兴科技的发展，人与物的关系问题会转变成人与"人造物"的关系问题。

西方人对技术与人类之间关系的认知通常建立在以下观念基础之上：人类最了解他们的制造物；人造之物处于人的牢固控制之中；技术在本质上是中性的，是达成目标的手段，其利弊取决于人类如何使用。温纳认为，自主性技术观念则"通过表明控制在实践中行不通，从而开始拆穿这一梦想"[2]。技术的"自主"意味着技术相对于人类的"失控"。技术发明的完成往往意味着技术自身的终结，被创造者对创造者的反抗也贯穿于技术发展的历史。基于对人类未来命运的担忧，雅斯贝尔斯等也早有警示：机械作为人类与自然斗争的工具正在支配人类，人类有可能成为机械的奴隶。

以色列历史学家赫拉利（Yuval N. Harari）描述了人工智能发展的三个不同阶段：弱人工智能、强人工智能和超人工智能。他预测超人工智能阶段将在 21 世纪 40～60 年代出现，整个社会裂变为两大阶层，大部分人属于"无用阶层"，极少一部分人是社会精英阶层。建立在生物科学、信息技术、大

数据技术快速发展基础上的人工智能有可能导致人工智能社会的出现，在人工智能社会中，机器智能递归式自我改善能力的获得可能导致最终的"智能爆炸"。在未来，人类整体将具有价值，但个体将没有价值；系统将在一些个体身上发现价值，但他们也许会成为一个超人的新物种。

计算机是迄今为止人类发明的最重要的机器，"这不仅因为它深刻地改变了我们的生活，带来生产力的革命，影响到社会生活的每个角落，更因为它直接指向人类的本质特征——智慧"[15]。对于人工智能的未来发展，刚过世的物理学家斯蒂芬·霍金曾指出，人工智能日益强大的威力使机器人能够复制自己，并提高智能的速度，从而导致机器人可以学习智能，进而导致转折点或"技术奇点"。马克·毕晓普（J. Mark Bishop）认为，霍金的警告本质上是正确的，但人工智能对于人类而言也可以成为一种善的力量。[13]马克·毕晓普相信电脑永远无法复制所有的人类认知能力和权利，人工智能和人类之间存在着"人性差距"：计算机缺乏主体性意识；电脑缺乏真正的理解；计算机缺乏对创造性的洞察力。尽管原始的计算机能力和随之而来的人工智能软件将会继续改进，但与未来人工智能一起工作的人类思维的组合仍将比未来的人工智能系统自身更强大，奇点将永远不会出现。[13]

实际上，在技术发展中一直贯穿着"技术控"抑或"技术失控"的二维逻辑主线。人工智能则把技术思想史中的技术失控问题推向了一个新高度。由于样本空间大小的限制，人类的经验认知容易收敛于局部最优，大数据科学的发展及机器学习能力的跃升有可能突破人类认知的局限性。能否和如何保持对人工智能的控制无疑是人工智能研究中的基础性问题，人类在高度发展的人工智能面前可能没有反复试错的机会。技术作为物的特性要求被不断量化以达到不断完善，而人类美德（文明）却恰恰属于不可量化的质的领域。正如温纳所警示的：技术确实有时并不能服务于人类，有时技术会失去控制，甚至会导致灾难。从技术史的演化来看，技术失控是一个持续的、日常的事物，在我们日常生活或高技术领域里都有这类事物；失控不是技术本身的错，而是人们想象或勇气的缺失。[2]

（二）新技术决定论形态中的算法及数据挑战

人工智能的发展使技术思潮中技术决定论呈现出新形态，即"算法决定论""数据决定论"，但人工智能算法的逻辑基础本身蕴含着不确定性，人工智能数据基础隐藏着不可追溯性的挑战。

人工智能算法的逻辑基础具有不确定性。人工智能发展建立在算法基础之上，算法使用的学习方法类似于人类学习过程，即利用相关性关系经验性地总结出结论或模型，再由该结论或者模型对更多现象进行演绎分析。因果关系必须具有状态描述与状态之间的必要联系，而从相关性到因果性的逻辑链条并不完备，相关性具有不确定性。归纳问题是一个棘手的问题，因为"主观概率和信仰定位的理论并未在思考的平衡状态保持稳定"，"这个执行者相信的只是关于它知识范围中的所有经验事物"[15]。人工智能专家的过度自信可能会使专家用于判断所基于的模型优于专家判断本身，而模型的逻辑基础本身具有不确定性。推理和演绎是人类完成世界认知的重要逻辑工具，人类对自我知识和认知有主体责任，但人工智能算法并不具有责任承担的主体性资格。基于大数据和强大算法的人工智能系统正在影响甚至替代人类的决策过程，如果算法本身具有非因果性和不确定性，在追求确定性的社会生活领域，我们应当考虑对人工智能决策权的相对限制。实际上，国际上已经出现一些限制性规范，比如欧盟《通用数据保护条例》（GDPR）第二十二条规定，数据主体（data subject）有权利不接受由人工智能自动处理得出的结论并可以要求提供解释。

人工智能数据基础存在不可追溯性挑战。传统意义上的产品质量应当被监控和动态检测，以确保问题产品能够得到及时解决。随着人工智能产品的兴盛，新产品安全问题逐渐成为新兴风险。训练人工智能的数学模型的大数据来源、范围与质量应当得到有效控制，数据的系统性偏差应当得到合理调控。庞大的数据已经超出了个人认知范围，个体知情权存在被数据和信息淹没的风险。人工智能将会对人类社会产生颠覆性影响，我们更应在数据来源和质量上加以规范。作为人工智能基础的算法和数据将会对社会造成重大影响，在制度设计方面保障市场开放性并赋予消费者拒绝算法决策权，在一定程度上可以减少算法及数据不公正性造成的负面后果，"缺陷召回制度"也是保障产品安全的重要措施。

（三）人工智能发展中的伦理风险及其规约

新兴科技已经成为当代伦理学研究的新对象，正在重塑人类的社会秩序和伦理规范。计算机认知哲学是最早关注人工智能与认知科学伦理问题的领域，在认知中存在一种智能恐惧论，认为不道德地使用人工智能，会导致人工智能取代人的功能，甚至取代人的主体地位；[16]更多学者倾向于认为，随着人工智能自主能动性的提高，责任问题才是最突出的伦理难题。[17]新兴科技伦理规约所面临的现代性困境其实在于责任问题，如何确定人工智能技术活动及其后果的责任主体，是人工智能发展必须要考虑的问题。由于整个技术社会制度让每个行动者在完整的技术活动过程中充当单个环节的活动者，必然导致技术主体的破碎化。在新兴科技的伦理规约挑战中，技术设计的美好愿望与技术后果的失控日益凸显。人们既想通过技术转变和升级生产方式和生活方式，又不想让技术进入非技术领域。

技术与伦理的内在冲突呈现于技术发展的不同阶段。只有处理好新兴科技与人、社会文化及环境的关系，处理好高效率存在方式与真正的进步之间的关系问题，才能给人类和新兴科技的和谐发展提供一个良性环境，真正实现"善治"与"善智"的互构。在技术的快速前行中，我们甚至不能判断我们是否在以正确的方式生活；道德也正在从生活中被剥离，技术文化本身存在失去其内在目的性的危险，人工智能中的算法偏差和机器歧视问题日益凸显。机器的工作速度、精度、强度无疑会高于人，但机器运行中也会出现算法偏差和歧视问题。比如，谷歌搜索中，相比搜索白人的名字，搜索黑人的名字更容易出现暗示具有犯罪历史的广告等。"机器伦理"有望能约束智能系统的行为，以确保这些系统的发展带来积极的社会成果。

尽管"机器比人聪明"并不是机器控制人的充要条件，当前社会对"机器人是否会在未来控制人类"的高度关注反映了人工智能技术发展中的人类隐忧。人类自由意志的基础来源于自我决定权，自我决定同样意味着自我风险、行为的社会风险以及自我能承担相应后果的能力。以自动驾驶为例，不合法的人类驾驶比如醉酒驾车、疲劳驾驶、危险驾驶等充满各种风险，将决策权交给人工智能算法无疑可以大大降低以上非法行为的风险性，但我们同时也将相应的责任转移给了人工智能算法。

无自由意志的人工智能算法如何承担主体责任无疑也是伦理规约难题。无人驾驶汽车版的"电车难题"在现实中也无定论：当出现紧急状况时，自动驾驶行动应先保护车内人员，还是路上行人？随着车上人员和路上行人数量不同，抉择难度也会升级。人工智能系统因自身的产品瑕疵而造成损害的责任承担也是目前的困局，责任事故应归咎何处：是设计人"技术漏洞"，还是操作人"不当使用"，抑或是智能机器人超越元算法的"擅自所为"。

（四）人工智能对就业的冲击及其社会风险

历史上，工业革命的一个重要影响就是机器对劳动力的补充或取代。当前，随着人工智能技术的发展，认知和情感劳动也已经开始被取代，一些经济学家把这称为"机器时代 2.0"[18]。在新技术革命浪潮中，新兴技术作为节约劳动力的工具超过了社会为劳动力开辟新用途的速度，人工智能正在挑战社会就业结构。2010 年牛津大学的一项研究预测，未来 10～20 年 47% 的岗位会被人工智能所取代；2016 年的世界经济论坛预测未来五年将有 500 万个岗位会失去；2017 年麦肯锡的研究报告[19]显示，有 60% 的职业（至少 1/3）面临着被技术替代的可能性，大量行业和工作者面临着重新择业的挑战；到 2030 年，依据行业的不同将会有 0%～30% 的工作被自动化取代，这取决于自动化的速度和幅度。伴随着人工智能技术的迅速发展和应用，人们抑或会进入一个技术性失业率不断上升的时代！

随着人工智能的发展，新型机器人正在成为社会生产和生活中极具竞争力的"新型脑力劳动者"，这种"新型脑力劳动者"的职业优势已经体现在诸多行业。被取代的工作和岗位具备如下特征：凡是可以描述的、重要的、有固定规则和标准答案的工作岗位，都有被智能机器人取代的可能。随着人工智能的广泛应用，第二产业中的"第三产业"将重构人群就业结构，对社会稳定构成挑战。

2017 年习近平在二十国集团领导人汉堡峰会上关于世界经济形势的讲话中指出，"当前，世界经济发展仍不平衡，技术进步对就业的挑战日益突出"，我们应当"处理好公平和效率、资本和劳动、技术和就业的矛盾。要继续把经济政策和社会政策有机结合起来，解决产业升级、知识和技能错配带来的挑战，使收入分配更加公平合理"。

（五）人工智能时代整体图景缺失的挑战

人工智能时代是通过程序呈现的世界图像在时间序列上的布展；然而，技术的复杂性往往会掩盖人类重要活动的复杂性，比如信息电子技术的使用即是如此。时代的困境在于人类无法将复杂的世界组成可以理解的整体，在享受技术便利的同时，也失去了对复杂技术系统的控制。

人工智能时代正面临整体图景缺失的挑战。大卫·温伯格（David Weinberger）[20]指出，人们从互联网获取信息有两个工具性途径，一个是利用电脑提供的海量信息记忆，上网搜索获取答案；另一个是利用社交手段，借助朋友圈的引导，找到感兴趣的信息。互联网可以在相当程度上提供有用的网络知识，但互联网不能为我们提供对网络知识的"理解力"。互联网非但不能为我们提供理解能力，而且可能阻碍理解能力的发展。网络空间正在出现认识的"傻瓜化"现象；享受信息技术便利的人群也许会提出如下解决方案，对技术"知其然即可，而不必知其所以然"，因为这并不影响利用技术、享受便利。实际上，与其他技术类似，人工智能技术的复杂性存在掩盖人类重要活动复杂性的风险，社会技术网络并不能自我调整和校正，便捷化的人工智能技术的使用对整体化的时代图景形成挑战，假定没有被全面洞察的社会能够良好运行，从而把人类的发展放在不确定性的根基之上。

人工智能的崛起和全面爆发既有技术的实质性突破，也有伪概念的虚假繁荣，需要清醒客观的判断和扎实冷静的努力；人工智能技术发展既面临机遇，也需要应对诸多风险及挑战。笔者认为，人工智能时代的最大风险是"我们并不了解人工智能的风险"。在思想探索进程中，我们必须反对认识上的决定论，不能直接假定"人工智能是坏的，或者人工智能是好的"。除了关注技术进步本身，我们应当努力描述作为"社会事实"和"伦理事实"的人工智能。人类不能让舒适的假象迷惑主体性意识，人不能放弃自己而沦落成为某种决定论的服从者。成为决定论的服从者会导致被奴役，被技术所奴役；人在获得"表面上的自由"的同时，不能放弃"真正的自由"。技术起源于机器，但是技术不等于机器；机器与人工智能仅仅代表技术的一部分，关注人本身应当始终成为科技发展的目标和动力！

五、人工智能时代：走向"善治"与"善智"的相互建构

在现代性与全球化语境下，以信息、大数据及人工智能技术为基本元素所塑造的人类社会生活秩序正在呈现出与以往不同的特质和安排。人工智能带给人类社会的冲击恰似一场历时久远的"社会秩序海啸"，人工智能是人类社会在当代最伟大的发明之一，同时也存在潜在风险，主要表现在：人工智能使现代技术在"可控"与"失控"两极之间进一步向"失控"偏移；人工智能的认知方面尚未解决算法逻辑基础本身的不确定性问题；人工智能的数据基础面临不可解读及不可追溯性挑战；人工智能在伦理规范上面临责任主体缺失及隐私的群体化泄露风险；在人工智能的社会应用上，需要应对社会监管的挑战，需要应对人工智能替代人类劳动导致的就业冲击。

首先，基于在技术的历史发展中一直存在着的三重逻辑悖逆，我们需要

对人工智能技术发展的社会后果进行全面评估。古希腊先哲"认识你自己"的箴言在人工智能时代显得更为振聋发聩。技术社会存在"对技术的美化和神化有余""反思和批判不足"的现象；我们必须清晰地意识到，在越来越多商品可供消费的技术时代，技术批判并不容易得到人们的认可；在人工智能被日趋叫好的当代，人工智能的批判性反思尽管非常必要，但"不合时宜"的思想的生存周期并不被看好。社会应当为"不合时宜"的思想者和创新者提供成长的土壤，培育公众独立探索的习惯和不带成见与偏见的探索精神。整体性图景的缺失显示了想象力的消退，只有具备社会学想象力才能看清更广阔、更深远的历史舞台，才能发现现代社会的隐蔽构架。为此，我们需要培育批判性反思与创造性建构的能力，养成在微观事实与宏观结构之间进行贯通的素养。

其次，我们应当清醒地意识到"反思技术"并不等于"反对技术"，技术发展最终应当回归人本身，社会要发展"为了人类的技术"。面向未来，我们不是要放弃技术，而是要全面深入反思技术社会的影响，改进社会发展中的制度设计，用更积极的行动解决技术发展中遭遇的问题。人工智能时代，应确立以风险预防为核心的价值目标，构建以伦理为先导、技术和法律为主导的风险控制的规范体系；在技术发展中，不仅要关注事后补救，更要进行事先预防；在风险规避中，要推进技术发展的公众广泛参与原则，包括技术信息公开和公众参与、公众决策等。在技术的社会控制上，技术专家、思想界、产业界在自己的范围内可以自圆其说，但不同语境缺乏可通约性，只能是自说自话。我们必须寄希望于人类全体形成合力以达成对技术发展的理性控制，人工智能时代亟待构建利益相关者的对话平台，思想关切应当从"个体"转移到"人类命运共同体"。笔者认为，"人类命运共同体"理念的提出对于发展技术的社会控制理论具有重要启迪意义，多元碰撞必将促进新的融合！

最后，作为世界上最大的发展中国家，正在进入新时代的中国应当尽快完成从"跟跑者""并跑者"向"领跑者"的角色转换。在人工智能时代，人类需要系统推进"技术"与"社会"的良性互动。人工智能时代，非西方社会的发展正在呈现出跨越式、超越式的非常态发展，基于西方社会发展经验的理论启示已经不能提供社会前进的路标。在中国，移动互联网用户的剧增、电商从业者和用户数量的爆发、人工智能和大数据对社会生活空间的拓展等都是世界现代化进程未曾出现的崭新的宏大实践。在人工智能的话语论述中，既要避免认识论上的卢德主义，又要避免认识论上的技术决定论。对于人工智能既不能过度乐观，选择性简化或忽略问题的严肃性，也不能过于放大风险甚至成为"技术灾变论者"，因而裹足不前，阻碍技术发展。人工智能时代机遇与挑战同在，应当加强人工智能技术发展研判和预测，增强风险意识，更好应对人工智能技术可能导致的失控风险、伦理挑战、就业影响，促进科技治理能力现代化。在推进人工智能社会建设中应当处理好"善治"与"善智"的关系，发展"负责任"的人工智能，走向技术与社会的"良性互构"。

（本文原载于《南京社会科学》，2018 年第 5 期，第 42-52 页。）

参 考 文 献

[1] Ellul J. The Technological Society[M]. New York: Vintage Books, 1964: 159.

[2] 兰登·温纳. 自主性技术：作为政治思想主题的失控技术[M]. 杨海燕译. 北京：北京大学出版社, 2014: 21, 238-252.

[3] 张成岗. 技术与现代性研究：技术哲学发展的"相互建构论"诠释[M]. 北京:中国社会科学出版社, 2013: 132-147.

[4] Simpson L C. Technology, Time and the Conversations of Modernity[M] New York: Routledge, 1995: 138-150.

[5] 哈贝马斯. 合法化危机[M]. 刘北成，曹卫东译. 上海：上海人民出版社, 2000: 61.

[6] Alonso A. An Unseasonable Thinker: How Ellul Engages Cybercultural Criticism[M]// Jacques Ellul and the Technological Society in the 21ST Century. Springer/Dordrecht, 2013: 115-128.

[7] Hart I. Deschooling and the Web: Ivan Illich 30Years On[J]. Educational Media International, 2001, 38(2-3): 69-76.

[8] Gabbard D A. Ivan illich, postmodernism, and the eco-crisis: reintroducing a "wild" discourse[J]. Educational Theory, 1994, 44(2): 173-187.

[9] Latouche S. Degrowth[J]. Journal of Cleaner Production, 2010, 18(6): 519-522.

[10] Parajuli P. The development dictionary: a guide to knowledge as power[J]. American Ethnologist, 1996, 23(3): 641-655.

[11] Garcia J L, Jerónimo H M. Fukushima: A Tsunami of Technological Order, in Jacques Ellul and the Technological Society in the 21ST Century[M]. Dordrecht: Springer Netherlands, 2013: 129-144, 129-144.

[12] Weinstein J. Sociology/Technology: Foundations of Post Academic Social Science[M]. N.J.: Transaction Books, 1982: 24-38.

[13] Müller V C. Risks of Artificial Intelligence[M]. New York: Chapman and Hall/CRC, 2016: 2, 92, 180, 267-268, 273.

[14] 张成岗. 发展人工智能应避免"近视症"[J]. 人民论坛, 2018, (2): 12-14.

[15] 博登. 人工智能哲学[M]. 刘西瑞, 王汉琦译. 上海: 上海译文出版社, 2001.

[16] Gries D. Ethical and Social Issues in the Information Age[M]. Dordrecht: Springer, 2013: 206.

[17] Verbeek P-P. Moralizing Technology: Understanding and Designing the Morality of Things[M]. Chicago: The University of Chicago Press, 2011.

[18] Brynjolfsson E, McAfee A. The Second Machine Age: Work, Progress, and Prosperity in a Time of Brilliant Technologies[M]. New York: WW Norton and Co, 2014.

[19] McKinsey Global Institute. Jobs Lost, Jobs Gained: Workforce Transitions in a Time of Automation[R/OL]. https://www.mckinsey.com/～/media/McKinsey/Industries/Public%20and%20Social%20Sector/Our%20Insights/What%20the%20future%20of%20work%20will%20mean%20for%20jobs%20skills%20and%20wages/MGI-Jobs-Lost-Jobs-Gained-Executive-summary-December-6-2017.pdf[2018-03-18].

[20] Weinberger D. Too Big to Know: Rethinking Knowledge Now That the Facts Arent the Facts, Experts Are Everywhere, and the Smartest Person in the Room Is the Room[M]. Nork York: Basic Books, 2014.